JN046567

海外水ビジネス戦略

― アジア市場の動向とベトナム PPP 法の成否 ―

Strategy for Global Water Business

安間匡明 　工藤克典 　田路明宏 　富岡 透 　森本達男 　山村尊房

奥野 裕 　鈴木康二 　徳武浩幸 　福田一美 　山口岳夫 　吉村和就

目次

発刊に寄せて

　本書は、日本の海外水ビジネス（輸出、海外投資）を活性化するための現状認識の共有化や展開方策の具体的検討を行うため、どの組織からの制約もない私的な勉強会として4年前に企画されスタートした「海外水ビジネス研究会」の活動成果をもとに企画されました。この研究会は、水道の専門家と国際金融・貿易・海外投資の専門家が同じ場に集まり、お互いの経験を共有して議論をするというこれまでにはなかった新たな枠組みでスタートしたものです。

　現在の日本は投資立国です。戦後、貿易立国として急成長を果たしましたが、その後、欧米との貿易摩擦や円高を背景に海外投資を活発化させ、今世紀に入ってからは世界経済の成長とともにさらに拡大させてきました。東日本大震災後の一時期、貿易収支が赤字に陥った際も、海外投資がもたらす大きな所得収支が貿易赤字を埋めて余りあり、経常収支は黒字を維持しました。日本の人口はすでに減少に転じ国内需要の拡大は期待しにくい状況ですので、日本の海外投資はこれからますます盛んになっていくでしょう。このような日本経済の変遷の中で、大手商社や電力会社は、海外IPP（電力卸売り事業者）プロジェクトへの投資を地道に実行してきました。いまや海外IPPからの配当送金が日本の親会社に利益貢献しているケースもあります。そこで、水分野でも、電力分野と同じように、ODA（円借款・無償資金協力・技術協力）にのみ依存せず、民間資金をも動員する仕組みを作ることで、事業性・経済性・収益性・採算性の見込める海外水ビジネスを実現できないか、と考えたわけです。

　2017年4月に当初2年間の計画で発足後、毎月1回、二つの分野の幅広い視点から議論を行い、情報の共有化を図り、課題解決方策の検討の糸口を集積・形成することに活動の焦点を当てて検討を重ね、2018年6月30日に中間報告会を開催しました。2年目は幹事の増員や新メンバーの加入等により体制を強化して研究会を継続するとともに、中間報告会の概要を月刊「水道公論」（日本水道新聞社）誌上で報告し（2018年9〜12月）、続いて2019年1月以降、同誌上で毎月、海外水ビジネスに関係した金融・経済等の解説・動向シリーズ及びコラム（海外水ビジネスの眼）を連載し、2019年7月27日に報告会を開催し、2年間の活動の成果に基づいて提言報告を東京で行いました。その後、名古屋、京都、神戸でも開催しました。この間の2018年12月には、海外水ビジネス研究会は、一般社団法人水の安全保障戦略機構の行動チームにも登録・位置付けられました。

　海外水ビジネス研究会は当初2年間の計画でしたので、3年目以降は、ベトナムワーキンググループ等の定例会開催と水道公論への活動成果の発表を中心としてフォローアップ活動を展開することにしました。こうした矢先、新型コロナウイルス問題が勃発し、その影響が瞬く間に世界に広がったことにより、定例会開催は2020年2月をもって一旦中断を余儀なくされました。新型コロナウイ

ルス対策の特別措置法による「緊急事態宣言」が出され、この宣言は５月25日に解除されたものの、感染再拡大の可能性が指摘される中で模索状態が続きました。しかし、この間にテレワークの導入が進んだことから、海外水ビジネス研究会は、６月からZoomによる準定例会と会議室方式（定例会）を交互に行う形で活動を再開しました。その結果、ベトナムワーキンググループは活動成果を水道公論誌上に連載ができるまでに至り、もう１つのワーキングキンググループである規制改革・自由化・PPP・民営化ワーキンググループもそれから派生した財務分析作業チームも一定の成果を積み重ねることができました。

　一方、世界中が新型コロナウイルスの存在を前提とした社会の仕組みの再構築に向けて積極的に動き始めています。このような状況の中にあって、フォローアップ活動を含む研究会活動を通じて得られた知見は、次の世代を担う若い人たちと少しでも早く共有する必要性があるとの意識が、関係者の中で高まりました。本書は、３年目以降の海外水ビジネス研究会のフォローアップ活動に積極的に関わったメンバー10名のほか、外部から協力者として参加いただいた２名の方々にも加わっていただき、さらに他のメンバーの方々の協力も得て執筆・編集されたものです。

　従来のわが国の水道分野での海外の取組みは、政府開発援助（Official Deveropment Assistance：ODA）資金での技術協力に参加することが中心で、あとは商社などの資本参加などの水ビジネスがあるくらいでした。しかし、相手国の経済発展によって、協力のニーズや機会が減少することも経験してきました。海外における事業展開は、産業としての上下水道事業の活力維持のためにも大変重要なことです。海外水ビジネスへの参加という観点から公と民を通じた人材を育成し、技術のイノベーションに対応し、持続可能な形で海外との接点を持ち続け、これらを通じて国内での公民連携による水道の発展につなげていくことが必要です。そのためには、ODAだけに依存した従来の取組みから一歩足を踏み出し、諸外国との間に、ビジネスとして持続可能な取組みを構築していく必要があります。海外を回ってみますと、特に経済発展が著しい東南アジア諸国では、水道については円借款（有償資金協力）ではなくPPP（Public Private Partnership）でやってほしいという声が各地で聞かれるようになってきています。また、従来の経済協力政策に地方自治体、水道事業体の地域政策を統合し、かつ、貿易、海外投資、国際金融や商社との連携、さらには、電気、ガス等他の公益事業や、食料、エネルギーなど他分野との関連についても検討し、具体化を試みる必要があります。

　このような取組みを推進していくためには、新たなビジネスモデルの構築が必要です。そこでポイントとなるのが、海外ニーズに対応した技術利用を前提としたビジネスモデルです。これは、平たく言うと、売りたい技術ではなくて、相手が買える（買いたくなる）技術という意味です。加えて、公営の水道事業体から民間企業が受注する従来型の国内ビジネスモデルからの脱皮は、企業が自ら戦略を持って、海外へ出ていくために必須です。外国企業との競争にも互角に対応できる柔軟性の強化は、日本の製品だけで全部を完結しようとするのではなく、日本の強みを生かしながら第三国や対象国企業との最適の組み合わせを考えることにも、柔軟性を持って取り組む必要がありま

す。

　また、水ビジネスを考えていくに当たり、水価格の高騰を抑え、安定した価格を維持することは重要なポイントです。ビジネスだからと言って経済性だけを重視して、水価格が高くなってもいいというわけには行きません。水はBHN（Basic Human Needs）の一つなのです。わが国には、水道法で、清浄、豊富、低廉という言葉を用い、水価格の高騰を抑える中で、水道の利用普及によって、さまざまな効果を発揮してきたという歴史があります。一方、発展途上国での水ビジネスでは、特に、現地の政府から補助金等をあまり期待できない途上国が多いことを考えなければなりません。そういう国に対しては、民間的手法を活用して、PPP事業の実施方策やメニューを準備する必要があります。「海外水ビジネスのストラクチャーモデル」は、本書で取り上げる新しい取組みの提案です。本書で具体的なケーススタディとして焦点を当てたベトナムにおける取組みは、これからの海外水ビジネスが目指すべき方向を読者の皆さまに示唆していると考えます。

　本書が焦点を当てた国際金融やビジネスの基礎知識は、出身が事務系か技術系かを問わず、広い視野から水ビジネスを考え、取り組むために、これからの関係者には必須です。PPPについては、その仕組みや事例については既刊書でも紹介されていますが、水分野の企業・コンサルタントが具体的にどう取り組めばよいのかについて書かれた書籍は見当たりません。「ベトナム2020年PPP法」の日本語訳と解説は本書が初めて取り上げます。

　こうした諸々の点を意識して、この本を構成しました。本書が、これからの海外水ビジネスと日本の将来の上下水道業界の進路を考える方たちにとって役立つものとなることを願ってやみません。

海外水ビジネス研究会　共同代表　山村尊房、工藤克典

第一部
海外水ビジネス研究会

1.1　海外水ビジネス研究会の歩み

1.1.1　1年目の活動

　研究会の目的や発足後の経過については序文で述べたが、検討を開始した初期にまず話題になったのは、水ビジネスと言っても、さまざまな形態があるということだった。業態や主体によっても、水ビジネスの捉え方は必ずしも同じではないことが認識された。業態としては、製品の輸出や海外生産に焦点を当てる企業がある一方、海外でのEPC（Engineering Procurement Construction）事業の実施を目標にする企業がある。さらに、PPPビジネスを目標にする企業がある。取組み主体としても、製造業、コントラクター、商社、地方公共団体等さまざまである。それぞれ、よって立つ立場も目的も違い、水ビジネスという同じ言葉を使っても、取り扱う内容は異なることを、改めて認識したわけである。そういう中で、共通の検討目標として考えたのが、国内で上下水道事業を実施してきた地方公共団体を含めた形での海外PPPビジネスに参入するための体制の構築、具体的な実践方法等に重点を置くことである。

　また、従来の水道事業体の国際貢献は、海外進出というよりも援助の世界と結び付いた無収水対策を中心にした国際協力であって、海外での水ビジネスには、なりきっていないことにも焦点が当てられた。他方、商社の場合は、水事業の買収（子会社化または一部出資参加）やグリーンフィールド（初めからの新規投資）の両方があるが、貿易から投資への流れの中で、それぞれに海外水ビジネスに進出して、それなりの収益を上げてきている。残念ながら、上水道事業体や下水道事業体の動きと、こういう商社の動きが、全く連動していない。一部には、商社と主要水道事業体が接点を持った例もあったようだが、基本的に二つの動きは別々になっている。

　もう一つ注目した観点は、国連のSDGs（Sustainable Development Goals）である。この中でも、企業は「本業のノウハウを活かす形での貢献」が求められ、そのためのファイナンスの必要性が強調されている。1997年のアジア・太平洋水サミットで発表されたヤンゴン宣言でも企業の貢献のためには持続可能な収益性が必要条件であり、収益性がないと、サステイナブルにならないことが述べられている。

　一方、公益事業の中で、特に電力は、海外進出を商社と一体になって行う動きが、燃料での協力

を嚆矢として発電事業（IPP^{注)}）で強く出てきている（1.2.2.1 **海外ビジネスにおける総合商社と電力会社の関係から思うこと** 参照）。そうした動きを水の世界にも応用し、商社と水道事業体が一体になった海外水ビジネスができないだろうか、という発想で、海外水ビジネスの「当事者関係図」と「資金使途調達計画」を中心に「ストラクチャーモデル」をいろいろな識者の意見を吸収して作成した（1.3.1 **ストラクチャーモデルのスキーム** 参照）。

　（注）Independent Power Producer（電力卸売り業者）の略で、電力会社に電力を卸売りするための発電所を運営する会社のこと。

　今までは、ODA、すなわち国際協力機構（Japan International Cooperation Agency：JICA）を通じた円借款（有償資金協力）と共に、国際金融機関からの資金調達という方法もあったが、残念ながら、ほとんどの日本企業は受注に失敗し、アジア開発銀行（Asian Development Bank：ADB）をはじめとする国際金融機関からは、資金調達ができていない。その一方で、OOF（Other Official Flows：ODAではないその他の政府資金）とも言われる国際協力銀行（Japan bank for International Cooperation：JBIC）、貿易保険機構（Nippon Export and Investment Insurance：NEXI）、貿易振興機構（Japan External Trade Organization：JETRO）の仕組みは、どちらかというと商社は利用しているが、水道事業体には縁のない世界だった。ストラクチャーモデルは、将来的にはケーススタディに応用（ケーススタディ化）して、さらに実際のプロジェクトに使えないかということで作成している。

表1.1.1　水を電力や資源エネルギー、食料と比較したマトリックス

	水	電力	資源エネルギー	食料	備考
権利	水利権	もの（→個人）	鉱業権（国）	所有権	
広がり	上水（飲用、生活用、事業用）、（地下水、川、海）、下水	発電、送電、配電（水力、火力、原子力、再生可能）	石炭など鉱物、石油、ガスなどエネルギー（アップストリーム、ダウンストリーム）、希少金属	主食、副食、朝食、昼食、夕食、おやつ	
実施主体	地方公共団体（水道局、水道公社）：準ソブリン	先進国　電力公社 新興国　電力省 電力公社：ソブリン	先進国　民間 新興国　公社（ex プルタミナ、アラムコ）：ソブリン	農業従事者	ソブリン（国家）は永遠なり→ソブリンリスク、民営化（コンセション、BoT等）、（コーポレートリスク、プロジェクトリスク）、（上場、社債発行（格付け↓↑　投資適格 BBB 以上）
実施主体の独立性信用力	先進国　一般的に高い 新興国　低い（予算に依存）	高い→資金調達容易→ IPP 可能	高い→資金調達容易→プロジェクトファイナンス可能	農協がカバー	
貿易投資対象（わが国から見て）	水そのものは貿易対象とはならず（ポンプなどは輸出対象）	電気そのものは貿易対象にはなりにくい（国際送電線で貿易可）	輸入→融資（買油、買鉱）	輸出、輸入、投資 輸出・輸入は現金決済	
わが国の国際展開バックアップ体制	JICA、JBIC、NEXI、（JETRO）	（JICA）、JBIC、NEXI、（JETRO）	JOGMEC、JBIC、（NEXI）、（JETRO）	JICA、JBIC、NEXI、（JETRO）	世銀および国際開発金融機関の動向（含むADB、AIIB）、プロジェクトの採算性（内部収益率）、価格の設定および安定性がポイント
経済性事業性	価格は安定させたいが概して低い	資源エネルギーよりも長期にわたって安定	高い→資金調達容易→プロジェクトファイナンス可能	栽培の継続、安定性が不可欠	
重要性	◎生命源 生活 産業 ○発電源（水力）	生活 産業　↓ ○システム、IT/AI	生活 産業 ○発電源（火力）	生命源という意味で水と共通	水とエネルギーと食料は三位一体

　海外水ビジネス研究会の発足に当たり、さらに、このモデルを考えるに当たっては、水について電力や資源エネルギー、食料と比較して考えてみた（表1.1.1　参照）。そもそも、水はどういう特性があるか、広がりや実施主体、実施主体の独立性や信用力、貿易投資対象など、いろいろな角度から分析した。一番念頭にあったのは、資源エネルギーや電力のファイナンスと比較して、水はどういう特性があって、それにどういうファイナンスがふさわしいのかということだった。結局、海外水ビジネスについても、やはり電力と同じ公益事業の一つであり、プロジェクトファイナンス仕

立てにできないだろうか、PPP（官民パートナーシップ）をプロジェクトファイナンス化していけないだろうか、という発想から作ったのがストラクチャーモデルである。

　総合商社の世界も、従来の貿易、いわゆる輸出入から最近では海外投資、海外直接投資（Foreign Direct Investment：FDI）という世界にシフトしてきており、そのような潮流に、水ビジネスの世界は、ある意味で遅れているのではないかという感もあり、当事者関係図では「時代は変わる→輸出・国内設備投資から海外投資へ」と表現した。

　プロジェクトの事業性を考える、あるいは計画を立てるときには、まず当事者関係図を書いて改良していくというのが基本的なことである。この図では、いわゆる主要水道事業体にも出資参画してもらうことにしている。出資に当たっては、（現金出資ではなくて）現物出資を、技術者のノウハウという形でしてもらうというアイデアを入れている、商社にもスポンサーとしての役割を担ってもらう、エンジニアリング会社にも入ってもらうなどといったことも含めて、日本側がマジョリティを持つ（O&M〈Operation and Maintenance〉も日本側）プロジェクトファイナンスを組成することにしている。

　ストラクチャーモデルという言葉は、具体的なケーススタディまで行く前の段階の、モデルという意味で使いたかったので、骨格を表すストラクチャーという言葉と、モデルという言葉を合わせて、ストラクチャーモデルという表現にした（詳細は1.3.1　ストラクチャーモデルのスキーム参照）。

　なお、海外水ビジネス研究会のメンバーは表1.1.2のとおり20名であり、13名が水道関係者、7名が金融関係者である。

表1.1.2　海外水ビジネス研究会のメンバー

秋山礼子（グローバルウォータ・ジャパン）、	徳武浩幸（前澤工業）
朝山由美子*（日本水フォーラム）、	富岡透（東京水道）
安間匡明*（土木学会インフラファイナンス研究小委員会委員長）	中塚富士雄*（日経金融工学研究所）
一柳善郎*（名古屋環未来研究所）	波多野康弘（旭化成）
今井茂樹*（フソウ）	本郷尚（三井物産戦略研究所）
宇野安*（UNOアナリシス）	森本達男（ギエモンプロ）
奥野裕（日立製作所）	山口岳夫*（水道技術経営パートナーズ）
加藤恭一（元米州開発銀行）	山村尊房（W&E研究所）
工藤克典（貿易投資金融アドバイザー）	吉村和就（グローバルウォータ・ジャパン）
鈴木康二（元立命館アジア太平洋大学教授）	特別参加：飯嶋宣雄（元東京都水道局長）

（50音順敬称略、＊印は２年目以降に参加、所属等は2020年12月現在）

１年目の活動内容は表1.1.3のとおりだが、毎月約１回会合を開き、研究会のメンバー等が発表を行い、その内容について討議を重ねてきた。こうした議論を重ねる中で、前述のストラクチャーモデルを構築してきたわけである。そして、2018年６月には東洋大学で中間報告会を開催し、研究会設立の経緯や初年度の活動成果、水ビジネスの動向や事例紹介に加え、ストラクチャーモデルの提案を行った。中間報告会の内容については、日本水道新聞社発刊の月刊誌「水道公論」の2018年の９月号から４号にわたり、要旨を掲載した。また、別刷りを作成して、関係行政機関や有識者の皆さまにお配りした。２年目の検討に当たっては、中間報告会で発表した諸点を意識して、検討を進めることにした。それとともに、特に金融等の知識については、水道関係者にはなかなかすぐに頭に入らないこともあり、文字でしっかり勉強したいという要望も強かったことから、「水道公論」で2019年１月から新しいシリーズの掲載を始めた。それと共にコラム「海外水ビジネスの眼」として、いろいろなエピソード、話題の掲載も続けている。

表1.1.3　１年目の活動内容

回	年月日	講師(敬称略)	テーマ
1	2017/5/18	―	諸準備打ち合わせ
2	2017/6/21	工藤 克典	水を資源エネルギーと電力と比較したマトリックスについて
3	2017/7/19	山村 尊房 工藤 克典	未来志向型で考えた時の我が国の海外水ビジネスの取り組みは如何にあるべきか
4	2017/8/24	吉村 和就	日本企業の海外水ビジネス展開の現状と課題
5	2017/9/21	鈴木 康二	水ビジネスの失敗（海外水ビジネスＰＰＰの失敗事例）
6	2017/10/19	富岡 透	日本の水ビジネスの可能性(インドネシアの事例他から)
7	2017/11/16	奥野 裕	経済産業省 我が国水ビジネスの海外展開より
8	2017/12/21	波多野 康弘	General Introduction of Microza
9	2018/1/18	工藤 克典	ファイナンス レジュメ
10	2018/2/1	鈴木 康二	海外水ＰＰＰビジネスを成功させるための戦略
11	2018/2/15	森本 達男	水ビジネスの論点
12	2018/3/15	事務局	中間とりまとめについて
13	2018/4/19	徳武 浩幸	前澤工業の海外展開検討
14	2018/5/17	本郷 尚	気候変動による水循環異常の経済への影響
15	2018/6/30	山村 尊房 工藤 克典 鈴木 康二 吉村 和就 奥野 裕 徳武 浩幸	中間報告会

1.1.2　２年目の活動

　２年目の成果としては、こうした「水道公論」の紙上発表と、毎月１回の研究会の進行を平行的に行うことにより、成果の集積・共有が進んだことがある。具体的な活動内容は表1.1.4のとおりである。ちょうどその時期（2018年12月）に、水道法の改正があったので、マスコミでもいろいろな報道があり、改めて海外の水ビジネス情報をもっと正確に把握して提供すべきことを認識した。こういう経過を経て、２年間の活動の成果を、どのような形で報告するのがよいかを検討した。検討の内容は膨大な資料になるが、それらをコンパクトな形で示すため「海外水ビジネスの推進に向けての提言」という形にまとめた。

表1.1.4　２年目の活動内容

回	年月日	講師（敬称略）	テーマ
1	2018/7/19	事務局	中間報告会の総括と今後の会の進め方について
2	2018/8/23	宇野　安	大手商社の海外水ビジネスの動向
3	2018/9/27	山村　尊房	・水道事業体の現状と今後の展望（海外水ビジネスへの取組み） ・日本におけるコンセション導入とそれに付随した海外水ビジネス展開の在り方
		工藤　克典	政府の2013年から行われている経協インフラ戦略会議の分析結果の報告
4	2018/10/18	鈴木　康二	水プロジェクトファイナンスのセキュリティ・パッケージの見方
		朝山　由美子	アジア水フォーラム2018の報告
5	2018/11/15	波多野　康弘	中国の海外水ビジネス企業の概要とその動向
6	2018/12/20	奥野　裕	海水淡水化技術
		工藤　克典	ＡＰＥＣ閣僚会議資料について
7	2019/1/17	宇野　安	国際開発金融機関の官民連携によるインフラ開発支援の変遷とその背景について
8	2019/2/21	鈴木　康二	アジア法制度から見たアジア水ビジネスの留意点
9	2019/3/14	吉村　和就	上下水道事業の官民連携・民営化に向かうのか
10	2019/4/18	中塚　富士雄	Project Finance と信用格付
11	2019/5/16	山口　岳夫	水道分野の海外展開戦略の作成に向けて－競合先の特徴を掴む－
12	2019/6/20	工藤　克典	提言報告会の発表内容
13	2019/7/18	事務局	提言報告会の準備状況
14	2019/7/27	山村　尊房 工藤　克典 吉村　和就 鈴木　康二 奥野　裕 山口　岳夫 飯嶋　宣雄 宇野　安	提言報告会

提言の目的は、海外における水ビジネスの市場動向の変化に注目して、将来を見据えた上で、現時点で目標を明確化して、日本の海外ビジネスを活性化することとした。提言を作るに当たっては、まず3種類の情報源の精査からスタートした。一つは各月に行って来た定例会で、2年目の毎回の報告の11回分から、提言に使えそうな項目として13項目を抽出した。二つ目として、「水道公論」に連載した原稿の整理により、6回分の発表から8項目の抽出を行った。三つ目はアンケート調査で、この研究会に関わっているメンバーにアンケート調査を行い、六つの回答から6項目を抽出した。合計すると27項目になる。これだけでは、わかりにくいという意見が出たので、これらを七つの大項目に整理した。その中には、①基本的発想の転換、②資金調達の見直し改革、③公民連携の推進、④貿易・海外投資・金融情報理解の体系化、⑤有望技術の精査普及、⑥評価判断基準の違いの認識が含まれている。以下、それぞれについて説明する。

　一点目には、「基本的発想の転換」の必要性を示した。ビジネスについては、経済性、事業性、収益性があって、投下資本が回収できるということが大前提であるという考え方に基づいている。それにより、海外水ビジネスを、海外交流や援助による技術支援とは分けて考える。そういう面で、従来の発想からの転換、意識改革が必要だと述べている。また、水、エネルギー、食糧を三位一体で考えるような発想も有効であると述べている。

　二点目は、「資金調達の見直し改革」。従来、水道の海外協力というとJICAの援助資金に頼っていた感が非常に強かったが、海外水プロジェクトの資金源に関しては、JICA以外のインフラ支援の仕組みの活用も必要である。資金と合わせて、企業の投資戦略も幅広く考えていくべきことを述べている。

　三点目は、「公民連携の推進」。これまで水道関係では国内で公民連携について20年以上の実績がある。海外水ビジネスにおける公民連携については、世界各地で長年実績を積み重ねてきた商社の参加が望ましいと打ち出したことが新しい点である。商社の海外水ビジネスは、大きなものでも20件以上を数えている。その際、連携のためには、自治体、第三セクターと商社とが相互の特色を生かすような工夫が必要であるということを述べている。

　四点目は、「貿易・海外投資・金融情報理解の体系化」。こういった分野の情報を整理・活用するということ。それからアジア、アフリカ、新興国等の法制度・文化の理解と、具体的な需要に関する実態把握をもっと進めるべきだと述べている。情報については、海外の需要実態に関する情報を日頃から収集、整理して活用することが必要だと考えている。

　五点目は、「有望技術の精査普及」。最近、政府の経済協力インフラ戦略会議などでは盛んに「質の高い日本の技術」ということが言われている。この考えに基づき海外展開を進めるためには、日本が勝てる技術分野を選択する必要がある。逆に言うと、安価な現地調達可能な技術で足りる水ビジネスの場合には、日本には価格競争力がないという現実がある。商売の基本だが、相手が買いたくなる技術を売ることが必要である。

表1.1.5　成功の判断基準の差異

民間企業	利益確保、出資金回収	
民間銀行	利益確保、貸付金回収	
JBIC	貸付金回収、出資金回収	国際競争力向上等の**政策的意義達成**
JICA		
技術協力・無償資金協力		経済協力等の**政策的意義の達成**
有償資金協力	有償資金協力では、法律上は償還確実性の原則や収支相償の原則がないが、貸付金回収は必要。	経済協力等の**政策的意義の達成**

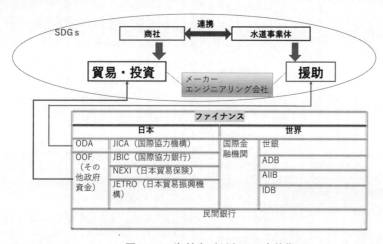

図1.1.1　海外水ビジネスの全体像

　六点目は、「評価判断基準の違いの認識」。プロジェクトが成功することについて、関係者ごとに評価する基準が異なるということを、あらかじめよく認識した上で評価を行っていく必要がある。例えば、利益確保や資金の回収に重点を置くグループと政策的意義の達成に重点を置くグループでは、成功の判断の考え方が異なる（**表1.1.5　参照**）。

　七点目には「その他」として、さまざまな機会の活用ということを述べている。「アジア・太平洋水サミット」などの機会を活用して、わが国の水ビジネス関係者が積極的な取組み姿勢を示すことが大切であると考えている。

　最後に、海外水ビジネスの全体像を図1.1.1にまとめた。左の貿易・投資と、右の援助との違いをよく認識した上で、海外水ビジネスを幅広く捉えて考えること、それから、それぞれの関係、主体間の連携が必要だと述べている。

1.1.3　3年目以降の活動

　3年目以降は、研究会が提言したストラクチャーモデルの具体化に向けて、ベトナムワーキンググループ（WG）、規制改革・自由化・PPP・民営化WGを設け、海外ビジネスのさらなる検討を進め（表1.1.6　参照）、「水道公論」への活動成果の発表と合わせてフォローアップ活動を展開することにした。

表1.1.6（1）　3年目の活動内容①

回	年月日	会議の種別※	講師 （敬称略）	テーマ
1	2019/9/19	定／ ベトナム	—	会議の運営方針
2	2019/9/30	名古屋報告会	山村　尊房 工藤　克典 宇野　安	海外水ビジネスの推進に向けた提言と海外水ビジネスの動向について
3	2019/10/17	定／ 規制改革	—	会議の運営方針
4	2019/11/16	京都報告会	山村　尊房 工藤　克典 森本　達男	インフラ産業関連事業者向け海外展開の意義 〜海外水ビジネス研究会からの京都提言〜
5	2019/11/21	ベトナム	鈴木　康二	ベトナムでの水ＰＰＰ事業受注に必要なベトナム側と日本側の対応
6	2019/12/18	神戸報告会	山村　尊房 工藤　克典 山口　岳夫	日本の海外水ビジネスの発展に向けた提言
7	2019/12/19	規制改革	工藤　克典	旧3公社5現業の改革
			今井　茂樹	ヤーギンの「市場対国家」
8	2020/1/16	ベトナム	鈴木　康二	ストラクチャーモデルの展開戦略
9	2020/2/20	規制改革	外部講師	電力事業における規制改革・自由化、電力会社の事業展開、その他電力の品質・経済性、環境特性
10	2020/5/15	準定／ ベトナム	山口　岳夫	ベトナムでの水道関連プロジェクトの整理結果の報告
11	2020/6/20	準定	今井　茂樹	気候変動問題への取組み
12	2020/7/16	定	工藤　克典	国際金融機関について
			安間　国明	ＡＤＢからの情報収集報告
13	2020/8/20	準定	富岡　透	主要水道事業体の今後の展望
14	2020/9/10	幹	安間　国明	ベトナムＩＦＣとの会議報告
15	2020/9/17	定	工藤　克典	主要水道事業体等の財務諸表分析
16	2020/10/1	財務分析	—	方針の説明
17	2020/10/15	定	外部講師	ガス事業に関する勉強会
18	2020/11/5	財務分析	工藤　克典	財務分析作業チーム発足の経緯
19	2020/11/19	定	工藤　克典	財務比較分析（財務分析の全体像、4時価総額、ＰＢＲ、ＰＥＲ分析、東京都とニューヨーク市の上下水道事業体の比較）
20	2020/12/3	財務分析	—	時価総額比較等について
21	2020/12/17	定	森本　達男	シュタットベルケ(Stadtwerke)について

表1.1.6（2）　3年目の活動内容②

回	年月日	会議の種別※	講師 （敬称略）	テーマ
22	2021/1/7	財務分析	工藤 克典	総務省主導の経営比較分析、4主要事業体の2期比較分析、国内のグローバル企業と日中韓米6社の財務比較分析
23	2021/1/15	幹	工藤 克典	ＩＰＰ等比較表とＰＰＩＡＦ等比較表
24	2021/1/21	準定	工藤 克典	財務比較分析（水道事業体の経営指標分析、アジアの水道事業会社の財務比較分析）
25	2021/2/4	財務分析	安間 匡明	政府機関の株式会社化と株式会社化された特殊会社の資本負債構成に関する分析結果
			工藤 克典	財務分析作業チームの提言につながる検討のたたき台
26	2021/2/19	準定	安間 匡明	ＡＤＢのウズベキスタンＰＰＰ案件への取り組み状況
			工藤 克典	国際開発金融機関の資金調達状況
27	2021/3/4	財務分析	安間 匡明	政府機関の株式会社化と株式会社化された特殊会社の資本負債構成に関する分析結果
			工藤 克典	財務分析作業チームの提言につながる検討のたたき台
28	2021/3/18	準定	山村 尊房	インドネシアの水道とＰＰＰプロジェクトについて

※定：定例会、準定：準定例会、幹：幹事会、ベトナム：ベトナムWG、規制改革：規制改革・自由化・
　ＰＰＰ・民営化WG、財務分析：財務分析WG

　この中で、ベトナムに焦点を当てたのには、いくつかの背景がある。まず、ストラクチャーモデルの具体化を検討する地域として東南アジアを選定し、その中で重点国としてタイ、マレーシア、インドネシア、フィリピン、ベトナムを選定した。ASEAN（Association of South - East Asian Nations：東南アジア諸国連合）の10カ国の中で、東アジア地域包括的経済連携（Regional Comprehensive Economic Partnership Agreement：RCEP）、環太平洋パートナーシップ（Trans-Pacific Partnership Agreement：TPP）の双方に参加しているのはベトナム、マレーシア、ブルネイ、シンガポールだが、マーケットの大きさや経済の成熟度などの観点から最も注目されているのはベトナムである。2018年のデータになるが、ベトナムの人口は9,554万人、ASEANで3位である。1人当たりのGDP（Gross Domestic Product：国内総生産）は2,551USドルで8位だが、実質GDP成長率は7.1％で2位である。ASEANの中でトップクラスの成長率を誇っていることが伺える（詳細は2.1　なぜ今アジアなのか　参照）。

　加えて法整備の状況も勘案してベトナムに着目した。ベトナムは、アジアでPPP法令が制定されている珍しい国であり、英訳も行われている。アジアでPPP法令があるのはインドネシアとベトナムのみ、PPP法令が英訳されているのはイランとベトナムのみである。さらに、日本の水道関係者にはベトナムの技術協力に携わった方が多い一方、日本を訪問し研修を受けたベトナム側の水道関係者も多く、人的なネットワークが構築されている。

これらのことを勘案して、ベトナムでストラクチャーモデルの具体化を検討することとしたわけである。新型コロナ禍の中で生じた問題については序文の中で述べたが、こうした悪条件下にも関わらず、まとめられたベトナムWGの成果は、ベトナムにおける事業展開の事例についての2社（神鋼環境ソリューション及びJFEエンジニアリング）からの紹介を含め、2020年7月以降の水道公論にベトナム座談会を含めて5回にわたり掲載した。

　具体的には、ベトナムWGでは、PPPビジネスにおける①受注体制づくり、②受注、③現地政府とのPPP契約取りまとめ、④建設、⑤運営、⑥ダイベストメント（撤退）の各段階の課題を明らかにした上で、2020年6月に制定されたPPP法の内容も踏まえつつ、これらの課題解決に向けた方策を提言した。さらには、ベトナムの関係者の生の声や現地の事情を踏まえ、PPP法に依らない現地企業と連携したビジネスモデルの必要性も提言している。このほか、2009年からベトナムに進出し、ODAやローカルの水道公社向けの設備の導入を含めて50〜60件の案件を受注している神鋼環境ソリューションの取組み事例、ベトナムの現地企業の増資を引き受け、株式の3.87％を取得し、ベトナムの水ビジネスに本格参入するJFEエンジニアリングの戦略も紹介することができた（山村尊房：W＆E研究所、工藤克典：貿易投資金融アドバイザー）。

●海外水ビジネスの眼● ①

水と石油とインフラ

　日本語には「水と油」という言い回しがある。性質が違うため相互に馴染まず交わらない状態を表し、互いに気が合わず反発しあって仲が悪い人間同士の例えとされる。なるほど、確かに水と油は混ざり合わないだけでなく、いろいろと違う。人は水を飲むが、ふつう油は飲まない。火に水をかければ、火は消える。だが、火に油を注ぐと、さらに激しく燃え盛ってしまう。そもそも、油は燃えるが、水は燃えない。しかし、水と油は、その物性が異なるとはいえ、考えてみると似ているところもある。油を、石油という意味とすれば、案外類似している点があることに気付く。そう、水も石油も、人々の生存や生活にはなくてはならない大切な天然の資源だ。

　水は、人の生命の保持に必須であることに加えて、古くから農業生産に必要であったし、近代以降は、産業用にも重要性が増した。石油は、20世紀に入ってからは、生活と産業に必要不可欠なエネルギーと素材を提供するようになった。水と石油が、世界中の人々の今日の豊かな生活に必須なことは明らかだ。

　ところが、この大切な天然資源である水と石油は、地球上であまねく等しく賦存しているわけではない。偏在しているのである。石油の埋蔵が一部の産油国に偏っていることはよく知られているが、水も然り。これも水と石油の共通点だ。

　現在は、地球上の人口の4人に1人が、悲惨な水不足に直面していると言われている。歴史的には、特に治水面で政治との関わりが深かった水であるが、今や石油と並んで、希少で経済価値も高い資源なのではないか。であるならば、今なお世界の政治や経済への石油の影響が大きいように、水もまた、世界で再び政治と経済との関わりや影響力を強めているのではないか。

　ところで、水と石油から連想が働くのは次世代エネルギーとして注目される水素だ（水と水素は違うので、あくまでも連想）。水素エネルギーは、技術的に、そしてコスト的に、また、水素の製造→輸送→貯蔵→利用までのバリューチェーンにおけるインフラ投資の面でも、まだまだ課題が山積だ。しかし、なんと言っても、石油や天然ガスにも匹敵するくらい壮大で、しかも地球環境への負荷が低い夢のようなエネルギーシステムである。全体のプロセスの中のほんの一部とは言え、家庭用燃料電池や燃料電池自動車は、すでに実用化されている。日本各地では「水素タウン」の実証も行われている。海外で低廉なエネルギー源を利用して水素を製造し輸入するという水素サプライチェーン構想は、調査の段階にある。水素を直接燃焼させて発電する水素発電の開発とともに、海水と淡水の浸透圧差を利用して発電をする浸透圧発電システムの開発も進んでいる。

　では、水と石油、金融面ではどうだろうか。なんらかの類似したところはあるだろうか。インフラ開発・運営のために必要な資金を供給する手法にプロジェクトファイナンスという手法がある。もともとは、銀行が、石油会社の開発・生産事業を対象に融資する際に、オフバランスとなるように編み出した手法と言われている。民間の石油会社は、石油の開発・生産に必要な巨額の資金を銀行から調達したくても、自らのバランスシートを使って借入れるのには限度があった。

　この石油や天然ガスの開発・生産に用いられた金融手法が、今は民間企業によるインフラの開発・運営に用いられるようになった。海外では、多くの先進国や新興国で、民営化や官民連携のインフラ事業の場合は、発電事業、道路事業、空港事業、鉄道事業、港湾事業のほか、水道事業でも用いられてきた。

　「水と油」には、殊の外、似た面があるのである。

（寿司好）

1.2 海外水ビジネス研究会の主要な成果

　海外水ビジネス研究会では、2017年7月の発足以来、ストラクチャーモデルの検討を進める一方、毎月の定例会での成果を基に、水道公論誌上で金融関係の基礎知識を上下水道関係者に解説するとともに、経済協力インフラ戦略会議など国や上下水道以外の分野におけるインフラビジネスの動向を解説。さらに、国内の主要4水道事業体と他のインフラ公益事業者等、3大水メジャー、米国の民間水道事業会社、ニューヨーク市上下水道システム、中国・韓国の企業との財務比較分析を行った。これらも研究会の重要な成果である。

　本章では、その主要な成果のうち、経済協力インフラ戦略会議等の動向、海外水ビジネスに関する商社の動向、財務比較分析の経緯及びその成果、資金調達に関する基礎知識の解説を掲載する。また、ビジネスを展開する上で競合先となる企業の特徴を理解し、ターゲットとなる市場を選定することは必要不可欠だが、事業規模の観点から水ビジネスを三つの分野に区分し、それぞれの分野に求められる能力や戦い方を検討した成果も掲載する。

　まずは、海外水ビジネスに取り組む上で重要となる日本政府等の動向を解説する。

1.2.1　経済協力インフラ戦略会議等の動向

　官邸主導の経済協力インフラ戦略会議は、海外インフラ輸出・投資の司令塔とも言われるが、その動向に加えて、海外インフラ展開法など最近の重要な動きを鳥瞰する。

1.2.1.1　経済協力インフラ戦略会議の動向①

（1）はじめに

　わが国の海外水ビジネス政策について、現在、最も重要な会議は、この経済協力（経協）インフラ戦略会議である。本稿では、質の高いインフラの海外展開を強調するこの会議の全貌とその中での水の取り扱いについて解説する。水については、上下水道など個別の所管省が会議事務局と連携してまとめている。

（2）経済協力インフラ戦略会議について

　経協インフラ戦略会議（議長：内閣官房長官、事務局は内閣官房、第1回は2013年3月でミャンマーがテーマ）は、安倍政権の3本の矢である①大胆な金融政策、②機動的な財政政策、③民間投資を喚起する成長戦略のうち、3番目の成長戦略の一環となるインフラシステム輸出戦略で設けられたものである。輸出とあるが、海外投資、海外事業を含む。

　官邸のHPを見ると、議長は内閣官房長官、構成員は副総理兼財務大臣、総務大臣、外務大臣、経済産業大臣、国土交通大臣、経済再生担当大臣兼内閣府特命担当大臣（経済財政政策）である。上水道所管の厚生労働省、浄化槽所管の環境省は構成員になっていないが、水がテーマの時には連携している。なお、内閣府の事務局は、経済産業省と国土交通省出身者が中心と言われている。

　開催目的は、「世界各地の現場では働く邦人の安全を最優先で確保しつつ、わが国企業によるインフラシステムの海外展開や、エネルギー・鉱物資源の海外権益確保を支援するとともに、わが国の海外経済協力（経協）に関する重要事項を議論し、戦略的かつ効率的な実施を図るため」となっており、インフラシステムの海外展開をエネルギー・鉱物資源の海外権益確保と一体で推進することになっていることが注目される。2010年に10兆円のインフラ輸出を2020年に30兆円に増やす目標である。

（3）初めて水を取り上げた第38回経協インフラ戦略会議（2018年7月27日開催）

　2013年3月の第1回会議以降、それほど間を置かず、毎年6回ないし7回の会議が開催され、5年目の2018年7月27日の第38回会議で初めて「水」をテーマにした（それまでは、①インフラ輸出重点国‐インド、ミャンマー、インドネシアなど、②主要産業分野別、③ODAなどがテーマでその中で水についても触れられている程度だった）。

　なぜ、このタイミングで水を取り上げたのかについては、①国会で継続審議となり注目されていた水道法改正案の動向、②皇太子殿下が出席された東京でのIWA世界会議の開催（2018年9月）に加えて、③自民党総裁選挙における安倍首相3選のための政治的アピールにもなる（水はクリーンなイメージ）ことが考えられる。さらには、①から③の理由から、所管の分かれる水関係担当官庁の足並みがようやくそろったことなどが考えられる（電力鉄道情報通信など主要産業分野別では水は最後の12番目）。

　なお、その後の第39回会議は、安倍首相訪中前の2018年10月17日に「第3国連携」がテーマで開催されている。

　第38回会議の公表資料は二つ、3枚紙（サマリーで説明資料）と29頁の本文（海外展開戦略（水））の2種類であり、海外水ビジネスにも、公的支援を含めて積極的に取り組んでいくことが強調されている。

1）サマリー

　サマリーの概要は次のとおりである。

　①海外の水関連インフラ需要が電力・通信にも増して大きいことを強調している（実需が本当に

大きいかどうかは別問題）。

　②公的援助の活用のほかに公的支援の拡充も重要ということで、公的援助と別項目になっている。

　③海外での水事業は引き続きODA（JICA）が重要なツールであることが強調されるとともに、JBIC、NEXI、海外交通・都市開発事業支援機構（Japan Overseas Infrastructure Corporation for Transport & Urban Development：JOIN）等の投融資支援も重要とされている（海外水ビジネス研究会のストラクチャーモデルの考え方とも合致している）。

　④2018年７月に始まったJBICの質高インフラ環境成長ファシリティ（新規ファシリティ）にも言及し、大きな役割を期待している。

　初めての試みであると思われる「日本の海外水ビジネスの全体像」として、良くまとまっていると思われる。なお、主要公的支援プレーヤーであるJICA及びJBICの2018年年次報告書に基づく決算状況、財務構造などは**表1.2.1**のとおりである。

表1.2.1　JICAとJBICの2018年３月末貸借対照表比較

（単位：億円）

JICA（独立行政法人国際協力機構）海外事務所95（含支所25）			JBIC（株式会社国際協力銀行9 3地域統括、16駐在員事務所）		
一般勘定（旧JICA）			資産 180,121	負債 154,656	
資産 2,713	負債 2,053		貸出金 135,137 うち投資金融 114,630	社債 43,888	
現預金 1,982			投資 1,371	借入金 83,708	
	純資産 661 うち資本金 625	自己資本比率 24%	支払承諾見返（保証）22,594	支払承諾 22,594	
有償資金協力勘定（旧OECF）				純資産 25,465 うち資本金 17,652	自己資本比率 15%
資産 122,789	負債 26,652				
貸付金 120,050 うち海外投融資 131	債券 7,031				
投資有価証券 47	借入金 19,115				
関係会社株式 435※	純資産 96,137 うち資本金 80,374	自己資本比率 78%			

２）本文

　本文（海外展開戦略（水））は大作である。

　構成は、総論、具体的施策、地域別取組方針（まずASEAN地域）となっている。本文中には次のとおり海外水ビジネスのキーワードが網羅されている。

・SDGs：最初に出てくる。５頁のSDGsにおける水の取組みの重要性が指摘されている。

・自治体：９ページの表、22頁の表に商社と共にプレーヤーとして記載されている。

・商社：水ビジネスに取り組む（（参考）２参照）　９頁及び22頁の表に自治体と共にプレーヤーとして記載。

・丸紅：商社で最も水ビジネスに注力。27頁の海外パートナーとの連携の中に産業革新機構と共に取り組んだチリの例が出ている。

・JBIC：日本の貿易投資金融支援の中心であるが、29頁の公的支援の拡充の中にあるのは、質高インフラ環境成長ファシリティのみ（他の拡充策は国土交通省の下水道技術海外実証事業な

ど）。

・浜松市の例：24頁の国内での知見の蓄積の中に国内でのコンセッションの事例として出ている。

・上水道：15頁。オゾン処理・膜処理の機器等の素材や部材に強み。

・海水淡水化：16頁。逆浸透膜やポンプ、省エネ、省コスト型淡水化プラント等に強み。

・下水道：17頁。汚水・汚泥処理技術や管路の施工・更生技術において優位性あり。

・浄化槽：18頁。2014年以降、急速に海外での浄化槽設置基数が増加。

3）留意点

　①水ビジネス需要は、ADBの需要予測ではなく、経済協力開発機構（Organization for Economic Co-operation and Development：OECD）の予測を用いており（7頁）、水需要が電力や通信よりも多くなっている。

　②プロジェクトファイナンスの重要な要素、セキュリティ・パッケージの重要ファクターである準ソブリンと為替リスク対策に触れられていない。

　③水のODA（調査、技術協力）には、資源エネルギーのように探鉱（調査）から開発（経済性あり）への移行がない。ODAも開発移行（バトンタッチ）があってこそ、事業価値が出てくるのではと思う。

　④自治体と商社が並んでいる表が二つ（9頁と22頁）あるが、どう連携するべきか（役割分担）触れられていない。この点については、以下の日本貿易会のレポート「SHOSHAいま」（日本貿易会HP抜粋）が参考になる（商社がとりまとめ、事業運営、自治体がO&M、生産維持）。

　「日本企業が『和製水メジャー』として飛躍するためのカギは、水道の運営管理ノウハウを持つ自治体。水道の民営化が進んでいない日本では、民間企業には水道事業の運営管理の実績はほとんどない。その一方、日本の自治体が運営管理する水道の品質は世界のトップレベル。個々の企業が持つ技術や資本力と、自治体の優れた運営ノウハウを組み合わせれば、水ビジネスの競争力は格段に高まり、現在の水メジャーに匹敵する大規模なビジネス展開ができるだろう」[1],[2]。

　「海外での水事業プロジェクトには、水処理器メーカーが『部材・部品・機器製造』を、エンジニアリング企業が『装置設計・組み立て・建設』を、商社などが『事業運営・保守・管理』と分野ごとに業務を担当するという形で参画。事業運営・保守・管理という、いわば最後の業務を担当するのが商社だが、この商社が実際には、プロジェクトの先導役となっている場合がほとんど。水事業を含めたさまざまな事業を世界で展開してきた商社は、世界各地の地域特性を熟知しており、国際的な資金調達のノウハウがあり、提携可能な多くの企業とのコネクションを持っていることから、プロジェクト全体を取りまとめるリーダーとしてふさわしい存在」[2]。

　このように商社が自治体と組んで海外水ビジネスをする可能性も書かれている。

　また、広田幸紀は、日経経済教室「インフラ輸出の課題」で、「機器輸出からPPP・事業型投資への転換は、日本の強みを生かす道」、「上下水道などの運営経験が豊富な自治体を巻き込むことも有効」などと述べている[1]。

⑤サマリー３枚目の最後に取り組むべき重点プロジェクトとして次の５つが出ている。

南アフリカ（淡水化）、サウジアラビア（淡水化）、ミャンマー（ティラワ）、フィリピン（マニラ首都圏西地区）、米国（耐震形水道管の供給）。

（４）インフラシステム輸出戦略について

インフラ輸出戦略は、経協インフラ戦略会議のマニュアルでプログレスレポートでもある。

水のみならず、インフラ輸出全般に係るもので、2013年５月に初めて作成（30頁）され、毎年改訂されている。2018年（平成30年）改訂版（最新70頁）は同年６月７日に決定された。これに合わせて、24頁のフォローアップシートも作成され、担当省庁、JICA（67項目）、JBIC（14項目）等の取組み状況がわかるようになっている（大部分の項目が推進中で、措置・実施済みは13頁の４件、18頁の３件の計７件のみ。ファイナンス関係のものはない）。

上下水道分野は、④として44、45頁に７項目あり、いずれも推進中である（ちなみに③は宇宙分野、⑤は廃棄物分野）。

（５）印象

経協インフラ戦略会議は、精力的にインフラ輸出を推進してきているが、具体的成果はまだあまり出てきていないように思える。

支援の中心はやはり従来通りODAで、他の支援手段にも触れられているものの、それほど具体化していない印象である。海外ビジネスについては、貿易・投資支援を中心とした公的支援の枠組みをもっと重視・強化すべきと思う（工藤克典：貿易投資金融アドバイザー）。

【参考文献・URL】

1）広田幸紀（2018）「経済教室　インフラ輸出の課題」『日本経済新聞』2018.9.24
2）日本貿易会「SHOSHAいま　水ビジネス」
https://www.jftc.or.jp/shosha/activity/now/water/detail.html　（2021.1.25閲覧）
3）柴田明夫（2012）『水で世界を制する日本』PHP研究所

1.2.1.2　経済協力インフラ戦略会議の動向②

（１）はじめに

水道公論2019年１月号に海外水ビジネス研究会メンバーによる「海外水ビジネスの要点を探る」がスタートし、その第１回として「経済協力インフラ戦略会議の動向」を執筆した（36頁から39頁）。2018年７月27日開催の第38回会議で「水」がテーマとなり、そのことを中心に執筆した。

その後この会議は11回開催され（2020年12月10日現在）、今後の新戦略策定に向けて識者による懇談会も設置され、2020年７月９日の第47回会議では、インフラシステム輸出戦略フォローアップ第８弾（毎年１回リニューアル）、インフラ輸出に関する新戦略の方向性、新型コロナウイルス感染症に関する日本医療研究開発機構（Japan Agency for Medical Research and Development：

AMED、2015年4月1日設立）の活動などが取り上げられた。第48回会議では新戦略への取組みが菅首相により報告され、第49回会議で新戦略（インフラシステム海外展開戦略2025）が決定された。

（2）経協インフラ戦略会議の推移及び動向

　今回も官邸HPの情報に加え、報道等を分析し筆者の感想を加えてまとめた。

　①経協インフラ戦略会議の発足後8年間の推移、②2020年2月開催の第46回会議の模様、③懇談会の設置、④5カ月ぶりに開催された7月開催の第47回会議の模様、⑤新戦略を議論及び決定した第48回と第49回会議の模様の5点である。

1）経協インフラ戦略会議の発足後8年間の推移

　この8年間で取り上げた国・地域、重要分野、テーマ、戦略は次のとおりであるが、いずれも網羅的であり、議論が出尽くしている感じがする（表1.2.2　参照）。

　【国・地域】個別の国では注目国のミャンマー、インド、インドネシア、中国。地域では、中東・北アフリカ、アフリカ（TICAD VとⅥ）、ASEAN、中南米、北米、メコン、中央アジア、先進国、中央アジア、コーカサス。

　【重要分野】鉄道、都市開発、不動産開発、物流、航空、建機等、港湾、空港、道路、情報通信、新分野として宇宙、農業・食品、医療、さらに環境、水、防災。

　【テーマ】「日本方式」普及、都市インフラ輸出、官民連携、面的開発、第3国連携、都市開発（スマートシティ）、PPP・現地パートナー。

　・「日本方式」は、環境・効率・安全等の性能で高い競争力を持ち、インフラシステム輸出の促進に資するわが国の先進的な技術・制度と説明。

　・「面的開発」は、都市基盤、産業基盤、それらを結ぶ交通基盤を含めた総合的な開発事業と説明。

　【戦略】基本的な方向性、インフラシステム輸出戦略（毎年1回フォローアップ）、ODA大綱、質の高いインフラパートナーシップ、政策パッケージ。

表1.2.2　経協インフラ戦略会議開催の推移

年目	年	開催回数	国・地域	重要分野	テーマ	戦略
1	H25(2013)	7	ミャンマー、中東・北アフリカ、TICAD V、アセアン		「日本方式」普及	基本的な方向性 インフラシステム輸出戦略①
2	H26(2014)	7	インド、中南米、北米、ミャンマー	防災	都市インフラ輸出	ODA大綱 インフラシステム輸出戦略②
3	H27(2015)	8	インドネシア、メコン、中央アジア	鉄道	官民連携	インフラシステム輸出戦略③
4	H28(2016)	6	インド、アフリカ、TICAD VI、アセアン	情報通信	面的開発	質の高いインフラパートナーシップ インフラシステム輸出戦略④
5	H29(2017)	6	先進国、インド、中国、アセアン	新分野、不動産開発、都市開発、物流、航空、建機等		政策パッケージ インフラシステム輸出戦略⑤
6	H30(2018)	6	中央アジア、コーカサス	資源エネルギー、防災	第3国連携	インフラシステム輸出戦略⑥
7	H31(2019)	4		環境	都市開発（スマートシティ）	インフラシステム輸出戦略⑦
8	R2(2020)	3			PPP/現地パートナー	インフラシステム輸出戦略⑧ 懇談会設置
	計	47				

２）第46回会議の模様

2020年２月の第46回会議ではPPPと現地パートナーをテーマとした。

膨大なインフラ資金需要、対外公的債務増による公的対外借款への消極姿勢、ODA卒業国の増加見込みから、官民連携（PPP）でのインフラ整備・運営への対応が必要であり、かつODAと並ぶわが国の主要な外交手段としても有意義としている。

また、民間企業の競争力を向上させるため、現地パートナーとの連携促進や公的金融の制度改善、戦略的な取組みを積極的に進めるとした。

３）懇談会の設置

2020年２月に発足した懇談会（座長：日本総研・高橋進氏）は、経団連（開発協力推進委員会）代表、貿易会代表、製造業代表、エコノミスト代表、学者代表などの９名のメンバーで構成されている。インフラ海外展開に関する新戦略の方向性について３回意見交換があった。

４）第47回会議の模様

第47回会議は2020年７月９日に行われた。５カ月ぶりの開催である。石炭火力への対応とコロナ禍のためにずれ込んだと思われる。

８年前（2013年）の経協インフラ戦略会議発足時には、2020年にインフラ輸出30兆円が目標で、2018年には23兆円を達成するも、コロナ禍で2020年に年間25兆円でも達成が難しくなってきている。

2020年内に５年後の2025年におけるKPI（Key Performance Indicator：重要業績評価指標）を策定することとしているが、コロナ対応（現地に行ける機会が減るため、従来以上に信頼できる現地パートナーが極めて重要になる）も含めて説得力ある具体策ができるかがポイントとなる。

国内石炭火力の休止・廃棄の具体化に伴い、あわせて海外石炭火力案件の公的支援が総合エネル

ギー調査会とともに、経協インフラ戦略会議でも重要なテーマとなっている。

　いくら高性能のプラントに限定しても石炭火力輸出の公的支援を日本が継続することが、気候変動問題への対応の観点から、国際的にどう評価されるかに留意が必要となる。

５）新戦略を議論・決定した第48回及び第49回会議の模様

　経協インフラ戦略会議は、菅政権になっても継続され、2020年10月27日に菅政権第１回（通算48回目）の会議が「インフラ海外展開に関する新戦略の策定に向けて」を議題に行われたが、議長の加藤官房長官をはじめ、関係大臣・副大臣による各省の取組み姿勢に関する発言のみだったようである。例えば、加藤官房長官は、「2050年カーボンニュートラルに経協インフラの面でも貢献していく」などと発言した。

　2020年12月10日に行われた第49回会議（菅政権第２回）では、インフラシステム海外展開戦略2025が決定された。表1.2.3のとおり、2025年の年間受注目標はデジタルを中心に34兆円となっている。

表1.2.3　2025年のインフラシステムの受注額の目標[1]

内訳＼年度	2018年（実績）	2020年（推計）	2025年（目標）	2025年－2020年	備考
ユーティリティ	－	6兆円	7兆円	1兆円	公益事業（電気・ガス・水道）
モビリティ・交通	－	6兆円	8兆円	2兆円	
デジタル	－	7兆円	11兆円	4兆円	重点分野
建設・不動産	－	3兆円	4兆円	1兆円	
生活サービス	－	3兆円	4兆円	1兆円	
計	25兆円	25兆円	34兆円	9兆円	「2020年に約30兆円」の目標あるもコロナの影響で未達

（3）まとめ

　2020年中（「年末に向け議論を進める」とスケジュールについてはややあいまいな書き方）に、この８年間の集大成として、５年後の2025年における具体的数値目標であるKPIが経協インフラ戦略会議で示されるということであり、その内容が注目される。

　新政策の具体的施策の柱（新戦略骨子）は次のとおりである（第47回経協インフラ戦略会議配布資料に一部追記）。また、１）以下に項目ごとの施策を記載する。

【コロナ対応をスピード感を持って集中的に推進】

　①医療インフラ投資推進、②保健・公衆衛生等分野での付加価値付け、③海外インフラ中断案件への対応、④サプライチェーン整備、⑤デジタル変革への対応（１）に記載）

１）質の高いインフラシステムの実現に向けたデジタル変革への対応

　▽デジタル技術活用案件の形成支援強化、カタログ等により戦略的発信の強化、▽次元の違うス

ピード感が求められるデジタル案件への政策支援のあり方の検討、▽わが国企業のDX（デジタルトランスフォーメーション）、強みが活かされるフィジカルデータの活用の推進、▽プラットフォーム型のビジネスモデル構築、５Gに係る製品・システムの海外展開の後押し、▽大阪トラック（G20大阪サミットにおいて立ち上げ）の下、DFFT（データ・フリー・フロー・ウィズ・トラスト：信頼性のある自由なデータ流通）に基づくデジタル経済に関する国際ルール作り加速

２）質の高いインフラの推進と社会課題解決への貢献

　▽大阪サミットで合意された「G20原則」（体系的に整理されているが具体的ではなくわかりにくくなってきている）の普及・定着及び個別のプロジェクトにおける実践の推進、▽複合領域に跨る面的なインフラ開発の推進、連続的に事業を推進するモデルの構築、▽コンサルティングの質確保に向けた環境整備、現地情報収集体制の強化、▽多様なインフラニーズ（医療、廃棄物処理、水、防災、エネルギー、物流等）にきめ細かく対応（水にもきめ細かく対応することになっている）、▽中堅・中小企業、スタートアップ企業、地方自治体の海外展開支援、▽国際標準化、法令・制度整備支援、現地人材育成の戦略的実施、▽環境性能の高いインフラの海外展開の推進により、環境と成長の好循環の一層推進、▽上流の協力強化や公的金融等の改善、再エネの対応力強化等に加え、送配電、水素、CCUS（Carbon dioxide Capture and Storage）／カーボンリサイクル、一部の原子力等革新的技術の育成強化含め、官民一体となったパッケージ型提案力強化、▽スマートシティ、MaaS（Mobility as a Service）について、省庁間連携、官民対話強化し、国内外一体の取組み推進

３）「自由で開かれたインド太平洋戦略（FOIP）」等外交課題への対応

　▽自由で開かれたインド太平洋戦略（Free and Open Indo - Pacific Strategy：FOIP）実現等に向け優先順位の高いインフラ案件への公的支援スキームの戦略的活用（日米豪公的金融機関の連携）、▽外国政府及びその関係機関・企業、国際開発金融機関（Multilateral Development Banks：MDBs）、その他国際機関等、多様なアクターとの連携強化、▽海洋産業協力の深化（船舶の輸出促進や官公庁船、港湾整備・運営等のインフラ海外展開推進）

４）わが国企業のグローバル化への対応の強化（CORE JAPANの推進）

　（コアとなる技術・価値やプロジェクトの主導権を確保しつつ、グローバルパートナシップを実現）
　▽設計・研究開発拠点のグローバル展開支援、パートナー国企業との連携、協業の具体化と案件組成の推進、▽次世代技術の開発、インフラ分野の技術革新、事業モデルの実証等の推進、▽わが国企業による出資・M&A支援及びわが国企業が必要とする人材育成の強化、▽国内の産業戦略と一体となった将来戦略の策定、分野別・地域別戦略のバージョンアップ

５）わが国の優位性または将来性のある領域・ビジネスモデルに関する取組みの強化

　▽O&M支援案件の積極的推進、わが国オペレーターの育成、投資事業運営を行う企業への支援、▽PPP組成・受注に向けた戦略的取組みの推進、コンサルティング機能の強化、▽円借款の戦略的

活用及び迅速化の徹底、さまざまなメニュー組合せによるパッケージ提案、▽公的金融機関等の柔軟な対応、積極的リスクテイク（JICA海外投融資の利便性向上に係る検討含む）、▽民間資金の一層の動員、債権流動化に向けた取組みの改善・強化

6）エネルギー・資源分野との連携

▽インフラ海外展開や経済協力と連携したエネルギー・資源安全保障の確保（エネルギーインフラについては、2）に記載）

インフラシステム海外展開戦略2025（2021年12月10日、経協インフラ戦略会議決定）は、149頁から成る大作である。その第4章に地域別取組方針があり、その最初にASEAN地域がある。

その中で、「1万2000社に上る日系企業（事務所数）が進出し、サプライチェーンを形成している『ASEAN』グループ」を最も重要としており、「サプライチェーンの強化によるわが国進出企業の支援や『さらに幅広い』産業の進出を促す等、『FULL進出』をキーワードに取り組んでいく」とし、ASEAN地域の「インフラ整備はPPPによる推進が主流化傾向」と述べている。

また、「ベトナムでは、早期に近代的な工業国になるための基礎を作るとの目標のもと、インフラ整備に重点が置かれており、戦略的に重要な基幹インフラ及び都市の健全な発展を支える都市交通網整備、下水排水施設整備、廃棄物処理システムの構築、製油所等石油インフラの整備、巡視船供与、航空交通管制システム整備等のハード面の整備を支援するとともに、インフラの維持管理・運営に係る人材育成、質の確保、制度の整備等の課題に適切に対応していく」としている（工藤克典：貿易投資金融アドバイザー）。

【参考文献・URL】

1）内閣官房副長官補付「インフラシステム海外展開戦略 2025 概要」第49回経協インフラ戦略会議資料

https://www.kantei.go.jp/jp/singi/keikyou/dai49/gijisidai.html （2021.1.25閲覧）

1.2.1.3　海外水ビジネスに関わるその他の動き

経協インフラ戦略会議のほかにも、次のとおりさまざまな海外水ビジネスに関連する動きがある。

①水循環基本法に基づく水循環基本計画が2020年6月16日に閣議決定された。

その中では、「5．国際的協調の下での水循環に関する取組の推進」があり、水ビジネスの海外展開の中には、「わが国の企業及び地方公共団体による水ビジネスの積極的な海外展開を推進する」とある。「地方公共団体による」と地方公共団体にも政府ベースでは海外展開推進を求めていることが注目される。

②2018年8月31日には海外インフラ展開法が施行、国土交通省の基本計画が公表され、水資源機構や日本下水道事業団（JS）がインフラシステムの海外展開を支援することになった（表1.2.4参照）。両法人は、電力会社の海外展開の先兵となった電源開発（J-POWER）のような役割を水

ビジネスで演じ得るであろうか？

表1.2.4　海外インフラ展開法（抜粋）

正式名称	水資源機構関係(第5条)	日本下水道事業団関係(第8条)
海外社会資本事業への我が国事業者の参入の促進に関する法律（平成30年（2018年）法律第40号、2018年8月31日施行）	水資源機構は、この法律の目的を達成するため、基本方針に従って、水資源の開発又は利用であって海外において行われるものに関する調査、測量、設計、試験、研究及び研修の業務を行う。	日本下水道事業団は、この法律の目的を達成するため、基本方針に従って、下水道の整備に関する計画の策定若しくは事業の施行又は下水道の維持管理であって海外で行われるものに関する技術的援助の業務を行う。

③2014年に設立されたJOINは、海外交通・都市開発事業を支援する官民インフラファンドであるが、国土交通省もサポートし、業務を拡大する動きがある。海外水ビジネスまで手掛けるファンドになれるであろうか？

④海外水ビジネス研究会は、水の安全保障戦略機構（チーム水・日本）の行動チームにもなっているが、同機構も、経協インフラ戦略会議や水循環基本計画に歩調を合わせて、今後、海外水ビジネスに力を入れるようになるであろうか？

⑤日本政府は2018年、アジア太平洋経済協力（Asia Pacific Economic Cooperation：APEC）に水ビジネスのレポートを提出し採択されているが、これがアジアでの水ビジネスの何らかの動きにつながるであろうか？

⑥2022年に熊本で開催される予定（2020年10月から2022年4月に延期）のアジア・太平洋水サミット（日本水フォーラムが事務局）で、前回（2017年）開催時に採択されたヤンゴン宣言の具体化が注目されるところである。

⑦経団連も経協インフラ戦略会議の動向を支援する提言を2020年3月17日にまとめている。この提言や経協インフラ戦略会議での議論を受け、JBIC投資金融のJICA海外投融資に対する先議権の議論も2020年11月1日に交通整理され（2012年覚書の改定）、公表された（表1.2.5　参照）。

JICAは開発効果の高い案件を取り上げることになっており、JBIC先議を必要としない案件については、「出融資先の事業の組成や財・サービスの供給・購入に日本企業が関与しない等、日本企業の裨益が見込まれない開発案件向けの出融資案件（ただし、地球温暖化の防止等の地球環境の保全を目的とする案件、国際金融秩序の混乱の防止またはその被害への対処を目的とする案件を除く）」となっている。この件は、先述の「インフラシステム海外展開戦略2025」にも記載されている。

なお、この覚書「JICA海外投融資に関する案件選択の指針」の当事者には、監督官庁である外務省、財務省、経済産業省とJICAがなっているが、JBICは当事者になっていない。

JBICの先議権を整理するのも一つの方法であろうが、個別案件にうまく当てはまるかという問題は今後も常にあり、投資金融を一つの政府機関に一本化するほうがシンプルでユーザーにわかりやすいと思う（工藤克典：貿易投資金融アドバイザー）。

表1.2.5　JICA海外投融資に関する案件選択の指針（抜粋）

1．基本的考え方
　○開発援助機関であるJICAが「有償資金協力」として行う「開発事業」への資金供給。
　（注1）3条 目的 13条、14条 目的達成業務
　○既存の金融機関では対応できない、開発効果の高い案件への対応（新成長戦略〈平成22年6月18日閣議決定〉）。
　○企業のニーズに透明性と予見可能性をもって迅速に対応する（インフラ海外展開に関する新戦略の骨子〈令和2年7月9日経協インフラ戦略会議決定〉）。

2．対象分野
　上記基本的考え方を踏まえ、以下の2分野とする。
　○インフラ・成長加速化
　○SDGs（貧困削減、気候変動対策を含む）

3．対象国
　ODA対象国とする。

4．取引形態による対象類型
　上記基本的考え方を踏まえ、取引形態に着目した以下の要件を設定し、それらを考慮しつつ既存の金融機関では対応できない、開発効果の高い案件であることを政府が確認する。なお、事業達成の見込みがあると認められる場合に限る（JICA法14条3項）。

5．JICA海外投融資の案件審査プロセス
（2）JBIC先議の要否
　予見可能性向上のため、JBIC先議の要否については、以下の分類に従うこととする。
　①JBIC法上、JBICが対応不能な場合は、JBIC先議を不要とする。
〈JBIC先議を不要とする案件〉
　●出融資先の事業の組成や財・サービスの供給・購入に日本企業が関与しない等、日本企業の裨益が見込まれない開発案件向けの出融資案件。
　（ただし、地球温暖化の防止等の地球環境の保全を目的とする案件、国際金融秩序の混乱の防止またはその被害への対処を目的とする案件を除く）。

　②JBIC法上、JBICが対応可能だが、過去の事例に照らし、開発性が強いとしてJICAが対応してきた以下の類型の案件について JBIC先議を行う場合、JBICはJICAによる情報共有から起算し1週間以内（カレンダーベース）に先議を終える。
〈過去の事例に照らし、開発性が強いとしてJICAが対応してきた案件の目安（類型）〉
　類型1：JICA「協力準備調査（海外投融資）」由来の融資案件
　類型2：JICA単独の（他の金融機関が参画しない）開発向け融 資案件
　類型3：国際開発金融機関からJICAに持ち込まれた国際開発金融機関との協調融資案件

1.2.2　海外水ビジネスに関連する商社の動向

1.1　海外水ビジネス研究会の歩みでも触れたが、商社は、貿易から投資への流れの中で水事業の買収やグリーンフィールドのそれぞれで海外水ビジネスに進出し、それなりの収益を上げてきているが、こうした商社の動きと水道事業体の動きは連動していない。一方、公益事業の中で、特に電力は、商社と一体になって海外進出を行う動きがIPPで強く出てきている。筆者は、そうした動きを水の世界にも応用し、商社と水道事業体が一体になった海外水ビジネスができないだろうかと考えている。本節では、商社のインフラビジネスの動向を解説する。

1.2.2.1　海外ビジネスにおける総合商社と電力会社の関係から思うこと
　　　　〜総合商社と主要水事業体の関係への今後の応用の可能性を探る〜
（1）はじめに

電力分野では海外でのインフラ整備に日本の電力会社が大手商社と組んで進出する動きが活発になっている。

最近の内外の震災や台風被害からみても、生活面でも生産面でも電気と水道の復旧は最重要のインフラ投資である。電気と水が如何に大切かは国内でも海外でも同じで、海外、特に新興国では整備が遅れ、需要はいくらでもある状況である。電力を参考にした水分野の海外進出の取組みにももっと関心が集まって良いのではないだろうか。

（2）海外ビジネスにおける総合商社と電力会社の関係の深化

まずは発電所の燃料（石油に続き、LNG[注]、ウラン）調達での協力があった。

（注）LNGはLiquefied Natural Gasの略で、液化天然ガスのこと。

次に、商社の海外発電所案件でのEPC経験の積み重ねがある。国内重電メーカーとのタイアップから、海外メーカーとのタイアップも出てきている。

主要商社のインドネシア・パイトンなど海外IPP発電所案件に進出（この段階では商社先行で電力会社は躊躇）がある。アジア通貨危機で一時とん挫したが、その後勢いを取り戻した。

東日本大震災もあり、商社と電力会社との投資協力にまで発展してきている（**表1.2.6　参照**）。

表1.2.6　総合商社の海外IPP・PF（Project finance）事例

社名	国名	案件名	組んだ電力会社	燃料	時期
丸紅	フィリピン	ミラント買収	東京電力	石炭・ガス	2007年
	シンガポール	セノコ買収	関西電力・九州電力	ガス・石油	2008年
	インドネシア	チレボン	韓国中部電力中部電力	石炭	2012年
	英国	東部ヨークシャー州	電力会社と組まず	洋上風力	2014年
	インドネシア	スマトラ島南部	東北電力	地熱	2018年
三井物産	インドネシア	パイトンI・III	東京電力	石炭	1999年
	オマーン	サラーラ	電力会社と組まず	ガス	2015年
三菱商事	タイ	EGCO	東京電力	石炭・ガス等	2011年
住友商事	インドネシア	タンジュンジャティB	関西電力	石炭	2006年
伊藤忠商事	インドネシア	セントラルジャワ	電源開発	石炭	2016年

（3）IPP案件を海外で手掛けている商社、電力会社

1）商社

　すべての大手商社、すなわち、丸紅、三井物産、三菱商事、住友商事、伊藤忠5社はIPP案件を手掛けている。特に丸紅、三井物産が強い。丸紅、三井物産の海外保有発電量力は、すでに中国電力並みにある。丸紅、三井物産では、海外IPP案件の持ち分法利益（取り込み利益、出資比率に見合った利益）が業績に大きく貢献している[1]。

2）電力会社

　海外進出に関心のある電力会社は、10電力のうち北海道電力、北陸電力、沖縄電力を除く7社と電源開発の計8社である。特に、電源開発、関西電力、東京電力が熱心なようである。

　従来の役割分担は、商社が市場開拓、スポンサー（出資者）・EPCなのに対して、電力会社はせいぜい技術支援のみだった

　従来はガス火力、石炭火力が中心だったが、気候変動問題もあり、最近は地熱発電や洋上風力発電の協力にまで発展してきている。それとともに、電力会社も、関与を深めてスポンサー、またオペレーターを目指すようになった。

　2018年4月10日付の日本経済新聞に、「商社の持ち分の一部を電力会社に譲渡へ」という注目すべき記事が経協インフラ戦略会議関連で出たが、商社は売却代金を次の案件のために自己資金とする一方、電力会社は海外でも関与を深めるとともに海外での収益源を増やす方針で、政府もサポー

ト（電力会社を支援）している。

（4）総合商社と主要水道事業体の関係への今後の応用の可能性

　経団連に続き、商社の団体である日本貿易会もSDGsに理解を示し2018年春に商社行動基準を改定している。

　電力ビジネスと水ビジネスの類似点は、同じインフラ投資ということで、PPPもあれば、PPPへのプロジェクトファイナンスの検討も可能なことである。水のPPPのプロジェクトファイナンスは、伊藤忠商事によるオーストラリア・ヴィクトリア州での淡水化案件で実績がある[2]。

　電力ビジネスと水ビジネスの相違点は、水案件は電力案件に比べて、一般的にソブリン性（国の関与度合い）が低く、準（ローカル）ソブリン対策と為替リスク（特に現地通貨）回避の具体的アイデアが必要なこと、プラント輸出部分が少なく、土木工事部分が多く、EPCで稼げる部分が少ないことである。また、水は生命の根源でもありBHNがある。そのため、価格を低く設定せざるを得ず、電力に比べて収益性が低いこともある。水ビジネスは、規模が比較的小さい（そのため、他のインフラ案件等との一体受注も必要）ことも特徴である。しかしながら、水は電力に比べて投資期間が長く、軌道に乗れば安定した収益を期待できる。

　製造業の経営には、長期運転資本（常時保有運転資本）が必要だが、商社の経営にも収益性が低くても長期安定的収益源である水ビジネスが収益のベース部分にあって良いのではないか。

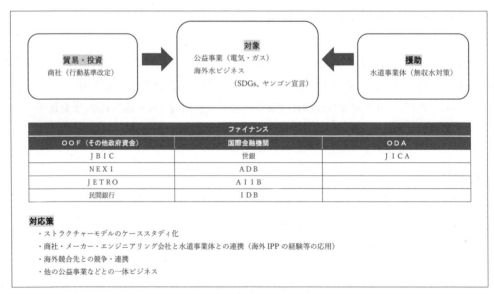

図1.2.1　海外水ビジネスの全体像を考える

（5）まとめ

　①日本の海外ビジネスをリードする商社は、収益性が低くても投資期間が長く安定している水プロジェクトに、技術力の高い日本の主要水道事業体とともに海外投資することに目を向けるべきと思う。

海外水ビジネスでの商社と主要水道事業体とのコラボレーションは、SDGsの趣旨にも沿い、また、商社の長期的な安定収益源として期待できる（図1.2.1　参照）。

いろいろなインフラ輸出、インフラ投資を手掛ける商社には、発電案件のみならず、工業団地案件などとともに水ビジネス案件の一体受注を期待したい。

②主要水道事業体も、少子高齢化で長期的には水の国内マーケットが縮小していく中で、水道技術者の技術力強化のため、商社の海外水ビジネス事例研究や、今後増えていくだろう国内コンセションの経験を通じて、海外水ビジネスへの関心を深めていただきたい。

③海外水ビジネス研究会においてもストラクチャーモデルの具体化とともに、大手商社と水道事業体の連携は極めて重要なテーマとなる（工藤克典：貿易投資金融アドバイザー）。

【参考文献・URL】

1）「商社特集」（2018）『週刊エコノミスト』
2）伊藤忠商事（2009）「豪州最大の海水淡水化PPP事業に参画」
　　https://www.itochu.co.jp/ja/news/press/2009/090803.html　（2021.3.10閲覧）

1.2.2.2　総合商社の海外水ビジネスプロジェクトの動向について
　　　～海水淡水化（IWP）プロジェクトを中心に～

（1）はじめに

2019年1月29日、サウジアラビアにおけるシュケイク3造水プロジェクトの長期売水契約約締結について丸紅よりプレスリリースされた。海水淡水化案件としては世界最大の約2百万人相当分の造水容量とのことである。

これを見て、伊藤忠が2009年に参画し、3メガバンクも融資している大型プロジェクトファイナンス案件であるオーストラリアのビクトリア州メルボルンの海外淡水化案件[注]（総所要資金は、逆浸透膜方式の海水淡水化設備のみならず、取水設備、送水パイプライン、送電線の建設を含むが風力発電は含まない。総額約2,800億円）と比較分析してみることとした。

（注）本案件は環境に配慮した水不足対応大型案件として注目を集め、2012年に完工しているが、長期引き取り契約の履行について国内的な議論があり、また風力発電設備の故障もあり、2017年にはリファイナンスされている（日本からは日本生命と第一生命がこのリファイナンスにESG〈Environment Social Governance〉投融資の一環として参加）。

その後、三井物産のチリにおける海水淡水化・揚水事業をはじめ、他の商社も比較的最近の海外淡水化大型案件に投資していることがわかり、比較分析の対象に加えた。

商社が多くの国で取り組んでいる発電所案件の一形態であるIPPに加えて、IWPP（Independent Water and Power Producer：電力と水両方の卸売業者）、IWP（Independent Water Producer：水のみの卸売業者）を比較する。

IWPPは発電の際に出る蒸気を使う蒸発法なのに対して、IWPは蒸気を使わずRO膜（Reverse Osmosis Membrane：逆浸透膜）を使うのが一般的である。

商社は中東とアジアを中心とするIPP案件で成功例が多く収益源となっていることは周知の事実だが、特に水の不足する中東では電気とともに飲料水も造るIWPP案件も多くある。プロジェクトファイナンスを手掛けるJBICの「プロジェクトファイナンスのご案内」(2015年3月31日現在)を見ると、中東でIWPPが6件、IWPが1件載っている。IWPPのみならずIWPも今までは件数は多くはないが、政府機関のプロジェクトファイナンスの対象になっている。

まずは表1.2.7を用いて、商社の海外水ビジネス案件全般(造水案件を含む)を見て、次に表1.2.8を用いて商社のアジアにおける水ビジネス案件全般(造水案件を含まず)をレビューし、最後に表1.2.9を用いて商社の海外海水淡水化(IWP)案件のみを比較分析する。

表1.2.7　商社の海外水ビジネス案件例[1]

商社＼地域	アジア	オセアニア	中東・北アフリカ	中南米	備考
伊藤忠	①中国遼寧省大連 汚水処理	②オーストラリア ビクトリア州海水淡水化	③サウジアラビア ラービグ海水淡水化		
豊田通商	①スリランカコロンボ郊外他 水供給事業化調査				
日立ハイテクノロジーズ	①インドネシアスラウェシ州 浄水装置実用化実験				
丸紅	①中国安徽省他 下水処理 ②中国安徽省 下水汚泥焼却処理	③オーストラリア アデレード水処理事業	④UAE シュワイハット(IWPP) ⑤UAE フィジャラ(IWPP)	⑥ペルー リマ浄水場 ⑦チリ 鶮州他上下水道 ⑧チリ ロス・バルディビア上下水道	
三井物産	①中国江蘇省他 上水供給、下水処理、水リサイクル事業 ②タイ ナコンパトム県他上水供給		③カタール ラスラファン海水淡水化	④メキシコ イタルゴ州下水処理 ⑤メキシコ ハリスコ州グアダラハラ下水処理 ⑥メキシコケレタロ州浄水、下水処理	
住友商事				①メキシコ サンルイス州ポトシ市下水処理事業	
双日	①中国河北省唐山市 スマートコミュニティー				
地域別計 21(5)	8	2(1)	4(4)	7	( )内は造水事業

(注)三菱商事の案件は掲載なし。○数字は商社ごとの案件数

表1.2.8　商社のアジアにおける上下水道ビジネス案件[2]

	三菱商事	三井物産	丸紅	住友商事	伊藤忠	豊田通商
進出先国毎の案件概要	フィリピン 1997年 マニラウォーター出資 上下水道	タイ 2006年 株式一部取得 上水道	中国 ①2002年四川省上水道 ②2009年安徽省30%株式取得 下水処理	中国 2010年 北京首創と組む 山東省、浙江省 下水道	中国 2010年 遼寧省大連工業区汚水処理場操業	中国 2012年 三菱レーヨンと組む 江西省で水処理事業
		中国 2011年 ハイフラックスと上下水道事業	フィリピン 2013年 マニラッドへ20%出資 上下水道事業	インド 水処理会社VA Tech Wabagと提携		
合計 10	1	2	3	2	1	1

加賀隆一 「実践アジアのインフラ・ビジネス」 2.1 水道 p48〜49 2013.7.16 発行を基に筆者作成。一部各社のプレスリリースなどで追記。

(2)商社の海外水ビジネス案件

商社の業界団体である日本貿易会のHPを見ると、一面の目立つところにある「商社の今がわかる-SHOSHAいま」が目に飛び込んでくる。その最初の部分に出ているのが海外水ビジネスである。この説明の中には「商社は、政府や地方自治体、メーカーとの官民一体で、あるいは海外企業と協力して、海外での水ビジネスを加速させています」とあり、アジア、オセアニア、中東・北アフリカ、中南米の地域別に21件の案件例が出ている(表1.2.7 参照)。国別で複数以上あるのは、中国5件、オーストラリア2件、UAE2件、チリ2件、メキシコ4件である。

　この21件のうち、５件が海水淡水化（造水事業）案件である（丸紅２、伊藤忠２、三井物産１）。残りの16案件が上下水道案件で、その中にはスマートコミュニティー案件（中国、双日）も１件ある（三菱商事の案件はなぜか掲載されていないが、①表1.2.8にあるマニラウォーター、②表1.2.9にあるチリ海水淡水化のみならず、③カタールの海水淡水化、④UAEドバイの水総合事業会社への資本参加、⑤英国の上水道会社への資本参加、また、荏原製作所、日揮とともに３分の１ずつ出資している水ingを通じて、海外でもEPCやO＆Mを行っている）。

（３）商社のアジアにおける上下水道ビジネス案件

　2013年７月10日に発売された加賀隆一著「実践アジアのインフラ・ビジネス」の中の「2.1　水道」部分には商社の参画している上下水道水ビジネス案件が10件出ている（表1.2.8はそれを表にまとめなおしたもの）。いずれもアジアの案件なので、この中には海水淡水化案件はないが、中国での案件が５商社・６件（丸紅２件、三井物産、住友商事、伊藤忠、豊田通商各１件）出ているのが注目される。

　表1.2.7と表1.2.8の合計30件（重複を除く）を分類してみると、上水６件、下水７件、上下水７件、産業用水処理・水リサイクル４件、スマートシティ１件、海水淡水化５件である。

（４）最近の商社の海水淡水化案件

　最近の各社プレスリリースからまとめたが、蒸留方式ではなくてRO膜方式である（１件不詳）こと、プロジェクトファイナンスで資金調達している（またはする予定）ことが特徴である（表1.2.9　参照）。海水淡水化案件と言っても、中東（サウジアラビアとオマーン）ばかりではなくて、８件のうち４件はオーストラリア、チリ２件、ガーナである。なお、チリの２件は同国で銅鉱山開発に投資している三井物産と三菱商事の案件だが、いずれも地下水の不足する鉱山及び周辺住民向けのものである。

表1.2.9　海水淡水化（IWP）プロジェクトファイナンス案件の比較分析[3)～10)]

国名	オーストラリア	サウジアラビア	チリ	チリ	オマーン	オマーン	オマーン	ガーナ
商社名	伊藤忠	丸紅	三井物産	三菱商事	住友商事	伊藤忠	日揮	双日
プレスリリース	2009.8.3	2019.1.30	2018.6.29	2011.8.9	2013.7.26	2016.3.2	2018.7.25	2015.4.24
プロジェクト名	Victorian Desalination Project（VDP）	シュケイク3造水プロジェクト	アントファガスタ州海水淡水化揚水事業	コビアポ地区	マスカット市内アグブラ地区	Barka	シャルキア地区	Befesa Desarination
総投資額	約2800億円	約600億円	700億円程度	150億円	300億円	3億ドル	約200億円	126百万ドル
造水容量	約400千㎥/日 メルボルンの水使用量の3分の1	450千㎥/日 200万人分	86.4千㎥/日		190千㎥/日 80人万人分	281千㎥/日 オマーン最大	80千㎥/日 20万人分	60千㎥/日 50万人分
長期売水契約	27年間	25年間	20年間	30年間	20年間	20年間	20年間	25年間
操業開始	2012年	2021年	2020年夏	2013年	2018年10月	2018年4月	2021年4月	2015年4月
生産方式	逆浸透膜	逆浸透膜	逆浸透膜		逆浸透膜	逆浸透膜	逆浸透膜	逆浸透膜
出資シェア	1億豪ドル	45%（最大シェア）	50%	49%	45%	筆頭株主	75%	44%
パートナー	仏スエズ 豪ティース マコーリー	ALJ30%他	スペインACS	チリCAP	マラコフ社 カダグア社		現地20% 韓国斗山5%	Abengoa Water 51%
資金調達	3メガを含む10数行のPF	PF	3メガを含むPF	PF	JBICのPF		NEXIの保険のPF	MIGAの保険PF
スキーム	PPP形態				BOO方式	BOO方式	BOO方式	

（5）おわりに

　このように総合商社7社はすべて海水淡水化にとどまらず、水ビジネスを海外で手掛けている。商社は海外IPP発電案件で公益事業体である日本の電力会社と共に投資していることが多いが、ビジネスとして海外進出できていない上下水道事業体の技術・運営維持能力とタイアップして、海外、特に身近なアジアに投資する案件が多数出てくることを願ってやまない。海外水ビジネスは他のインフラビジネス案件より収益性が低く難しい、との声も聴くが、生命に必要不可欠な水を対象とし、収益性が低くても長期間安定した収益を得られることから、SDGsが当たり前となり、ESG投資が奨励される今の時代にふさわしいと思う。

　なお、海外水ビジネスに一番力を入れている丸紅[注)]のHP（数字で見る丸紅グループ）によれば、同社の全世界での水ビジネスサービス対象人口（給水人口＋下水処理人口か）は1,300万人（2018年3月末現在、2011年夏段階では給水人口460万人であった）であり、東京都の給水人口並みとなり、着実に同社の重要な業務分野となってきている。ポルトガル（含むポルトガルを通じたブラジル）、チリ、フィリピンでの事業拡大が功を奏しているものと思われる。

（注）丸紅が海外水ビジネスを始めたのはプロジェクト開発部（現：環境インフラプロジェクト部）を創設した1996年であり、いまだ4半世紀の歴史もない。

（備考1）表1.2.7～表1.2.9すべてに掲載されている案件はないが、伊藤忠のオーストラリアのビクトリア州の海水淡水化案件は表1.2.7と表1.2.9に、丸紅の中国安徽省ほかの下水処理案件は表1.2.7と表1.2.8に掲載されている。したがって、表1.2.7（21件）、表1.2.8（10件）、表1.2.9（8件）を合わせて、37案件が掲載されていることになる。

（備考2）自治体水道事業の海外展開事例集が総務省自治財政局より公表されている（最新版は平

成30年３月）が、これに掲載されている21事業は、表1.2.7～表1.2.9の案件とは別のものである。東京都、横浜市、北九州市をはじめとする12自治体の13カ国（うちアジア11カ国）の案件でJICAの草の根技術協力事業が９件掲載されている。上水道案件が多く18件、上下水道案件は３件である。これらの水道事業体の海外展開が、今までは残念ながら海外水ビジネスに結びついていない（工藤克典：貿易投資金融アドバイザー）。

【参考文献及び出典、URL】

1）日本貿易会「SHOSHAいま　水ビジネス」
https://www.jftc.or.jp/shosha/activity/now/water/detail.html（2021.3.10閲覧）

2）加賀隆一（2013）「実践アジアのインフラ・ビジネス」P48～p49,日本評論社を基に筆者作成。一部各社のプレスリリースなどで追記。

3）伊藤忠商事（2009）「豪州最大の海水淡水化PPP事業に参画」
https://www.itochu.co.jp/ja/news/press/2009/090803.html（2021.3.10閲覧）

4）丸紅（2019）「サウジアラビア王国におけるシュケイク３造水プロジェクトの長期売水契約締結について」
https://www.marubeni.com/jp/news/2019/release/20190130J.pdf（2021.3.10閲覧）

5）三井物産（2017）「チリBHP　Spence銅鉱山向け海水淡水化・揚水事業への新規参画」
https://www.mitsui.com/jp/ja/release/2017/1224666_10838.html（2021.3.10閲覧）

6）三菱商事（2011）「チリにて鉱山向け海水淡水化事業に参画」
https://www.mitsubishicorp.com/jp/ja/pr/archive/2011/html/0000012790.html（2021.3.10閲覧）

7）住友商事（2013）「オマーンにおける海水淡水化プロジェクトに関する融資契約締結について」
https://www.sumitomocorp.com/ja/jp/news/release/2013/group/20130726（2021.3.10閲覧）

8）伊藤忠商事（2016）「オマーン最大の海水淡水化事業契約合意」
https://www.itochu.co.jp/ja/news/press/2016/160302.html（2021.3.10閲覧）

9）日揮ホールディングス（2018）「オマーンにて海水淡水化事業を実施」
https://www.jgc.com/jp/news/2018/20180723.html（2021.3.10閲覧）

10）双日（2015）「双日、ガーナ共和国で海水淡水化プラントを竣工、商業運転開始」
https://www.sojitz.com/jp/news/2015/04/20150424.php（2021.3.10閲覧）

1.2.3　財務比較分析の経緯及びその成果について

（1）はじめに

　海外水ビジネス研究会では、国内で上下水道事業を実施してきた地方公共団体を含めた形での海外PPPビジネスに参入するための体制の構築、具体的な実践方法等に重点を置き、検討を進めてきた。翻せば地方公共団体が海外水PPPビジネスに参画した事例はいまだにない。一方、国内の電力会社やガス会社、グローバル企業はすでに海外に進出しており、３大水メジャー、米国の民間水道事業会社は、国内外の水事業運営に参画している。この中には水PPPビジネスの実績も含まれている。

　国内の水道事業体とこれらの企業体の差異を財務面から明らかにするべく、公表されている決算書を用いて財務比較分析を行うこととした。なお、海外水ビジネスとは必ずしも関係がないかもしれないが、日本の水道事業体の財務面の特色を把握するため、東京都水道局とニューヨーク市上下水道局との財務比較分析も行った。分析に当たっては、総資本利益率（Return On Investment：ROI）[注1]、自己資本利益率（Return On Equity：ROE)[注2]、ROIやROEの有用性を説くデュポン公式[注3]などを検討した。

　財務比較分析では、主要４水道事業体の損益計算書と貸借対照表の主な数字と指標を、その他の公益事業体９社や日本の民間を代表するグローバル企業５社の計上場14社と比較するとともに、主要４水道事業体間で比較して、その特色を明らかにしようと試みた。用いたデータは、連結ベース本決算（１年決算）で、水道事業体は2019年３月期、民間企業は2020年３月期（ただしJTのみ2019年12月期）。売上高に営業外収益は含めていない。

　なお、資料が多いため、本文掲載の資料は一部であり、その他の資料は資料編に譲る（ただし、本文の説明との対応関係はわかるようにしてある）。

（注１）総資本利益率（ROI）＝純利益／総資本×100（純利益は税引後利益）。

（注２）自己資本利益率（ROE）＝純利益／自己資本×100（同）。

（注３）「総資本利益率＝売上利益率×総資本回転率」は、アメリカでデュポン公式（デュポン分析、デュポンシステム、ビジネス界の基本公式、100年の歴史）と呼ばれている。損益図表とともに経営諸関係の基礎を示しており、経営分析論ではこの公式を理論的基礎として用いている。ROEをデュポン公式と呼ぶこともある。

（2）水道と電力・ガスなど他の公益事業体との財務比較

　まず日本の主要４水道事業体（東京、横浜、大阪、名古屋）間の比較を行った（表1.2.10〜11参照）。四つの水道事業体は自己資本も厚く、利益も出て経営は安定しているかに見える（表1.2.10〜11　参照）。しかしながら、総資本利益率は、固定資産売却益のある大阪市を除き、０％台か１％台と利幅は薄く、今後の人口減少により、管路工事など設備更新費用が増えることを考えると、たとえ企業債の発行という定着安定した資金調達手段があるとしても、将来にわたって資金調達に問題なしとはいえないということなのであろう。

表1.2.10 主要4水道事業体の財務比較

（金額の単位：億円）

項目	事業者名・証券コード 水道事業体 4事業体			
	東京都	横浜市	大阪市	名古屋市
決算期	2019年3月	2019年3月	2019年3月	2019年3月
売上高	3,228	728	621	468
純利益（税引き後利益）	333	73	234	18
総資産	27,528	6,417	4,723	4,013
固定資産	24,572	5,976	4,106	3,520
投資その他の資産（投資等）	13	769	92	89
負債	6,065	2,855	2,001	1,477
固定負債	2,651	1,647	1,298	1,050
資本（純資産）	21,473	3,562	2,722	2,536
資本金	18,152	3,261	2,236	2,497
決算期	2019年3月	2019年3月	2019年3月	2019年3月
総資本利益率（％）	1.2	1.1	5.0	0.4
売上利益率（％）	10.3	10.0	37.7	3.8
総資本回転率（回）	0.123	0.113	0.155	0.117
自己資本比率（％）	78.0	55.5	57.6	63.2
自己資本利益率（％）	1.6	2.0	8.6	0.7
固定資産構成比率（％）	89.3	93.1	86.9	87.7
投資等/固定資産（％）	0.1	12.9	2.2	2.5
資本金利益率（％）： 純利益（税引き後利益）÷資本金×100	1.8		10.5	0.7
資本・資本金倍率（倍）： 資本（純資産）÷資本金	1.2	1.1	1.2	1.0
給水人口（千人）	13,543	3,749	2,729	2,453
特色	いずれも配当なし			

表1.2.11 主要4水道事業体の設備投資、企業債などの比較

（金額の単位：億円）

項目	水道事業体名 東京都	横浜市	大阪市	名古屋市
年間設備投資額	1,338	366	242	215
資金調達内訳				
減価償却費	694	232	193	145
内部留保など	354	21	—	35
企業債	290	113	74	35
企業債残高	2,397	1,539	1,325	874
特色	最大の 水道事業体	第2位	第3位	第4位

これらに加えて、総務省が統一フォームを作成して、2015年3月期（2014年度）から公表している4水道事業体の経営比較分析表（5年間の推移も見られる）でも比較分析してみる（**表1.2.12～13　参照**）と、給水原価が最も低いのは淀川のある大阪市で、企業債残高が相対的に少なく財務内容が良いのは東京都である。他方、管路経年化率は、大阪市が最も高く、管路更新も進んでいる。この経営比較分析表は、水道事業体間の経営の健全性や効率性、水道の老朽化の状況を比較するのには極めて価値のある分析である。ただ、水道事業体間の比較はできるが、他の公益事業体と比較して問題点を探ることはできない。

表1.2.12　経営の健全性・効率性（2018年度）[1]

指標	全国平均	東京都	横浜市	大阪市	名古屋市
給水人口（千人）		13,543	3,749	2,729	2,453
経常収支比率（%）	112.8	110.9	109.95	129.83	104.69
累積欠損金比率（%）	1.05	0.00	0.00	0.00	0.00
流動比率（%）	261.9	170.22	123.61	165.18	218.19
企業債残高対給水収益比率（%）	270.4	82.48	238.27	222.50	206.84
料金回収率（%）	103.9	97.76	99.74	124.15	98.05
給水原価（円）	167.1	200.12	170.51	129.16	163.40
施設利用率（%）	60.27	61.04	62.00	45.75	53.51
有収率（%）	89.92	96.13	92.24	91.53	94.75
有収率比較	100	107	103	102	105
水道料金（円）※	2,710	2,710 (100)	2,652 (98)	2,073 (76)	2,862 (106)

※（1カ月20㎥当たりの家庭用料金〈口径20mm、2016年度〉の金額を掲載。（　）内の数字は全国平均と比較した際の比率）。

表1.2.13　老朽化の状況（2018年度）

指標	全国平均	東京都	横浜市	大阪市	名古屋市
有形固定資産減価償却率（%）	48.85	47.88	49.90	52.54	53.16
管路経年劣化率（%）	17.8	16.23	24.71	47.97	17.38
管路更新率（%）	0.70	1.01	1.28	1.80	1.34

　次に、電力・ガス６社や旧３公社など日本の他の公益事業との比較を行った（**表1.2.14　参照**）。水道・電力・ガスでは原発事故問題も関係のない都市ガス２社の財務内容が１番良い。しかしながら都市ガス会社の燃料はLNGのみで多様化しておらず、再生可能エネルギーも手掛け始めているとはいうものの、将来総合エネルギー企業に中核となって脱皮していくことはなかなか難しい。

　電力３社は、原発事故の当事者である東京電力のみならず、関西電力も中部電力も原発を稼働できない状況にあり、財務内容は悪化し、総資本利益率も水道事業体とあまり変わらない。なお、Ｊパワーは、財務内容は良いが、脱炭素化の視点から非難されている石炭火力発電所を多く抱えているためか、株価は低迷している。

　電力３社は株式時価も低迷しており、株式時価総額が100位以内に入っているところはない（2020年12月18日現在、中部電力が148位でトップ）。旧３公社のNTT、JR東日本、JTは、いずれも電力・ガスに比較して良好な財務内容である。

表1.2.14　電力・ガス６社及び旧３公社との比較

(金額の単位：億円)

事業者名・証券コード／項目	東京電力 9501	関西電力 9503	中部電力 9502	J-Power 9513	東京ガス 9531	大阪ガス 9532	NTT 9432	JR東日本 9020	JT 2914
決算期　連結	2020年3月	2020年3月	2020年3月	2020年3月	2020年3月	2020年3月	2020年3月	2020年3月	2019年12月
売上高	62,414	31,843	30,660	9,138	19,252	13,687	118,994	29,466	21,756
純利益（税引き後利益）	507	1,300	1,635	423	434	418	8,553	1,984	3,816
総資産	119,578	76,127	55,008	28,053	25,377	21,405	230,141	85,371	55,531
固定資産	101,718	66,930	48,943	24,713	19,753	15,805	163,106	76,794	36,274
投資その他の資産（投資等）	25,330	12,738	16,252	3,770	3,618	4,676	IFRS	5,931	IFRS
負債	90,409	60,119	36,064	19,976	13,785	11,430	115,515	53,637	28,095
固定負債	19,734	31,283	17,590	14,726	8,345	6,538	25,441	29,241	6,904
資本（純資産）	29,169	16,008	18,944	8,078	11,592	9,975	114,626	31,734	27,436
資本金	14,009	4,893	4,308	1,805	1,418	1,322	9,380	2,000	1,000
決算期	2020年3月	2020年3月	2020年3月	2020年3月	2020年3月	2020年3月	2020年3月	2020年3月	2020年3月
総資本利益率（％）	0.4	1.7	3.0	1.5	1.7	2.0	3.7	2.3	6.9
売上利益率（％）	0.8	4.1	5.3	4.6	2.3	3.1	7.2	6.7	17.5
総資本回転率（回）	0.522	0.418	0.557	0.326	0.759	0.639	0.517	0.345	0.392
自己資本比率（％）	24.4	21.0	34.4	28.8	45.7	46.6	49.8	37.2	49.4
自己資本利益率（％）	1.7	8.1	8.6	5.2	3.7	4.2	7.5	6.3	13.9
固定資産構成比率（％）	85.1	87.9	89.0	88.1	77.8	73.8	70.9	90.0	65.3
投資等／固定資産（％）	24.9	19.0	33.2	15.3	18.3	29.6		7.7	
資本金利益率（％）：純利益（税引き後利益）÷資本金×100	3.6	26.6	38.0	23.4	30.6	31.6	91.2	99.2	381.6
資本・資本金倍率（倍）資本（純資産）÷資本金　倍	2.1	3.3	4.4	4.5	8.2	7.5	12.2	15.9	27.4
配当（年間、円）	0	50	50	75	60	60	100	165	154
特色	電力首位	電力2位	電力3位	電力卸が主	都市ガス最大手	都市ガス2位	国内通信ガリバー	鉄道最大手	たばこが事業の中核

　次に、日本の主要なグローバル企業７社との比較を行った（**表1.2.15　参照**）。

　これら７社は、日本を代表すると言われるトヨタ、日立に加えて、ASEAN（特にマレーシア）への早くからの進出実績のあるパナソニック、負債活用の積極経営が成功しているソニー、総合商社の雄である三菱商事、エアコン世界一で急成長著しいダイキン工業に加え、現在ではトヨタに次

いで総資産の大きい投資会社であるソフトバンクの親会社ソフトバンクグループを取り上げた。

　このような日本を代表する民間会社の財務諸表と水道事業体の財務諸表を比較することで、水道事業体の特色が浮かび上がると考えた。売上高、純利益、総資産、資本の額を比較してみると、水道事業体の売上高、純利益が少ない一方、総資産、資本が大きいことが理解できる。

表1.2.15　日本の主要なグローバル企業7社との比較

（金額の単位：億円）

事業者名・証券コード／項目	トヨタ 7203	日立 6501	パナ 6752	ソニー 6758	三菱商事 8058	ダイキン工業 6367	ソフトバンクグループ 9984
決算期　連結	2020年3月	2020年3月	2020年3月	2020年3月	2020年3月	2020年3月	2020年3月
売上高	299,300	87,672	74,906	82,599	147,797	25,503	61,851
純利益（税引き後利益）	20,762	1,272	2,257	5,822	5,922	1,772	△8,008
総資産	526,804	99,301	62,185	230,393	180,497	26,675	372,573
固定資産	340,379	47,125	27,827	173,042	111,123	13,631	216,203
投資その他の資産（投資等）	130,125	IFRS	IFRS	159,682	IFRS	2,404	23,715
負債	314,385	56,634	97,260	182,498	118,328	12,949	298,844
固定負債	106,929	10,705	11,563	6,350	55,849	5,110	156,032
資本（純資産）	212,419	42,667	21,559	47,895	62,169	14,626	73,729
資本金	3,791	4,588	2,587	8,743	2,033	850	2,388
決算期	2020年3月	2020年3月	2020年3月	2020年3月	2020年3月	2020年3月	2020年3月
総資本利益率（％）	3.9	1.3	3.6	2.5	3.3	6.6	ー
売上利益率（％）	6.9	1.5	3.0	7.0	4.0	6.9	ー
総資本回転率（回）	0.568	0.883	1.205	0.359	0.819	0.956	0.166
自己資本比率（％）	40.3	43.0	34.7	20.8	34.4	54.8	19.8
自己資本利益率（％）	9.8	3.0	10.5	12.2	9.5	12.0	ー
固定資産構成比率（％）	64.6	47.5	44.7	75.1	95.9	51.1%	58.0
投資等／固定資産（％）	38.2%			92.3%		17.6	11.0
資本金利益率（％）：純利益（税引き後利益）÷資本金×100	547.7	27.7	87.2	66.6	291.3	208.5	ー
資本・資本金倍率（倍）：資本（純資産）÷資本金	56.0	9.3	8.3	5.5	30.6	17.2	30.9
配当（年間、円）	220	95	30	45	132	160	44
特色	4輪世界首位級、IFRSに移行	総合電機	総合家電	AV機器大手	総合商社大手	日本基準	IFRS

（3）3大水メジャー、米国民間水道事業3社（時価評価を含む）との財務比較

　次に日本の4水道事業体と3大水メジャーとの財務比較を行った（**資表2.1～3　参照**）。比較に当たっては2020年9月24日の為替レート（1ユーロ＝0.92ポンド）を用いた。また、日本の4水道事業体と米国の民間水道事業会社（上場10社のうちAWK等大手3社〈**資表2.4～6　参照**〉）、米国の民間水道事業会社と3大水メジャーとの比較も行った（**資表2.7　参照**）。

　3大水メジャーでもテムズはいろいろな国のファンドが保有する非公開会社であり、現在はテムズを含めずに、2大水メジャーという人もいる。テムズは、大きな総資産で英国ロンドン及び近郊の水道事業をしており、日本の4水道事業体の財務内容に比較的似ているが、負債が多く、日本の水道事業体よりも負債に頼った経営となっている（自己資本比率は15.3％、日本の4水道事業体の自己資本比率は5割から8割と高い）（**資表2.1～3　参照**）。

　米国の民間水道3社は、2大水メジャーに比し、財務諸表上の総資産よりも株式時価総額が大きいのが特徴である。2大水メジャーの時価総額は、総資産の3分の1から4分の1しかないが、米

国の３社の時価総額は、総資産よりも大きく、とりわけ、The Dominantと呼ばれるアメリカン・ウォーター・ワークス（American Water Works Co., Inc.：AWK、本社ニュージャージー州、NYSE上場、米国16州及びカナダで事業）の時価総額は、２大水メジャーの約2.5倍（日本円換算で３兆円）もある。

なお、米国の３社の実績は、米国内かカナダでの水道事業のみであり、いまのところあまりグローバルではない（資表2.4～6　参照）。

（４）米国の主要事業体との財務比較

次に、米国の主要水道事業体（ニューヨーク市）との比較を行った（表1.2.16～19　参照）。比較に当たっては、１ドル＝105円で円換算を行った。

ニューヨーク市の水道事業体（NEW YORK CITY WATER AND SEWER SYSTEM）は下水道も一体で経営しており、決算書も上下水道一体である。したがって、上水道事業体と下水道事業体と別々の決算書である東京都とどう比較するのか迷ったが、東京都の上水道と下水道の決算書を合体してニューヨークと比較することにした。

東京都は、上水道も下水道も資本金が厚く、減価償却主体の設備投資で、企業債発行は少ないが、ニューヨークは、資本金は少なく、負債（債券発行）中心の資金調達である。

総資産から負債を差し引いたものをNet positionと呼び、これが資本に相当（このさらに一部が資本金）する。

表1.2.16　東京都とニューヨーク市の損益計算書比較
（単位：東京都は億円、ニューヨーク市は億ドル）

事業体名等／項目	東京都 水道局	下水道局（下水道事業）	下水道局（流域下水道事業）	下水道局合計	①上下水道局合計	NY市（2019.6）	②NY市円換算後	①②比較	参考NY市（2018.6）
売上高（収益Revenue）	3,228	2,735	152	2,887	6,115	38.2	4,011	東京都の方が大きい	36.6
給水／下水道使用料	2,906	1,592				14.2	1,491		13.5
営業費用	3,007	2,837	285	3,122	6,129	25.7	2,699		
うち減価償却	676	1,713	164	1,877	2,553	9.1	956		10.4
営業利益	221	△102	△132	△234	△13	12.5	1,312		
営業外収益	157	716	129	845	1,002	2.7	284		
うち受取利息	1	0		0	1				
営業外費用	45	251	7	258	303	12.6	1,323		
うち支払利息	42	211	7	218	260	12.0	1,260	NY市の方が大きい	11.9
経常利益	333	364	△10	354	687	2.6	273		0.3
純利益	333	364	△10	354	687	2.6	273	東京都の方が大きい	0.3

表1.2.17　東京都とニューヨーク市の主要財務指標比較

（金額の単位：億円）

事業体名等 項目	東京都		①上下水道局 合計	②NY市 円換算後	①②の比較
	水道局	下水道局			
総資本利益率(%)	1.2	0.6	0.8	0.8	同じくらい低い
売上利益率(%)	10.3	12.	11.2	6.8	
EBITDA	938	1,861	2,799	2,268	
総資本回転率(回)	0.123	0.046	0.070	0.112	
自己資本比率(%)	78.0	47.1	56.9	3.8	NY市の自己資本が僅か
自己資本利益率(%)	1.6	1.3	1.4	20.0	
固定資産構成比率(%)	89.3	96.4	94.1	95.3	どちらも固定資産多し
企業債残高	2,207	12,637	14,844	32,760	どちらも固定資産多し
投資等/固定資産(%)	0.1	0.0	0.0	－	
資本金利益率(%)	1.8	1.5	1.6	59.1	
資本・資本金倍率(倍)	1.2	1.2	1.2	3.0	
特色	自己資本が厚い	水道局よりも利益が少ない			

表1.2.18　東京都とニューヨーク市の給水人口と決算数字との比較

（金額の単位：億円）

事業体名等 項目	①東京都水道局	②NY市	比較　①/②
給水人口(万人)	1,350	840	1.61
売上高	6,115	4,011	1.52
営業利益	△13	1,312	
支払利息	260	1,260	0.21
純利益	687	273	2.52
総資産 固定資産	86,947 81,742	35,700 34,020	2.44 2.40
負債	37,424	34,335	1.09
固定負債 うち企業債	15,437 14,844	32,865 32,760	0.47 0.45
資本	49,433	1365	36.21
EBITDA	2,799	2,268	1.23

表1.2.19　東京都とニューヨーク市の貸借対照表比較

（単位：東京都は億円、ニューヨーク市は億ドル）

事業体名等／項目	東京都		①上下水道局合計	備考	NY市(2019.6)	②NY市円換算後	①②比較	参考 NY市(2018.6)
	水道局	下水道局						
総資産	27,528	59319	86,847	下水道局は水道局の2.15倍	340	35,700		335
固定資産	24,572	57,170	81,742	下水道局は水道局の2.33倍	324	34,020		301
うち土地	2,596	6,137	8,733					
投資その他の資産（投資等）	13	2	15		–			
負債	6,065	31,359	37,424		327	34,335	NYは負債を最大限活用	324
固定負債	2,651	12,786	15,437		313	32,865		312
うち企業債	2,207	12,637	14,844		312	32,760	借入金ではなくて債券 Bonds and notes payable	310
	–	15,936	15,936	うち13,288は国庫補助金 負債の36%				
資本（純資産）	21,473	27,960	49,433		13	1,365	Total net position	11
資本金	18,152	23,755	41,907		4.4	462	Net investment in capital assets	

　日米の水道事業体を除けば、上場会社が多い（テムズとK Waterは未上場）ので、特に３大水メジャーと米国の民間水道事業会社間の株式時価総額分析も行った（資表2.7〜8　参照）。

　参考までに、日本の水関連企業の時価・PBR・PER比較も行った（資表2.9　参照）。

　なお、日本の水道事業体の決算書は、公表が遅く（今回の分析には2020年３月期の決算書が間に合わず、当初の分析では2019年３月期を使った。その後、2020年12月に、2020年３月期も出そろったので、2019年３月期と2020年３月期の２期比較も行うことにした）、かつ、日本基準から公正価値（Fair Value）基準を求める欧州発祥の国際会計基準（International Financial Reporting Standards：IFRS）に移行しつつある民間上場会社の決算書とやや会計基準が異なる部分もあるが、比較分析のベースは、それぞれの分析時点の最新１年間の損益計算書と最新年度末時点の貸借対照表である（日本の上場企業で米国基準の会社は減少してしまい今は数が少ない）。

（5）まとめ

　日本の水道事業体の財務内容を、多方面から比較分析してみたが、他の水道事業体（NY市）や民間水道事業会社では、３大水メジャーも米国の大手水道事業会社もレバリッジ（てこの原理）を効かせた負債（社債と借入金）を活用した経営をしていることがわかった（表1.2.20　参照）。

　日本の水道事業体も、厚い自己資本にばかり頼るのではなくて、今後の設備投資等においては、適度にレバリッジを効かせた経営（資金調達）を検討してみる価値はあろう。日本のグローバル化をけん引するソニーやソフトバンクグループも資本にばかり頼らず、レバリッジを効かせた経営を推進している（自己資本比率は20％程度）。

　信用力や担保に依存する負債（借入や社債発行）による資金調達も、経営の透明性を保ち、経済金融情勢を理解し、経営を効率的に行うために極めて重要な方法なのである。

表1.2.20　自己資本比率の比較

（単位：％）

区分 / 比率	水道事業体	他の公益事業	グローバル展開企業	3大水メジャー	米国水事業	アジア水事業
80以上	神戸市　86.09 東京都　84.05					
70～80	神奈川（企）　74.82 札幌市　74.90 千葉県79.27 さいたま市　73.94 北九州市　70.05					
60～70	阪神（企）　67.21 堺市　68.92 埼玉県水　60.69 仙台市　62.50 広島市　64.67 福岡市　66.40 大阪市　60.9 大阪（企）　60.69 名古屋市　64.4					
50～60	川崎市　58.35 横浜市　56.3 神奈川県　58.15		ダイキン　54.8			
40～50	京都　46.89 千葉市　47.58	東京ガス　45.7 大阪ガス　46.6 NTT　49.8 JT　49.4	トヨタ　40.3 日立　43.0		WTRG　41.4	Manila Water　41.6 Maynilad　42.1
30～40		中部電力　34.4 JR東日本　37.2	パナソニック　34.7 三菱商事　34.4		AWR　36.7	BEWG　30.6 中国水務　33.6 K　Water　37.5
20～30		東京電力　24.4 関西電力　21.0 Jパワー　28.8	ソニー　20.8	スエズ　26.1	AWK　27.0	ベトナムDNP　26.2
10～20			ソフトバンクG　19.8	テムズ　15.3 ヴェオリア　17.3		
10%未満					NY市　4.2	ハイフラックス　債務超過
最小～最大	46.89～86.09	21.0～49.4	19.8～54.8	15.3～26.1	4.2～41.4	債務超過～42.1

（6）補足1　日本の4水道事業体の2019年3月期と2020年3月期の2期比較

　他事業との財務比較は2019年3月期のデータを用いたが、2020年3月期のデータを入手したので、2期比較を行った（資表2.10　参照）。

　内容的にはあまり変わらないが、人口減少の影響からか、4事業体とも売上高がわずかずつ落ちている。しかしながら、純利益は確保できており、自己資本もわずかながら厚くなっている。4事業体とも資本金がわずかずつではあるが増えているが、民間企業では、たとえ、大幅に利益が出ても増資はせず、資本金は少ないままのところが多い（例　トヨタ、ダイキン工業）。安定した配当を維持していくためには、資本金があまり大きくしないほうが良いのである。なお、4事業体の企業債発行、企業債残高はいずれも減少している。

（7）補足2　中国2社・韓国1社の財務分析

　アジアの主要水道事業会社の財務諸表（決算書）と比較し、日本の水道事業体における財務面の特色の分析を試みた。アジアの主要水道事業会社は今後海外水ビジネスのパートナーにもなり得るので、最新の財務内容を見ておくのも意味がある。

　中国は香港上場2社、即ち、最大と言われる北京水務集団（BGWG）とオリックスが18％強出

資している中国水務集団、韓国は国策会社K Waterを比較分析して、最後に東京都水道局、米国の
ニューヨーク市上下水道局と上場している民間水道会社AWKの計6社を円換算して比較した（資
表2.11〜15　参照）。

　比較のまとめと総合評価は次のとおりである。比較的高評価の中国2社と米国AWKと低位安定
型の東京都水道局、ニューヨーク市上下水道局、韓国K Waterに2分されている印象である。

ア．共通点
・総資産が大きく、総資本回転率が悪い（0.112回から0.207回）。水事業会社の典型的な特徴。
・中韓米5社は、負債で多額の資金調達（除く東京都水道局）。

イ．相違点
・資本金が大きいところ（日韓）と資本金が少ないところ（米中）あり。
・総資本利益率が高いのは、中国2社と米国AWK（6.0％、3.8％、2.7％）。日韓NYは低い（1.1％、
　0.6％、0.8％）。
・売上利益率も総資本利益率と同様の傾向。
・K Waterのみ累積損あり（資本金が8,454億円に対し、純資産は7,927億円）。

ウ．総合評価
・成長性もあり安定しているのは中国2社と米国AWK。
・低位安定は東京都水道局、ニューヨーク市上下水道局。
・収入減少、累積損失ありはK Water。
・上場している中国2社（香港）と米国AWKの財務諸表は、前期比でも伸びており、いわば踊っ
　ている感じ。
・他方、水道事業体や国策機関である東京都水道局、K Water、ニューヨーク市上下水道局は低
　位安定の感あり（工藤克典：貿易投資金融アドバイザー）。

【参考文献】
1）『週刊ダイヤモンド』2019年1月19日号

1.2.4　資金調達の基礎知識（信用力と担保）

　海外水ビジネス検討会では、特に「金融等の知識については、水道関係者にはなかなかすぐに頭に入らないこともあり、文字でしっかり勉強したい」という要望も強かったことから、「水道公論」における連載の中で解説を行ってきた。本節では、プロジェクト案件を発掘形成し、事業化していく上で、常に考えなくてはならない重要なポイントである資金調達の基本的知識を解説する。

1.2.4.1　信用力と担保

（1）はじめに

　海外水ビジネスを資金面から考える場合、必要なのは投資資金の原資である。

　通常、投資資金は資本金（3割程度）と借入金（7割程度）必要だが、海外水ビジネスは公益性も帯びるため、投下資本の回収期間が長く、借入金の借入期間も当然10年程度またはそれ以上と長くなる。したがって、長期安定的な借入金を検討する必要がある。

　長期安定的な借入金を借りるためには、借入人の長期安定的な信用力と担保が必要になる。そのため、銀行が審査する際、債務の返済能力のベースとなる借入人の「信用力と担保」の理解が不可欠である。

　スポンサー（出資者）と現地政府、地方自治体の最大限の協力を引き出すことも事業計画を遂行する上で大変重要だが、まずは借入人の信用力と担保が基本である。

（2）銀行融資の原則　償還確実性と有担保原則の多様化、弾力化

　かつては、融資の償還を確実にするために、借入人は担保を差し入れるとともに、保証人を連帯保証人とするのが原則だった。債務の返済を確実にするためである。この原則そのものは今も変わらないが、銀行の優越的地位への産業界の見直し要求や担保の種類の見直し、多様化などから、全国銀行協会の銀行取引約定書ひな型の利用廃止など、弾力化の動きが見られる。その最も重要な弾力化の例が、借入人の信用力に頼らず、プロジェクトの信用力と担保に頼るプロジェクトファイナンスである。

　従来の融資は、個人か組織（法人か政府、コポレートかソブリンか）向けだったが、これに安定的なキャッシュフローの見込まれるプロジェクトが加わった（表1.2.21　参照）。

表1.2.21　信用力と担保の分類

借入人	個人	企業	国	地方自治体	プロジェクト
信用リスク	借入人リスク	コーポレートリスク	ソブリンリスク	準ソブリンリスク	プロジェクトリスク
担保・保証	住宅ローンの場合　融資対象の土地・建物→抵当権設定	信用力があれば未特定物件担保留保（将来信用力が下がれば担保差し入れ）	ソブリンは永遠なり	国が自治体の信用力を補完	プロジェクトのキャッシュフロー・全資産（埋蔵量、プラント、生産物）
概要	保証人も要求される。個人の信用力を数値化したものが信用スコア。信用調査（源泉徴収票など）。	信用力がなければ担保差し入れ又は親会社・第3者保証。企業格付（財務諸表など）	カントリーリスクとほぼ同義。財務省・大蔵省が一元的に借入能力を有する国もあり（ソブリン格付）	水道事業はこの分類が多いか？（準ソブリン格付）	セキュリティーパッケージと呼ぶ（プロジェクト格付）。

（3）プロジェクトファイナンス

　プロジェクトファイナンスは、欧米では、1970年代ぐらいから、まず鉄道案件、石油開発案件でスタートした。

　日本で最初の本格的プロジェクトファイナンスは、1985〜86年の西豪州LNG（液化天然ガス）プロジェクトだった。西豪州沖合にはガスの埋蔵量が十分にあり、ガスの生産技術も確立し、信用力のある日本の電力会社、ガス会社が長期引き取り契約（Take or Pay条項付）を結んだ。ガスをLNG化する技術も確立し、LNGを安全に仕向け地まで輸送することもできるようになった段階である。JBIC（当時は日本輸出入銀行）のプロジェクトファイナンス第1号案件である。スポンサーは、現地オペレーター（オイルメジャーも株主）とオイルメジャー、日本の一流商社で、ベストの組み合わせだった（プロジェクトファイナンスの種類については表1.2.22　参照）。

　第2号案件はチリのエスコンディーダ銅鉱石引き取り案件、それから電力IPP案件と広がっていく。

　通常、プロジェクトファイナンスといっても、どの案件もノンリコースではなくて、リミティッドリコースである。

　原油（特に軽質油）のように、必ずマーケットで売れるもののプロジェクトファイナンスは、長期引き取り契約は不要（長期引き取りのないプロジェクトファイナンス案件をマーチャント案件という）だが、鉄や銅などの引き取り案件や電力IPP案件では、通常、長期引き取り契約が必要である。水もプロジェクトファイナンスも長期引き取り契約が必要になる。

表1.2.22　プロジェクトファイナンスの種類

リコースローン	・どのプロジェクトファイナンスも出資部分のバックファイナンスはコーポレートファイナンス（出資部分はプロジェクトファイナンスの対象にはならず）。 ・プロジェクトファイナンス案件でも、一部の融資はスポンサーが責任を持つリコースローンが多い。
ノンリコースローン	・ローン部分はすべてプロジェクトファイナンス。 ・あまり例はない（プロジェクトの完工後にはありうる）。
リミテッドリコースローン	・ローン部分の一部がプロジェクトファイナンス。 ・プロジェクトファイナンスにならない部分は、スポンサーが保証する。

（4）融資と債券発行の違い

　融資は貸付人（銀行）と借入人相対なのに対し、債券発行は発行体と（不特定の）投資家と向き合うことになる。公募債のみならず私募債もあるが、投資家の数の問題で、基本的には同じである。セカンダリーマーケットがあるかないかも重要な問題である。債券発行は、株と同じで転々と流通していくことを前提としている。プロジェクトのキャッシュフローを基本的な担保とするプロジェクトファイナンスは、一般的には債券発行には不向きである。

（5）格付け

　格付けは、債券（ボンド）発行には必要なものである。発行者が国であれ、地方自治体であれ、

企業であれ、プロジェクトであれ、同じである。投資家が債券を購入する重要な判断基準になる。最優良がAAA（トリプルA）で、投資適格と言われるのはBBB以上、BB以下は投資不適格である。

　なお、融資では個別に銀行が審査するので不要である。

　アジアで格付け会社のある国は、インド、パキスタン、インドネシア、台湾、フィリピン、日本、韓国、マレーシア、タイ、バングラデシュで、国際都市である香港とシンガポールには地場格付け機関は存在せず、米国の3大格付け会社か日本の格付け会社（格付投資情報センター：R&I、日本格付研究所：JCR）と提携している。JCRが中心となったアジア格付機関連合（Association of Credit Rating Agencies in Asia：ACRAA）というアジアの格付け会社の連合組織もある。

　格付け会社により審査基準が異なるので要注意である。自国そのものの格付けをベースとして、その国にある会社の格付けを考えるので、自国の格付けをどのレベルにしているのか、米国の3大格付け会社と比較してどうかがポイントになる。概して新興国の格付け会社の自国企業の格付けは、自国のソブリン格付けを基準に考えるため、甘くなる傾向がある。

（6）プロジェクトボンド（債券）の登場

　プロジェクトファイナンスからプロジェクトボンドへの切り替えも、完工してプロジェクトのキャッシュフローが安定し、返済も順調になれば考えられる。債券が転々流通していても、債務不履行が起こりにくくなるからである。

　なお、2016年には、ADBの信用保証機関である信用保証・投資ファシリティ（Credit Guarantee & Investment Facility：CGIF）初のプロジェクトボンド保証の気候変動債券案件（フィリピンの地熱テイウイ・マクバン案件）があるが、最近、プロジェクトボンドについてはあまり聞かない。ボンドは転々流通するので、やはりプロジェクトファイナンスにはあまり向かないということだろうか？

（7）水のプロジェクトファイナンスの例

　オーストラリア第2の都市メルボルンの官民連携PPP案件の例が、最近かつ大型ということで有名である。

　メルボルンの需要の3分の1を賄うRO膜タイプの大型淡水化プロジェクトである。2009年に、水メジャーのスエズ、現地ゼネコンのティース、現地投資銀行マッコーリーに加え、伊藤忠商事も出資した2,800億円の大型投資案件で、日本の3メガバンクも融資している。

　2012年に完工し、貯水率の上昇により水の引き取りは行われなかったが、Take or Payに基づき、支払いを実行していた。これに対して住民の批判があった。

　電気系統のトラブル（風力発電がうまく稼働せず）などもあり、軌道に乗ったとは言えない状況で、2017年10月にリファイナンス（日本生命の説明では当プラントの安定運営を支える借り換資金の提供）が行われた。日本生命も融資者としてこのリファイナンスに参加している（全体の2割超の156億円、ESG投資への融資という位置付け）。

（8）チーム水・日本の行動チームについて

　野村證券、三菱UFJ銀行、野村総合研究所というわが国の超一流プレーヤーが、2009年7月27日にスタートしたチーム水・日本の行動チーム「水ファイナンスチーム」として登録していたが、残念ながら見るべき成果も上がらないまま、行動チームから撤退したようである（最新の行動チームリストから消えた）。資金面から見ても、それだけ海外水ビジネスは難しいということである。投下資本の回収が見込める具体的プロジェクトが出て来なかったのかもしれない。

　海外水ビジネス研究会は、2018年12月27日にチーム水・日本の行動チームとなった。2018年10月に一般社団法人化した水の安全保障機構の活動にも必要に応じ協力していく。当海外水ビジネス研究会は、公益事業という名の下、今まで国、地方政府の予算に依存していた水のビジネス化の重要性、必要性を意識し、「水ファイナンスチーム」の経験も参考にさせてもらい活動、行動していく（工藤克典：貿易投資金融アドバイザー）。

【参考文献・URL】

1）首相官邸「経協インフラ戦略会議」
　https://www.kantei.go.jp/jp/singi/keikyou/　（2021.3.6閲覧）
2）日本貿易会「SHOSHAいま　水ビジネス」
　https://www.jftc.or.jp/shosha/activity/now/water/detail.html　（2021.3.6閲覧）
3）水道事業体等の財務諸表／経営比較分析表・公益事業等上場会社決算短信　2019年3月期2020年3月期等各社IRホームページ
4）石井 晴夫、宮崎 正信、一柳 善郎、山村 尊房（2015）『水道事業経営の基本』白桃書房

1.2.4.2　新興国のカントリーリスクと地方自治体リスク

（1）はじめに

　海外プロジェクトの資金調達の基本を理解しておくことは、海外水ビジネスにおいても極めて重要である。

　水道事業、下水道事業は、日本同様、アジア諸国でも地方自治体（またはその事業体）が行っていることが多く、新興国のカントリーリスクのみならず、地方自治体リスクの検討も必要である。

（2）水道事業を新興国でする場合のリスクの種類

　制度変更リスク、収用リスク、為替リスク、送金リスクなど事業を安定的に長期間継続する上で、先進国にはない多くのリスクが考えられる。収用リスクは政権による事業接収である。収用までは行かなくても、国有企業の強制的な資本参加を求める例もあった。

（3）海外水ビジネスのストラクチャーモデル検討とカントリーリスク・地方自治体リスク対応の重要性

　ストラクチャーモデル（図1.3.1、表1.3.1　参照）では、資金調達の主要部分をプロジェクトファ

イナンスとしている。新興国のプロジェクトで、プロジェクトファイナンスで資金調達をする場合、当該プロジェクトに対する国の役割（リスクテイク）、地方自治体の役割（リスクテイク）は極めて重要になる。

（4）カントリーリスクと地方自治体リスクの意味

カントリーリスクは、ソブリン（主権や統治と訳す）リスクとほぼ同じ意味、国家は、主権・領土・国民の三要素を持つので、カントリーリスクとしたほうが、領土と国民も含まれて、ソブリンリスクよりも意味が広いともいえる。

また、地方自治体リスクは、準ソブリンリスクの一つである。準ソブリンリスクには地方自治体リスクのみならず国に準ずる政府機関リスクも含まれる。政府機関のリスクは国の関与度合いにもよるが、ソブリンリスクと同等または準ずる場合も多く、地方自治体の準ソブリンリスクは、国に比較して財政力など信用力で劣る場合が多い。かつてブラジルのウジミナス製鉄所（日本企業が資本参加している案件）があるミナスジェライス州が財政破綻したことがあり注目された。日本でも夕張市で経験した。

（5）カントリーリスクと地方自治体リスクの違い

カントリーリスクのある国向けの公的機関（例えば、ECA：Export Credit Agency：輸出信用供与機関）信用供与[注1] 債権は、国際的な債権国会議であるパリクラブ[注2] の対象だが、地方自治体リスク債権はパリクラブの対象にはならない。日本の場合、①JBIC融資・保証の新興国向け債権、②JICA融資の新興国向け債権、③JETRO保険の新興国向け債権がパリクラブの対象となる。

（注1）信用供与とは、融資、保証、保険付保のことで、債務不履行（デフォルト）があり得る債権のこと。
（注2）パリクラブとは、伝統的にパリにあるフランス大蔵省で行われる公的債権の取り扱い（特に債務不履行）に係る先進国間の債権国会議のこと。

（6）集団行動条項（CACs）について

集団行動条項（Collective Action Clause：CACs）は2000年代に入ってからのアルゼンチン国債の債務不履行の経験から生まれた。

国債や社債は、融資と異なり相対ではないために、債務不履行時に全債権者の同意を得ることが難しい。そのため、債券（ボンド）の債務不履行時の取り扱いに、全債権者の同意を必要としない多数決原理を債券発行時の契約書に導入する手法として普及してきている。

このCACsは、債券発行時に用いられるのみではない。中南米では最近、地方自治体向け準ソブリン融資案件にもCACsを入れた契約書が出てきている。

しかし、発行国の政権の安定性や地方自治体に対する統治能力によっても、CACsの有効性・有用性は影響を受ける。とりわけパリクラブの対象にならない準ソブリンリスクテイクの根本的解決にはならない。もちろん、投資家の債権回収に関する活動を保証する条項なので、これを入れることは投資家に対する地方自治体の協力姿勢を示すという点では、プロジェクトファイナンス組成上

の問題の解決を容易にする面はあるが、アジアの案件では見当たらないようである。

（7）国と地方自治体の格付けについて

　地方自治体の格付けも企業の社債の格付けも、国や国債の格付けをベースとしてそれとの比較で信用リスクを判断する。地方自治体の信用力を判断する場合、当該地方自治体の債務返済能力（Debt Service Coverage Ratio：DSCR）や国との一体性（国の地方自治体支援体制）が重要となる。水道事業体も地方自治体の一部と考えられ、同じ地方自治体リスクと同様に考えられる。

　なお、一般に知られている格付け会社としては、米国のS&P Global Ratings、Moody's、Fitch Ratingsの３社、日本のR&I、JCRの２社がある。

（8）融資と債券発行との違い

　融資は相対、他方、債券発行は相対ではなく、発行体（債務者）と投資家（債権者、多数）が当事者である。アレンジする證券会社の役割大だが、証券会社は仲介者で当事者ではない。

　なお、長期融資は据え置き期間（売り上げが立つまで）のある均等分割弁済なのに対して、債券発行は満期日の一括償還（途中段階での元本償還がない）が一般的である。

（9）ハードカレンシー調達と現地通貨調達の違い

　ハードカレンシー調達[注]は、大型で海外からのプラント調達や融資が多額で長期の場合や収入がハードカレンシーの案件（資源開発案件など）に適している。

　MDBsは、為替リスクのある現地通貨（Local Currency、ソフトカレンシー）調達は難しく、通常ハードカレンシー融資である。

　現地通貨調達は、現地会社の資金繰りに必要不可欠なことに加えて、収入が現地通貨建てで、また、現地での資機材調達や現地土木工事が多い（現地通貨での支払いが多い）場合に適している（水ビジネスはこちらの要素が大きいと思う）。

（注）ハードカレンーとは「国際通貨」や「決済通貨」とも呼ばれ、外国為替市場において、他国通貨と交換可能な通貨のこと。米ドル、ユーロ、日本円、英ポンド、スイスフランなど、国際取引の中心となっている基軸通貨（現在はUSドル）とは異なる。

（10）1997年アジア通貨危機の経験を活かして

　通貨危機の再発防止とアジア債券市場の育成を目指した日本を中心とした地道な取組みがある。

　ASEAN＋３マクロ経済リサーチオフィス（〈ASEAN+3 Macroeconomic Research Office：AMRO〉。ABNAMRO〈ABN Amro Bank NV〉とは別。日本はアジア通貨危機後にアジア版国際通貨基金〈International Monetary Fund：IMF〉創設を目指したが米国の反対で頓挫し、このAMROというマクロ経済監視機構に落ち着いた）（表1.2.23　参照）とCGIF（ADBも出資者。ADBの信託勘定となっているがCGIFの経営には関与していない。現地通貨建て民間債券〈社債〉を保証）（表1.2.24　参照）という二つの組織の活用で、今後アジアで通貨危機が再燃しない、または再燃しても軽微に済むようにしようとしている。

CGIFは（ハードカレンシーではなくて）現地通貨建て債券への保証で、（世銀グループ）の多国間投資保証機関（Multilateral Investment Guarantee Agency：MIGA）のようにポリティカルリスクのみを対象とはせず、あらゆるリスクへの保証なので、水ビジネスにも利用しやすいかもしれない。なお、筆頭株主は日本と中国で、同額同比率である。

表1.2.23　AMROについて

概要	○ASEAN+3地域経済の監視（サーベイランス）・分析を行うとともに、チェンマイ・イニシアティブ（CMIM）の実施を支援する国際機関。2011年4月にシンガポール法人として設立され、2016年2月に国際機関化。 ○所長は、土井 俊範（どい・としのり）氏（任期３年間：2019年5月～2022年5月）
役割	○ASEAN+3域内経済のリスクを早期に発見し、改善措置の速やかな実施に関する提言を行い、CMIMの効果的な意思決定に貢献し、その発動プロセスを支援することを目的とする。
直近の動向	①サーベイランス能力強化 ASEAN+3 地域経済を分析した「ASEAN+3 Regional Economic Outlook」を公表。 ②CMIM支援 CMIM 契約書の定期的な見直し作業を補助。 ③IMF や ADB 等の国際金融機関との連携強化。 　・ADB との間で、能力強化に関する MOU を締結。 　・IMF との間で連携強化に関する MOU を締結。

表1.2.24　CGIFについて

概要	ASEAN+3 のすべての加盟国とアジア開発銀行が総額７億ドルの出資を行い、ASEAN+3 域内の企業が発行する社債に保証を供与する信託基金のこと。アジア開発銀行に設立される。
内容	2003 年に ASEAN+3 で合意されたアジア債券市場育成イニシアチブ（ABMI ; Asian Bond Market Initiative）における成果の一つとして、10 年 5 月ウズベキスタン・タシケントでの ASEAN+3 財務相会議での合意、同 10 月ベトナム・ハノイでの ASEAN+3 首脳会議での方針打ち出しを経て、同 11 月中国・西安で設立総会が開催された。 　日本は国際協力銀行を通じて２億ドルを出資、中国政府と並んで CGIF の最大出資者である。 　国際協力銀行は CGIF 運営において債券保証業務や企業審査に関する知見の提供でも期待されているとのこと。 　なお、アジアの貯蓄をアジアの民間企業による資金調達に直結し、アジア域内通貨建て社債の発行促進を最終目標とする ABMI は、CGIF 以外に、証券化活用による新債券開発、外国為替取引と決済システム、域内格付機関についてワーキング・グループを設け、検討を行っている。

（11）バーゼルⅢについて（表1.2.25　参照）

金融規制の第３ステージである。

バーゼル規制（BIS規制）とは、バーゼル銀行監督委員会が公表している国際的に活動する銀行の自己資本比率や流動性比率等に関する国際統一基準のことである。この委員会は、金融規制当局と中央銀行の国際的な集まりであり、スイスのバーゼルに事務局がある。バーゼルⅢは、リーマンショックの反省に基づき、銀行の健全性を守るために強化された国際的な規制で、2013年から段階的に実施、2028年に完全実施する予定である。なお、日本では1992年度末から本格的にバーゼルⅠを適用し、2006年度末からバーゼルⅡに移行している。

バーゼルⅢの影響は、①銀行の大口融資のタイト化や②自己資本充実、③長期融資に消極的など

融資規制強化の動きとなり（2018年5月17日、Thorsten Beckの説明）、水ビジネスを含む新興国向け投資に関する民間銀行向け融資が縮小する可能性が危惧されており、今後波紋を呼びそうである。

表1.2.25　バーゼルⅢについて

目的	世界的な金融危機の再発を防ぎ、国際金融システムのリスク耐性を高めること。
内容	銀行が想定外の損失に直面した場合でも経営危機に陥ることのないよう、自己資本比率規制を厳格化。また、急な資金の引き出しに備えるための流動性規制や、過大なリスクテイクを抑制するためのレバレッジ比率規制等が導入される。規制を設計する際、金融システム全体の安定性を維持するというマクロ・プルーデンスの観点が重視されている点も一つの特徴。 　バーゼルⅢは、わが国を含む世界各国において2013年（平成25年）から段階的に実施されており、最終的には、2028年初から完全に実施される予定（コロナで完全実施を1年延期）。

（12）おわりに

　このように、新興国での資金調達には検討すべき難しい問題がいろいろあるが、世界の経済動向に留意して、長期にわたる水ビジネスの適切な資金調達が極めて重要である（工藤克典：貿易投資金融アドバイザー）。

1.2.5　海外水ビジネスにおける競合の検討

（1）三つのビジネス

　本節では、海外で水の仕事を行うために、戦略の具体的なターゲットを決める方法について述べる。戦略を決めるオーソドックスな方法の一つにSWOT分析がある。これは自分でコントロールできる内部の強みと弱み、自分がコントロールできない外部環境の機会と脅威で事象をわけて、主に強みを生かせる機会を狙うというシンプルながら奥が深いやり方である。ここで大事なのは、強みや弱みは相対的なものであり、競合を考えることで明確になるという視点である。この競合を考えるという視点は国際協力の分野ではあまりないが、ビジネスでは重要なことである。

　表1.2.26は、水ビジネスを大規模から小規模まで分解したものである。例えば、ジャカルタのコンセッションを受託しようと思うと、1）大規模事業レベルになる。大規模事業は水道事業丸ごとなので、例えばジャカルタの水道を日本企業が運営するとなると、ジャカルタの政治家や地元企業が黙っていないので、広範囲なネゴが必要になる。

表1.2.26　水ビジネスの規模による分解

段階	マクロ← 大規模水道事業	中規模水道事業・基幹施設	小規模水道事業・一般施設	水道用設備・水道用資機材	→ミクロ 水道用部品
分類	1）大規模事業レベル		2）小規模事業レベル	3）資機材レベル	
ビジネスの内容	水道全体を包括的に運営する。コンセッション等。	まとまった規模の機場を整備する。PFI※等。	簡易水道規模の事業や海水淡水化施設のEPC事業。	専用水道規模の事業運営や水道関連装置の販売。	管材料、ボルト、接合材等、水道を構成する部品。
生産性（個別設計施工か、大量生産か）	個別最適設計生産　←		組み合わせ	→　標準品・大量生産	
	事業計画の立案から対象となる地域の条件を踏まえて経営計画まで策定を行う。	上位の事業計画に基づき、重要な施設の個別最適設計を行う。	簡略な計画設計のもと、資機材の最適な組み合わせにより建設を行う。	規格部品を組み合わせ水道用資機材としての機能を有する製品を制作販売する。	標準規格に基づいて大量生産によりコストを削減することで競争力を獲得する。
案件交渉の相手	中央の政治家や政府、大規模事業体等。	地方行政組織や水道事業体等。	村落担当の中央政府組織、地方政府等。	水道事業体や地域の建設事業会社等。	工業規格を管轄する中央組織が担当。
公共と民間の分担	公共が運営までの全体を担う。関連サービスは民間委託も有。	公共が企画して仕様を決定する。民間も営業提案などで協力する。	仕様決定には公共が関わるが民間からの企画のウェイトも大きい。	主に民間が開発して仕様を提案する。公共はその審査承認を行う。	製品規格とその適合性での競争となる。品質管理は民間に任される。
	公共にノウハウあり　←		双方の連携	→　民間にノウハウあり	

※Private Finance Initiative

　表1.2.26に記載している「事業計画の立案から対象となる地域の条件を踏まえて経営計画まで策定を行う」というのは、計画そのものだけでなく、議会対応から顧客対応まですべてできることを指す。これができなければ大規模な水道事業の受託はできない。

　では、もう少し小さい事業、例えば地方都市の水道事業や、浄水場一カ所くらいの事業であれば
どうか。この規模だと案件も多く、大規模事業ほど世間の耳目を集めないため交渉する範囲も少し
狭くなる。一方で、大都市なら一つ受注できれば、それだけでも十分に大仕事だが、中・小規模の
事業だったら件数を多く受託しないと事業規模が小さすぎて企業側が組織を維持できない。受注件
数の勝負になる。

　もう少し小さくなると、資機材や装置を売っていくビジネスになる。どうやってその資機材を売
り込むか、現地で調達可能な安い資機材とどう戦うか。安いけれども粗悪品ではない資機材もある
中で、どうやって勝っていくかという闘いになってくる。

（2）勝負に必要な能力

　これら三つの水ビジネスで勝負するために求められる能力について述べる。

　まず、大規模事業の場合は案件形成能力が必要である。競合相手としてヴェオリアや他の水メ
ジャーなどが考えられるが、これらの企業との競争に勝つためには、水道事業の運営能力はもちろ
ん、経営能力、法律や制度を熟知して経営の引き継ぎを行う能力が求められる。さらには世界の評
判も大きく影響するので、CSR（Corporate Social Responsibility）活動も欠かせない。例えば、ヴェ
オリアは国連のマイクロプラスチック問題の調査船を援助しており、その調査結果が科学雑誌ネイ
チャーの表紙を飾ったりしている。常に、市民に対してどうやって好印象を持ってもらうかを準備
しているわけである。さらには、マーケットと交渉して資金を調達してくる能力も必要である。日
本の水道事業体は自己資金がしっかりあるか、公的な資金が潤沢に提供されるので、マーケットと
対話して資金を引き出すノウハウは、残念ながら水メジャーの足元にも及ばない。となると、いき
なり大規模事業で勝負をするのは極めて厳しいと言わざるを得ない。

　やはり狙うのは、もう少し小さい規模である。この規模での競争に勝つためにはニーズ獲得に向
けた地道な営業努力が必要となる。つまり、その町の課題やその解決策などの情報を入手できる交
渉ルートを持ち、相手が何に困っているかを把握した上で、適切な提案を重ねていって信頼を得る
ことが大切になる。この規模におけるライバルは現地資本の水道会社である。例えば、その国や近
隣国の財閥、華僑などが該当する。現地資本水道会社と言っても、その国とは限らない。

　資機材レベルでの競争になると、今度は他国の水道資機材メーカーがライバルになる。こうした
現地資本の水道資器材メーカーに勝つためにも、地道な営業が必要である。現地に事務所を設け、
そこを拠点として近隣の案件を受注していくプロセスが望ましいが、その基盤づくりの過程では現
地資本で信頼できる財閥と組むことが現実的だと思う。

　また、製品の力も重要である。製品の力とは性能だが、海外では基本的にはB／C、性能を価格
で割って評価する点に注意が必要である。現地製品は粗悪品だから大丈夫だと考えていると危ない。
一見すると途上国に見えるものの、先進国並みの品質管理ができる国が山ほどあり、そうした国の
製品が相当浸透していることに留意する必要がある。

　政府の戦略では、「日本製品の品質が高い」、「品質のいいものを使ってもらうように説得する」
などと書かれているが、現地で他国の資機材を売っている連中は、「日本製品の品質はいいかもし

れないが高くて使えない。われわれの製品だったら1,000個買えるが、日本製品だったら100個しか買えない」と言って営業している。こうした営業が行われていることは知っておく必要がある。

（3）勝負の方策

表1.2.27に示したA：世界的水道会社、B：現地資本水道会社、C：他国の水道資器材メーカーという三つのクラスターに対してどのように勝負していくかを述べる。日本の水道企業に最も狙って欲しいのは、安くていい製品を作り、営業展開力を磨き、Cの分野で価格を含めた製品力で正々堂々勝つということである。

表1.2.27　水道ビジネスの規模で分類した競合相手

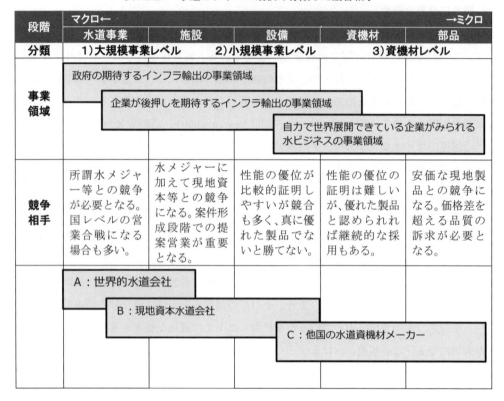

もう少し規模が大きいBの分野で勝負するためには、現地の足がかりが必要不可欠である。例えば、海外のある町から営業依頼がきた場合、地元の組織はすぐに対応できるが、日本から対応しようとなると1週間はかかってしまう。これでは勝負には勝てないだろう。現在はITの時代なので、こうした距離の問題は今後緩和していく可能性もあるが、現段階では、きめ細かな（Information Technology：情報技術）営業をするためには現地の足がかりが必要である。

Aの分野で勝負するのは、日本の水関係企業がカリスマ的なリーダーのもとに結集でもしない限り、現段階では不可能だと思う。企業としては、Bの分野やCの分野で実績を積み重ね、その実績を基にさらに大きな事業を手掛けていく。その際に政府の後押しも求めていくことが最も現実的な解ではないかと考えている（山口岳夫：水道技術経営パートナーズ㈱代表取締役）。

●海外水ビジネスの眼● ②

イギリスの漏水率とリリバット

　イギリス最大の水供給処理企業で同国総人口の27％・1500万人を顧客とするテムズ・ウォーターは2018年6月、漏水対策の成果未達を水道規制当局オフワットに指摘され、上水道利用者に損失補償155億円を命じられた。オフワットはイングランドとウェールズでのみ民営化された上下水道業の経済規制を担当する。2016年就任の同社社長は漏水対策不備を理由に2019年5月の取締役会で馘首された。2017年にも上水道漏水成果未達で11億円の損失補償をした。同社は2013年と翌年未処理の下水をテムズ川に流し環境汚染を環境庁に告発され2017年裁判所から罰金26億円が科された。同社の2015年度の営業利益956億円、配当106億円に比し損失補償も罰金も少な過ぎると批判されている。民営化して25年、水道料金の値上率はその間のインフレ率を40％上回った。一方、漏水対策は進まない。労働党は再公営化せよと主張する。

　イギリス全体の水道の漏水率は2017年で23％、民営化されたイングランドとウェールズの漏水率は20％、テムズ・ウォーターの漏水率は24％だ。マレーシアのエンジニアリング会社YTLが、破産したEnronより買収したウェセックス上水道（ブリストルやバース地域130万人に水供給）の漏水率は24％だ。テムズ・ウォーターは本国では消費者の信頼を失っているが、アジア・南アフリカ・南アメリカで事業展開し、ウォーター・バロンとなっている。YTLは水ビジネスの経験はないがイギリスの水会社の親会社だ。

　日本の漏水率5％に比し欧州各国の漏水率は高過ぎる。2017年の数字は、アイルランド47％、イタリア37％、スペイン29％、スロバキア28％、イギリス23％、ベルギー22％、フランス20％、フィンランド19％、スェーデン17％、チェコ17％、ポーランド15％、デンマーク8％、ドイツ7％、オランダ5％だ。漏水率は給水制限をすると高くなる。水道管に汚水が流れ込み水質が悪化し、頻繁な水圧上昇で水道管網が劣化し、平均水圧を上げると水道管が破裂し漏水する。乾季と雨季があり時間給水をせざるを得ない熱帯アジア・アフリカの途上国は漏水率が高い。屋上タンク・ろ過装置・男性イスラム教徒の局部を洗うシャワーなどを売る小売店が並ぶ通りがインドネシア、ベトナム、イラン、マレーシアにはある。配水管網の水圧が低いから屋上タンクにモーターで水を上げておく。

　インドネシアに駐在した日本の水道関係者は多い。1998年のジャカルタ水道民営化までは日本のODAで長期専門家として派遣できた。ODAの受け手は公的組織のみだ。2022年の再公営化の最高裁判決はチャンス再来ではなく、日本の官民企業がODAをも戦略的に活用したインフラPPPに乗り出すチャンスだ。

　このような世界の下、漏水率が5％と欧州に比し数段優れている技術を持つ日本の水道事業体は、地方公営企業であるので付帯事業としても海外進出はできない、と叫んでいる。ウォーター・バロンに勝てる試合があるにも関わらず自ら試合を放棄し、国策である質の高いインフラ輸出に寄与しようとは考えない。日本の高技術を持つ水道事業を、低技術で本国では消費者への損失補償を命じられ、河川汚染に手を染めるようなウォーター・バロンに売り渡すことが良いことのように叫ばれる。

　ガリヴァが旅した小人国リリパットは、インドネシア・スマトラ島の先のインド洋上にあり、隣の島国ブレフスキュの艦隊に侵略されようとしていた。ガリヴァはブレフスキュの全艦隊を拿捕し網で引っ張り捕獲し、皇后の住む宮殿の火事を消し止めた。感謝されてしかるべきところだが、自らの小水で消火したのは不敬罪だとして王は両目を失明させる刑罰プラス加刑を下した。ある大臣の友情で加刑が漸次餓死となったので、隣国ブレフスキュとの海峡を歩いて渡り逃亡できた。ブレフスキュで船を作り日本からイギリスに帰帆する船に追いつきイングランドに帰国する。リリパット国王もブレフスキュ国王もイイとこ取りの厄介払いなのだ。日本企業もガリヴァよろしく厄介払いされぬように、リリパットの国益に沿いながらガリヴァに逃亡機会を与えるリリパットの大臣、そして縛った紐をほどいてくれた同国国民との友情と信頼を築けるかかがポイントだ。

（不見丸）

1.3　海外水ビジネスの ストラクチャーモデルと その資金調達

1.3.1　ストラクチャーモデルのスキーム

（1）ストラクチャーモデルの内容及び作成の経緯

　ストラクチャーモデルは、東南アジア新興国の中規模の浄水場の用水供給事業新規案件（水源を除く）を経済性、事業性、収益性のあるプロジェクトファイナンスで取り上げることを想定し、かつ、主要水道事業体も参画できるように配慮しつつ作成した、当事者関係図と資金使途調達計画からなる（図1.3.1　参照）。将来的にケーススタディに応用し、さらに実際のプロジェクトで使用することを意図しており、具体的なケーススタディまで行く前の段階のモデルと位置付け、骨格を表すストラクチャーという言葉と、モデルという言葉を組み合わせ、ストラクチャーモデルという表現にした（作成の経緯は1.1.1　1年目の活動　参照）。

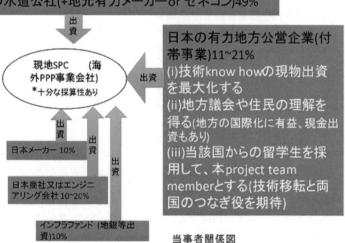

図1.3.1　ストラクチャーモデル

（2）前提条件

　ストラクチャーモデルの前提条件は、「アジアの有力国の地方自治体の水道PPP事業で、バルクセール方式」である。事業者が供給する水を地元水道局が購入し、個別の代金回収を不要とした。これにより安定した需要があり、事業者の事業が長期的に安定する。地元の水道局が水を購入してくれなければ、安定した担保ができず、担保の組成ができない、つまりプロジェクトファイナンスを組むことができないだろう。ただ、代金回収が問題なくできる安定した顧客がいれば、代金回収までスコープに入れることも可能である。

　二点目の全体条件は「本事業は上下分離方式」としたことである。上とは水源、下とは水源から先を指す。水源（上）は、水利権の問題もあり非常に難しい部分であり、税金で実施する部分だと考え、ストラクチャーモデルの対象から分離し、供給された水を購入するバルクセール方式とした。水源から先（下）の部分を対象にして、経済性や事業性を持たせたのである。

　水源（上）は、税金で実施するため、ODA、円借款（有償資金協力）を使うことも考えられる。このモデルは上水道だが、下水道にも応用できる。

（3）資金使途調達計画及び当事者関係図

　出資割合が2割など低めのプロジェクトファイナンスもあるが、資金使途調達計画（図1.3.1参照）では、出資割合を3割、融資を5割とし、融資部分をプロジェクトファイナンス（シニアローンと出資に近いジュニアローン劣後融資）で考えた。さらに、資金調達に多様性を加えるために、残りの2割に転換社債を入れた。このような債券発行をできる途上国もある。転換社債を出資する地方公営企業が一部引き受けるとともに、有力な地元の地銀が一部引き受けることで、地方の活性化につながるのではないかと考えた。ただ、将来株式に転換できる転換社債も入れると複雑になるので、これは将来的な応用問題かもしれない。初めは出資対融資（負債）を3対7にするのがシンプルである。

　当事者関係図（図1.3.1　参照）では、技術ノウハウの現物出資、日本の技術者の技術を出資化することとした。日本の主要水道事業体でアジアからの留学生を技術者に育成し、そういう方たちが母国に技術を還元するという提案も行っている。なお、先ほど転換社債の一部を地方公営企業が引き受けるとしたが、これは現物出資による引き受けを想定している。

　主要水道事業体には地方公営企業法の付帯事業として参画してもらうこととしているが、公務員が海外で水ビジネスを行うとなると、住民や議会に対する説明が求められる。そこで、水道事業体が海外水PPPビジネスに参画するメリットを整理した。一点目は地方の国際化の動きを首長の掛け声や国際的な地方自治体間の人的・文化・技術交流に終わらせず、水道技術を通じて、経済・ビジネスの世界に広げていくことで、地方の国際化の維持のみならず発展につなげていけると考えている。二点目は国内水道事業の技術維持とコスト削減（人材不足対策と若手技術者の育成）に貢献できることである。若手技術者には、海外におけるいろいろなパターン、次元の現場経験が大変重要になると考える。

表1.3.1　資金使途調達計画の例

使途	調達	単位 (百万ドル)	調達の内容
浄水施設・送・配水施設(排水関連も含む)	出資	20〜40	現地49%,日本側51%(地方公営企業11~21%,日本商社10~20%,日本メーカー10%,インフラファンド10%)
	融資	60〜120	シニアローン50〜100(優先3年据置均等分割返済)7年,外貨ローン,リミティッドリコース,ジュニアローン10〜20(劣後返済,)7年,外貨ローン,株主又は株主依頼の第3者がリスクテイク
	転換社債	20〜40	7年後一括返済,外債(円建て),出融資の後 出資する地方公営企業(水道部門)が一部引き受け,同じ地域の有力地銀にも引き受けてもらう,JBICがこの社債を保証するか一部取得して信用力をカバー
計		100〜200	

(注1) 水源開発関係は現地政府予算・ODAで対応する（上下分離方式。事業に対し現地政府がコミットを示すという面もあるが、事業関連での土地買収に対する現地住民の反対や現地世論に対してPPP外資SPC〈Special Purpose Company〉による対応は困難という面もある）。

(注2) 施設能力10万㎥／日を想定（水源開発関係部分は20〜40百万ドル）。

表1.3.2　IPP、IWP等の比較

略称	IPP	IWPP	IWP	PPS	PWS（仮称）
正式名称	Independent Power Producer	Independent Water Power Producer	Independent Water Producer	Power Producer Supplier	Private Water Supplier
分類①	電力	電力・水	水	電力	水
分類②	生産、卸売	生産、卸売	生産、卸売	生産、小売	生産、小売り
長期固定供給販売契約	あり	あり	あり	なし	なし
販売先	電力省・電力公社・電力会社	電力水資源省	水道事業体(地方自治体)	家庭、会社	家庭、会社
燃料	石油・ガス・4石炭・LNG・再生可能エネルギー	同左+海水	水源	IPPと同じ	水源
投下資本の回収(例)	10年	15年	20年	12年	25年
プロジェクトファイナンス組成上のリスク	カントリーリスク	カントリーリスク	カントリーリスク 地方自治体リスク	カントリーリスク 販売代金回収リスク	カントリーリスク 地方自治体リスク 販売代金回収リスク
備考		淡水化 中東で多い	ストラクチャーモデル	漏電注意	漏水注意

(注1) PWSは、定着した用語が見あたらず、識者の意見を参考にネーミング。

(注2) 販売代金はいずれも現地通貨。

　表1.3.1は水PPP事業の資金使途調達計画例である。所要資金は１億ドルから２億ドル、施設能力は10万㎥／日規模のプロジェクトを想定した。水プロジェクトは、電力IPPに比べて少額なので、総額を１億ドルから２億ドルとし、出資が2,000万ドルから4,000万ドル、融資が6,000万ドルから１億2,000万ドル、転換社債が2,000万ドルから4,000万ドルとした。プロジェクトのペイアウト（投下資本の回収）については、水プロジェクトは電力に比べて多少長くてもよいのではないかと考えて10年とし、転換社債は７年の一括返済。融資期間も７年にした。また、プロジェクトの事業性をみる大切なファクターであるIRR（Internal Rate of Return：内部収益率）は13％とした。

13％は収益としては少ない。電力IPP案件であれば15％以上になると思うが、水は人間の生命の根源であるため、他の事業より収益性は低くても、本来のCSRやESG投資などの観点から推進すべきだという議論を起こしたいと思っている。なお、内部収益率13％の妥当性については、今後検討していく予定である。

商社には、多少収益性が低くても、会社全体の収益構造の中の底辺に置くプロジェクトとして、海外水プロジェクトに参画することがあってしかるべきではないか。すでに日本貿易会の商社行動基準にもSDGsが2018年春の改定で入ってきているので今後の動向を注視したい。

表1.3.2は電力事業と水事業の５つのパターンを付した（生産・卸売２種類、生産・小売２種類）ものである。ストラクチャーモデルはIWPに分類される（工藤克典：貿易投資金融アドバイザー）。

1.3.2　ストラクチャーモデルの資金調達

ストラクチャーモデルを実現するためには、内外の金融機関から資金を調達する必要がある。長期設備投資資金等は海外から、短期の資金繰り資金は現地地場銀行から調達するのが通常である。このうち、長期資金を調達する金融機関について説明する。現段階では、どの機関のどの資金が適当であるかは詰めきれていないが、これから説明する情報を参考にしながら、具体的なプロジェクトを構築する中で、最適な長期安定資金を獲得していただきたい。

ストラクチャーモデルを担う長期安定資金を融資する金融機関等としては、大きく分けて民間銀行、政府金融機関、国際金融機関の３つが考えられる。

1.3.2.1　ストラクチャーモデルを担う金融機関等
（1）民間銀行
まずは民間銀行である。

３大メガバンクは、インフラ投資のプロジェクトファイナンスを数多く手掛けており、世界のリードアレンジャのリーグテーブルの上位に顔を出している（表1.3.3　参照）。三菱UFJ銀行によると、プロジェクトファイナンスの対応業種は次のとおりである。上下水道もその融資対象となっている。

・ガス、ガスパイプライン、LNG

・石油、石油化学、化学

・マイニング、金属精錬

・発電、送配電

・テレコミュニケーション、インフォメーションテクノロジー

・ごみ処理・環境関連施設等

・道路、鉄道、港湾、上下水道、その他インフラストラクチャー

表1.3.3　グローバルMLAランキング（2019)[1]

順位	金融機関名	組成金額 (US 百万$)	組成件数
1	MUFG	16,151	134
2	SMBC	15,981	121
3	Mizuho Financial	12,642	69
4	SBI	11,338	4
5	BNP Paribas	10,004	86
6	Santander	9,806	114
7	Societe Generale	9,401	90
8	ING	9,264	86
9	Credit Agricole	9,215	91
10	Bank of China	7,629	44
	Market Total	296,608	816

（注1）MLAはMandated Lead Arrangerの略。
（注2）三菱UFJ銀行は2012年から8年連続で第一位。

（2）政府金融機関（政策金融機関）

　次に政府金融機関（政策金融機関）である。

　准コマーシャルベースで融資する政府金融機関であるJBICも水ビジネスを含むインフラ投資への融資を重視している。ODAを担うJICAは、ビジネス全体を支援というよりも、水質や無収水率の改善などに技術支援や援助をしている。JBICとJICAの役割分担は、表1.3.4のとおりである。

表1.3.4　JBICとJICAの役割分担

	JBIC 国際協力銀行 (旧日本輸出入銀行)	JICA 国際協力機構 (旧国際協力事業団・海外経済協力基金)
組織	株式会社	独立行政法人
位置付け	政府系金融機関	援助機関
目的	貿易・海外投資・経済協力、資源エネルギー、産業協力、環境、金融秩序	経済協力
	准コマーシャルベース案件	譲許性の必要な案件
	グラントエレメント25%未満	グラントエレメント25%以上（贈与は100%）
主な案件	主として経済インフラ案件	主として社会インフラ案件
主な対象国	主として中所得国	主として低所得国
内部収益率の目標	内部収益率10%ないし12%以上（例えば）	内部収益率10ないし12%未満（例えば）
財源	財源は産業投資資金（旧産業投資特別会計→資本金）財政投融資借入・起債（財投機関債わずか、政府保証外債中心）・外為特会	財源は一般会計（税金）（→資本金）・財政投融資借入・起債（財投機関債中心、一部政府保証外債、ADB信託基金LEAP※に充当）

　JBICは政府系国際金融機関であり、JICAは旧国際協力事業団と旧海外経済協力基金が統合した援助機関である。

　JBICもJICAも財政投融資を利用して資金調達している（表1.3.5〜6　参照）が、JBICの資本金は、戦後復興資金であるガリオア・エロア資金に端を発する産業投資資金（表1.3.7、図1.3.2　参照）、JICAの資本金は、譲許性への対応もあるため税金を原資とする一般会計予算である。

　なお、必要な外貨は、JBICは外債発行に加えて、外国為替特別会計からも調達している。JBICを日本のソブリンファンドという人もいるが、利益ではなく公益を追求している。

表1.3.5　財投機関債発行状況

（単位：億円）

発行体 ＼ 年度	平成30(2018)年度 予定	平成30(2018)年度 実績	令和元(2019)年度 予定	令和元(2019)年度 実績	令和2(2020)年度 予定	令和3(2021)年度 政府原案 予定	備考
JICA	800	600	800	600	800	1,400	1回当たり、100億円から200億円 10年、20年、30年
JBIC	600	—	200	—	200	200	
DBJ	5,500	4,517	5,800	5,213	6,100	6,200	1回当たり、100億円から400億円 3年、5年、10年、15年、20年、30年、50年
住宅支援機構	26,048	25,689	30,770	25,976	29,151	26,440	最大規模
その他共計	43,679	41,651	47,408	39,739	59,807	42,707	

表1.3.6　政府保証外債の発行予定
2020年度（2次変更後）及び2021年度

（単位：億円）

発行体 ＼ 金額等	2020年度年間発行予定額 金額	2020年度年間発行予定額 割合	2021年度 政府原案	備考
JBIC	29,025	88.8%	8,900	
JICA	660	2.0%	640	ADB信託基金向他
DBJ	3,000	9.2	2,750	
政府保証外債機関計	32,685	100%	12,290	
政府保証債（含国内債）計	59,719		22,403	

表1.3.7　ガリオア・エロア資金（基金）

名称等	GARIOA資金　1947-1951※	EROA資金　1949-1951
正式名称	Government Appropriation for Relief in Occupied Area Fund	Economic Rehabilitation in Occupied Area Fund
日本名	占領地域救済政府資金	占領地域経済復興資金
対象国	オーストリア、西ドイツ、イタリア、日本、韓国	日本、韓国、琉球
対象分野	食料、肥料、石油、医薬品	機械、綿花、鉱産物

※日本向けガリオア・エロア資金合計18億ドル（米国軍事予算より支出）。うち4.9億ドルは1973年までに返済。マーシャル・プラン（1948年－51年）に先行。

（注）コロンボ・プランは、戦後最も早期の1950年に開発途上国援助のために設立された国際機関（日本は1954年に加盟）。本部はコロンボ（1.3.2.3　国際開発金融機関（MDBs）について②　（参考）国際協力について参照）。

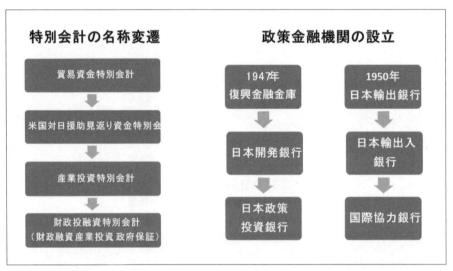

図1.3.2　ガリオア・エロア（見返り）資金による政策金融機関の設立

　JICAの有償資金協力は、原則円借款（円での貸付）であるが、最近になり海外投融資に分類されるADBの信託基金等のため、一部起債で外貨調達も行っている。USドルのみならず、ユーロや現地通貨での貸付も可能としているが規模は比較的小さい。

　なお、JBICとJICAは、2016年と2019年に、女性起業家支援のための、スイスのブルーオーチャードのアジア向けマイクロファイナンスファンドに6,000万USドルずつ共同出資している。

　先述の経協インフラ戦略会議にあるとおり、JBICとJICAの間には、JBICの先議権の問題もあるが、共同歩調もみられるようである（JBICと日本政策投資銀行〈Development bank of Japan：DBJ〉の間でも、排出権取引で共同出資があった）。

　2020年12月21日に令和3（2021）年度予算政府原案が閣議決定された。

　それによると、JBICの事業規模は2兆7,000億円、原資のうち政府保証外債は8,900億円、財投機

関債（国内債）は200億円。残りは自己資金である

　JICAの事業規模は技術協力が1,517億円、有償資金協力が１兆5,000億円、原資のうち政府保証債は640億円、財投機関債は1,400億円。残りは自己資金である。

　インフラ投資については、融資のみならず、アドバイスも行う国際金融機関の役割は大きい（1.3.2.2及び3　国際開発金融機関（MDBs）について①及び②　参照）（工藤克典：貿易投資金融アドバイザー）。

【参考文献】

1)「Project Finance International League Tables 2019」『Project Finance International』

1.3.2.2　国際開発金融機関（MDBs）について①

（１）はじめに

　国際開発金融機関（MDBs）は、水関係のプロジェクト融資を新興国において多く取り上げてきており、ストラクチャーモデルを支える資金調達機関として、主要なMDBsについても水関係者は理解しておく必要がある。MDBsの代表格である世界銀行（World Bank：WB）グループは、新興国の民営化・PPPを推進してきた。

（２）MDBsの種類

　MDBsとは、通常、第２次世界大戦終了後、ブレトンウッズ協定（米国ニューハンプシャー州ブレトンウッズで1944年７月に行われた連合国国際通商金融会議で締結）の下に設立されたIMF、国際復興開発銀行（通称世界銀行、International Bank for Reconstruction and Development：IBRD）に加えて、地域の実情に応じて設立されてきた四つの地域開発金融機関、米州開発銀行（Inter-American Development Bank：IDB）、アフリカ開発銀行（African Development Bank：AfDB）、ADB、欧州復興開発銀行（European Bank for Reconstruction and Development：EBRD）の６機関を指す（表1.3.8　参照）。

表1.3.8　国際開発金融機関（MDBs）の概要[1]

機関名／区分	世界銀行(IBRD)グループ	アジア開発銀行(ADB)グループ	米州開発銀行(IDB)グループ	アフリカ開発銀行(AfDB)グループ	欧州復興開発銀行(EBRD)	参考 国際通貨基金(IMF)
準商業ベース	国際復興開発銀行（IBRD）1945.12発足	アジア開発銀行通常資本財源（OCR）1966.8	米州開発銀行通常資本（OC）1959.12	アフリカ開発銀行（AfDB）1964.9	欧州復興開発銀行（EBRD）1991.3	国際通貨基金（IMF）1945.12
緩和された条件	国際開発協会（IDA）1960.9	アジア開発基金（ADF）1974.6（2017以降グラントのみ）	特別業務基金（FSO）1959.12	アフリカ開発基金（AfDF）1973.6		
商業ベースの融資・保証)	国際金融公社（IFC）1956.7		米州投資公社（IIC-IDB Invest）1986.3			
その他	多数国投資保証機関（MIGA）1988.4 国際投資紛争処理センター（ICSID）1965.5		多数国間投資基金（MIF-IDB Lab）1993.1			

他にも開発金融機関は地域ごとに多々設立されてきている（表1.3.9　参照）が、今回はこの6機関グループに加えて、1958年にEUを母体に設立された欧州投資銀行（European Investment Bank：EIB）と2014年に中国を中心に設立されたアジアインフラ投資銀行（Asian Infrastructure Investment Bank：AIIB）の8機関グループを検討の対象とする。

IMFとIBRDは、国連（1945年10月）とほぼ同時期の設立（共に1945年12月）であり、国連の専門機関としても位置付けられているが、国連とは上下関係にあるわけではない。

表1.3.9　その他の国際金融機関[2)]

準地域的な国際開発金融機関		多国間金融機関 （MFI）	
名称	設立年及び本拠地、 加盟国	名称	設立年及び本拠地、 加盟国
アンデス開発公社CAF	1970 加盟国19 カラカス	欧州委員会EC	ブリュッセル 欧州援助協力局 貿易総局
カリブ開発銀行 CDB	1969 キングストン	欧州投資銀行EIB	欧州投資銀行 欧州投資基金
中米経済統合銀行 CABEI　BCIE	1960 テグシガルパ	国際農業開発基金 IFAD	1977 ローマ　加盟国177
東アフリカ開発銀行EADB	1967 カンパラ　ウガンダ	イスラム開発銀行 IDB	1975 ジッダ　サウジ
西アフリカ開発銀行 BOAD	1973　ロメ　トーゴ 西アフリカ中央銀行 加盟国8	北欧開発基金 NDF	ヘルシンキ 加盟国5
黒海貿易開発銀行 BSTBD	1997 ギリシャ	北欧投資銀行 NIB	1975 ヘルシンキ加盟国8
アジアインフラ投資銀行AIIB	2014.10北京 加盟国100(日米不参加)	OPEC国際開発基金 OPEC Fund	1976 ウイーン加盟国13
新開発銀行 BRIC銀行	2014.7上海 加盟国5	地球環境ファシリティGEF	1989アルシュサミットで合意 1991～

（3）MDBsの存在意義

MDBsは、先進国が中心となった資金拠出（資本金）に加えて、その信用力を背景にした資本市場での債券発行で資金調達し、途上国の開発に必要な資金を原則プロジェクトに対して融資する。一方、IMFはプロジェクトには融資せず構造調整融資のみ、原則加盟している途上国に融資するものである（EIBは加盟国以外のEUに関係の深い途上国にも融資）。

MDBsは、当初、国（ソブリン）への貸付のみであったが、1956年に国際金融公社（International Finance Corporation：IFC）が世銀グループ内に設立され、また、1958年にEIBが世銀グループとは別に設立され、これら2機関は民間向けに融資するようになった。なお、1986年と1993年にIDB内にも民間向け融資機関が二つ設立されている（1.3.2.3　国際開発金融機関（MDBs）について②　参照）[注)]

（注）世銀も構造調整融資（Structural Adjustment）を行うようになってきており、IMFとの境界線がわかりにくくなってきている。

（4）国際通貨基金（IMF）と世銀グループ

1）ブレトンウッズ協定によるIMF・世銀体制

　ブレトンウッズ体制は、通貨・為替では1971年の米ドル紙幣と金との兌換停止、いわゆるニクソンショックで崩壊しているとも言われるが、開発絡みの金融機関の体制は依然として生き残って、中南米の累積債務問題、アジア通貨危機、ギリシャ危機などで有効に機能し、重債務貧困国への債務削減もあったが、幾次にもわたる増資や債券発行で発展してきていると言える。

2）IMF

　1945年12月に設立され、現在は189カ国が加盟（国連は193カ国）し、国際通貨制度の安定性の確保のためのサーベイランス（監視）、融資、技術支援等を行っている。

　IMFの世界経済見通しは現在一番定評のあるものになっている（OECDも発表しているが発表時期が異なる）。また、IMFは危機に直面する国に対して、その国の経済の安定と成長の回復に向けて調整政策を実施する上で、余裕が持てるように融資する。アジア通貨危機時のタイ、インドネシア、韓国向け融資がそのコンディショナリティ[注]と共に新聞を賑わせた。

（注）コンディショナリティとは、途上国がIMFの救済融資を仰ぐ時、IMFがその国に課す条件（適切な経済再建計画の策定と実施の約束）。低所得向けには、譲許的融資を供与するが、そのため構造調整ファシリティ（Structural Adjustment Facility：SAF）が拡大構造調整ファシリティ（Enhanced Structural Adjustment Facility：ESAF）に、さらに貧困削減・成長ファシリティ（Poverty Reduction and Growth Facility：PRGF）に発展してきている。ESAFには旧輸銀（現JBIC）も協力した。

（5）世銀グループ

　世銀グループには次の五つの機関がある。

1）世銀本体

　世銀本体は、国際復興開発銀行（IBRD）、世界銀行とも呼ばれる。1945年12月設立。189カ国加盟（IMF加盟国と同数）。準商業ベースでの貸付・保証を行う。

2）国際開発協会（International Development Corporation：IDA）

　173カ国が加盟しており、第2世銀とも呼ばれ、緩和された条件での融資・贈与を行う。

　なお、IBRDもIDAも信用力を審査して、カントリー（ソブリン）リスクをリスクテイクできる国に融資しているということで、担保保証を徴求していないが、優先弁済権があると考えている（先進国の公的金融機関や民間銀行からは金融機関は対等であるべきと考えており、異論もあるところであるが）。

3）国際金融公社（IFC）

　1956年設立、184か国加盟。IFCは国向けではなく、民間向けの融資・保証・投資（出資）を行う。IFCがモデルとなりEIBが1958年に設立された。

IFCは、民間向けではあるが担保・保証を取らない。「事実上の優先弁済権Preferred Credit Status」があると考えているからである。世銀の信用力が民間向け融資であっても、世銀グループ内のIFCにも及ぶと考えているのであろう。

　なお、民間向け国際金融機関の両雄であるIFCもEIBも融資・保証のみではなく、プロジェクトのリスクを負担する出資案件を増加させてきている。

　世銀グループの資金調達は加盟国からの拠出金に加えて、資本市場での債券発行である。世銀は最上位のAAAの債券発行体であるが、世銀のみならずIDA、IFCも最近AAAの格付け取得し資本市場で債券発行できるようになった。重債務貧困国の債務削減問題がおおむね片付いたのが大きい。

　世銀グループの資金の流れは図1.3.3のとおり。資本市場で信任され有利な条件で債券発行できることが今後も極めて重要である。

　IBRD、IDA、IFCの融資状況（2018年）は表1.3.10〜11のとおりである。世界中の各地域にバランスよく融資している。また、IBRDとIDAの部門別では、上下水道・治水への融資も１割以上ある。IFCでは、インフラ分類の中に上下水道・治水もある。

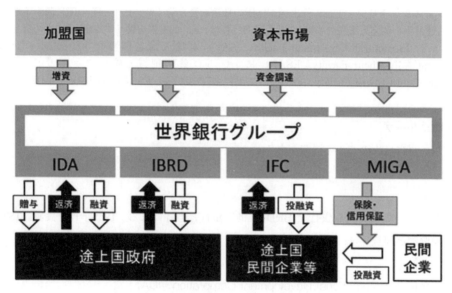

図1.3.3　世銀グループ資金の流れ[1]

表1.3.10　IBRD・IDA融資等新規承認状況

（単位：億ドル）

地域	金額	順位	(参考)IFC	順位	部門別	金額	順位備考
サブサハラアフリカ	165.3	1	15.7		法律・司法・行政	114.1	1
東アジア・大洋州	46.1		22.6	2	運輸	35.3	
欧州・中央アジア	45.1		20.8	3	エネルギー・鉱業	71.1	2
南アジア	106.6	2	19.4		上下水道・治水・廃棄物処理	47.2	1割強
中東・北アフリカ	63.8	3	10.1		教育	45.2	
ラテンアメリカ・カリブ	43.3		25.1	1	保健・その他の社会サービス	42.7	
					農業・漁業・林業	40.0	
					金融	13.1	
					産業・貿易	54.1	3
					情報・通信	7.4	
合計	470.1		116.3		合計	470.1	

2018世銀年度（2017.7.1-2018.6.30）承認ベース

表1.3.11　IFC融資等新規承認状況

（単位：億ドル）

地域別	金額	部門別	金額
ラテンアメリカ・カリブ	25.1	金融市場	55.1
東アジア・大洋州	22.6	インフラ	20.7
欧州・中央アジア	20.8	アグリビジネス・林業	9.6
南アジア	19.4	観光・小売・不動産	7.6
サブサハラアフリカ	15.7	ファンド	7.5
中東・北アフリカ	10.1	保健医療・教育	7.4
		製造業	5.4
		通信・情報技術	2.1
		石油・ガス・鉱業	1.0
合計	116.3	合計	116.3

2018世銀年度（2017.7.1-2018.6.30）承認ベース

4）多国間投資保証機関（MIGA）

　保険機関、181カ国加盟。非商業リスク（ポリティカルリスク）の保険（民間対外直接投資を対象）である。

　1988年の設立当初は、各国の公的保険機関との重複だとの議論もあり、業務は伸び悩んだが、現在は加盟国も増え保険業務も伸びている。

5）国際投資紛争解決センター（International Center for Settlement of Investment Disputes：ICSID）

　158カ国署名。149カ国批准。融資機関ではないが、投資家と投資受け入れ国の紛争解決に重要な役割を果たしている。

　【補足】2020年の世銀年報によれば、2020年の承認額は、世銀本体が280億ドル、IDAが304億ドル、合計583億ドルである。借入上位は、世銀本体は、インドが46億ドル、フィリピンが19億ドル、トルコが19億ドル、中国が12億ドルで9位、IDAは、ナイジェリアが26億ドル、バングラデシュが23億ドル、コンゴ民主共和国が16億ドルである。IFCの2018年年報によれば、借入上位は、インドが61億ドル、トルコが50億ドル、中国が34億ドルである（協調融資を含む）（工藤克典：貿易投資金融アドバイザー）。

【参考文献及び出典・URL】

1）財務省「国際開発金融機関（MDBs）～世界銀行、アジア開発銀行等～」
　https://www.mof.go.jp/international_policy/mdbs/ （2021.1.27閲覧）
2）「国際開発金融機関」『フリー百科事典　ウィキペディア日本語版』2018年1月28日（日）11:17 UTC
　https://ja.wikipedia.org （2021.1.27閲覧）

1.3.2.3　国際開発金融機関（MDBs）について②　～地域開発金融機関～

（1）はじめに

　ADB、IDB、AfDB、EBRDの地域開発金融機関4行は、世銀と並んで国際開発金融機関として途上国向け開発金融において重要な位置を占めている。米州機構の下に設立されたIDBが最も古く1959年12月、次にAfDBで1964年9月、3番目にADBで1966年8月、それから25年、AfDB体制移行国支援のために設立されたEBRDが最も新しく1991年3月設立である。

　EUと共にEBRDの生みの親でもあるEIB（上記4行よりさらに古く1958年1月設立）と、中国が中心となり2015年に設立され注目されているAIIBについても簡単に触れたい。

（2）地域開発金融機関とIMF／世銀との関係（表1.3.12　参照）

1）共通点

　これら4行は、IMF／世銀グループに属しているわけではないが、途上国向けインフラ投資など同じ開発金融を担っている国際開発金融機関であり、財務構造、資金調達構造上も先に設立された世銀に共通する（むしろ4行が世銀を参考にしている）点も多い。

　資金調達は世銀もこれら4行も資本市場での債券発行であり、高格付け維持が極めて重要である。5行ともAAAを維持している。

　貸出限度は（払込済資本金＋準備金＋未払資本金）であり、払込済資本金は授権資本（払込資本金＋未払資本金）の約5％から20％である。未払い資本金は、この金額までは拠出国が増資して支払ってくれるということで、債券保有者へのいわば担保的な意味合いがある。

表1.3.12　世銀・地域開発金融機関・ECA・民間商業銀行の比較

区分	機関名	IBRD	地域開発金融機関	ECA（日本の場合）	民間商業銀行
資金使途 貸付金		途上国の開発資金	地域内途上国の開発資金	輸出資金 海外直接投資資金	コーポレートファイナンス プロジェクトファイナンス
		設備資金 長期資金	設備資金 長期資金	設備資金 長期資金	設備資金　長期資金 資金繰資金・決済資金 短期資金
資金調達					
資本		加盟国拠出金	加盟国拠出金	政府出資金	一般株主
負債					
借入金		できず IMFとのコラボ	できず 信託基金	財政投融資 （財投債が原資）	預金受入 中央銀行（最後の貸手）
債券発行		資本市場 AAAを維持活用 （IFC,IDAもAAA取得）	資本市場 AAAを維持活用	資本市場 （財投機関債）	資本市場
備考		資金調達手段が限られる 資本市場調達（債券発行）が重要	同左		資金調達手段が多様

2）相違点

　世銀は世界の途上国全体をグローバルに対象国とするのに対し、これら4行は地域内の途上国に対して地域の実情を重視した融資をしている。

　なお、中央アジア諸国はADBにもEBRDにも加盟して両方から融資を受けている。

3）地域開発金融機関の比較（表1.3.13　参照）

　表1.3.13ではこれら4行の他にEIBとAIIBと計6行を掲載している。

　EIBは、これら6行の中で最も古く、かつ業容が頭抜けて大きい。EUの発展・拡大とともに業容を拡大し、現在はEBRDとともに、民間向けの中長期融資と出資が多い。

　AIIBは中国の一帯一路構想とリンクしている。中国は、その成長に伴い、既存の国際開発金融機関のみの活用では米国など先進国に主導権を握られてしまうこともあり、新たにAIIBを設立した。中国が25％以上の出資シェアを有しており、重要事項に拒否権を発動することができる（既存

の四つの地域開発金融機関はAIIBと異なり、重要事項に拒否権を発動できるような出資シェアを有している国はない)。

表1.3.13　地域開発金融機関の概要（資本金他）

項目 ＼ 機関名	ADB アジア開発銀行	IDB 米州開発銀行	AfDB アフリカ開発銀行	EBRD 欧州復興開発銀行	EIB 欧州投資銀行	AIIB アジアインフラ投資銀行
設立年月	1966.8	1959.12	1964.9	1991.3	1958.1	2015.12
本部	マンダルヨン	ワシントンDC	アビジャン	ロンドン	ルクセンブルグ	北京
日本加盟時期	原加盟	1976.7	1983.2	原加盟	未加盟	未加盟
授権資本	1479.7	1709.4	928.1	300億ユーロ	2324億ユーロ	1000
払込資本 請求払資本	74.2　5% 1405.5	6.9%	5%	62億ユーロ　21% 238億ユーロ　79%	217.0億ユーロ	192.7　19% 807.3　81%
	68 日本、米国は15.6% 中国は3位で6.4%	48 米国 域外トップ日本	80 ナイジェリア8.9% 米国6.5% 日本は3位	65＋EU.EIB 米国10.1% 日本は独、仏、伊、英と同じ8.6%で2位	28 独、仏、伊、英	100 中国26.5% インド7.6%
域内	49	債権国22	56	資金拠出のみ37	域内国のみの資金拠出なるも域外国にも資金供与	50
域外	19	債務国26	24	資金受取国28		50
日本関係信託基金	貧困削減日本基金 （JFPR）	日本信託基金	アフリカ民間セクター援助基金（FAPA）	日本・EBRD協力基金		

（4）四つの地域開発金融機関

1）共通点

　まず4行とも、名称に開発（Development）という言葉が入っていることである。

　EBRDのみ、IBRD同様に復興（Reconstruction）が入っており、体制移行国の復興に力が入っていることがわかる。

2）相違点

　当然のことながら対象エリアが異なる。

　次に、ADB、IDB、AfDBの本体は、世銀本体同様、準商業ベースの貸付・保証（・投資）であるが、EBRDは、準商業ベースではなくて、商業ベースでの融資・保証・投資であり、民間企業向けが中心である。

　グループ内に世銀グループのIDA同様の、緩和された条件での融資・贈与機関を有しているのはADBグループ（アジア開発基金〈Asian Development Fund：ADF〉。現在は贈与のみで、緩和された条件での融資は本体が吸収）とAfDBグループ（アフリカ開発基金〈African Development Fund：AfDF〉）とIDBグループ（特別業務基金〈Fund for Special Operations：FSO〉）で、EBRDは有していない。

3）それぞれの地域開発金融機関

ア．アジア開発銀行（ADB）

　日本にとり最もなじみ深い地域開発金融機関である。母体はESCAP（国連アジア太平洋経済社

会委員会、旧ECAFE）とも言われるが、日本が最も尽力して設立された機関であり、歴代総裁も
すべて日本から輩出している（大蔵省、財務省OB）。日銀の黒田総裁も元ADB総裁である。

【補足】ADBの2019年12月期上位借入国は、インド57億ドル、フィリピン46億ドル、パキスタン
32億ドルで、中国も４位で25億ドルである。

　中国は、世銀からの新規借り入れも2020年６月期に12億ドルしているが、借入をすることにより、
AIIB経営のためなどの金融ノウハウを学んでいると思われる。

　ADBの水道・都市インフラサービス向け融資は、この５年間、全体の１割前後で推移している。

イ．米州開発銀行（IDB）

　日本は移民の関係もあり、ラテンアメリカ（ラ米）諸国との関係は深い。ブラジル、メキシコ、
アルゼンチンがラ米３大国と言われるが、コロンビア、チリ、ペルーとも資源エネルギー確保など
関係が深く、日本は、IDB設立当初から、域外国第２位の拠出国として重要な地位を占めている。
中国、韓国は後からIDBに加盟し、東京事務所はアジア事務所になった。

　なお、グループ内に民間向けの米州投資公社（IDB Invest＝旧Inter-American Investment
Corporation：IIC）と日本が多額に資金を出している多国間投資基金（IDB lab＝旧The
Multilateral Investment Fund：MIF。民間投資に無償資金を入れるユニークな実験）がある。

　パナマ運河の拡張事業（2016年６月完成）は52.5億ドルの大規模インフラ事業であるが、IDB、
IFC、JBIC、民間銀行の融資で賄われた。

ウ．アフリカ開発銀行（AfDB）

　ナイジェリアを中心とするアフリカ独立国で1964年９月に設立され、後から米日を含む先進国も
拠出した。ナイジェリアは今でも最大の出資国である。規模は、ADBやIDBよりも小さいが、ア
フリカの資金需要増大に伴い、今後業容を拡大していくと思われる。

エ．欧州復興開発銀行（EBRD）

　EBRDの設立は、冷戦の終結と旧ソ連の崩壊という歴史的転換点に位付けられる。1991年３月に
設立され、日本も米国に次いで、独・仏・英・伊と同率２位出資の原加盟国である。世銀グループ
のIFCをモデルとしてEU、EIBと連携して活動している面も大きい。

（5）地域開発金融機関と先進国公的機関との関係

　地域開発金融機関は、貸出限度があり必ずしも十分な貸出が行えないため、先進国公的機関と協
調融資して貸出規模を大きくすることにも熱心である。JICAやJBICは、地域開発金融機関と毎年
協議会を開催しプロジェクトの情報交換をしている。

（6）地域開発金融機関と民間銀行との関係

　途上国においてもPPP（官民連携）プロジェクトが多くなり、地域開発金融機関や先進国公的機

関のみでは資金を賄いきれないケースが多い。当然、民間銀行と連携することになるが、パリパス（債権者平等原則）条項が付され、地域開発金融機関が優先弁済権を主張できず、民間銀行の債権も、対等の立場で保全されるようになってきている。

【補足】表1.3.14では、今後、海外水ビジネスに役に立つと思われる世銀の信託基金として地球環境ファシリティ（Global Environment Facility：GEF）、官民インフラストラクチャー諮問ファシリティ（Public-Private Infrastructure Advisory Facility：PPIAF）、グローバル・インフラストラクチャー・ファシリティー（Global Infrastructure Facility：GIF）の概要を説明した。

特にPPIAFはPPPの途上国の制度上の技術的サポートをする信託基金であり、地方自治体リスク等サブナショナル、サブソブリンリスクについても対応策を検討している。

表1.3.14　（参考）世銀グループの三つのFacility（信託基金）

略称	GEF	PPIAF	GIF	備考
名称	Global Environment Facility	The Public-Private Infrastructure Advisory Facility	Global Infrastructure Facility	3機関とも世銀グループの比較的新しいインフラ投資関連機関
設立経緯	1989 仏アルシュサミット 1992　リオ地球サミット			信託基金は、特定目的の世銀の機能強化の目的で数多く作られている。
設立	1991.5（1994から正式に運用開始）	1999	2014.10（2015.4運営開始）	最近では、「保険危機への備えと対応に係るマルチドナー基金（HEPRF）」がある。
対象分野	生物の多様性に関する条約及び気候変動枠組み条約を実行するための資金メカニズム 国際水域汚染の防止	途上国の政策、制度、機関の強化（民間セクター参加の持続可能なインフラを可能とする） Water and Sanitationを含む	官民連携インフラ案件の組成のためのプラットフォーム（インフラ利用ニーズと投資意欲を結びつける） Water and Sanitationを含む	
実施機関	世銀、UNEP、UDEP	Sub National Technical Assistance(SNTA)プログラムもあり	GIF Team	
執行機関	AfDB, ADB, EBRD, FAO, IDB, IFAD, UNIDO		AfDB, ADB, EBRD, EIB, IDB, IFC	
実績	200億ドル近く＋協調融資1,070億ドル 4,700プロジェクト以上　170か国	アフリカ中心 インフラ制度作りや技術支援をGrants（無償）で提供	当初3年間（パイロット期間） 1案件ドル　10〜12案件	
参加国	183（含日本、1994.6.29参加） 日本は増資のTopドナー　16%	12か国（含日本）、米国ミレニアムチャレンジ公社等12機関	民間金融機関、機関投資家、国際開発金融機関、ドナー国（含日本）、JBIC、JICA	
本部	ワシントンDC	ワシントンDC	ワシントンDC	
現地オフィス		ナイロビ、シンガポール、コソボ、ダカール		

（出所：各機関HPなどのデータを基に筆者作成）

（参考）国際協力について

①国際協力は、英語のInternational Coorperationの訳で、経済協力の両雄であるJICA（Japan International Coorperation Agency）の名称の中にも、JBIC（Japan Bank for International Coorperation）の名称の中にも用いられている。

②この国際協力という言い方のルーツは1947年の欧州復興のためのマーシャル・プランのようである。

マーシャルは当時の米国国務長官であるが、マーシャル・プランは、米国の欧州復興計画（European Recovery Program：ERP）のことである。援助が中心であるが、借款や投資保証も含まれている。旧敵国であるイタリア、オーストリア、西ドイツも対象になっている。米国が、復興後の欧州と貿易・投資をするための足がかりとの見方もある。また、欧州の共産化を防ぐ意図もあったようである。なお、マーシャルは1953年にはノーベル平和賞を受賞している。マーシャル・プランは日本への適用はなく、日本への米国の援助はガリオア・エロア資金である（1.3.2.1　ストラ

クチャーモデルを担う金融機関等　参照）。

　③他方、第二次大戦後の1950年に発足し、翌1951年に活動を開始した開発途上国援助のための国際機関であるコロンボ・プラン（日本は1954年、ベトナムは2001年加盟）がある。

　もともと外務省とJICAで、日本がコロンボ・プランに加盟した10月6日（日本の途上国援助のスタート）をもって「国際協力の日」としていたのを、1987年の閣議で政府が閣議了解したのであるが、これをもって、国際協力の原点は、コロンボ・プランだと思っている人も多いであろう。

　④マーシャル・プランは、先進国から途上国への支援ではなく、いわば先進国間の国際協力であり、国際協力という言い方を、先進国から途上国向けの援助（ODA）に限定する必要はなく、国際間の経済協力や貿易・投資・金融支援まで含めても良いのであろう。

　⑤国際協力という用語に加えて、経済協力、開発金融という用語は、援助のみの用語ではなく、産業協力・経済協力のパッケージ全体をさす、もっと幅広い意味を有することに留意すべきである（工藤克典：貿易投資金融アドバイザー）。

【参考文献及び出典・URL】
1）財務省国際局「MDBsパンフレット」
2）国際協力銀行「プロジェクト・ファイナンスのご案内」
　https://s3.amazonaws.com/sustainabledevelopment.report/2019/2019_sustainable_development_report.pdf　（2021.1.25閲覧）
3）国際協力銀行「年次報告書2019」、「年次報告書2020」
　https://www.jbic.go.jp/ja/information/annual-report.html　（2021.1.25閲覧）
4）国際協力機構「海外投融資」
　https://www.jica.go.jp/activities/schemes/finance_co/loan/index.html　（2021.1.25閲覧）
5）国際協力機構「年次報告書2019」、「年次報告書2020」
　https://www.jica.go.jp/about/report/index.html　（2021.1.25閲覧）
6）三菱UFJ銀行「プロジェクトファイナンス」
　https://www.bk.mufg.jp/houjin/shikin_chotatsu/project/index.html　（2021.1.25閲覧）
7）みずほ銀行「プロジェクトファイナンス」
　https://www.mizuhobank.co.jp/corporate/finance/project_finance/index.html　（2021.1.25閲覧）
8）三井住友銀行「プロジェクトファイナンス」
　https://www.smbc.co.jp/hojin/businessassist/project/　（2021.1.25閲覧）

1.3.3　ストラクチャーモデルの具体化

このストラクチャーモデルをどこの地域・国で実現していくのか考えなくてはならない。

　まずは、日本となじみがあり、PPPを推進しようとしているアジア、中でもASEAN、その中でもPPP法が制定され、成長著しいベトナムであろうということになった。2021年12月10日の経協インフラ戦略会議で決定された新戦略「インフラシステム海外展開戦略2025」においても、地域別取

組方針において、ASEANならびにベトナムが最重要視されている。

　そこで、ベトナムの法制度等を踏まえ、ストラクチャーモデルの具体化を検討・提案することにした（3.7.8　PPP事業会社の現地化戦略と現物出資　参照）。

　検討対象としたのは、事業期間30年間のPPP事業（BOO方式）である。PPP事業会社は経営方針に反対の出資者が、会社に敵対的な第三者に持ち分を譲渡することを避ける規定がある有限会社として設立する。出資比率は日本側が有限会社の社員総会における単純議決権である65％、ベトナム側が35％とする。日本側の出資比率は水関係メーカーが35％、投資ファンドが10％、水サービス会社が10％、地方公営企業が10％、ベトナム側の出資比率は水サービス会社が15％、水道公社が20％である。

　ベトナムでは、企業法により有限会社、株式会社ともに土地使用権、知的財産権、工業技術、技術ノウハウ、その他財産での現物出資が認められており、日本の地方公営企業とベトナムの水道公社は現物出資、それ以外の出資者は現金出資を行う。具体的には、日本の地方公営企業は技術・ノウハウ、ベトナムの水道公社は施設と土地使用権で現物出資する。

　経営が不安定な事業開始から10年間は日本側が経営支配権を持つが、事業開始から10年後に有限会社を非公開株式会社に転換、15年後に公開株式に転換する。そうした際に徐々にベトナム側の持ち分を増やし、最終的には日本が35％、ベトナムが65％とし、現地化を図る。これにより、ESGを最重要視した利他性と接続性のポストモダン経営の典型例となる。この戦略をPre F／Sの段階から示すことで、ベトナムの現地政府にも受け入れられるのではないだろうか。

　この戦略を実現するカギは日本の地方公営企業による技術・ノウハウによる現物出資である。公開株式会社に転換するためには、一定程度の収益を確保あるいは見込むことができる必要があるが、日本の地方公営企業は10％の株主として運営段階での収益向上に貢献してくれると考える。株式会社であれば、10％以上の持ち分を持つ出資者に取締役指名権がある。アジアで技術移転の経験がある地方公営企業の職員が取締役となれば、ベトナムの従業員の生産性を向上させ、合弁パートナーであるベトナム水道公社への技術移転も行うことができるだろう。そして、ここで育成したベトナム人労働者を日本の地方公営企業に出向させることで、日本の水道技術者の人員確保と技術水準の維持につながると考える。だからこそ、地方公営企業の海外水ビジネスへの参画が求められるのである。

　なお、ストラクチャーモデルでは、出資で30％、融資（プロジェクトファイナンス）で50％、転換社債で20％の資金を調達することとしていたが、ベトナムPPP法でPPP事業会社は株式転換権付き私募債の発行は禁止されているため、出資と融資により資金調達を行うことになる。今回は具体的なプロジェクトを想定しているわけではないため、融資の検討は行っていないが、ベトナムに受け入れられ、30年間の安定した収益を確保できるプロジェクトを組成できるのであれば、自ずと資金調達を行うことができるのではないかと考える。資金調達を考える際には、本章で紹介した国際金融機関等の情報も活用していただきたい（工藤克典：貿易投資金融アドバイザー）。

第二部
アジアでの水ビジネスとPPP

2.1　なぜ今アジアなのか

2.1.1　なぜ今アジアなのか

2020年6月30日に発表された国連人口基金（United Nations Fund for Population Activities：UNFPA）の統計によれば、世界の人口は78億人、うちアジアは46億人（シェア59％）である。

また、2020年のIMF世界経済見通し（World Economic Outlook：WEO）によれば、世界の経済成長率は、2019年は2.8％、2020年の予測値は新型コロナウイルスの影響で△4.4％。2021年の予測値は5.2％である（2021年1月26日発表の最新版で世界経済成長率は、2020年予測値が△3.5％、2021年予測値が5.5％、2022年予測値が4.2％）。

これに対しアジアの主要国は世界平均を上回る成長率が見込まれている。例えば、中国は2019年が6.1％、2020年予測値が1.9％、2021年予測値が8.2％、インドは、4.2％、△10.3％、8.8％、ASEAN原加盟国（タイ、インドネシア、シンガポール、フィリピン、マレーシア）は4.9％、△3.4％、6.2％、ベトナムは7.0％、1.6％、6.7％となっている（表2.1.1　参照）。

表2.1.1　IMF世界経済見通し（WEO）

（単位：％）

実質GDP、年間の増減率	2019年	2020年予測	2021年予測	備考
世界GDP	2.8	△4.4→△3.5	5.2→5.5	2020.12.発表のOECD世界経済見通しでは,2020年が△4.2%、2021年が+4.2%
先進国・地域	1.7	△5.8	3.9	世界の人口78億人
米国	2.2	△4.3	3.1	アジアの人口46億人
ユーロ圏	1.3	△8.3	5.2	（2020.6.30発表　国連人口基金UNFPA）
日本	0.7	△5.3→△5.1	2.3→3.1	
新興市場国と発展途上国	3.7	△3.3	6.0	
中国 インド	6.1 4.2	1.9 →2.3 △10.3	8.2→8.1 8.8	2020年4月見通しよりアジアは2020年も2021年も下降
ASEAN原加盟国5カ国 ベトナム	4.9 7.0	△3.4 1.6	6.2 6.7	
ロシア ブラジル	1.3 1.1	△4.1 △5.8	2.8 2.8	
低所得途上国	5.3	△1.2	4.9	
ASEAN5カ国※	→4.9	→△3.7	→5.2	※インドネシア、フィリピン、マレーシア、タイ、ベトナム

（注）2020年10月及び2021年1月26日現在のデータを記載。2021年1月現在で変更になったデータは「→及び新しい数値」を記載した。

　また、国別の実質GDP成長率ランキング（2019年IMF）では、カンボジアが10位で7.05％、ベトナムが11位で7.02％、ミャンマーが16位で6.50％、中国が19位で6.11％である（**表2.1.2　参照**）。このように人口、成長性いずれの観点からも、今アジアは世界で一番注目される地域である。経協インフラ戦略会議でも、アジアを中心にインフラ投資の支援を考えている（**1.2.1　経済協力インフラ戦略会議等の動向　参照**）。

表2.1.2　国別の実質GDP成長率　国別ランキング（2019年　IMF）

（単位：％）

ASEAN			その他		
順位	国名	成長率	順位	国名	成長率
10位	カンボジア	7.05	1位	リビア	9.89
11位	ベトナム	7.02	19位	中国	6.11
16位	ミャンマー	6.50	57位	インド	4.18
21位	フィリピン	6.04	116位	韓国	2.04
38位	ラオス	5.17	161位	日本	0.67
43位	インドネシア	5.03	113位	米国	2.16
55位	マレーシア	4.30	147位	ブラジル	1.14
64位	ブルネイ	3.87	136位	ロシア	1.34
97位	タイ	2.36	194位	ベネズエラ	△35.00
159位	シンガポール	0.73			
世界全体					2.80

2.1.2　なぜ今ASEANか

　急伸するアジア諸国の中で、特にASEAN10カ国は、表2.1.3と表2.1.4のとおり日本とも関係が深く、ライバルとなっている中国と韓国も力を入れている地域である。洪水や地下水のくみ上げ過ぎで地盤沈下に苦しむ大都市などを抱えるASEAN10カ国については上下水道を含むインフラ投資に力を入れる必要があるが、さらに表2.1.5

表2.1.3　日本の国別地域別海外直接投資の推移[2]

（単位：億ドル）

地域・国 ＼ 年	2005年	2010年	2015年	2019年（暫定）
アジア	162	221	351	571
中国	66	73	100	124
ASEAN	50	89	209	342
ベトナム	2	7	14	25
インド	3	29	△10	41
北米	132	90	515	533
EU	79	84	358	756
中東	5	△3	8	△0.1
東欧・ロシア等	7	6	8	11
世界計	455	572	1,384	2,516

（注）△は引き揚げ超過

から表2.1.7で、その経済を所得水準、日本との貿易関係などから概観し、その成長性を確認した。

表2.1.3では、ASEANへの日本からの投資が、2005年の50億ドルから2019年には342億ドルと7倍近くに増えていることがわかる。

表2.1.4では、ASEANの2018年所得水準で分類しているが、高所得国は、シンガポールとブルネイ、上位中所得国は、マレーシア、タイ、インドネシア、下位中所得国は、フィリピン、ラオス、ベトナム、カンボジア、ミャンマーであり、低所得国はない。ASEAN10カ国は、いずれも世界貿易機関（World Trade Organization : WTO）にも世銀にも加盟している。

表2.1.4　ASEAN10カ国のWTO加盟状況と１人当たり所得による分類

（金額の単位はUSドル）

項目 国名	WTO 加盟年	世界銀行 加盟年	高所得国	上位 中所得国	下位 中所得国	人口 （万人）	ポイント
インドネシア	1995	1967		4,197		26,770	WTOは10カ国とも加盟
フィリピン	1995	1945			3,512	10,670	カンボジア、ベトナム、ラオスは後から
ベトナム	2007	1956			2,551	9,554	OECDは10カ国とも未加盟
タイ	1995	1949		7,807		6,943	インドネシアはOECDの加盟国ではないが、主要パートナーの一つ
ミャンマー	1995	1952			1,299	5,371	
マレーシア	1995	1958		11,193		3,153	
カンボジア	2004	1970			1,620	1,625	
ラオス	2013	1961			2,661	706	
シンガポール	1995	1966	65,234			564	
ブルネイ	1995	1995	29,134			42	

（注）１人当たり所得水準は2018年のデータを用いているが、世銀の分類の所得水準は2013年のもの（下位中所得国：1,046〜4,125ドル、上位中所得国：4,126〜1万2,745ドル、高所得国：1万2,746ドル以上）を用いている。

表2.1.5では、世銀の分類と共に、OECD・DAC（Development Assistance Committee : 開発援助委員会）の分類を示している。

表2.1.6では、日本の貿易概況を示しているが、ASEANは、輸出は15.5％で３位、輸入は15.0％で２位である。表2.1.7では、2017年のASEAN等の国々の対日貿易比率を示しているが、輸出ではフィリピンが14.9％で１位、輸入ではタイが15.9％で１位である。中国は、日本への輸出が6.1％、日本からの輸入が9.0％である。

表2.1.5　OECD・DAC分類と国連及び世銀の分類[3), 4)]

OECD・DAC分類			国連・世銀分類		
分類	1人当たりGNI[※1]（2016年、USドル）	国名	分類	1人当たりGNI（2012年、USドル）	国名
後発開発途上国（LDC）[※2]		カンボジア、ラオス	後発開発途上国（LDC）		ラオス
		ミャンマー	うち貧困国		カンボジア、ミャンマー
低所得国（LICs）[※3]	1,005 以下		貧困国	1,035 以下	
低中所得国（LMICs）[※4]	1,006～3,955	インドネシア、フィリピン、ベトナム	低所得国	1,036～1,965	ベトナム
			中所得国	1,966～4,085	インドネシア、フィリピン
高中所得国（UMICs）[※5]	3,956～12,235	マレーシア、タイ	中進国	4,086～7,115	タイ
			中進国を超える所得水準の開発途上国	7,116～12,615	マレーシア

※1　Gross National Income：国民総所得
※2　Least Developed Countries
※3　Low Income Countries
※4　Lower Middle Income Countries
※5　Upper Middle Income Countries

表2.1.6　日本の貿易概況（2018年）

項目 / 地域・国	2018年確定値（百万USドル）			シェア（%）			
	輸出	輸入	収支	輸出 数値	順位	輸入 数値	順位
世界計	737,846	748,109	△10,263	100.0		100.0	
ASEAN①	114,394	112,176	2,218	15.5	3	15.0	2
中国 ②	143,921	173,518	△29,598	19.5	1	23.2	1
韓国 ③	52,471	32,131	20,339	7.1	5	4.3	
米国	140,040	81,549	58,492	19.0	2	10.9	5
EU28カ国	83,408	87,939	△4,532	11.3	4	11.8	4
ロシア・CIS	9,049	17,997	△8,948	1.2		2.4	
中東	22,052	93,822	△71,770	3.0		12.5	3
アフリカ	8,152	8972	△820	1.1		1.2	
①+②+③				42.1		42.5	

表2.1.7　東南アジア各国等の貿易対日比率（2017年）[5]

項目 国名	日本 への輸出	順位	日本 からの輸入	順位	輸出入 比率合計
フィリピン	14.9	1	11.0	2	24.9
インドネシア	10.5	2	9.7	3	21.2
タイ	9.4	3	15.9	1	24.3
マレーシア	8.1	4	7.6	5	15.7
カンボジア	7.6	5	3.6	8	11.2
ベトナム	7.1	6	7.9	4	15.0
ミャンマー	6.5	7	5.4	7	11.9
シンガポール	4.7	8	6.3	6	11.0
ラオス	2.8	9	1.8	9	4.6
（参考）ASEAN地域以外の国					
中国	6.1		9.0		15.1
韓国	4.7		11.5		16.2
	2.9		4.7		7.6

2.1.3　なぜ今ベトナムか

　ASEANの中で、ベトナムは、日本同様に細長い大乗仏教の国であり、日本と親和性があるのみならず、人口もインドネシア、フィリピンに次いで多く、成長力があり、貿易・投資・援助いずれの面からも日本と関係が深く、菅首相も、初の外国訪問先としてベトナムを選んだほどである。また、2014年7月には日越大学も設立されている。

　JICA、JBIC、JETROのいずれも首都ハノイに事務所を有し、JICAはホーチミンに出張所も有している。

　なお、韓国もベトナムとの関係を急拡大しているが、貿易・投資・援助いずれも日本と良いライバル関係にある（表2.1.8　参照）。例えば、輸出は日本3位、韓国4位と日本が勝っているが、輸入は日本3位、韓国2位となっている。投資についても、累積は日本2位、韓国1位だが、2018年の単年度では、日本1位、韓国2位と日本が勝っている。また、2018年の援助額は、日本1位、韓国3位である。

表2.1.8　ベトナム経済について（2018年）

分類 ＼ 順位等	1位	2位	3位	4位	5位	合計（億ドル）	日本	韓国
貿易								
輸出	米国	中国	日本	韓国	香港	2,437		
輸入	中国	韓国	日本	台湾	米国	2,369		
投資								
累積認可	韓国	日本	シンガポール	台湾		3,402	出光	サムソン
2018年	日本	韓国	シンガポール	香港		355	三井化学	現代自動車
援助								
2018年	日本	ドイツ	韓国	フランス	米国			

　2021年1月15日に公表されたJBICの「わが国製造業企業の海外事業展開に関する調査報告」によると、中期（今後3年程度）では、中国、インドに次いでベトナムは第3位（ASEAN10カ国では1位）、長期（今後10年程度）でも、インド、中国に次いで第3位（ASEAN10カ国では1位）である。

　2020年3月26日最終更新のJETROの「2019年度日本企業の海外事業展開に関するアンケート調査（2020年2月）」では、ベトナムについて次の記述がある。

・海外進出拡大を図る企業の割合は横ばい、事業拡大は中国が後退、ベトナムが迫る。

・高まるベトナムの「市場規模・成長性」への評価、米中でのビジネス課題は「追加関税」が最大に。

・負の影響が2割に拡大、中国からベトナム、タイへのサプライチェーン再編進む。

　以上のことから、アジアの中でASESN、特にベトナムに着目したわけである（工藤克典：貿易投資金融アドバイザー）。

【参考文献・URL】

1）IMFアジア太平洋事務所・世銀東京事務所HP

2）JETRO（2020）「世界と日本の貿易投資統計」（ジェトロ世界貿易投資報告 2020年版）
　　https://www.jetro.go.jp/ext_images/world/gtir/2020/no1.pdf　（2021.3.15閲覧）

3）OECD「DAC List of ODA RecipientsEffective for reporting on aid in 2018 and 2019」
　　https://www.oecd.org/dac/financing-sustainable-development/development-finance-standards/DAC-List-of-ODA-Recipients-for-reporting-2018-and-2019-flows.pdf（2021.3.15閲覧）

4）JICA「参考1：平成26年度主要国所得階層表」
　　https://www.jica.go.jp/activities/schemes/finance_co/about/standard/ku57pq00001ojyt4-att/201410_02.pdf　（2021.3.15閲覧）

5）川島博之（2020）『日本人が誤解している東南アジア近現代史』扶桑社新書

6）河合正弘（2021）『ASEAN経済のダイナミズム』学士会報

タイの水道事情

　タイに旅行、出張、駐在した経験がある方であればご存じのことと思うが、日本人が現地の水道水を直接飲むことはない。ホテルなどにはペットボトルの水がサービスでついているので、それを飲むことが一般的だ。用心深い方になると歯磨き後のうがいにもペットボトルの水を使用している。いったん水にあたると、仕事の行程や楽しい旅行も台無しになってしまうので、タイにおいては水道水を飲まないよう用心することを強くお勧めする。

　厚生労働省の資料によるとタイの水道普及率は50％を超え、都市部では76％となっており、多くのタイ人が水道にアクセスできる環境にある。では、地元のタイ人は水道水を直接飲んでいるのかというと、ほとんどのタイ人も水道水を直接飲むことはない。タイ人に水道水を飲むのか聞いてみたことがあるが「タイの水道水は生活水であって飲料水とは異なるもの」と答えが返ってきた。基本的には「水道水を直接飲む」という考え自体がないタイ人が多いのが実状のようだ。タイの水道関係者の話によると、タイの水道水質基準は浄水場の出口水質で定められており、浄水場では飲料レベルまで処理が行われている。しかし、配水管網の整備状況が悪く、配水の過程で水質が悪化してしまうようだ。滞在したホテルで残留塩素を測ったことがあるが、残留塩素は検出されず安全とは言えない状況だった。したがって、タイでは飲料水、調理用水はボトル水を使うことが一般的になっており、すでに定着している。

　販売店には、日本ではあまり見ない大型サイズのボトルも普通に売られており、コンビニエンスストアなどで販売されている500mlのペットボトルは銘柄にもよるが５THB（20円）程度で売られている。日本の水道水は１㎥（500mlのペットボトル2,000本分）で約160円（全国平均）、さらにタイと日本の所得格差を考えると、タイ人は高価な飲用水を使用しているのがおわかりいただけると思う。

　このようなタイにおいて、日本の水道水質レベルの水道水を配水した場合、タイ人従業員が飲用するかを工業団地に入居する企業の責任者にアンケートを行ったことがある。その結果は、回答があった８社のうち６社が「飲用しない」、１社は「飲用させたいがタイ人の説得は難しい」と否定的な意見がほとんどだった。その理由としては「ペットボトルは透明で中身が見えるが、蛇口から出る水は中が見えないので不安」、「配水される水の衛生管理がしっかりできているか不安」と安全性よりは安心が得られないことが背景にあるようだ。このように、タイでは水道への不安が広く定着しており、ボトル水を飲用として使用する社会的な仕組みもできあがっていることから、水道水の水質の向上や、臭気の抑制など日本が比較的得意とする技術の出番はしばらくなさそうだ。

　しかし、その調査の中で「飲用する」と回答した企業が１社だけあったので紹介したい。その工場では、工業用水を自社工場内に設置したRO膜設備で処理し、工場内各所に設置した蛇口まで配管で配水しており、タイ人従業員がすでに飲用している。飲用水の工場内への配水はタイ人従業員の福利厚生の一つとして取り組んだが、当初はタイ人従業員の理解が得られず、飲用するタイ人従業員はいなかったそうだ。そこで、工場内に配水されている飲用水と市販されているペットボトル水の双方を水質分析に出し、分析の結果をタイ人従業員に示した。さらに責任者自らが率先して飲用水を飲むようにしたところ、タイ人従業員もようやく飲むようになった。今では、この飲用水はタイ人従業員にも好評で、自宅から大型のポリタンクを持参し持ち帰る従業員もいるとのことであった。

　タイの水道事業において日本企業の水ビジネス獲得には高い障壁があることを確認したものの、今後のタイの発展とインフラ整備の中で、日本で培った技術やノウハウが必要とされる時が来る可能性を秘めていると感じた。　　　　　　　　　　　　　　　　　（naam）

2.2 水PPPビジネスの案件形成と ADBの支援

2.2.1 アジア開発銀行によるPPP支援

アジア開発銀行（ADB）は、67の国が加盟しているアジア大洋州地域を支援対象地域とする国際開発金融機関である。日本・米国や欧州諸国などの主要先進国とアジア大洋州地域の開発途上国の双方の出資によって1966年に設立された。日本は米国と並んで最大の出資比率（15.7％）を有する。歴代の総裁は設立以来、日本人（財務省出身者）が就任している。現在の総裁は、財務省で財務官を4年間務めた浅川雅嗣氏で、2020年1月に総裁に就任している。

ADBは、2016〜2019年の5年間に、年平均で約185億ドルの投融資保証資金をアジア大洋州地域に供与している。このうち、87％は加盟国政府向けのもので、民間向けの投融資保証額は13％である。ADBにとって、官民連携パートナーシップ（PPP）向けの支援業務は、インフラ支援業務の一環で極めて重要な位置付けにある。

ADBは2009〜2018年の10年間にPPPに関連して総額で290億ドルの支援を行った。これは、PPPの支援要素が大きい221億ドルと、何らかのPPPの要素が支援対象となっているものの69億ドルに2分される。平均的にはADBの支援総額の約15％以上が何らかのPPP支援に向けられていることになる。また、PPP支援の中核となる担当職員は、従来はソブリン融資を担当する地域局（Regional Departments：RDs）の傘下に位置付けられていたが、2014年には総裁の直属の組織として官民連携局（Office of Public-Private Partnership：OPPP）が新たに設立され機能が強化・集約化された。現在は、森下洋司氏（前職はスタンダードチャータード銀行東京支店法人営業部門長）が、前任の加賀隆一氏を継いでその局長を務めている。

しかしながら、ADBのPPP向け支援は、OPPPだけが担当しているのではない。実際には、三つの種類に分けられる。一つは、五つあるRDsが担当するアジア大洋州の加盟国政府向けのソブリン向け融資であり、その融資を通じて各国のPPPを担当する省庁の組織やPPPの制度設計を支援するものである。二つ目は、民間部門業務局（Private Sector Operation Department：PSOD）が民間部門のPPP事業向けに直接に投融資保証するものである。そして、三つ目は、OPPPが行っている個別のPPP事業について、PPPの対象事業を特定し、官民間の契約の設計、事業者の選定に係る入

札手続きなどの技術支援業務を行うものである。これをTransaction Advisory Service（TAS）と呼ぶ。

2.2.2　ADBによるPPP支援の4つの柱

世銀グループや欧州復興開発銀行（EBRD）、米州開発銀行（IDB）も同様の支援を行っているが、これをADBの組織内における分類に従うと、4つの柱（4 Pillars）に分類される（表2.2.1　参照）。

表2.2.1　アジア開発銀行によるPPP支援の類型

	Pillar 1	Pillar 2	Pillar 3	Pillar 4
呼称	Advocacy & Capacity Development	Enabling Environment	Project Development	Project Financing
	政策提言と能力開発	制度的枠組み整備	プロジェクト開発	プロジェクト向け融資
支援形態	ソブリン向融資・贈与	ソブリン向融資・贈与	政府・自治体向け助言	民間部門向融資保証
支援内容	相手国政府職員との間で、PPPの有効性にかかる理念共有、潜在的な利用メリットの確認、担当省庁の組織・能力の開発、成功事例の共有、研修トレーニング	相手国政府による、PPPを実施するための法律整備、政省令の策定、実施運用ガイドライン、有識者委員会の組成やパネルの設立など、制度および組織づくりを支援する。	政府および自治体の依頼に基づき、個別のPPP事業に関して、その事業の範囲特定、事業契約の設計、事業者選定手続き、事業者選定判断などを助言支援する。	個別のPPP事業について、自らプロジェクトファイナンス融資を行い、民間資金を動員する。部分保証を行うことで、民間資金が入りづらい超長期の資金や一部のポリティカルリスクを保証する。

　まず、Pillar 1（P1）は、Advocacy & Capacity Development（政策提言と能力開発）と呼ばれる。ここではADBが、PPPに関する専門的知見を加盟国の政策決定者に提示しPPPの推進に向けて働きかけ、相手国政府のPPP推進に必要な行政の組織づくりや職員の能力向上支援を行う。多くの開発途上国においては、従来型の公共事業を行ったことに多くの経験があったとしても、PPPを導入することの意義・メリット及び誤った理念でPPP導入をした場合のリスクなどについて十分な理解がないことが多い。そして、運営や維持管理まで民間事業者に委託する契約の設計や、委託を決めた後に民間事業者をモニタリング・監理することにも慣れていない。さらに、仮にこれからPPPを推進するにしても、そもそもどのような組織体制で臨むべきなのか、それすらわからないことが多い。まずは、PPPがもたらし得る価値やその正しい使い方の基礎を理解し、それを実施するための政府の体制を構築するための支援である。

　Pillar 2（P2）は、Enabling Environment（制度環境整備）と呼ばれる。ここでは、相手国政府のPPPの推進・実施に係る法律や制度、運用基準などを整備する。例えば、国によっては、インフラサービスの提供に関して民間事業者に委ねる法律制度自体が未整備なため、PPPを推進するための基本的な法律（わが国で言えば、「民間資金等の活用による公共施設の整備等の促進に関する法律」〈通称PFI法〉）を新たに定める必要がある場合がある。水道や道路などのセクターごとに、誰が公共インフラサービスの提供者になり得るかについて、その国の法的な規制が存在していることがあり、PPPを通じようにも民間事業者がその提供主体になることができない場合があるためである。これらの法律は、公物管理法とも呼ばれるが、こうした法律を改正する必要がある。また、

多くの国では、公共調達に係る既存の法律（わが国で言えば「会計法」や「予算決算及び会計令」に相当する）がPPP導入の障害となる場合があるため、時には係る既存法を改正して対応する必要がある。また、PPPの適用対象となるインフラのセクターを定め、その実施方法、契約設計や事業者選定手続き、官民のリスク分担のルールを定めるなど、PPPを実施するための関係法令（政省令）や指針（運用基準）を定める必要がある。これらの策定をADBが支援するのである。

そして、以上のようなP1・P2のADBの支援業務に関しては、RDsが主管部として担当するが、OPPPの中にあるThematic Group（調査企画課）の職員の知識を活用してプロジェクトが作られる。このプロジェクトの資金使途のほとんどは技術支援となるためコンサルタント・法律専門家等の雇用資金に充てられ、その必要資金をADBが相手国の所得水準に応じて融資もしくは贈与で対象とする。

Pillar 3（P3）は、Project Development（プロジェクト開発）と呼ばれる。この業務は、政府もしくは地方政府からの依頼に基づき、特定のPPP案件についての事業範囲の特定、PPP契約の設計、事業者選定手続き（入札）、評価選定プロセス支援、必要に応じてファイナンシャルクロージングまで公共主体側を支援する。この業務は、個別具体的なPPP案件の組成を行うものであり、その作業自体は、P1・P2と同様に、収益（利息や配当）を生み出すものではない。したがって、ADB職員のスタッフコスト以外の直接経費（コンサルタント雇用費用等）については、可能な限り依頼者である政府・自治体から負担してもらうほか、先進国ドナーが拠出した信託基金の贈与資金を使って実施される場合もある。なお、世銀が中心になり設立したマルチドナーファンドのGIFや二国間技術協力を行うJICAでも同様の支援を提供するほか、JBICも相手国との政策対話の中で助言を行うことがある。

Pillar 4（P4）は、Project Financing と呼ばれ、個別のPPP事業に対する投融資保証を指す。最もわかりやすいのが、個別のPPP事業に対するプロジェクトファイナンスの融資であり、ADBは必要なデット資金の一部を提供し、他の公的機関や民間銀行と、プロラタ・パリパスの条件（同一のセキュリティパッケージを共有）で協調融資を行う。また、融資ではなく保証を提供することもある。民間銀行の融資部分の超長期の返済部分や、特定のポリティカルリスクの発現に伴うデフォルトリスクを、ADBが保証するものであり、Partial Credit Guarantee（PCG）と呼ばれる。

なお、上記の4分類には見ないが、世銀が中心となり先進国ドナーの資金を使って設立したマルチドナーファンドのPPIAFは、世界中のPPP関連データや最優良事例を提供するナリッジハブとしての重要な機能を有している。実は、ADBもこれと同じような支援として「PPP Monitor」と称する国別のPPP情報の提供を行っている。こうしたデータや投資環境情報の整備に係るADBの役割も重要である。

2.2.3　どの柱が重要なのか

先述した過去10年間のPPP支援総額290億ドルで見ると、金額上はP4が最大で比率は63％を占めており、次いでP2が25％程度、P1が8％、P3が4％となっている。では、P4が一番に重要なのだろうか。必ずしもそうとは言えない。ADBが直接に協調融資してくれた方が、いざという時

に民間銀行が安心であるというのは事実である。しかしながら、ADBが資金を出すことで、融資対象のPPP事業の内容が良くなるわけではないことに留意が必要である。ADBの四つの支援はどれも重要であるが、筆者の意見では、直接的な投融資保証の支援（P4）は国際機関としての役割としては実はさほど重要ではない。ADBによるP1からP3の有効な支援なくして民間が投融資可能なPPPの案件組成は進まない。

　なぜなら、PPPの実施上の最大の課題は以下の三つだからである。第1に、住民・利用者にとって真にニーズ（「需要」と言い換えてもよい）のある公共インフラ事業をPPPの対象事業として選択すること。第2に、官民の適切なリスク分担を実現した契約を設計して、官民双方にとって最適なPPPの事業設計を行うこと。第3に、能力が高く信頼できる民間事業者を事業権者として選定することである。この三つを同時に満たすものができれば、事業者の出資金も金融機関のプロジェクトファイナンスも資金は自ずと集まってくると考えてよい。これは有名なモディリアーニ・ミラーのファイナンス理論が示していることと本質的には同じである。良い事業には資金が集まるが、ファイナンスの内容をいじくりまわしても対象事業は良くならない。同じことを格付け機関であるムーディーズのPPP案件についてのデフォルト分析が示している。民間銀行がプロジェクトファイナンスで融資したPPP案件の貸し倒れ率は、先進国と開発途上国に左右されず、いずれも投資適格の優良企業並みに低いことが実績として示されている。需要があり、事業設計が適切で、優良な事業者が実施するPPPには資金がつき、そしてその貸し倒れ率も低くなる。

　一方、一部の識者はP1とP2業務の重要性を指摘し、国際機関であるADBがP3の業務を行うことを軽視するが、その点についても筆者は意見を異にする。確かにP1とP2業務は、PPP案件を準備するためには不可欠な取組みであるが、仮にそれらを適切に終えても、個別のPPP事業が適切に企画・設計され、バンカブル（bankable：金融機関が融資可能な状態となっている事業の性格を指す）な案件が開発途上国で組成される保証はない。PPPやプロジェクトファイナンスに関する大著を著したE・R・Yescombeが指摘するように「PPPにおいては悪魔は細部に宿る」のである[1]。どんなに立派な民間事業者が選定されたとしても、官民リスク分担が不適切であれば事業は適切に実施できない。どんなに完璧なリスク分担の契約でも、事業者選択を誤ればPPP事業は簡単に破綻する。あるいは、事業設計と事業者選択が正しくても、需要が足りない事業は破綻してしまう。ADBも、P3の業務において細部まで配慮を尽くした案件設計の成功の積み重ねを通じた上で、そのアップストリームとしての、P1及びP2の業務の有効性を高める努力が必要となるのである。

2.2.4　ADBによるフィリピンの水道PPP事業開発

　ここで水道事業に関してのADBの支援事例について触れたい。ADBのP3分野の支援であるTASの仕事の一事例（フィリピン）を水道事業分野で紹介する。この案件はマニラ北方100kmにあるクラーク国際空港の周辺に位置するニュー・クラーク市において、新たにスマートシティを開発する総額140億ドル規模の計画（9,450haが開発対象地域）の一環で、人口流入が増えると見込まれる地域（就業者80万人、人口120万人相当）を対象に上下水道事業を行うPPPを実施するものである。

本事業は、公的機関であるフィリピン基地転換開発公社（Bases Conversion and Development Authority：BCDA）がADBにとっての支援対象先となっている。もともと2017年12月の段階では、2社から独自の民間事業者提案が提出されていたが、BCDAはPPPとしての事業権入札を行う方針を決めて、翌年の2月にはADBのOPPPにアドバイザー業務を正式に依頼した。その後急速に作業は進み、4月にはPPP実施の妥当性判断及び民間事業者の応札意欲などの確認を経て、5～7月にかけて事前資格審査（P／Q）が実施され4社が応札したが、3社にショートリストされ、7月には本入札手続き（Request for Proposals：RFP）が開始された。11月には最終的に2社が応札し、2018年12月には契約交渉を経て、イスラエルのTAHAL WaterとフィリピンのPrime Waterの組んだコンソーシアムが、地場企業のManila Water社との競争に競り勝って事業権を落札して契約に至った。

　本件の意義は三つある。第1に、ADBへの委託から極めて短い期間の間に効率的にPPP契約の調印に至ったことである。第2に、最新の技術や運営能力を兼ね備えた競争力のある民間事業者が参加して、最終的に価格競争力の高く実績のある外資と組んだ民間事業者が選定されたことである。価格は9.45比ペソ／㎥であった。そして第3に、住民の移住は今後徐々に進むため、需要・収入リスクを適切に対処する必要がある中で、5年ごとに料金の見直しを可能とする条項を契約に入れるなど、柔軟かつ透明性のある契約設計を構築したことである。係る設計が真に適切にワークするのかは今後の事業の進展を見極める必要があるが、PPP契約上の紛争解決ルールには国際商業会議所（International Chamber of Commerce：ICC）の仲裁手続きが採用されるなど、外資を含めた民間事業者の懸念にも対応する設計となっている。このようにTASの支援業務は極めて具体的で、PPP案件の組成に直結するものである。

2.2.5　ウズベキスタン向けのPPP包括的支援事例

　さて、ADBが理想とするPPP支援の本来の成功事例とはどのようなイメージであろうか。それは、フィリピンの事例にあるように、個別のPPP事業についてP3のTAS業務をADBが繰り返し行うことではない。あるいは、P4の個別PPP案件においてADBが投融資を繰り返すことでもない。ADBが望む絵姿とは、ホスト国が、自らの知見と能力を使って、PPP案件を持続的に企画・開発・実施できるようになることである。

　そのためには、第1にPPPを企画・実施するための組織構築・人材育成が不可欠であり、第2にPPPの法律・規制・私信を整備することであり、第3に個別のPPP事業を企画・開発・事業者選定まで行えるようにすることであり、最後に個々のPPP事業にイクイティ（出資）及びデット（負債）の民間資金を動員できるようにすることである。言い換えれば、P1からP4までのすべてのADBの支援を通じて、いずれは、ADBの支援なしに、ホスト国政府自身がそれらをすべてやり遂げられるようにすることである。これを行うためには、もちろん最初はP1・P2に注力していかねばならないが、同時にP3やP4も行いながら、PPPの成功事例を作っていくこともとても重要なことである。

　ところが、ADBにおいてこのような包括的な支援が実現している成功とも言える国の事例が必

ずしも多いわけではない。どちらかといえば、ADBの支援は多くの国においてそれぞれの柱（Pillars）の業務が散発的に供与されるにとどまっており、P1・P2の支援が、P3の業務とも相俟って連動して、多数のPPP事業の開発・実施となって実現しているわけではない。そんな状況の中で、ADBとしてもより包括的な支援が行えるように努力してきた。その一つの事例がウズベキスタンである。

ウズベキスタンでは、2016年9月にカリモフ大統領が死去し、25年にわたる長期政権は終焉した。同じ年の12月の大統領選挙で勝利を収めたシャヴカト・ミルズィヤエフ氏（前首相）が、2016年12月14日から大統領の地位に就いた。新大統領は、経済改革に積極的に取り組んだが、PPPもその重要な政策の柱である。当時、ウズベキスタンに対しては、世界銀行（WB）、国際金融公社（IFC）、EBRD、イスラム開発銀行（Islamic Development Bank：IsDB）などの複数の国際開発金融機関（MDBs）から、さまざまなPPP関連の支援が行われていたが、それらはどちらかといえば、一つひとつが独立しており、散発的なものであった。

ADBに対しては、2018年の初めにウズベキスタン政府からの支援要請が届き、ADBによって、より本格的かつ包括的な支援が開始されることになった。その背景には、ADBが、世界銀行グループなどに比べれば比較的小さな組織であり、単一の組織の中で、P1からP4までのすべての業務支援を連携よく行えるという特徴があったと考えられる。

ウズベキスタンのPPP制度の改革に当たっては、ADBがこのために雇いあげた人物が大きな役割を果たしている。その独立コンサルタントの名前は、Syed Afsor H Uddinである。彼は、英国弁護士としての資格を得て、英国財務省でPFIを推進するチームの一員としてシニア・ポリシー・アドバイザーを務めた後、会計系コンサルティング会社の一つであるPwCでPPPのコンサルティング業務を行っていた。2012年からは、バングラデッシュの首相府において、PPPオフィスのCEOを務め、同国のPPPプログラムを大きく推進した人物である。ADBは、彼をウズベキスタンのPPP支援のアドバイザーとして、支援チームの中核に据えたのである。具体的なポストとしてはウズベキスタン政府・財務省（Ministry of Finance：MOF）の顧問（Advisor）として勤務した。

ウズベキスタンにおいても、PPPにはインフラ事業を担うライン省庁を含め、さまざまな官庁が関与するが、同国におけるPPP改革を担う主な主務官庁は、MOFと投資・貿易省（Ministry of Investment and Foreign Trade：MIFT）であった。MIFTは、インフラ投資を含めた民間の国内投資を所管する主務官庁であった。また、MOFは、PPPにおける偶発債務（Contingent Liability）を含む政府の債務の管理を行うほか、PPPとは別の選択肢となる従来型公共事業の予算を担当し、Value for Money（VfM）に強い政策的関与が求められる省庁である。ADBはこの二つの省庁を中核的な協議対象として、PPPの担当組織・人材の育成と制度確立に向けた支援を行った。

2.2.6　ADBによる八つの取組み

ウズベキスタンにおけるPPPの推進を考える上での大きな課題がいくつかあった。第1の課題は、外国投資の必要性である。国内にPPP事業を担える優良な企業が十分に育っていない環境において、インフラの運営・維持管理を効率よく行うノウハウを有する外国企業の投資を呼び込まなくてはな

らない。海外の企業がインフラ投資をする際にまず必要なことは外資の保護である。具体的には、持ち込んだ資金で収益（現地通貨ベース）が上がれば、元本投資の回収とリターン（配当・利息）については海外に送金できることが必要となる。つまり、内貨から外貨への交換と海外送金の確実性が確保されていなければならない。

　ウズベキスタン政府は、ADBとの協議の中で、関係する法令の変更を準備した。そして通貨法（Currency Law）の変更を行い、外資系企業によるPPP向け投資に関して外貨への交換・送金可能性を保証できるようにした。保証の対象となる事業は何か、海外からの外貨借入の部分だけなのか、出資部分を含むのかなど詳細はすべて通貨法に基づく個別の大統領令で決められるとされており、MOFとの協議で決定されることになっている。同時に、外資系企業がPPP事業により参加しやすくなるように、PPP契約上の対価の支払いについては完全に現地通貨建てにして、事業者に為替リスクをフルに取らせるのではなく、一定の為替レート水準を超えると対価支払いは外貨価値に連動した支払いが可能となるように仕組みを改めることにした。いわゆる、PPP契約における対価支払いのインデクセーション（indexation）である。このことにより、外資系企業が海外から資本を持ち込んだ場合でも、為替リスクをヘッジできるように契約の支払い条件の設定を行うことが可能となった。

　もちろん、このような仕組みは政府にとってはその資産と負債において、通貨のミスマッチをもたらすため、本来は政府にとって好ましくない。しかしながら、これを事業者にヘッジするためには、国内の金融市場において長期の現地通貨ファイナンスの調達が事業者によって可能となることが必要である。ただ、現状では長期資金を供給する金融資本市場が確立していないため、外資導入でインフラ効率化を行うためには、ある意味でやむを得ないコストであるとも言える。このようにPPPの効率的な実施にはその国における長期金融の発達が欠かせないことにも留意が必要である。

　第2に、従来は、PPPに関与するすべての省庁が、PPP契約における政府の支払債務（含む偶発債務）を設定することができた。もちろん各省庁が自由に債務負担行為を設定できるわけではないが、保証を調整・管理・モニタリングする主務官庁が存在しなかったために、乱発されやすくリスク管理もできない状況にあった。このような事態を解消するために、政府保証の管理をMOFに一元化することにした。また、PPPの偶発債務に関しても、MOFが一元的に管理を行い、保証内容や金額の適切性を審査する仕組みを導入し、同時にContingent Liability Fundを設けることで、偶発債務についてのリスク管理と保証履行の確実性を高める仕組みを取り入れた。

　第3は、PPP事業開発の手続きプロセスの整理である。従来は、PPP事業開発プロセスが各省においてばらばらであった。手続きを整理して、インフラ事業を所管するライン省庁が、PPP事業のコンセプトを提案し、それを内閣において審議・決定する手続きをルールとして整備した。PPP事業の実施方針が承認されるためには、ライン省庁が分析を行った上で、当該事業がPPPに適していること、PPPに必要な適切な人員・組織上の実施体制が組まれていること、及びVfMが見込まれることの三つを文書にして内閣の承認を得なくてはならない仕組みになっている。このことは「改正PPP法を実施するための政令259」に定められている。

　第4は、民間事業者提案制度（Unsolicited Proposal：USP）に係る手続きの整備である。従来は、

USPの提案が乱立して、透明性に欠ける検討がなされ、事業者の間で不公平感が高まるとともに、国内世論としても透明性がないとして事業の正当性につき批判があった。これを、スイスチャレンジ方式などを含めて導入し、提案者及び非提案者の間の公平性を確保した。

第5は、PPP契約における紛争解決方式のルール確立である。外資誘致の必要性を考えれば、PPP契約の根拠法は国内法としつつも、官民間で契約上の紛争が発生した場合においては国際的な商事仲裁ルールに基づく迅速かつ公平な仲裁手続きの導入が不可欠である。ウズベキスタン政府は、国際的な商事仲裁ルールをPPP契約に導入することになった。

第6は、そのほかの細かい手続きの整備・改善である。一例をあげれば、PPPでは、スポンサー親会社の有限責任を求める事業者の意向を受けて、子会社たる特別目的会社（SPC）が政府との間で民間側の契約者となることが認められている。しかしながら、このSPCは、あくまでも受注後に設立されれば十分であり、事業権入札の段階から設立されている必要はないが、ウズベキスタンではこれが義務となっていた。このような不必要な負担は、事業者の応札意欲を低め、かつ応札コストを高めるだけであるので、こうしたルールを廃止した。

第7は、現地通貨金融メカニズムの設立である。まだ構想段階であり具体的な仕組みは決まっていないが、海外から長期資金を提供し、その資金を使って現地通貨で長期のプロジェクトファイナンスの資金を提供する仕組みを想定して、ADBはMOFと協議している。その形式は、政府金融機関、ノンバンク、インフラ基金などがあり得る。

第8は、政府職員に対するトレーニングの実施である。ADBが、国際的な職業能力検定試験を行う専門会社（APMG）に委託して、PPP実務に関する研修を延べ58名に対して実施した。このうち24名は基礎試験を受けて20名は合格したとされる。

こうしたさまざまな改革・改善の中心に位置付けられるものは、PPP法の改正である。もともとのPPP法は、EBRDがドラフトしたもので、2019年5月に国会承認され6月10日に成立したが、一連のADB支援を受けて、そのPPP法の改正が2021年1月22日に大統領が署名することで成立した。そして、こうした改革後のPPP制度の中心的位置付けとなる実施官庁は、MOFの中に2018年10月に設立されたPPP開発局（PPP Development Agency：PPPDA）である。この局のヘッドとして任命された次官級（Deputy Minister of Finance）の人物の名前はGolib Kholjigitovである。彼は、米国で長く教育（最終学歴はハーバード大学ケネディスクールのMPA）を受けた後、米系の金融機関でのプロジェクトファイナンス・資産運用業務やカザフスタンでの戦略コンサルタント業務に従事したが、直前はウズベキスタンの公正取引委員会の調査局長として6年の間、産業分析を行っていた専門家でもある。

2.2.7　PPP事業の設計開発支援事業

こうした一連のアップストリームの支援（P1・P2）は、ドナーから預託されたAP3Fと呼ばれる信託基金を使った支援と今後ADBから供与される予定の融資を通じて行われる。AP3Fとは、アジア・太平洋プロジェクト組成ファシリティ（Asia Pacific Project Preparation Facility）と呼ばれるマルチドナーの技術支援信託基金の略称である。資金を出したのは、日本・カナダ・オース

トラリアの３カ国であり、2014年に７億2,200万ドルでADBに設立された。2019年末の段階で、41のPPP事業に関して累計３億8,200万ドルの資金がコミットされている。AP３FはADBにとって極めて重要な支援財源であり、ADBが行うTASの資金の３割はAP３Fによって賄われているとされている。この資金がウズベキスタンにおいても利用されているのである。

　具体的には、下水道事業、太陽光発電事業（２件）、地域熱供給事業、公立学校施設整備事業、固形廃棄物処理事業である。また、個別PPP案件への投融資業務（P４）として、ADBが太陽光発電事業のオフテーカーの信用補完業務（保証）を行うことが検討されているほか、前述の下水道事業と並行して下水道ネットワークへの融資（これはPPPではない）を予定している。このように、ウズベキスタンでは、P１〜P４までの支援が包括的・同時並行的に提供されているが、このことはとても重要である。なぜなら、多くの国で、アップストリームの支援だけがなされて、成果（果実）としてのプロジェクトの支援が実行されないまま時間が流れ、そのうちに組織・人材育成や法令・規制の整備の効果が雲散霧消してしまうことがあるからである。PPPにおいては、個別案件の成功を実現しながら、将来的には整備された自国の制度のもとで自国の人材主導で持続的にPPPが実施できるようになることがとても重要である。その意味でウズベキスタンにおけるADBによる包括的な支援は有効である（図2.2.1　参照）。

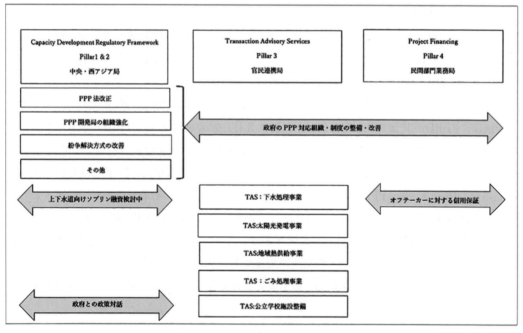

図2.2.1　ウズベキスタンにおけるADBの包括的PPP支援

2.2.8　ナマンガンの下水道処理場PPP

　さて、ウズベキスタンにおける、上下水道事業におけるPPPの取組みを見てみよう。同国では住宅・地域サービス省（Ministry of Housing and Communal Services：MHCS）が上下水道を所管

している。大統領令（＃4040）により、サマルカンド、ブカラ、ナマンガン、カルシの４つの都市における上下水道事業の運営を民間に移転することが推進されることになった。このうち、ナマンガン地区については、大統領令（＃4300）により、一日当たりの処理能力75メガリットル（MLD）の下水道処理施設及び排水パイプライン（7.5km）の新設事業が、外資導入を念頭においたPPPとして推進されている。ナマンガン地区は、首都タシケントの東295kmに位置する人口61万2,000人の地域である。下水道網の拡充次第で、潜在的には180万人の人口が対象となる。既存の下水道施設はソビエト時代の1965年に建設されたもので（1980年に拡張）、十分な稼働を維持できなくなっている。この事業は、MHCSが同PPPプロジェクトのコンセプト概要を決めて、2020年８月13日には、ウズベキスタン政府の閣議において承認されている。

　ADBは、MHCSからの依頼で上記の４つの都市におけるPPP事業開発に関してアドバイザリー業務（P３のTAS）を請け負っており、グローバルな外国堀津事務所であるAllen ＆Overyとその提携先である地場法律事務所ならびに米国コンサルティング会社（ArdurraとSpectrum）を支援チームの一員としてADBが雇用している。MHCSが進めるPPP事業の内容の確定、契約書ドラフト作成、入札手続きから事業者選定作業に至るまで、一連の手続きをADBのチームが伴奏支援しているのである。

　この下水道事業は、Design Build Finance Operation Maintenance（DBFOM）型のPPPとして設計されている。ウズベキスタン政府（本事業ではMHCSが政府を代表する）が契約当事者となるPPP契約の期間は完工後23年間である。選定事業者がSPCを設立し、施設を設計・建設・ファイナンスした上で運営・維持管理まで行う。事業者が受け取る対価は、資本費を賄うFixed Capacity Availability Payment（FCAP）と変動費を賄うVariable Operating Payments（VOP）から構成されており、事業者には、需要リスクや料金変動リスクはない。またFCAPには為替変動に対応したインデクセーションが適用されており、海外事業者にとっての為替リスクが緩和されている。なお、本事業では土地収用の問題や住民移転などの問題はない。すでに、関心意図表明（Expression of Interest：EOI）及び事前資格審査（Request for Qualification：RFQ）の手続きが終了し、本入札手続き（RFP）に入っており、現在、2021年３月の選定事業者確定に向けて、一連の手続きが進行中である。

　以上のように、この事業では、海外のベストプラクティスを踏まえたADBの助言のもと、ウズベキスタン政府の意向も踏まえて、外国資本が参加しやすい仕組みが取り入れられていることが見て取れる。一番の特徴は、施設整備対価となるFCAPに為替連動の指数化が施されていることであるが、そのほかにも、土地収用・住民移転リスクの問題や、前述した紛争解決方式なども適切に対処されている。同様のTAS業務が、太陽光、地域熱供給、固定廃棄物、公立学校施設整備に関して行われる予定である。

2.2.9　国際機関のPPP支援の在り方

　これまでこの章において、ADBのPPP支援について、フィリピンとウズベキスタンの事例を見ながら紹介してきた。フィリピンでは、ADBが個別のPPP事業に関して個別の政府機関の要請に

基づきPPPの事業・契約・入札の設計支援をPPP契約締結（Commercial Closing）まで行っていた。フィリピンのPPPへの対応が成熟しており、PPPが着実に国民経済に浸透しているとは言えないが、すでに1990～2017年の間に、117件、累計458億ドルのファイナンシャルクローズを終えているなど、相当の経験があるのも事実である。また、すでにADBの支援なども得て、フィリピンの国家経済開発庁（National Economic and Development Authority : NEDA）のもとにはPPPセンターが置かれ、そのスタッフの能力や知見も他の開発途上国に比べてれば高い。このような国においては、PPP事業の設計能力は比較的高いため、ADBの支援もP3やP4にシフトすることが可能である。

　一方で、ウズベキスタンのような国では、PPP導入の考え方を白地から政府に浸透させ、スタッフを養成しながら組織を作り、法令やガイドライン作りからスタートしなければならない。この段階の支援は極めて重要であるが、PPP事業の具体的な成果を何らみないままに、長い時間をかけて準備作業だけを続けるのは、政府としても決して簡単なことではない。ウズベキスタンのADBによる支援事例は包括的であり、政府にとっても推進の果実を横目で見ながらPPPの制度を構築できるという点で政府としては進めやすいであろうと考えられる。

　しかしながら、ウズベキスタンの政府のように政府による改革意欲が強く安定した政権運営が行われるのであれば、外資導入を含めた政策は国内の理解も得やすいものと思われるが、政権が不安定で任期も短ければ、PPPの改革を継続し続けることは簡単ではない。フィリピンにおいても、アキノ政権時代のPPPプログラムがドゥテルテ政権になって大幅に見直されるなど、PPPか否かの政治選択は大きく振れやすい。PPPが大統領候補者や政党の間の政争の具とならないように、政府が安定・継続したPPPへの取組みを続けるようにインセンティブ構造を持って説得できるかが、国際機関にとっての最大の課題であろう。

　そして、その時のポイントは、第1に、PPPは政府の予算・債務制約を緩和できる手段ではなく、決して魔法の杖とはなり得ないこと、第2に、契約設計・リスク分担・事業者選択を間違えば、簡単にPPPは失敗すること、第3に、政府は民間事業者に対するモニタリング能力を強化しなければ、契約締結後の事業環境の変化に応じて事業者の機会主義的な行動によって翻弄されてしまうこと、第4に、信頼できる能力ある事業者を惹きつけるためには、すべての手続きやプロセスを透明にする必要があることなどを、ホスト国政府に理解してもらわなければならない。しかしながら、こうした重要な論点が、国際機関内部においてすらどの程度正確に理解されているのか疑わしい。ADBがウズベキスタン政府に対して行っている包括的支援もその支援の質が試されていると言える（安間匡明：土木学会インフラファイナンス研究小委員会委員長）。

【参考文献】

1 ）エドワード・イェスコム、エドワード・ファーカーソン（2020）、『インフラPPPの理論と実務』（佐々木仁監訳・インフラPPP研究会訳）、（一社）金融財政事情研究会
2 ）エンゲル・フィッシャー・ガレトヴィッチ（2017）、『インフラPPPの経済学』（安間匡明訳）、（一社）金融財政事情研究会

2.3 モルディブ共和国における
水事業の成功事例

2.3.1 モルディブ共和国について[1],[2]

(1) モルディブ共和国の国土と気候

「島々の花輪」を意味するサンスクリット語が国名の語源とされるモルディブ共和国は1965年に英国保護領から独立した新しい国である。1,190の島々が連なってできており、スリランカ南西部まで赤道をまたがってインド洋に位置している。その1,190の島々のうち200の島に人が住んでおり、26の環礁を持つ群島となっている。その環礁それぞれが自然の海峡や礁湖、サンゴに囲まれており、国土の99%以上が海である。全島の面積は298㎢で東京23区の約半分であり、陸地はたった0.3%である。各島は、その機能が特定されていることが多く、空港の島・ごみの島・囚人の島・観光の島など特化している場合が多い。

人口は53.4万人（2019年モルディブ共和国政府資料）、そのうち約70%がモルディブ人、約30%が外国人であり、比較的外国人居住者が多い国でもある。

気候は高温多湿の熱帯気候で、年間を通して平均気温が26〜33℃。季節は北東からモンスーンが吹く12〜4月は空気もさわやかで穏やかな乾季、南西から吹く5〜9月は雨が多く風の強い雨季である。

図2.3.1　モルディブ共和国の位置[3]

（2）モルディブ共和国の経済

　外務省のウェブサイトによると、2016年のモルディブ共和国のGDPは42.24億ドル。一人当たりのGDPは9,875ドルで、南アジアでは最も高い。主産業は漁業と観光業。観光部門がGDPの約3分の1を占めており、最大の外貨獲得源でもあるリゾート島は85〜100もあると言われ、1島1リゾート計画に基づき、全国1,192島のうち145島がリゾート島となっている。2018年の観光客は148万人で、多い順に中国（28.3万人）、ドイツ（11.7万人）、英国（11.4万人）である。日本は4.2万人で第9位である。

図2.3.2　モルディブ共和国のリゾート

　水産業はGDPの5.1％であるが、雇用の6.9％、輸出産品の96％を占めている（2018年）。主な魚種はカツオ（水揚げ量の53％）及びマグロ（同38％）であり、特産品としてかつお節も生産されている。また、日本との関係も深く、資金協力、技術協力で2018年までに約434億円の

図2.3.3　魚の水揚げ[4]

援助の実績を有している。一方、2011年3月11日の東日本大震災に際しては、救援物資としてモルディブ共和国政府、市民からツナ缶約70万個、義援金700万ルフィア（約4,600万円）が贈られた。

2.3.2　日立グループの水環境ソリューション[2]

　世界的な水需要の高まりに伴い、特に新興国や開発途上国では、運転や維持管理・保守に関わる技術者不足が課題となっている。日立グループは、長年にわたって社会インフラ分野に製品・システムで貢献してきており、「水環境ソリューション」もその一つである。すでに海外において250以上の水インフラプロジェクトを40カ国以上で実施している。

　それらの提案活動を支える、日立グループの主な製品・システム・サービスをまとめて**表2.3.1**に示す。水源保全・治水・利水、水道、下水道、水再生・造水などの課題に対し、さまざまな技術やシステム、設備・機器、サービスを連携させて解決に貢献している。

　また、近年では水環境に関わる事業運営の課題解決に貢献するため、包括委託やPFIなどによる官民連携事業を進めている。OT（Operation Technology）とITの両分野で培った技術や実績、ノウハウを連携させることで、総合的な課題解決や、新たな価値の提供を目指している。水環境分野では、管網シミュレーションによる配水制御技術や、下水処理の省エネルギー制御技術等が採用されている。

　さらに上下水道の運転や維持管理・保守の現場では、熟練技術職員の経験や暗黙知に頼っている部分がある。その技術継承に貢献するためのIoT（Internet of Things）、AI（Artificial

Intelligence：人工知能）やセンシング技術なども活用を進めている。

表2.3.1　日立グループの主な水環境ソリューション技術

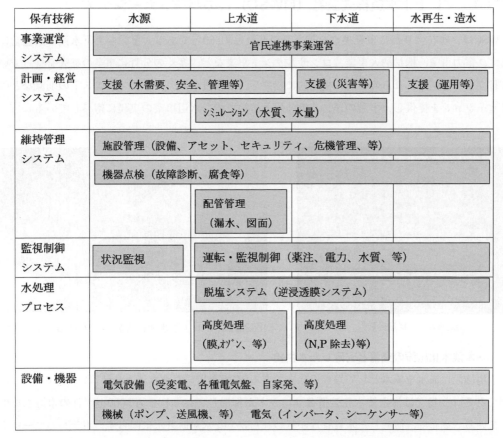

保有技術	水源	上水道	下水道	水再生・造水
事業運営システム	官民連携事業運営			
計画・経営システム	支援（水需要、安全、管理等）		支援（災害等）	支援（運用等）
		シミュレーション（水質、水量）		
維持管理システム	施設管理（設備、アセット、セキュリティ、危機管理、等）			
	機器点検（故障診断、腐食等）			
		配管管理（漏水、図面）		
監視制御システム	状況監視	運転・監視制御（薬注、電力、水質、等）		
水処理プロセス		脱塩システム（逆浸透膜システム）		
		高度処理（膜,オゾン、等）	高度処理（N,P除去）等	
設備・機器	電気設備（受変電、各種電気盤、自家発、等）			
	機械（ポンプ、送風機、等）　電気（インバータ、シーケンサー等）			

2.3.3　日立グループのマレ上下水道株式会社への参画の経緯[5]

　人口約13万人が生活するモルディブ共和国の首都マレ（マレ島）には、そもそも河川がなく、飲料水は雨水や地下水が頼りであったが、雨水を溜める施設面積が不足し、地下水は生活排水による汚染や海水混入による塩化で飲み水には適さなくなっていた。そのためモルディブ共和国政府にとって、水資源の不足という深刻な問題になっており、水資源の確保と水インフラの改善が火急の課題となっていた。

　世界各地でその地域の風土に結びついた水文化を尊重し、地域の発展に貢献できる水処理事業を目指す日立グループは、モルディブ共和国の水問題に対しても持続可能なソリューションをトータルで提案している。2009年には、もともとモルディブ共和国に海水淡水化装置を納入していたシンガポールの海水淡水化設備メーカー・アクアテック社を買収して日立アクアテック社を設立。そして、2010年にはモルディブ共和国政府による海外からの出資募集に応え、1995年4月に上下水道事業運営の国営会社として設立された「マレ上下水道株式会社（Male' Water and Sewerage

Company Pvt. Ltd.：MWSC)」の株式を20％取得。MWSCの経営に参画することにより、モルディブ共和国の上下水道事業全般の合理化に向けて邁進してきた。

2.3.4 マレ上下水道株式会社（MWSC）とのパートナーシップ[6],[7]

MWSCは、現在は9島に事業拠点を持ち、従業員は約950名である。事業も上下水道事業運営に限らず、電力事業、機材納入事業、コンサルタント事業など、多くの分野に事業の拡大を行っている。日立グループはこれらの事業に積極的に参画し、より質の高いサービス、コストの削減などのソリューションを提供し、事業の運営基盤強化と持続可能な水道事業の実現に寄与している。

図2.3.4　マレ島外観[8]

図2.3.5　マレ上下水道株式会社（MWSC）の本社[6]

（1）海水淡水化施設の整備と安定した水供給

浄水場施設は海水を原水として塩分を除去できるRO膜を用いた海水淡水化装置を採用している。首都であるマレ島では海水淡水化装置8ユニットが稼働しており、1万7,000㎥／日の水道水を供給している。そして、徹底した水質管理が行われた安全な水が飲料水に限らず、ホテルのプールや公共のシャワー、魚市場など、マレ島全域に広く行き渡り、11万人の人々の生活を潤している。また、ペットボトル水の製造ラインを整備し、多くの人の飲料水として出荷、販売も行い、商品として販路を拡大している。

図2.3.6　海水淡水化施設[6]

図2.3.7　ペットボトル水製造施設[6]

（2）ICT（Information and Communication Technology）システムを活用した業務改善

　日立グループがMWSCで特に力を入れているのは、ICTの構築であり、水インフラを水と情報の流れと捉える独自のシステム提案である。マレ島全域に水の安定供給を向上させたのが「AQUAMAP[注]」の導入である。本ICTシステムは既存の水管理情報と地理情報システムを統合した水道管路図面情報管理システムである。その結果、事業者は配水管網を目に見える形で効率的に集中管理でき、配管工事の際の断水情報など、日常生活に関わる水供給の情報も、住民にきめ細かく提供できるようになった。本システムの導入により業務を30％低減することができた。

　今後はICT導入をさらに進め、島々で稼働中の海水淡水化システムの運転情報をマレ島で集中管理する島しょ間ネットワークシステムを構築する計画を進めている。

　（注）「AQUAMAP」は株式会社日立製作所の日本における登録商標。

表2.3.2　導入による業務改善例

導入前	導入後
1．配管の状況が不明であったためトラブル時は現地に職員が確認	1．最新の配管情報でのシミュレーション結果を参照できるので本社内で状況を把握
2．複数の部署にて独自に配管データを管理	2．同一データ参照、編集が可能
3．配管更新計画の策定に手間がかかる	3．シミュレーションに基づいた効果的な配管更新計画・工事計画で策定可能

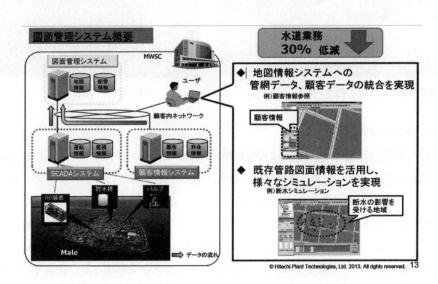

© Hitachi Plant Technologies, Ltd. 2013. All rights reserved. 13

※SCADA（Supervisory Control And Data Acquisition）

図2.3.8　ICT技術の適用

（3）事業の拡大

1）物品の製造と販売

　モルディブ共和国は、機器、資材の多くを他国からの輸入に依存している。そのために輸入手続き、輸送などで入荷まで時間がかかる上、費用も高価であった。MWSCは水処理関連の機器（バルブ、メータ等）、資材（配管材等）をモルディブ共和国に拠点としている企業に素早く提供できるようにこれらの販売を開始した。2016年には自社内にショールームを新規に開設し、物品の販売事業を推進している。

　特にパイプや継手類は計画的な建設工事で使う以外にも破損等の緊急時にも対応する際に必要である。パイプ、継手類は種類も多く、手配もある程度の量が必要である。顧客にとっては緊急時に対応するために在庫が課題となっていた。そこでパイプ、継手の製造設備をオランダから導入し、自社内で製造を開始した。本設備はPVC（塩化ビニル）、PE（ポリエチレン）の材質が対象で、種々の径、耐熱、耐圧のパイプ、継手が製造できる。これにより顧客はタイムリーに必要なパイプ、継手が入手できるようになった。

図2.3.9　パイプ・継手の製造工場[6]

図2.3.10　製造したパイプ[6]

2）リゾート市場への参入

　モルディブ共和国の経済で観光事業は大きな割合を占めている。リゾートとして使用される島には水道、排水、電気等のインフラはゼロから整備することが不可欠である。そこで、2016年よりMWSCは「ユーティリティソリューションパッケージ」を導入し、リゾート市場へのサービス事業の拡大を推進している。本パッケージは、既存及び新しいリゾート開発に必要な機械、電気、配管等のソリューションで、高品質の製品とサービスを提供する事業である。個々のリゾートの環境、条件に合わせてレイアウトを最小限に抑え、効率的かつ低コストを可能とした提案をしている。

　また、アフターサービスにおいては、①緊急時の24時間の電話受付、②顧客スタッフの施設管理のトレーニング、③定期的訪問によるコンサルティングとメンテナンス、④水サンプリングとISO17025に基づく水質検査等を実施している。

　本サービスにより、リゾート施設を利用する人々が快適に過ごせる時間と環境が確保され、顧客からの信頼も受けている。

2.3.5　モルディブ共和国政府機関との連携[9)]

（1）モルディブ共和国の水インフラ戦略

　モルディブ共和国は多くの島々で構成された国であり、水インフラの整備に関しては多くの課題を持っている。しかし、SDGsの達成等、国際社会が不平等のない安定した社会の形成に向けて進んでいる中、モルディブ共和国政府も「Water and Sewerage Strategic Plan 2020-2025」を発表し、その計画を推進している。本計画の中で、環境大臣であるHussain Rasheed Hassan、PhDは下記のように述べている。

　「上下水道は戦略的に重要であり、国の経済社会発展にとって不可欠である。島の大きさや人口に関係なく、すべての有人島に安全な水の供給と十分な衛生設備を提供することは、政府として高い優先順位と認識している。すべての人が健康で生産的な生活を送るために十分で、安全で手頃な価格の水を持っている未来。持続可能な水資源が環境に害を及ぼすことなく、社会経済発展のために利用できる未来。すべての人が改善された下水道サービスへのアクセスを持っている未来、また、洪水、排水問題に対処し、社会的、環境的、財政的な影響を管理していく（抜粋）」。

　モルディブ共和国にとって上下水道の事業は政府の方策としても大きな位置付けにあり、その達成に期待が大きい。MWSCも公共性の高い事業を運営していることから、政府との連携をとり、協力していく方針である。

（2）Water and Sewerage Strategic Plan 2020-2025に対するMWSCの対応

　MWSCは公共性の高い事業会社として、政府、関係省庁、団体との連携の中で2025年までに下記の具体的な政策を達成するために、開発、改善を進めていく方針である。

ア．安全な上下水道サービスへのアクセスを確保

　すべての有人島は、安全な上下水道施設へのアクセスを持つ。

イ．費用効果が高く環境に優しい、上下水道インフラを採用

　国全域の上下水道施設のエネルギー消費量の30％を再生可能エネルギーとする。

ウ．水資源、上下水道サービスにおけるセクター能力の構築

　上下水道施設の運営及び維持に関するすべての技術スタッフは資格を持ち、ライセンスを取得する。各島の上下水道施設で働く全従業員の少なくとも30％が女性とする。

エ．水資源、上下水道に関する支援と啓発プログラムの強化

　安全な水と衛生慣行に対する一般の認識の向上させるため、すべての島で活動している労働者、CSO（Civil Society Organization）、NGO（Non-Governmental Organization）を対象として啓発プログラムを実施する。

オ．天然資源の保護と保全

　すべての有人島で水資源の保全と管理計画を実施する。

カ．洪水に強い島のコミュニティを構築

　洪水が起こりやすい島々を特定してマッピングする。

　洪水緩和のための設計基準とガイドラインを策定し、実施する。

2.3.6　おわりに

　地球上の水資源量は限られたものであるが、地球規模での水大循環によって海水、淡水のバランスがとられている。13.86億km^{3}と試算される水資源量のうち、97.5％が海であり、淡水量は全体の2.5％である。さらにその大半は氷河であり、われわれが容易に使用できる環境の水源は全体の0.01％とわずかな量と報告されている。賦活量は気候、地形などの状態に大きく影響を受ける上、その年の自然環境に依存しており、人的な対応には限界がある。また、水の用途は飲料水、工業用水、農業用水など多岐にわたり、その必要量は人口の増加、生活水準の向上、都市化、産業の発展で年々増加の傾向を示している。2025年には、1950年と比べて75年間で約3.6倍に達すると予想されている。

　一方、世界では適した満足な飲料水が得られない、衛生的なトイレがない国、地域がいまだに多く存在する。日立グループは多くの保有技術、経験、実績からより多くの国、地域に水インフラの整備に貢献できるように今後も展開していく考えである（奥野裕：㈱日立製作所 水・環境ビジネスユニット）。

【参考文献及び出典・URL】

１）外務省（2020）「モルディブ共和国基礎データ」

　　https://www.mofa.go.jp/mofaj/area/maldives/data.html（2021.3.16閲覧）

２）舘、他（2017）「水環境ソリューションの概要と今後の展望」『日立評論』vol.99.No.4

　　https://www.hitachihyoron.com/jp/archive/2010s/2017/04/07A01/index.html（2021.3.16閲覧）

３）外務省（2020）「モルディブ共和国」より転載

　　https://www.mofa.go.jp/mofaj/area/maldives/（2021.3.16閲覧）

４）地球の歩き方（2016）「モルディブ／マーレ特派員ブログ Yasuna」より転載

　　https://tokuhain.arukikata.co.jp/male/2016/04/post_1.html（2021.3.16閲覧）

５）日立（2013）「プロジェクト事例　人口が過密するモルディブで生活に欠かせない安全な水をつくり出す」

https://social-innovation.hitachi/ja-jp/case_studies/water_maldives/（2021.3.16閲覧）

6）MWSCホームページより引用及び転載

https://www.mwsc.com.mv/（2021.3.16閲覧）

7）日立プラントテクノロジー（2013）「水資源とICT活用」（2013）

https://www.soumu.go.jp/main_content/000210336.pdf　（2021.3.16閲覧）

8）「マレ」『フリー百科事典　ウィキペディア日本語版』2020年10月30日（金）19：18　UTC

https://ja.wikipedia.org（2021.3.16閲覧）

9）Ministry of Environment Republic of Maldives「National Water and Sewerage Strategic Plan 2020-2025（2020）」

https://www.environment.gov.mv/v2/en/download/10597　（2021.3.16閲覧）

● 海外水ビジネスの眼 ● ④

プノンペンの上下水道と民主主義

　フンセン政権下のカンボジアでは民主主義が育っていないとするNHKBS1の番組『激動の世界をゆく「東南アジア　揺らぐ"民主主義"』』が、2019年9月1日に報道された。政治テロで殺された報道記者や、解党判決後の政治活動の禁止と再開が認められた32歳の女性政治家、そして中国資本が席捲するシアヌークビルの現状などが報道された。中国人3万人が流入したシアヌークビルでは不動産投機ブームが起こり、半年で数倍から十数倍に跳ね上がるという不動産価格高騰により店舗賃借料が数倍になり雑貨店を閉店せざるを得なくなったカンボジア人店主や、観光がてらに投機用不動産探しをする中国人観光客も紹介された。

　「世界を驚かせたカンボジアの水道改革」という副題を持つ鈴木康次郎・桑島京子著『プノンペンの奇跡』（2015年、佐伯印刷）を読んだばかりだったので、落差に愕然とした。民主主義が揺らいでも上水道事業の健全運営はできるらしい。

　プノンペン水道公社は、2011年の無収水率6％と先進国水準になり、ストックホルム産業水大賞を受け、2012年に同国初の株式上場企業となる実績を残せたのは、エク・ソンチャンという水道事業に20年従事した実務経験と自助努力を伴う強力なリーダーシップ、そしてJICAのマスタープラン提示を含む日本の無償資金協力によると同書は言う。エク・ソンチャンはプノンペン市水道局長時代の2006年にアジアで社会貢献において傑出した功績を残した個人ないし団体に贈られるマグサイサイ賞を政府サービス部門で受けた。この部門での日本人の受賞者は一村一品運動の平松守彦元大分県知事など3名いるが、エク・ソンチャンはカンボジア人・団体初の受賞者だ。彼は、電気技師として大学を出てクメールルージュの下で3年間鍛冶屋の労役に就いた経験を持つ。父親が貧民でクメールルージュに属していた故に、大卒者は知識人だとして殺された時代に生き延びられた。

　公的サービスは、幹部の不正と賄賂の巣窟になりがちだが、エク・ソンチャンは腐敗組織を変えトップダウンで現場主義を徹底できた。虐殺時代とヘン・サムリン政権時代を他人の役に立つ仕事をして生き抜いた自らの経験と、腐敗幹部とは直接争わず、若手技術者を能力より意識を重視して登用した。政府が首都上水道事業を国民の目に見える、そして外国援助を受けやすい公共サービスだと見なしたことも寄与した。日本の無償資金で中国製の水道メーターを大量に買い、軍の大物の家にも平等の負担だとして設置したのがきっかけとなり、無収水率と水道料金徴収率向上に寄与した。NHKBS1の番組では、解党させられた救国党の女性政治家が区長時代に下水道管を設置した地区を訪ね住民に民主主義が復活したら支持を、と訴える様子が紹介されていた。上下水道は国民の目に見える公共サービスの典型だ。

　野党第一党・救国党を解党させたのは総選挙を8カ月後に控えた2017年11月の最高裁判決だ。解党のみならず党員118人に対し5年間の政治活動を禁止した。救国党党首が2017年9月に国家反逆罪の容疑で逮捕され、訴追済の名誉毀損罪等での有罪確定が改正政党法による解党判決となった。EUは民主主義に反すると一般特恵関税停止の政治的圧力をかけた。EUはカンボジアのGDPの2割を占める衣料品の主要輸出先だ。カンボジアはEUの一般特恵関税停止を回避するべく2019年1月に政党法を再改正し、有罪確定の党首を除く117名の政治活動再開を認めた。5月、フンセン首相は、日本経済新聞社主催の「アジアの未来」で「民主主義にはそれぞれの国のあり方がある。国家が自ら最適だと思う道を選んだら他国は尊重すべきだ」と述べ、国会議席独占による自らの独裁体制を正当化した。

　途上国での公共サービス支援では、意識が高く現場の実務力がある現地トップとリーダー層を発見・育成し、公共サービスの透明性を高め国民の目に実際に見える形にすることが民主主義の実践だとする方が国際政治力行使より役立つ場合があるようだ。　　　　（不見丸）

2.4 埼玉県と連携した前澤工業の海外展開

2.4.1 技術力を中心に据えた海外展開の基本方針

　これまでに、前澤工業はバルブ製品を中心に世界60カ国へ製品を供給してきたものの、そのほとんどがゼネコンや商社、大手エンジニアリング会社を通じての販売となっており国内取引にとどまっていた。海外の浄水場や下水処理場の建設においてもスーパーバイザーとして関わった経験はあるものの、海外事業の規模としては当社全体の売上げの１％程度となっていた。そのため「海外事業の開拓」が経営課題の一つとなっており、その実現に向けて2008年に「海外戦略プロジェクト」を立ち上げ、当社のような水ビジネス分野の中堅専業エンジニアリング会社がどのように海外展開を進めるべきかの検討を行った。その結果、日本国内で培った技術力で勝負できる市場に展開することで競争に打ち勝ち、かつEPCに止まらず水供給ビジネスへの参入を目指すことを基本方針と定めた。

　その基本方針に従い、ODA案件を中心に技術的特長のある製品の販売強化を進めている。また、水供給ビジネスへの参入においては、原水水質に応じた前処理と組み合わせることで、効率的で環境負荷の低い処理ができるハイブリッド膜システムを戦略商品の一つとして海外事業の開拓を行っている。システムに使用するPTFE（Poly Tetra Fluoro Ethylene：ポリテトラフルオロエチレン）膜は機械的強度と耐薬品性に優れ、閉塞した場合でも強酸、強アルカリでの薬品洗浄が可能なことから、原水水質が非常に悪い使用条件下でも長期間、安定したろ過ができることが特長となっている。

2.4.2 世界の水ビジネス市場と当社のターゲット

　経済産業省の資料によると、世界の水ビジネス市場は2019年には約72兆円に上り、2025年には84兆円、2030年には110兆円を超えると予測されている。このうち約７割を占めるボリュームゾーンの上水道・下水道分野では、ヴェオリア（仏：Veolia S.A.）に代表される水メジャーや日本の大手商社等の大企業と、近年では中国企業も参入するなど事業規模や価格を中心にした競争が行われており、中堅専業エンジニアリング会社である当社が取り組むには非常に難しい市場となっている。

一方、規模は小さいものの、産業用水事業分野は、工業化・都市化が進むアジアの新興国等で環境問題や高度なインフラ需要の増加が見込まれており、さまざまな水質の原水への対応や高度な処理等、技術力を生かせる市場であると言える。

中でも、多くの日系企業が進出し工業化の進むタイでは、経済発展に伴う賃金上昇と周辺国の工業化によって、これまで産業の主力であった労働集約型産業がベトナム等の周辺国へ流出することが危惧されている。このため、タイ政府は自国内の産業を高度化し、周辺国の労働集約型産業と連携を目指すタイプラスワンの動きを推し進めている。2016年には産業構造の高度化による高所得国への飛躍を目指し、新国家戦略「Thailand 4.0」を策定し、その政策ビジョンの中核としてEEC（Eastern Economic Corridor：東部経済回廊）の構想を打ち出した。EECはタイ東部3県（チョンブリ県、ラヨン県、チェチェンサオ県）を投資優遇地域とし、EECの指定された地域へのEEC他対象産業の投資には法人税の免除などの恩典を与える投資促進政策である。また、タイの原水水質は良くないとのデータもあり、当社のハイブリッド膜システムの特長が活かせる市場であると考え重要ターゲットとして取組みに着手した。

2.4.3　NEDO事業を活用したタイでの高品質工業用水供給事業の検討

2010年に新エネルギー産業技術総合開発機構（New Energy and Industrial Technology Development Organization：NEDO）の委託事業としてタイにおける工業用水供給事業の基礎調査を行った結果、バンコク周辺では原水となる地表水が日本の原水と比べ色度・濁度ともに高く、乾季と雨季の季節間でも水質・水量が大きく変動することがわかっており、改めてハイブリッド膜システムの適応可能性が高いことを確認した。

さらに、ハイブリッド膜システムの適用性を実際に確認するため、NEDOの補助事業として2011年11月よりアマタシティ・チョンブリ（2018年1月にアマタナコンから名称変更）工業団地にパイロットプラントを設置し技術的・経済的検討を行った（図2.4.1　参照）。この工業団地はバンコクの南東部、上述したEEC域内にあり、敷地面積4,300ha、就労人口約20万人、自動車産業を中心に約700社の企

図2.4.1　パイロットプラント写真

業が入居しており、そのうち約6割が日系企業となっている（図2.4.2　参照）。工業団地内へ工業用水を供給する3カ所の浄水場を保有し、工業用水の供給量は約5万㎥／日となっている。当時、アマタシティ・チョンブリ工業団地を運営するアマタグループは、開発ビジョンとして「アマタサイエンスシティ」を掲げ、単なる工業団地から、環境に配慮したハイテクで高度な都市機能を備えた町づくりへの転換を目指し、新規開発エリアの検討を進めていた（図2.4.3　参照）。当社は、その計画に対しハイブリッド膜システムを用いた高度浄水システムの提案を行った。

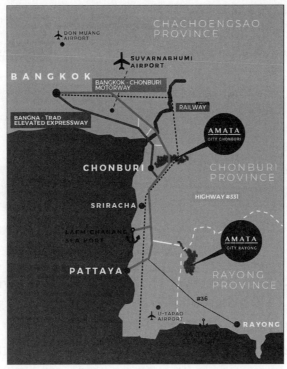

図2.4.2　アマタシティ・チョンブリ工業団地地図[1]

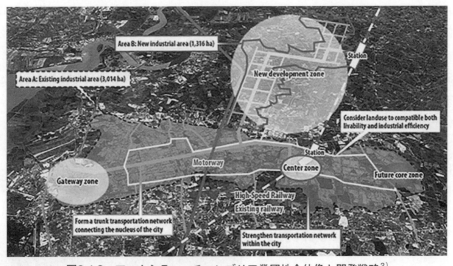

図2.4.3　アマタシティ・チョンブリ工業団地全体像と開発戦略[2]

　既存の浄水場では凝集沈殿砂ろ過方式が採用されているが、原水水質が悪く、その処理の難しさから工業用水として供給されている水の水質は濁度、色度ともに日本の工業用水より高い。そのため、組立て中心の工場を除いて、精密部品の洗浄やプロセス水として使用する工場では、自前の設備を導入し必要条件を満たす水質まで追加処理を行っており、設備投資、維持管理にコストがかかっている。新規開発エリアでは入居する企業から高品質なプロセス水の需要が見込まれることから、

多くの企業がRO膜処理設備を保有することが予想される。そこで、RO膜処理へ直接供給が可能な水質レベルの用水供給を目指した事業をアマタグループに提案し、共同での検討を進めた。高品質工業用水が供給されることで各工場でのRO膜処理のための前処理設備が不要になり、設備投資や運転管理にかかるコストの低減と、使用電力量、薬品使用量及び汚泥発生量の削減で工業団地全体の環境負荷低減が可能となる（図2.4.4　参照）。

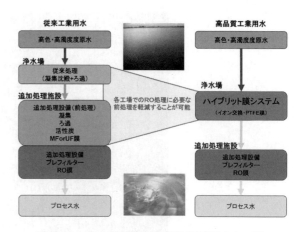

図2.4.4　高品質工業用水供給の提案イメージ

　アマタシティ・チョンブリ工業団地の原水は特に色度が高いことから、帯磁性があり溶存有機物を選択的に処理する陰イオン交換樹脂MIEX®を前段に置いたシステムで実験を行い、原水の季節変動やスコールによる日変動に対しても安定した処理水を供給することができることを確認した。

　この結果を踏まえて2014年からNEDO委託事業「タイにおける高品質工業用水供給事業の事業化に向けた検討」として、1万㎥／日の高品質工業用水供給事業の可能性調査をアマタグループと共同で行った。これは、ハイブリット膜処理システムの設備納入にとどまらず、水供給も含めた20年間のBOT事業を想定したもので、十分な事業採算性を示すことができ、2015年5月のNEDOの事業性評価委員会において高い評価を得ることができた。しかし、当時タイでは自動車産業の不振、インラック政権に対する反政府デモ等に端を発する社会混乱と、その後の軍事クーデターによる影響で経済が減速し、アマタグループより「新規開発エリアの事業規模、開発時期を見直したい」という考えが示されたことから、実証フェーズへの移行を断念した。

　タイ経済の停滞が長引いている影響を受け事業化には至っていないが、アマタグループとはアマタシティ・チョンブリ工業団地の水インフラの高度化に向けた長期的な目標は一致しており、2013年11月にアマタコーポレーション本社ビル内に開設した当社初の海外拠点であるバンコク駐在員事務所を中心に、引き続きアマタグループと事業化の検討を行っていた。

　その後、2016年のタイ新国家戦略「Thailand 4.0」、政策ビジョンの中核「EEC」構想の方針に沿って、アマタグループではアマタシティ・チョンブリ工業団地においてEECの承認を得て、同工業団地をスマートシティに転換する計画を新

図2.4.5　アマタグループとの連携契約延長

たに発表した。これは新規開発エリアへのイノベーティブな企業の誘致に加えて、既存エリアも含めた工業団地全体をスマートシティ化する内容である。このスマートシティの概念には、エネルギー消費の効率化と環境負荷低減が含まれており、当社が提案する高品質工業用水がこの方針と合致することを両社で確認し、2019年6月に高品質工業用水事業の実現に向けた連携の既存契約を2022年5月まで延長することで合意した（図2.4.5 参照）。この合意を受け事業化検討を再スタートさせ、2020年7月からNEDO委託事業「省エネルギー型工業団地を実現するための高品質工業用水供給システムの実証事業（タイ国）／実証要件適合性調査」として実証事業の調査・検討に再着手しており、高品質工業用水供給事業の実現を目指している。

2.4.4 埼玉県との連携（連携協定からタイでの支援、下水道への展開と人材育成）

水供給事業の実現には当社単独では不足する運転管理や事業運営に関するノウハウや経験を獲得するため、水道事業体の支援、協力を得る必要がある。

タイで調査を開始した2010年に、当社の地元である埼玉県の海外水ビジネス研究会が、県による海外水ビジネスへの参画の可能性を調査した報告書を作成し、県内企業と連携して海外展開を模索する方針が示された。2011年6月に埼玉県企業局と「水インフラの海外展開に関する連携協定」を締結し、当社のタイでの事業化検討に対して水道事業を運営する立場からの助言をいただいている。2012年のNEDO補助事業では、アマタシティ・チョンブリ工業団地で開催した現地評価委員会の委員として、企業局より職員を派遣していただいた（図2.4.6 参照）。さらに、来日したアマタグループ技術者に対する研修などでご協力いただいた。今後も事業化を進めていく上で浄水技術に加え、配水・浄水場の運営管理面での連携を進めて行く予定だ。

また、埼玉県下水道局が2016年2月に発足させた「埼玉県海外下水道推進協議会」に当社も参加し、タイ下水道公社に対するJICA「草の根技術協力事業」の一環として、現地下水道技術セミナーでのプレゼンテーションとタイ側から出された開発課題に対する提案を行った（図2.4.7 参照）。

図2.4.6 現地評価委員会
（埼玉県企業局との連携）

図2.4.7 現地下水道技術セミナーでのプレゼン
（埼玉県下水道局との連携）

下水道局が実施するタイを対象としたJICA「草の根技術協力事業」も2020年度に３期目が採択されており、当社としてもさらに連携を深め、タイの下水道整備に貢献していくとともに将来のビジネスに繋げていく予定だ。

さらに、埼玉県と埼玉県国際交流協会が主催する企業や個人の名称などを冠したオーダーメイド型奨学金である『「埼玉県発世界行き」冠奨学金』に2019年から参加している。当社はその中で「水のマエザワ東南アジア留学奨学金」を設置し、東南アジア諸国における水問題の解決に資する技術、政策、法律の学習、研究を希望する学生の支援を行っている。この活動を将来の水ビジネスで活躍できる人材の育成に繋げていきたい。

2.4.5　産学官連携の重要性

運転管理や事業運営に関する埼玉県との連携やNEDOによる支援は前述のとおりだが、具体的な活動や資金面での支援のみならず、海外で知名度の低い当社が、水道事業で実績のある県や国など「官」の支援を受けて検討を進めることで、相手国政府や提案先からの信頼を得ることができたと感じている。また、海外での活動経験がない当社にとっては現地事情の把握や理解が重要であるため、在外公館やJICA、JETRO、NEDO等の現地事務所などの支援は欠かせない。

「産」との連携としては、アマタシティ・チョンブリ工業団地を開発し、インフラの整備も含めた運営を行っているアマタグループと、タイでの活動当初から協力覚書や連携協定を結んで事業化検討を進めている。顧客であるアマタグループと連携して事業化を検討することで、技術面や事業採算に関する情報のみならず入居企業のニーズや不満、アマタグループの開発計画など幅広い情報をタイムリーに共有することで、より精度の高い事業化検討が可能になっている。

図2.4.8　SIITとの高品質供給に関する連携協定調印

「学」との連携としては、タマサート大学シリントン国際工学部（SIIT）と連携協定を結び（図2.4.8参照）、現地の水環境に関する知見の提供や、NEDO事業でも現地評価委員会の委員長を学部長にお願いし、学術的な信頼性を確保することができた。また、パイロットプラントによる研究成果は、2017年にシンガポールで行われたIWA膜技術専門会議、2018年に東京で行われたIWA世界会議、2018年にタイで行われたIWAの地域会議において共同で研究発表を行った。

2.4.6　高品質工業用水供給事業の実現に向けて

タイ経済もようやく回復の兆しが見え、タイ政府は「Thailand4.0、EEC開発」の政策を発表し、スマートシティをコンセプトとした都市開発、地域開発を進めようとしている。アマタグループも

新たに「アマタスマートシティ」のコンセプトを掲げ、単なる工業団地から環境に配慮した高度な都市機能を備えた町づくりを目指した開発を進める動きを見せている。

　一方で、世界的な新型コロナウイルス感染症（COVID-19）の感染拡大は、世界経済に大きな影響を及ぼしており、感染拡大の収束が見えない中で世界経済は歴史的な低迷に陥っている。タイにおいても2020年度のGDP成長率は－6％程度と予測されており厳しい状況となっている。実施しているNEDO委託事業においてもリスク要因となっており、COVID-19が事業に与える影響を慎重に見定めている。

　アマタグループは、高品質工業用水供給をスマートシティにおける高度なインフラの一つとして位置付けており、当社においては、水供給ビジネスへの参入に向けた重要案件としてハイブリッド膜システムを用いた事業の実現を粘り強く目指していく（徳武浩幸：前澤工業㈱海外推進室次長）。

【参考文献・出典およびURL】

１）AMATA THAILAND「WORLD'S LEADING INDUSTRIAL CITY DEVELOPER」
　　https://www.amata.com/en/industrial-cities/amata-thailand/　（2021.4.26閲覧）
２）YOKOHAMA URBAN SOLUTION ALLIANCE（YUSA）提供

2.5 アジアでの水PPP事業にどう経営学を使うか

2.5.1 アジアでのPPP事業の特色

アジアでのPPP事業には以下三点の特色がある。

①VfMが示されない、②法律でPPPのリスク分担メカニズムを規定しない、③公的インフラを建設運営する財源がないのでPPPをする。

①アジア途上国の現地政府は、「VfMがある」と示さないでPPP事業をしようとしている。VfMとは、PPP事業を一定期間、民間事業者が建設運営することの方が、その期間、現地の政府・公営企業・国有企業が建設運営するより、現在価値に換算して安価になるとの予測数値である。

②アジア途上国の現地政府は、PPP事業のリスク分担に関する法律を制定しないでPPP事業を行おうとしている。3.7　ベトナム2020年PPP法の内容とそれを活かす戦略、表3.7.1が参考になる。2020年6月にPPP法を制定したベトナムはアジア途上国の中で例外の国である。従来のPPP政令でおよそPPP案件が出てこなかったためにVGF（Viability Gap Funding）を規定する必要があった。VGFは国家予算から出すので、予算を制定する権限のある国会の承認を得るためには国会による立法である法律制定が不可欠になった。VGFとは、PPP事業による実収入が予定収入額より少ない場合に、現地政府が国家予算から収入不足分の総額ないし一部を補填するメカニズムである。このメカニズムがないと、PPP事業会社は建設資金の元利返済額は決まっている一方で、収入が不足するので、経営破綻のおそれが生ずる。

③PPP事業をする目的は、先進国政府においては、公的インフラの建設運営資金を節約するためなのに対し、アジア途上国政府においては、公的インフラを建設運営する資金がないためである。このため、PPP事業会社が建設運営資金を海外金融機関から借り入れるローンに対して、アジア途上国政府は保証することを極端に嫌う。対外借り入れの公的保証はIMFに報告義務がある対外公的債務になるので、外貨準備が不足すると、IMFから財政運営・国際収支についてアドバイスを受けることになる。それは一国の財政主権への干渉だとして現地政府は嫌う。

公的インフラ建設は、国民により選挙で選出されたアジア途上国の政治指導者にとって国民からの支持を獲得する一番の近道であり、公的インフラが整備されていないと外資誘致も進まず、雇用

創出も外貨獲得も進まない。他方で公的インフラ建設をする財政資金源の裏付けは少ないので、政府が借り手となるか保証する。それにより外国からの借入額が増え、対外債務返済に苦しむことになる。政府保証を出さなくてよいPPP事業は渡りに舟なのである。しかし、債務の罠にはまることもある。公的インフラが建設されてもその返済資金に見合う国内経済発展がないと、税収が増えず、PPP事業での元利返済が困難に陥る。外国貸し手に当該公的インフラに対して国有企業等の国内投資家が持つ所有権・運営権を譲渡するDES（Debt Equity Swap）を強いられることになるおそれもあるからだ。

　以上のアジアのPPP事業の特徴は、うまくいかないPPP事業がアジアに多いことも示している。PPP事業では建設段階での工事の遅れと総投資額の増額が躓きの石となることが多い。受注したい余り、建設段階での工事金額を低く見積り、建設終了を早目に設定しがちだからだ。典型は、2015年9月、日本コンソーシアムがODAによる新幹線方式を提案して失注したジャカルタ・バンドン高速鉄道計画だ。中国コンソーシアムが、インドネシア政府保証を不要とするPPP提案で受注に成功したが、土地収用の遅れ他の理由で総投資額は5億ドル上積みされ60億ドルとなり、建設工事も大幅に遅れ、2019年開業予定は2022年末開業に変更されている。2020年末の工事進捗率は65%だとされている。

　PPP事業の中で水PPP事業の特色として、④投資額が他の公的インフラのPPP投資額に比し少額なこと、⑤水道事業は地方自治体（地方政府）の水道公社がしていることが多く、PPP投資を主導するのは彼ら地方政府の上級公務員であること、⑥運営段階で得られる利益が大きいと思われること、⑦地域独占的な公共財・サービスである性格が高いことが挙げられる。

　④投資額が少ない理由として、地域別に細かく水道事業の担当部署が決まっているためにそもそも投資規模が小さいこと、既存の水道インフラの拡張・増設・機能追加・性能向上であることが多いこと、新規に土地取得といった費用と手間暇のかかる業務が少なくて済むことが考えられる。

　⑤上級地方公務員のPPP事業組成能力に課題があると思われるが、他方、彼らは、日本政府に典型的なアジア途上国向けODAによる無償技術協力の直接の受け手になっていることが多く、技術水準と技術移転について現場の知識を累積している。

　⑥公的インフラ財の投資額を、不動産、初期投資の機器・部材、維持・管理・補修用の機器・部材の別でみてみると、維持・管理・補修用の機器・部材投資額の全財投資額に占める割合が一番高いのが水道インフラだと思われる。それだけ水PPP事業では運転・操業段階で利益を生む可能性が高いと思われる。

　⑦PPP事業による公的インフラは通常、利用者に他の公的インフラを使用する選択権がある。PPPによる高速道路や橋を利用しないでも、一般道路や無料で通れる橋が利用できる。発電PPPでtake or pay契約条項が必要なのは、PPP発電所から電力を買わないで自ら所有する発電所の電気を使って配電に回すことができるからだ。PPP会社は卸売電力会社であり、電力を買わない小売電力会社がたとえ電力を買わないとしても、元利支払いができるだけの最低限の電力料金を支払ってもらう必要がある。

　他方、水道PPP事業会社も水卸売会社であることに変わりはないが、水小売会社である地方政府

傘下の水道公社は、当該卸売りされた水を買わないで、自らの水供給源から直接仕入れることはし難い。給水管・送水管・配水管のネットワークが一元的につながっているからこそ効率的な水道事業ができるからである。その分だけ、公共財・サービスの提供義務者としての水道PPP事業会社の責任は重いと思われる。これは、水PPP事業会社がESGイシュー（環境・社会・ガバナンス問題）を重視しないと、水PPP事業自体が成り立たないことを意味する。水の安全と衛生、不断の継続供給と断水対策、無駄な水（漏水・不正水使用）がないこと、利用者への平等な対応、料金の妥当性、経営が適切で透明性があり賄賂がないことがESGイシューとして考えられる。

2.5.2　ダイナミック・ケイパビリティ論を使う

　アジア水PPP事業で使える経営学として、①ダイナミック・ケイパビリティ論（2.5.2　ダイナミック・ケイパビリティ論を使う　参照）、②利他性と接続性のアジア経営論（2.5.3　利他性と接続性のアジア経営論を使う　参照）、③ポストモダンのアジア経営論（2.5.4　ポストモダンのアジア経営論を使う　参照）が考えられる。②と③はアジアでの企業経営をしている日本企業・日系企業が、競争優位が得られる経営戦略だとして筆者が提案している経営論である。

　①ダイナミック・ケイパビリティ論は、資源ベース経営論の一つでD・ティースやC・ヘルファットによって1997年以降に主張され始めている。企業が置かれた内部・外部のコンピタンスを統合・構築・再配置することによって、急速な環境変化に対処する企業の能力をダイナミック・ケイパビリティと呼ぶ[1]。組織のオペレーショナル・ルーティン（高い組織能力を維持運営する資源ベース）を利用するべく、ストラテジック・マネージャー（戦略的経営者）が、急速に変化している内外の経営環境に対処できる共特化資産を探索し選択する。その上で、戦略的経営者は、その共特化資産をコーディネーションしてオーケストレーションすることで、共特化資産の配置と活用をするダイナミック・ケイパビリティを発揮するという経営論である。ダイナミック・ケイパビリティとは、組織が資源ベースを意図的に創造・拡大・修正する能力を指す。ダイナミック・ケイパビリティ論を図で示したものが図2.5.1である。

図2.5.1　ダイナミック・ケイパビリティ論による戦略的経営者の役割と組織能力

（出所：筆者作成）

　ダイナミック・ケイパビリティ論が、日本企業がアジアの水PPP事業に使える経営論になっていると考えられるのは、以下の理由による。日本の水道事業のオペレーショナル・ルーティンは世界的水準から見ても非常に高い水準にある。その運営能力の高さをアジア途上国に対して日本政府のODA技術協力をコアにして技術移転している実績経験が豊富であることに関しては、世界随一である。他方、日本の水道関連の財・サービスを生産している事業会社は多数あり、かつ他方に拠点を持つ企業も多く、規模も大中小企業と多様であるが、特定の一社で水道事業の上流から下流まで一貫してできる事業会社はほとんどない。そこに、特定の水PPP事業を受注する日本コンソーシアムが、ストラテジック・マネージャー（戦略的経営者）を雇う意義がある。戦略的経営者が組織・企業を超えて纏め（コーディネーション）かつ、コンソーシアムであるからこそ、参加メンバーの組織能力が発揮でき響き合わせる（オーケストレーション）ことにより、コンソーシアムとしてのダイナミック・ケイパビリティが作り出される。

　アジア途上国では、日本企業の製品やサービスの品質は高いが価格が高過ぎる、という声をよく聞く。だから中国製品・韓国製品に日本製品は負ける、という文脈が続くことが多い。しかし、日本ほどアジア途上国で財サービスを生産している事業会社（日系企業）が、豊富かつ多種・多数国にわたる例は、世界のどの国にもない。TPP11協定（Trans-Pacific Partnership Agreement：環太平洋パートナーシップに関する包括的及び先進的な協定）などのFTA（Free Trade Agreement：自由貿易協定）により、それら日系企業が提供できる財サービスは、より安価で調達しやすくなったサプライチェーンが利用できる。

水PPP事業期間、つまり今後20年間から30年間のタームで見て、それら日系企業が提供できる財サービスも、日本コンソーシアム・日系水PPP事業会社は継続的に利用できる、と考えた時に、なお日本・日系製の財サービスの価格は、中国製ないし韓国製の財サービスの価格に負ける、とするのは敗北主義だろうと筆者には思える。そしてこのような筆者の主張は、日本企業・日系企業を買い被り過ぎている、と皮肉な口調で言う日本人もまた、国際経済社会を奇妙に理解している敗北主義者であるように筆者には思える。

2.5.3　利他性と接続性のアジア経営論を使う

　利他性と接続性のアジア経営とは、ESGイシューへの対応を最重要視しながら、アジア途上国での多様なステークホルダーの利益、特にアジア途上国のナショナリズムにアピールすることを意識した経営である。

　利他性を水PPP事業でアピールするのは、インドネシア最高裁が、2017年10月10日付判決で、ジャカルタの上水道事業の再公営化をせよ、としていることが他山の石となる（コラム⑥　インドネシア・ジャカルタの水道事業再公営化について　参照）。1997年に民営化されたジャカルタ上水道事業が、25年の民営化期間終了とともに、2023年より再公営化されるのは、外資系民間企業に運営された水事業が、株主利益第一主義の利己的なものだったからだ。インドネシアの主要都市の中で、ジャカルタの水道料金（2013年の実績、平均Rp7,800／㎥）と漏水率（44％）は格別高く、水道へのアクセス率（59％）は一番低い。値上げはあっても住民サービスの水準は向上していない。ジャカルタ西半分を担当する上場会社Palijaの2016年の売上高純利益率14％は高すぎると思われる。同社はフランスの電気ガス会社であるエンジーが35％を出資する世界第二位の水企業スエズと、阿片戦争を引き起こしたジャーデン・マセソンの孫会社アストラを主要株主としている。アストラは車でトヨタ、バイクでホンダ、建機でコマツと合弁をしているインドネシアを代表する会社だ。

　2020年10月、エンジーがスエズの全持分を世界最大の水会社ヴェオリアに売却する、との合意が成立した。世界一、二位の水企業を持つことになるヴェオリアは、上下水道、水処理、廃棄物処理、エネルギー管理が主要事業だ。スエズはパートナーである私有財を扱うアストラに引かれて、インドネシアにおける上水道という公共財の価格とサービス水準について、誤解があったと思える。ESGのうち、EとSを軽視し、Gにおいても、主要株主の利益を重視し過ぎた株主資本主義に傾き過ぎた利己主義の経営を行った。ヴェオリア傘下でのスエズの今後のアジア途上国での経営方針が注目される。スエズのアジア途上国での過去の経営体質は、他山の石となる。アジア途上国の水PPP事業で、日本コンソーシアムが、ESGを最重要視する利他性と接続性の経営を主張することは、この他山の石もあり、大きなアピールになると思われる。

　アジア途上国の社会セクターのプレーヤーはすべて、自らの利益のためにナショナリズムを主張する。政治家・公務員といった国家セクターのプレーヤーも、相手国の企業セクターも国民・市民社会セクターのプレーヤーも、同じくナショナリズムを主張する。しかし、本来ナショナリズムは利己的なものでなく、自らの利害よりナショナルなものの利益を重視する利他的なものである。日本企業・日系企業は、彼らの利益になるような利他的な業務活動を、国際競争力のあるナショナリ

ズムを進展させる形で実行していることをアピールする。「偏狭なナショナリズムを主張する、ア
ジア途上国の国内社会セクターのプレーヤー達が持つ、利己性の貪欲さ・寛容のなさは、国際競争
力のあるナショナリズムを育てない」とアピールする。

　接続性とは、日本企業がアジア途上国に持つ幅広いネットワークを利用して、規模と範囲の経済
学を利用して儲けることを指す。「貴国にある日系企業に国際競争力を持つナショナリズムを持た
せたいのだが、接続性を活かしたいわが社としては、他のアジア途上国に投資した方が効率的と、
判断せざるを得ない」と言えばよい。「同じ日本企業の子会社間で、財サービスの生産コストとサ
プライチェーンの輸送コストを足し合わせたコストと、財サービスの消費地での売上を比較して、
最適の立地を考えている」と説得する。より国際競争力あるナショナリズムを育てるために、何が
必要かを、ナショナリズムを主張する相手国社会セクターのプレーヤーに考えてもらうのである。
もちろん、そのプレーヤーの中には、日本企業の本社から派遣された当該国の日系企業の経営幹部
も含まれるから、工夫・カイゼン・知恵の出し方の限定的な市場競争となる。

　水PPP事業で、国際競争力あるナショナリズムを持つ経営を主張することは、水という公共財サー
ビスの国際水準を、相手国のステークホルダーに理解してもらう契機になる。特に、それは運営技
術の技術移転のモチベーションを高め、運営技術の向上と運営コストの削減を通して、水PPP事業
会社の採算性の向上に寄与するだろう。また、現地調達品を増やしてナショナリズムに貢献したい
として、現地調達品が品質・納期・価格・調達量で海外輸入品に勝るように、現地調達品の製品と
製造技術が向上することを支援することにもなる。その過程で、ある機器・器材・部材が、他国の
それらより国際競争力が生まれる可能性がある、と発見できれば、全世界の製造拠点にする投資機
会になるかもしれないし、日本で調達していた日本企業に、海外進出をアドバイスできる機会にな
るかもしれない。

　さらに、資本の現地化でナショナリズムに貢献したいのだとして、現地証券市場での上場を目指
すこともできる。上場が期待できれば内外投資ファンドは、最適の出口が確保され得るとして出資
する可能性もある。上場までの過程で従業員持ち株制度を導入すれば、従業員の定着及び過度な賃
金値上げ圧力の軽減、さらに、現地パートナー企業による日本側パートナーの追い出し策を防止す
ることもできる。現地パートナーと日本側パートナーの経営能力を、将来の企業価値を高めてくれ
るのはどちらか、との公平な目で、第三者株主としての従業員が決めてくれることにもつながる。
もちろん、経営陣の現地化も、国際競争力あるナショナリズムの観点から、公平な能力評価がなさ
れることになる。

2.5.4　ポストモダンのアジア経営論を使う

ポストモダン経営の特色を表2.5.1に示す。

表2.5.1　ポストモダン経営の特色[2]

	モダン	ポストモダン	ポストモダン経営
文明の類型	機能の文明	意味の文明	利他性と接続性
優先様式	成果	差異	利益至上より ESG 経営至上
運営原理	制御	自省	問題発見・解決能力
象徴秩序	俗	遊	反貪欲と楽しい仕事
秩序原理	管理	支援	相手を同じ立場で支援する

　日本企業・日系企業がアジア途上国の水PPP事業をする際に、ポストモダン経営をする意義は高い。世界はすでにポストモダンの文明になっているが、アジア途上国の政治システムは、いまだモダン文明の下にある。モダンの秩序原理により、外資系水PPP事業会社を、ナショナリズムとオーナーシップ意識により管理したい、とアジア途上国の国家セクターは考えている。彼らのモダンの管理原理に日系水PPP事業会社が従っていると、利益が出ないのみならず、不当な不合理な経営への要求が次から次へと出てくる。利益が出ないとは、モダンの優先形式である成果が日系水PPP事業会社に表れないことを意味する。アジア途上国の国家セクターは、アジア途上国の富（コモンウエルス）が、外資系水PPP事業会社に搾取されていないが故に、外資系水PPP事業会社に利益が出ないのだ、とすら考える。一方に利益が生まれると言うことは、他方が損失を負わされていることだと、トレードオフの補完関係にある、と考える人達がアジア途上国の国家セクターには多い。

　水PPP事業会社が適正な利益を出していることは、ウィンウィン関係を示すものなのだ、と言えるのは、成果ではなく差異を優先するポストモダン経営をしているからなのだ、とアピールできる。利益至上よりESG経営至上の差異を優先する経営をしていると、直接の水の卸売先である水道公社及び最終水利用者にアピールすることもできる。そこでの水道公社は、日系水PPP会社を管理する対象だ、とは思わなくなっている。

　制御ではなく、問題発見・解決能力を重視する自省の経営を主張することで、従業員の質も上がるし、顧客の評判も向上する。それは次第に管理をこととする国家セクターの考えも、管理より自省の方にこそ意味がある、と思わせる効果も期待できる。モダンの文明は喜んで他者の接続性の経営を受け入れるだけでなく、自らも接続性の経営をしようと考えるようになる。日本企業が特定のアジア途上国で水道技術を育て、当該国の現地企業が、他国に水道技術輸出ができるようになれば、彼らは接続性の経営をしていることになる。日本企業はその現地企業とコンソーシアムを組み、第三国のPPP水道事業に応札すれば、コストは抑えられ、技術の擦り合わせの苦労もなくなる。接続性で日本企業と現地企業（日系企業と地場企業）のコンソーシアムは、中韓ライバル企業との第三国での競争入札で勝てるようになる。

　ポストモダンの経営学は、図2.5.2に示すルーマンとパーソンズの社会システム論でみてみると、理解しやすいと思われる。社会は国家セクター、企業セクター、市民社会セクター、個人セクター

の四つの社会セクターからなっている。個人は複数の社会セクターに属しながら、一個の心的シス
テムを形成しており、社会システムないし自然システムのプレーヤーと、コミュニケーションによ
りつながっている。そのコミュニケーションのスイッチは、オンと場合とオフの場合がある。個人
の側（心的システム）からオフにすることもあるが、他者・他の物・他のシステムのプレーヤーか
ら、オフにされてしまうこともある。心的システムは、自己同一性を維持しながら、他のシステム
との多様なコミュニケーションをしている。

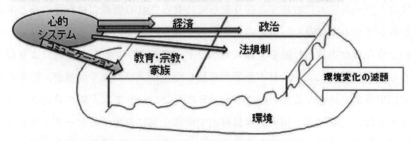

図2.5.2　ルーマンとパーソンズの社会システム論

（出所：筆者作成）

　水PPP事業に関係する当事者としてのアジア途上国の政府機関・水道公社は、国家セクターのプ
レーヤーとして、同じ国家セクターのプレーヤーと情報交換・収集し、入札に掛ける水PPP事業に
ついてコミュニケーションをするとともに、入札に参加するか投資家提案の水PPP事業を持つ内外
の企業・組織とコミュニケーションをしている。その内外の企業・組織のほとんどは、企業セクター
に属するが、ODA機関や地方公営企業は国家セクターのプレーヤーと考えられる。企業システム
の下の個々の企業は、夫々の企業システムを維持しながら、水PPP事業に関係する環境下でコミュ
ニケーションをしている。

　その際の検討では、企業システムの組織コミュニケーションがなされている、と考えるのではな
く、各プレーヤーに属する個人の、心的システムによるコミュニケーションも入り混じったコミュ
ニケーションがなされている、と考えた方がよい場合も多い。組織コミュニケーションでは、モダ
ンの機能的か機能的でないかにより、コミュニケーションの質と内容は評価されるが、ポストモダ
ンの下では、コミュニケーションは意味があるかないかで、質と内容が評価されるようになってい
るからだ。すなわち水PPP事業に関係する当事者としての、アジア途上国の政府機関に働く公務員、
入札に参加するか参加を検討している企業・組織の担当者と責任者、応札する側と入札準備・選定

する側に雇われるアドバイザー・コンサルタントの、心的システムも入り混じったコミュニケーションがなされる、と考えてみるのである。

　アジア途上国の公務員の心的システムにより、レッド・テープ（繁文縟礼的な形式主義）を理由とする業務の意図的な遅滞や事なかれ主義、そして賄賂（スピードアップ・マネーの性格を持つこともある）が、起こる理由だと考えられる。この点はモダンもポストモダンも同じだが、ポストモダンの文明となり、機能しないことを承知で行う行為から、意味もあるので行う行為に変わってきている、と見ることができる。従来はスピートアップ・マネーを支払えば、すんなりと機能的に処理されたものが、建前ではない実益の生まれるナショナリズム、他の国家機関の反応、そして他のコンソーシアムの思惑の考慮といった意味をも考えて処理される、という面倒な事態になっている。

　また、入札コンソーシアムに参加する振りをして、共有される情報だけを得ようとする機会主義的行動は、心的システムではなく、個々の企業システムから出ている、と考えられる。中国・韓国企業は、そのような機会主義的行動を、個人のヘッドハンティングないし賄賂により行うことがある。そのような機会主義者により、日本企業の蓄積した技術ノウハウや情報が、数多く不当に流出している。水PPP事業で同様なことが起こると、日本コンソーシアムが勝つ見込みはほとんどなくなる。留意すべきは、アジア途上国の公務員経由で中韓企業に流出するケースも考えられることだ。公務員は、中韓企業がより安い投資額を提示することを期待して、日本企業より得た情報や入札の工夫ないしは知的ノウハウを流出させる。PPP法令には秘密保持義務があり、インドネシアやベトナムのように、トレードシークレット保護法を別個に立法している国もあるが、より安い投資額を提示させようとする行為は国益に適い、ナショナリズムにより正当化されるので、義務違反に問われることはない、と考えるアジア途上国の公務員は多いと思われる。パーソンズの社会システム論における四構造の一つである法規制の主な機能は統合である（図2.5.2　参照）。彼らはナショナリズムが統合の典型なので、秘密保持義務違反との法規定はあっても適用されない、と考えがちなのである。

　ポストモダンの意味の文明では、モダンの機能の文明と異なり、このルーマンが言うコミュニケーションがオフにされている状態が多い。機能の文明では個人の心的システムは、言葉による表現が重視されたが、意味の文明では言葉による表現は心的システムの一部に過ぎず、意識的なもののみならず無意識的なものの占める部分も広くなっている。仕草や態度といった言語以外の表現のみならず、そのような表現さえ他者の表現になぞらえて行っているに過ぎない場合も多い。このコミュニケーション（スイッチがオンになっている状態と、無意識でオフになっている状態）と、ディスコミュニケーション（スイッチを意図的に遮断する状態）を理解するには、成果で判断するより、差異で判断した方が妥当な場合が多くなっているのが、ポストモダンの文明である。フェイクニュースを信じたり、意識的に愛国的な行動をとったり、それは個人の価値観の問題だとして、自らの信念を意図的に固めようとする場合が、ディスコミュニケーションの例と言える。

　格別意識しないで、他者の指示や示唆に従った行為をする場合は、無意識でオフになっているコミュニケーションの一種と言え、そのようなスイッチをオンにするのは、ディスコミュニケーションの場合に比し数段容易である。行動経済学でのナッジ（nudge）が使える分野である。ナッジは、

2017年にシカゴ大学のセイラーがノーベル経済学賞を受賞して注目されるようになった。ナッジとは、望ましい行動をするように人を後押しするアプローチを指す。経済的なインセンティブや制裁、ないし法的な罰則といった手段を採らなくても、望ましい行動がしやすい環境を設定することで、自発的な行動変容はなされ得ると考える。インセンティブという環境を設定しなくては人は行動しない、と考える成果的な考えではなく、差異ある環境を設定するだけで、人は行動する場合が増えているのがポストモダンの文明である。このナッジという考えは、モダンの経済学の下で発見されているので、モダンの文明の影響下にいまだあるアジア途上国の国家セクターと企業セクターのプレーヤーに対しても、機能する考えだと思われる。

2.5.5　ダイナミック・ケイパビリティの具体的な作り方

アジアでの水PPP事業（特に上水道PPP事業）で、ダイナミック・ケイパビリティをどのように作ればよいか、を具体的に検討してみる。

ダイナミック・ケイパビリティ論は、組織間連携を活かす経営学である。水PPP事業では、水道事業を包括的にカバーする事業会社を設立する必要がある。そこでは日本の水道事業者の参加・協力が欠かせない。アジア途上国政府に対して、日本政府のODAで豊富な技術協力をしても、同じ案件でのその後の補修・修理の受注につながらないのは、組織と個人の連携とともに、組織間の連携の悪さにも原因がある。連携には、①ODA技術協力での相手先国地方水道公社と、日本の技術協力者の間の官官連携・官個人連携、②日本の官民連携、③日本企業間連携、がある。組織間連携を検討するダイナミック・ケイパビリティ論の経営学が使える。

ダイナミック・ケイパビリティ論は、④戦略的経営者を通して組織を超えて事業が組成できる点と、⑤関係当事者のどのような能力・技術・知識・技能が、事業に役立つ共特化資産になるかを考える点、及び⑥共特化資産を組織能力（通常運営能力の高さ〈＝オペレーショナル・ルーティンの水準〉と変化に対応する能力）に活かす方法と組み合わせる点を主張している。

組織の限界を超えて共特化資産の配置と選択をするには、戦略とともに戦略的経営者への信頼が必要だが、信頼財には外部性があり、市場経済による取引では調達し難い。組織の中での信頼は、目標、権威、責任によって調達できるが、組織を超えると目標による調達しか期待できない[3]。

企業が資源ベースを意図的に創造・拡大・修正するダイナミック・ケイパビリティでは、企業間の関係ケイパビリティを、①関係特殊的資産の創造、②補完的ケイパビリティへのアクセス、③パートナー間での知識共有のルーティン、④提携企業間で機会主義的な行動がなされないようなインフォーマルな安全装置の設定で作ることが必要だとされる[4]。機会主義的な行動を防止するインフォーマルな安全装置には、信頼と評判があるとして、それを実効的なガバナンス装置として評価する実証研究も進んでいる[5]。日本コンソーシアムがESGを重視する利他性と接続性の経営をしている、との評判が、日本コンソーシアムに参加している企業・組織者の中に生まれ兼ねない、いいとこ取りの機会主義的行動を防止するのである。また、日本コンソーシアムに参加していることで、水関係市場、PPP市場についての関係特殊的な資産が形成され、共有できる知識が増えるのみならず、知識の吸収能力自体も向上し、自らの企業にない資源を持つ他の戦略的パートナーがコンソー

シアム内で見つけられる。これは、評判のみならず信頼をも生むので、実効的なガバナンスは、より強化される。

　日本の水道事業者の大半は、地方公共団体の水道部局という、地方公営企業法で規制されている事業体によって運営されており、彼らのほとんどは自分たちの国内事業の維持継続に傾注しており、海外投資などもっての外という考えを持つこともある。また、水道事業は公営事業であり、儲けることなどもっての外という考え方もある。公的インフラサービス事業を、民間企業が行うPPP事業では、民間投資家に配当を出すために、民間企業は儲けを出すべく、公的サービスの質を落としてコストを削減するか、公的サービスの質を維持するために、水道料金の値上げをして、より売り上げを伸ばすかして、儲けを確保することに忙しいと見がちである。

　地方公営企業では、出資者は地方公共団体であり、地方公共団体は儲けを言わず、公的サービスの水準の維持・向上を要求するのみである。地方公共団体の首長及び議会の議員は、選挙によって選出されるために、住民サービスの観点から、公的サービスの値上げに対しては、特に慎重になりがちである。一方、民間企業においては選挙の洗礼を受けない投資家ばかりではないか、という議論がある。

　しかし、水PPP事業会社は、低収益ではあるが長期安定的に収益を齎す事業である。水PPP事業で、えげつなく儲ける機会を求める事業化調査（Ｆ／Ｓ）など描けないし、描いたとしてもアジア途上国政府に受け入れられるはずもない。アジア途上国政府の水道関係政府公務員には、日本の地方公営企業の水道局から派遣されたJICAの専門家による技術協力の誠実さとその貢献を評価している人達も多い。戦略的経営者は、彼らの目を共特化資産の一つと考えることもできる。相手国政府からの日本コンソーシアムに対する共感を得る材料の一つとしてアピールするのである。日本の水道事業者のオペレーショナル・ルーティンの高さは、PPP事業の運営段階で活かすためのみならず、日本コンソーシアムでの受注活動におけるマーケティング戦略の一つであるPR活動にできる。日本の水事業をしている地方公営企業の日本コンソーシアムへの参加・協力は不可欠である。

　アジア途上国で水PPP事業を行うための探索と選択の過程では、不確実性と曖昧性が問題になる。相手国で具体的な水PPP事業が、現地公務員側から上がってくるかの問題である。アジア途上国の地方分権は、日本以上に進んでいないし、その財政基盤となる独自財源も中国とインド以外は乏しいのが現実である。日本のように地方政府に独自財源が確保されている国はアジア途上国にはない。法人と個人が所得に応じて納付する税金は国税のみで地方税相当分はないことが多い。所得に対する国税は法人税と所得税で、地方税は事業税と住民税があり、その他に市町村独自の税源として固定資産税があり、消費に対する消費税には国税としての消費税と地方税としての地方消費税がある、といった日本の地方公共団体の独自財源を考慮した税制にアジア途上国はなっていない。そのため地方政府に権限はあっても、中央政府の国家予算をPPP事業に充てろ、との主張がしにくいのが現実である。

　そのような中では、投資家から提案する水PPP事業の方が、確実性が高く曖昧性が低い。特定の水PPP事業で日本コンソーシアムを組成するのは必要だが、普段から水PPP事業を現地の地方政府と中央政府に働きかけられる態勢作りが必要となる。地方公共団体の現地事務所があったとしても、

その業務を期待するのは無理である。探索・調査をする駐在員事務所を日本企業が作っても、成果は期待できないと思われる。

　水関連の財サービス生産の現地日系企業の業務の一環として、水PPP事業の探索・調査ができるようにしておく必要がある。それは共特化資産の配置の選択をするための、組織・ガバナンス・インセンティブの選択にもつながる。日本人スタッフは、現地スタッフとタッグを組まないと、探索・調査で成果を上げにくいと思われる。探索には現地語情報・現地人ネットワーク情報が欠かせないからである。探索・調査で実績を上げたスタッフは、日本人・現地人の別なく日本コンソーシアムの戦略的経営者の候補者として推薦するようにしておくこともインセンティブとなる。

　実際に日本コンソーシアムを組成した際の、戦略的経営者に要求される能力は高い。ダイナミック・ケイパビリティ論を、水道事業関連会社間の組織や団体において、事前から研究・研修する過程で社内社外から自主的に候補者を募るとともに、候補者を育てることも必要になる。特に企業を超えて交渉できる人材と、アジア途上国の公務員を説得できるだけの知識と精神、そして共感を得られる人材の発掘が必要である。研修の過程では、変化プロセスへの対応能力を高めるのみならず、変化プロセスを自ら作り出す能力開発が必要となる。異文化コミュニケーションについての知識も使ったさまざまなケーススタディを想定できる能力開発が求められる。

2.5.6　マーケティングの視点

　水PPP事業のマーケティングは、消費財用のB２C（Business to Consumer）マーケティングではなく、生産財用のB２B（Business to Business）マーケティングである。B２Bマーケティングには、表2.5.2に示した四種がある。水PPP事業会社の売り先はアジア途上国の水道公社だし、水PPP事業受注が主要なマーケティング活動だと考えれば、買い手は地方政府傘下の契約締結機関だし、評価するのは国家機関ないし国家組織だから、B２Bではなく、B２G（Business to Government）ではあるが、B２G用のマーケティングもB２Bで考えるのが一般的である。

表2.5.2　B２Bマーケティング

	顧客は継続的に買う	顧客はスポットで買う
市場の広がりが面	市場管理型（素材）	案件管理型（機器）
市場の広がりが点	顧客満足型（部品）	複合管理型（プラント）

（出所：筆者作成）

　水PPP事業の受注活動が主なマーケティングだと考えれば、複合管理型（プラント）マーケティングに該当する。複合管理型（プラント）マーケティング（以下、「プラント・マーケティング」という。）のポイントを表2.5.3に挙げ、水PPP事業での特殊性を付け加えた。

表2.5.3　プラント・マーケティングのポイント

プラント・マーケティングのポイント	水PPP事業マーケティングでの留意点
個別受注への対応力（商社、建設、プラント、造船）。	コンソーシアムを纏める戦略的経営者の対応力。
客先ニーズを具体化することに協力する。	入札書類にある客先ニーズに応えるのみならず、客先ニーズの新提案をすればアピールする（例：料金徴収の他公共料金との同時徴収やICT処理、追加投資はPPP期間の前半で回収）。
客先スペックを共同開発する（客先、コンソーシアム内）。	コンソーシアム内での補完ケイパビリティ、事業提案の際の客先スペックを高水準にしすぎると提案は拒否される。
コンサルティング部門との協力（プラントメーカーはコンサルタント会社を、建設会社はエンジニアリング会社・設計会社・総研にして、別会社にする）。	投資家による事業投資の場合に考慮する。コンサルによる水PPP事業の予備F/Sを日本のODAで行ったホーチミンでは採用されなかった。
プロジェクトをコーディネイトする（project managementが重要）。	プロジェクト・コーディネイトは建設段階以上に運営段階で重要（維持管理技術と補修部品の調達での工夫）。
アフターサービスが重要（保証期間付ターンキー契約）。	PPPではアフターサービスは運営段階での機器運転・補修の技術指導で行う。

（出所：筆者作成）

2.5.7　本レポートの利用の仕方

　以上、アジア途上国での水PPP事業に使える経営学の知見を示した。このようなセオリーめいたものが必要だ、と考えたからだ。過去の経験による対応や、同様なPPP事業での対応例を聞き回って対応策を探すといったやり方を採ると、相手国政府・水道公社に振り回されただけで、案件自体が形成されずに終わったり、アイデアだけ盗まれて失注するといった結果を生み兼ねないおそれがあるからだ。

　アジア経営でなぜ現代思想のポストモダンを知らなければならないのだ、ダイナミック・ケイパビリティ論を使って成功したビジネス例について書いた本はないから実証されていない経営論だ、ESGを最重要視化した利他性と接続性のアジア経営も、口では言えるが実践となると難しいといった反論もあると思われる。

　筆者は、そのような反論に対して、ある程度難しいセオリーだからこそ、秘密保持義務違反に躊躇いがないアジア途上国の公務員や、受注競争でライバル企業となる中韓企業に対して、競争優位の経営戦略論となる面もあると考える。わかりやすければ、情報の入力されたUSBスティックを渡すだけで、営業秘密は漏洩してしまい、容易にライバル企業に受注競争で打ち負かされる。漏洩で得たある程度難しいセオリーの知識は、自ら考えて理論がわかり、それを応用しないと、具体案として提案できないままで受注競争に臨むことになる。それはライバル企業に失注をもたらすだろう。

　「もっとわかりやすく書け」、「読者が当該文章を見ただけで他の本や文章を参照しないでよいような文章にせよ」という声を聞く。中学生がわかる文章の水準で大卒者向けの文章を書いていたら、

大学入試に役立つ暗記の知識しか身につかないだろう。大学は考え方を学ぶ場所だったはずだ。「大学の下流化」が日本コンソーシアムの競争力を失わせるようなことがあってはならないと筆者は考える。

「論語」雍也篇第6−21は「子曰、中人以上、可以語上也、中人以下、不可以語上也」という。12世紀の人・朱熹は「中以上の人には高度な教えを誤りなく語り伝えられるが、中以下の人には、誤解を招いて弊害が出るので、高度な内容のまま語らない方が良い」と解釈した。17世紀後半に京都で古義学を提唱した伊藤仁斎は町人向けらしく「人に告げるのは、個々の才能による。聖賢の事業は、中人以下には不適である。中人以下には孝弟・忠信・威儀・礼節を言うべきである」と注釈した。モダンの人・吉川幸次郎は「愚民に何でもかんでも呼びかけるのは馬鹿なことだとする荻生徂徠の解釈は、現代には適しない」と書いた。ポストモダンの文明下では「中以上の人には上のことを話してもよいが、中以下の人には上のことは話せない（人を教えるには相手の能力によらねばならない）」と訳した金谷治の岩波文庫版の解釈が妥当だ、と筆者は考える。伊藤仁斎の解釈は、ナショナリズムを盾に営業秘密を漏洩するか唆す人達の意見を正当化しかねないし、ディスコミュニケーションを実行するいわゆる主義者達がフェイクニュースを信じることを、批判できなくさせてしまいかねない。

アジア途上国の発電PPP事業では、商社を中心にした日本コンソーシアムで受注し成功している例も数多いし、商社の金融力によりファイナンス組成もしやすい。しかし水PPP事業は、他のPPP事業と同量の手間暇と人員は掛けなくてはならないが、投資規模が小さいのでスケールメリットがない。調達アレンジによる商社の取引メリットが少なく、相手国に多数ある地方政府傘下の水道公社との情報交換が必要なので、手間暇も含めたコストが嵩む。かつ、運営ノウハウを持つ日本の地方公営企業の出資を含めた積極的な事業関与が期待薄であるところから、運転期間におけるコスト削減効果が少ない。そのような水PPP事業の、商社の事業ポートフォリオの中での競争優位性は、途上国の水企業を買収することに比して大幅に低いと思われる。商社任せにできないのなら、事業会社達が自分たちの力でやる他ない。そのためのセオリーの一部として取り入れてもらえれば、と筆者は期待している（鈴木康二：元立命館アジア太平洋大学教授）。

【参考文献】
1）C・ヘルファット他（2010）『ダイナミック・ケイパビリティ』p3,勁草書房
2）今田高俊（2001）『意味の文明学序説』p.13,東京大学出版会に経営の項を付加
3）ケネス・アロー（1999）『組織の限界』p.17,岩波書店
4）C・ヘルファット他（2010）『ダイナミック・ケイパビリティ』p.116-120,勁草書房
5）同書 p.121

●海外水ビジネスの眼● ⑤

インド 水問題対策に新しい省を設立

～その名はジャル・シャクティ、ヒンディー語で「水の力」～

　インドは人口13億を擁する世界２位の人口大国である。現在、世界１位の中国も13億の人口を抱えているが、今後人口減少に向かう中国に対し、インドの人口は増加を続けており、国連が最近発表した世界の人口推計で、インドの人口が10年以内に中国を抜き、トップに躍り出るとの見通しが明らかになっている。そのインドで、いま水問題が注目を集めている。2018年６月に政府の諮問機関が発表したレポートによると、インドでは約６億人が深刻な水ストレス（人口１人当たりの最大利用可能水資源量が1,700㎥を下回るなどの状態）に直面しているとされる。

　インドにおける水不足は、①近年の降水量の減少、②急激な都市化と人口増加に伴う水使用量の増加、③地下水の過剰採取による地下水位の低下、④水関連インフラの未整備――など複数の要因が重なることで深刻化している。まず、水消費量の約８割を占めるとされる農業分野の問題がある。インドの耕作地に対する灌漑普及率は34・５％にとどまっており、農家の多くが地下水を使用しているが、耕作量の増加に伴って水の使用量が増え、地下水の過剰採取につながっているとされる。

　水道インフラでは、更新と整備の両方に課題がある。インドでは、漏水率が約40％に上るとも言われる。また、農村部での水道普及率は18％にとどまっており、都市部でも水道インフラや水の供給が十分でないところなどでは井戸水が利用されているほか、水が不足する際には水道当局や民間企業が郊外の水源などから水をくみ上げ、タンクローリーで運搬して都市部各ユーザーに届けるなど、非効率な供給が行われている。

　インドに降雨をもたらすモンスーンには、６月から９月にかけて国全体に降雨をもたらす南西モンスーン（６月初めごろに南部から雨季が始まり、７月初めごろに国全体が雨季に入る）と、11～12月を中心に南部のベンガル湾沿いの地域へ降雨をもたらす北東モンスーンがある。インドでは多くの地域で年間を通じて雨が降る時期が限られているため、雨季の間に貴重な雨水を無駄なく貯留することや、汚水を処理して再利用することが重要になる。しかし、インドでは雨水の利用率が低い上に、汚水の約７割が未処理のため、雨水貯留設備や排水処理施設などのインフラ整備により、供給可能な水の量を増やせる余地がある。

　インド憲法では水に関する立法権は州政府の所管事項とされているが、モディ政権は州政府と協力し、国レベルでも水不足解消に向けて取り組む姿勢を全面に出している。モディ政権は2019年５月31日、従来の水資源・河川開発・ガンジス川再生省と飲料水・公衆衛生省を統合し、選挙マニフェストに掲げていたジャル・シャクティ（Jal Shakti）省を新設した。ジャル・シャクティとは、ヒンディー語で「水の力」を意味し、同省は水資源の開発や規制に向けた政策やプログラムの策定などを所管する。

　加えて、モディ首相は政府の政策シンクタンクであるNITI Aayogの第５回会合（2019年６月）で「中央政府の水に関する諸問題に対する統合的アプローチの主な目的の一つは、2024年までに全農村へ水道を普及させることだ」と述べたと報じられている。２期目のモディ政権は、水道普及率が20％以下にとどまる農村に水道を普及させつつ、喫緊の課題である水不足解消に向けた取組みをどのように推進していくか、その政策が注目される。

　インドの水関係の新しい動きは、JETROの地域・分析レポートにも掲載され、雑誌エコノミスト（英国、毎日新聞）でも報じられていることなども知っておくべきだろう。

（坊）

第三部
ベトナム・水ビジネスとPPP
~注目されるベトナム2020年PPP法の制定とその成否~

3.1　ベトナムのPPP、水道事業、地場企業の動向

　本章では、ベトナムにおける上下水道分野における民活インフラ事業の概況について説明する。2.2　水PPPビジネスの案件形成とADBの支援でも触れたが、ADBの民間連携局（OPPP）は、2017年11月に「PPP Monitor」と呼ぶ調査報告書を発表しており、アジア12カ国のPPP制度・案件形成の進捗状況について解説している。ADBが2019年5月に新たに発表した同第2版をもとに、PPPの主要な進展状況をみてみよう。

3.1.1　ベトナムのPPP

　ベトナムでは1990～2017年の28年間に83件のPPP案件（総事業費153億ドル）がファイナンシャル・クローズ（Financial Close：FC）した。内訳は電力が66件（火力発電10件、再生可能エネルギー発電55件、送配電1件）、運輸12件、水道4件、通信1件である。このうち外資系企業が参画した案件は29件である（運輸9件、電力16件、水道3件、通信1件）。海外の輸出信用機関（JBICを含む）や外国金融機関（邦銀メガバンクを含む）が参加した案件も14件ある（運輸4件、電力8件、水道2件）。

　しかし、これらの実績には、1993年のBOT法令に基づく古い案件も多数含まれ、最近の数年間は順調にPPPが進展しているとは言えない。2014年以降、政府はPPP関連法令の不整合を解消するべく法令整備を進めており、PPP型投資に関する政令（Decree 15/2015/ ND-CP）はその代表的なものである。この政令では、BOT（Build Operate Transfer）、BTO（Build Transfer Operate）、BT（Build Transfer）、BOO（Build Own Operate）、BTL（Build Transfer Lease）、BLT（Build Lease Transfer）、O&M（Operation and Management）の7つの様式を定め、アベイラビリティ・ペイメント（Availability Payment：AP）型の契約の導入も促進した。2017年11月には、政府は新たに新PPP法を2018年末までに制定することを発表したが、その成立予定が2020年末まで遅れた。このような状況を反映し、英国エコノミストの調査部門であるEIU（Economist Intelligence Unit）が発表している国別のPPP成熟度ランキング（2018）においても、ベトナムは、タイ、フィリピン、中国、インドよりも低い評価である。

　同国のインフラ事業の特徴は、依然として国営企業の占める地位が大きい。PPPの実績には国営

企業が民間企業と合弁事業を営む形態のもの（ADB資料では、Institutional PPPとして分類。わが国では第3セクターと呼ばれる）が含まれ、この比率がPPPの6割近く、アジア地域平均の7％を大きく上回っている。また、公共インフラサービスのタリフ（使用料）水準は、投資コストを回収するに十分でないこと等を反映して、56件の事業（電力案件54件）は、政府が需要リスクをとったAP型の契約により成立している。

3.1.2　ベトナムの民活上下水道事業

同国の上水道事業は、2012年に成立した水資源法に基づいて定められるマスタープランに沿って計画され、天然資源環境法に基づく浄水場の取水許可を取得する必要がある。一日当たり5万㎥以下（地下水は3,000㎥以下）の小規模施設については、地方の人民委員会の許可が必要である。政府の計画では、①都市部における上水道普及率100％・1日1人当たりの平均水道消費量120L、②地方村落で普及率75％、③水道ロス15％以下と24時間週7日の供給安定性が2025年までの目標とされているが、現在は都市部での普及率は57〜98％と地域によって差があり、都市部平均でも84.5％、平均水道消費量（／日・人）は108Lで、隣国地域平均の220Lに遠く及ばない。地方村落部での普及率は39％に過ぎない。

2017年までにFCした水道事業PPP案件は4件である。第1は1998年に実施されたBinh An Water（3億8,800万ドル）でマレーシア企業のIJMが出資した事業である。第2は、Thu Duc Water Project（1億5,400万ドル）で、2007年には当時のLyonnaise des Eaux（仏：現在のSuez Environnement）がマレーシア企業とともに25年のコンセッションを受注した。2003年に商事紛争が生じため契約解除となった後、2004年にベトナム企業に再契約された。その後、2058年までの50年間の用水供給を行う契約（3億ドル）を締結したが、同社の持分49％は、2011年にマニラウォーター（比）によって取得されている。第3は、2003年に契約したKenh Dong Water Supplyで、2012年に操業開始しマニラウォーターが47.35％の持分を取得している。第4は、地場企業Aqua Oneがオマーンとの合弁投資会社（VIAC（No.1））と共同で実施したAqua One Song Hau Drinking Water Treatment Plantである。このようにマニラウォーターは、自国における成功事業体験をもとに、新たに隣国で事業展開する明確な意思を持ってベトナム市場進出を実行していたことが窺える。

なお、下水道案件のPPPの多くは、地場民間企業の参画したBT方式で実施されてきた。BT方式では、運営・維持管理に関して民間の役割はなく真のPPPとは言えず、民間事業者への対価が土地の使用開発権として払われるなど、合理性・透明性のある契約にはなっていない。

水道料金は、地方の人民委員会により設定されるが、その水準は、投下資本コストやサービスの水準を反映したものではなく、物価上昇率にも連動していない。背景には政治的な理由があるが、本来は2007年の政令117号によって、費用を全額回収可能となるように水道料金の引き上げがなされることになっている。ADBもこのような状況を踏まえて、三つの課題を指摘している。第1に、水道事業分野でPPPの実績が少ないこと。第2に、水道料金水準が費用回収に不十分であること。第3に、株式会社化・一部民営化においても地域の公社ごとに組織能力に差異があることである。

3.1.3　ベトナムの地場水道事業者

　地場民間企業の視点から水道事業をみてみよう。先述のAqua OneやREEなど、その他地場水道企業を凌ぐ勢いを有するのが、DNP Water（DNPW）という企業で、2017年に親会社のDNP Corp.（DNP）によって設立された。1976年に国営企業として設立されたDNPは2004年に民営化、2007年にハノイ証券取引所に上場（2018年12月末の時価総額1.6兆ドン：約75億円）、2014年に国内最大のプラスチック管の製造企業となり、2015年にはBinh Hiep（ロンアン省）の水道プラントを買収して水道事業に進出した（2017年にはDNPWとして分社）。

　DNPは持ち株会社として機能し、①水道事業（2018年の売上構成比率15％）、②プラスチック水道管の生産（同37％）、③産業用プラスチック関連（同28％）、④梱包材プラスチック輸出（同20％）という四つの事業を行っている。従業員2,100名を擁するDNPの資産総額は6.7兆ドン（約315億円）である。成長率は高く、2012年の売上額3,060億ドンは、2018年に2.2兆ドンとなり、粗利益も年率平均40％超の水準で成長している。自己資本も2012年の840億ドンが2018年末で1兆7,450億ドンに達している（表3.1.1　参照）。

表3.1.1　DNPの概要（2018年12月末）

名称	DNP
代表者	会長　Vu Dinh Do
設立	1976年（株式会社化2004年、2007年ハノイ上場）
自己資本	1,745（10億ドン）（82.5億円）
総資産	6,671（10億ドン）（315億円）
2018年売上金額	2,181（10億ドン）（103億円）
売上構成	①プラスチック管製造（37％）、②産業プラスチック（28％）、③梱包材プラスチック（20％）④水道事業(15％)
水道事業	18事業、12の州・都市に進出、総造水能力日量100万㎥、水道供給先人口約100万人

　水道部門のDNPWは、これまでに国内の水道事業会社の持分を地方の人民委員会から取得した上で、投資を行って設備を近代化しつつ水道事業の運営と経営の効率を高めることで利益を上げてきた。約20社の水道会社の持分を取得してきているが、出資比率は、株式の過半を有するものが約半分、重要事項について拒否権を持てるものが半分である。子会社、持分法会社を含めた水道の総供給能力は100万㎥／日、13の州と市に合計で60万件の契約者を有する。しかしながら、DNPWの社長によれば買収して魅力ある水道事業会社の出資参画機会は少なくなってきているという。また、2020年に法制化された新PPP法に基づくPPP案件に強く期待しているわけでもない。その背景には、新PPP法に基づくPPP案件が、厳正な入札手続きを経るもので、最終的には首相決裁が求められる

ため時間のかかる複雑な行政手続きを経なければならないことや、入札前の民間事業者提案の利益が十分に守られないことが影響している。また、PPP案件であっても、水道公社のtake or payの義務が順守されるかどうかについては慎重な分析・判断が必要であるとも考えている。

　DNPWの競争力の源泉は三つある。第1に、DNPグループ内部において、プラスチック水道管の製造事業を行っているため、競争力のある価格で水道事業のコストの7割近くを占める投資費用を削減することができる。つまり、水道管の価格競争力を武器に水道の運営・維持管理で収益をあげる戦略である。第2に、浄水場のエンジニアリング技術や運営・維持管理の効率性を高めるノウハウに加え、顧客管理システムの構築による料金回収効率化である（2018年の水道収入は前年対比で172%増）。第3に、国内のどこに自らの競争力を源に収益性のある事業を実現できる機会があるのか、そのことを地場企業ならではの分析と嗅覚で判断できることにある。

　このようなDNPWの今後の事業戦略では、地元政府の許可を取得することを前提に、浄水・配給水を含む水道事業を営む民営事業に注力し始めている。これはPPPではなく新設の公益事業である。水道料金の規制は受けるが、PPPよりも自由度を持って事業を行える。代表例が、2018年にフェーズ1が完成したバクザン省ランザン県での水道事業、2019年に完成したロンアン省タンアンのニータンの事業である。同様にカインホア省、タイニン省、ティエンザン省での展開を検討している。

　DNPWは地場の国営商業銀行からノンリコースの長期資金（15年程度）の調達を行うなどして資金の効率的利用も進める。また、神戸製鋼と業務提携し、ニータンの浄水場では最新設備を同社から調達するなど外国企業とも提携しており、DNP及びDNPWの経営戦略は外資からも評価を受けている。2018年1月には世界銀行グループ機関である国際金融公社（IFC）が、複数の新規投資事業を対象に2,490万ドルの融資（転換権付き）をDNPWに行ったほか、2019年にはDNPが未公開企業投資ファンドのOlympus Capital Asia（香港）から2,000万ドルの投資（転換社債）を受け入れている。日本企業がアジアでインフラ事業に取り組むためには、DNPWのような有力な地場企業との提携が欠かせない。その意味で注目するべき企業である。

3.1.4　本邦事業者にとっての進出課題

　以上を踏まえて、本邦企業によるベトナム水事業進出への課題をまとめる。第1に、自社の製品を地場企業に供給するにしても、価格競争力の観点からその機会はごく限定的である。現地市場における質の高い製品への需要が高まるまで待ち受ける戦略もあるが、その頃には地場企業の供給品質も市場の成長とニーズとともに高まるため、係る戦略は実際には有効ではない。このことはわが国の製造業がすでに中国・アジアで経験したことでもある。

　第2に、水道事業では、価格競争力のある現地の製品や現地企業との協業を通じてインフラの運営・維持管理を主体とする投資事業を行うことが本来的には不可欠であるが、自社技術でのモノづくりに徹した多くの日本企業にとって、「運営」・「投資」・「協業」の成功体験は特に海外において不足している。

　第3に、その当然の帰結として、本社では事業リスクだけがクローズアップされ、グローバル企業に求められる投資のリスク管理と合弁事業のマネジメント能力が十全に発揮される前提での戦略

的な議論を行うことができない。

　第4に、ベトナムの現地企業が未成熟なPPP法制の間隙を縫って他国に見られない独特の展開を
するに及んでは、その事業環境を理解する難易度は高まるばかりである。しかし、成長を続ける地
場企業と連携してその事業をさらに拡大させるとともに、技術とガバナンスの二つの観点から現地
企業の経営の質を高度化させることができてこそ、ベトナムにおける事業機会が生まれてくるのも
事実である。これはベトナムの水道に限らない、わが国の海外インフラ展開に共通する課題とも言
える。

　最後に一つ付け加えておきたい。ベトナムを含めアジアでは、インフラPPPがそれぞれの国の政
治・社会・経済の構造に影響される形で、右往左往しながらゆっくりと実施されてきている。一部
には進化も見られるが、その多くは必ずしも進化とも言えず、PPPの換骨奪胎と言えるかもしれな
い。しかしながら、もとよりインフラ産業はローカルなものであり、事業の多くは現地で多数のロー
カル人材を抱える企業によってのみ担われるものである。そこが、設備集約的な電力のIPP事業（エ
ネルギー産業）とも異なる点でもある。

　振り返れば、わが国のPPPも海外のPPPとは異質な形で進展してきた。アジア諸国におけるPPP
の独自の発展経路を画一的に論じるには無理があるだろう。常にローカルな性格を持つインフラの
特性を考えれば、これを外国企業の技術的優位性や革新的ビジネスモデルで外圧的に変化させるこ
とは歓迎されず、むしろ反発を招く。したがって、現地企業の内発的動機に寄り添って、一緒に動
かすことによってのみ、外国企業の参画も持続可能なものとなる。急激な変化と新たな技術とビジ
ネスモデルの輸入が好まれる国もあるかもしれないが、地場産業の発達の歴史が相当にある国では、
それは必ずしも好まれない。欧州の一流のインフラオペレーター企業が、アジアに進出して来てい
ないのは、このようなことも背景にあるだろう。それは言い換えればPPPがアジアで成熟していな
い証拠でもある。

　しかし、最近のアジアではむしろ、政府との契約には拠らない、民間事業者による大規模な都市
開発事業が進められることにビジネスとしての関心が集まっている。これは、政府との契約（PPP）
に拠らずに、民間事業者が独自に開発ライセンスを取って進めるものである。従来のものと違うの
は、民間事業者が不動産開発だけを行うのではなく、インフラ供給体制を含めた複合的な総合開発
を行うのである。スマートシティもこれに含まれる。もちろん背後には政府や政治家の期待がある。
言い換えれば、それはPPPルートの迂回である。ベトナムが水事業でPPPを迂回しているように、
アジア全体でPPPを迂回する動きが始まっているのかもしれない。

　アジアの経済成長は著しく、アジアは着実に変化している。この変化を漠然と眺めて待っている
だけでは、ビジネスチャンスは着実に失われるであろう。中に入り込んで一緒にプレイヤーになら
なくては何も始まらない（安間匡明：土木学会インフラファイナンス研究小委員会委員長）。

3.2　メーカーから見た
アジア水ビジネスの困難さと克服

3.2.1　神鋼環境ソリューションのビジネスドメイン

（1）神鋼環境ソリューションの環境ビジネスへの取組み

　神鋼環境ソリューションは、神戸製鋼グループの一員である。事業範囲は、大きく水処理セグメント、廃棄物処理セグメント、プロセス機器セグメントの3部門からなり、特に水処理、廃棄物処理セグメントの環境分野では、エンジニアリング会社として、設備の計画・設計から建設、運転維持管理までのトータルソリューションを提供している。

（2）海外進出の経緯

　海外水ビジネスへの取組みは、当初はFOB（Free on Board）やCIF（Cost Insurance and Freight）といった現地工事を伴わない海外輸出プロジェクトが中心だった。しかし、日本国内の人口減少とともに、特に水環境分野で国内における市場の成長が見い出せない中、海外展開の検討に着手、東南アジアを中心に市場成長性や事業展開の可能性を検討した結果、まずは2009年にベトナムに現地事務所を立ち上げ、本格的に海外進出を開始した。ベトナムへの進出以降は、現地工事を含めた本格的Turnkey輸出プロジェクト（EPC）への取組みから始まり、運転維持管理まで一貫したプロジェクトの遂行へと事業領域の拡大に取り組んできている。

　現在、水処理セグメントでは、東南アジアのベトナム、カンボジア、ミャンマーで事業展開を、廃棄物処理セグメントでは、英国及びタイで案件を遂行している。

（3）東南アジア水ビジネス展開の概要

　ベトナムでは、2009年4月にホーチミンに現地事務所を開設、2010年11月には100％出資の現地法人KOBELCO ECO-SOLUTIONS VIETNAM社を設立し、本格的な事業展開を開始した。その後、ドンナイ工場（プロセス機器セグメント）を設立、首都ハノイに支店を開設し、現在は200名以上のスタッフで事業運営している。

　カンボジアでは、2014年に現在の水道事業パートナーであるSOMA社向けに浄水設備を納入、

2015年10月にプノンペン事務所を設立し、事業を開始した。また、2018年にSOMA社と共同出資するSOMA KOBELCO WATER SUPPLY社を設立、水供給事業も開始した。

　ミャンマーでは、2017年に浄水設備を納入、2018年にローカル水処理エンジニアリング会社大手のSUPREME WATER DOCTOR COMPANY（SUPREME社）と合弁会社KOBELCO SUPREME WATER ENGINNERING社を設立、事業を開始した。

3.2.2　海外水ビジネスの取組みと課題

（1）海外水ビジネスの取組み

1）ベトナムでの水ビジネス展開

　日系を中心としたトランスプラントやローカル企業の工場、工業団地に対して、産業用の用・排水処理や工業用水供給設備の設計、建設から始まった。

　その後、民間投資会社が運営する水道事業や地元水道公社に対して、浄水処理設備の設計・建設や、JICAのODA資金を活用した上下水道分野の設備建設案件へと事業領域を拡大してきた。

　これまでに、下記に代表される案件を含め、50件以上の案件を完工、遂行している。

ア．丸紅株式会社傘下段ボール原紙製造会社工場向け　排水処理設備
　・排水処理能力　：1万1,000㎥／日（同分野ベトナム最大級、環境負荷型排水の処理設備）
　・建設場所と工期：バリア・ブンタウ省、2020年下期より操業開始

イ．南部ビンズオン省水改善事業（フェーズ2）：JICAのODA案件
　・下水処理能力　：1万7,000㎥／日（回分式下水処理設備）
　・客先と工期　　：ビンズオン省上下水環境公社、26カ月（2017年竣工）

ウ．民間水道事業会社DNP Water社向け　ロンアン省ニータン浄水場建設（第1期）
　・浄水能力　　　：3万㎥／日
　・処理方式　　　：上向流式生物接触ろ過（U−BCF）＋粉末活性炭処理＋薬品沈殿池
　　　　　　　　　　＋急速ろ過／OSF（オープンサイフォンフィルター）

図3.2.1　ロンアン省ニータン浄水場全景

　図3.2.1に浄水場の全景写真を示す。

　ベトナムでは、TPP、RCEP合意等で今後、さらに経済発展が見込まれると予想しており、各種設備投資に伴う用・排水処理、人口増及び経済発展に伴う上下水道関連のインフラ整備需要が高まるものと期待している。特に、上水道分野では、地元の有力な民間会社が水道事業の展開を進めており、大規模な浄水場の建設も計画されている。これら民間事業投資会社との協業を加速、出資も念頭に事業拡大を図っていく予定である。環境問題への関心の高まりも、特に排水処理分野で事業拡大が期待できる。

２）カンボジアでの水ビジネス展開

　これまで上水案件４件を完工、下記のシェムリアップのODA上水案件含め２件を遂行中である。また、2019年３月にSOMA KOBELCO WATER SUPPLY社による水道事業の工事が着工、同年12月より上水供給を開始した。

　カンボジアでは、その人口規模から、民間用・排水処理分野での事業規模は限定的と考えている。一方、特に水道分野は、政府が2025年までに主要都市の水道普及率100％達成を掲げていることや、水道ライセンスが民間に付与されていることから、水道事業のさらなる拡大に注力しているところである。

ア．シェムリアップ上水道拡張事業パッケージ３（浄水場＋取水設備の機械・電気工事）
　・浄水能力　　：６万㎥／日
　・処理方式　　：薬品沈殿池＋急速ろ過
　・客先と工期：シェムリアップ水道公社、33カ月

　図3.2.2に契約調印式の写真、図3.2.3に全体配置図を示す。急速ろ過設備には、サイフォン機構を活用したオープンサイフォンフィルター（以下、「OSF」という。）を提案し、採用されている。

図3.2.2　シェムリアップ上水道拡張事業パッケージ3　調印式

図3.2.3　シェムリアップ上水道拡張事業パッケージ3　全体配置図

3）ミャンマーでの水ビジネス展開

　これまで2件を完工、1件を遂行中である。そのうち、下記の案件で客先であったSUPREME社と後に、合弁会社を設立することとなる。

ア．SUPREME WATER DOCTOR COMPANY社向け浄水設備
　・建設場所：ティラワ経済特区ゾーンA内住宅・商業施設エリア
　・浄水能力：1,000㎥／日
　・納入設備：凝集沈殿／PS（プリセトラー）＋急速ろ過／ASF（オートサイフォンフィルター）
　・完　　工：2017年

　ミャンマーでは、政治的な不透明さは引き続き懸念されるものの、日本政府は2016年、5年間で官民合わせて約8,000億円の経済支援を行うことを表明していることからも、今後の経済発展と各

種インフラ整備に伴う、水ビジネス市場の需要拡大に期待している。

（2）海外水ビジネスの課題と対応

　一般的に水ビジネス（産業用水・排水、上下水道）は成熟した事業分野で、ローカル含めた多くの企業が対応可能な分野となっている。

　そのような中、水道分野では日本でも多くの実績を有する砂ろ過装置オートサイフォンフィルター（以下、「ASF」という。）やOSF、生物の働きを活用した上向流式生物接触ろ過（以下、「U－BCF」という。）を提案、一定の評価と前項の実績のように案件化に結びついているが、EPC案件としては、客先からの厳しい価格査定により収益確保の点では依然、厳しい状況である。したがって、単純なEPC案件では価格競争が厳しく、収益性を高めることが困難である。一般に独自技術を有し、独自技術を拡販することは、収益性という側面では強みとなることが考えられるが、成熟分野かつ類似製品が多い水分野（一部、海水淡水化等の特殊分野を除いて）、特に新興国においては、技術的優位性のみをもってビジネス展開することは可能性が低いと考える。

　図3.2.4にASFの構造と浄水工程、図3.2.5にOSFの構造と浄水工程を示す。ASFは小規模浄水場向け、OSFは中・大規模浄水場向けに適した砂ろ過装置であり、いずれもサイフォン機構を活用し、容易な維持管理と省エネ、保守・メンテ費用の低減に強みに持つ。

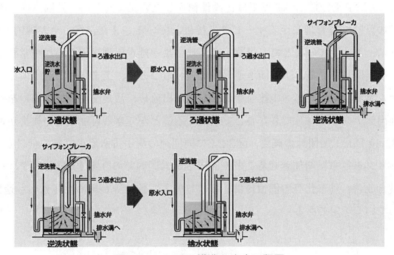

図3.2.4　ASFの構造と浄水工程図

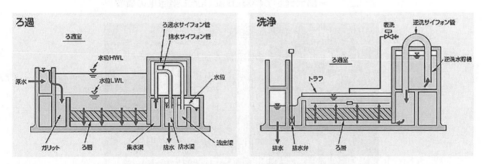

図3.2.5　OSFろ過装置の構造と浄水工程図

ベトナムにおいても、技術提案の初期段階で、顧客は日本の技術・品質を高く評価し、安心・安全な設備、中・長期的に運用できる設備の建設や、環境保護の重要性を認識する傾向が見られた。一方で、価格の交渉段階に至ると、その多くが施設の信頼性やLCC（Life Cycle Cost）評価よりも建設費の安価な設備を選択する傾向が強かった。このような背景から、徹底的なローカル化によるコストダウンに加えて、単純なEPCビジネスモデルでの事業展開から、O&M分野や事業運営案件の構築への展開を進めてきた。

O&M事業を展開するためには、設備の提案や建設を通じ、客先から信頼を得ることが重要な因子の一つとなってくる。その点では、納入後にフォローしないローカル企業が多い中、日本国内での実績や日本品質、性能が確保できるまでフォローするといった日本的な付加価値を高めることも大切である。

一方、客先に対して、O&M業務の外部委託に関わるメリットを提案することも、当該事業分野を展開する上で重要となる。したがって、O&M業務では、運転の最適化（薬品使用量の低減等）、計画的な保守・整備の提案、緊急時の柔軟な対応等、きめ細かい計画と遂行が要求される。また、薬品供給においても、一部の特殊薬品を除いて、一般薬品の場合、市場価格が決まっていることから、客先の厳しい価格査定もあり、外部委託の利点を定量的に提案、客先に理解してもらう努力が必要となる。

これまでのO&M事業分野への展開では、設備納入した客先に対して、巡回点検、薬品供給から始まり、設備の常駐維持管理に至るサービスを提供している。また、ベトナム国内のLong Duc工業団地の開発に一部投資することで、当該工業団地の集中排水処理設備の建設や常駐維持管理を提供する事業にも展開している。工業団地運営側に加わることで、工業団地に進出するテナントに対して、ベトナム水環境規制対応への技術サポート（進出前後、法規制や許認可等）を行うことができるため、進出テナントに対しても安心して進出することができる付加価値の提供が可能となる。

表3.2.1にLong Duc工業団地の概要、図3.2.6に同団地の集中排水処理設備の全景を示す。

今後、ストックをさらに増加させることや、ベトナム国内でのO&M実績と客先ニーズに合致した提案（不具合改善、効率化等の価値提供）で、ローカル他社等が納めた客先へも進出し、O&M事業を拡大していく予定である。

表3.2.1　一部出資しているLong Duc工業団地の概要

所在地	ベトナム　ドンナイ省
開発面積	270ha（うち 202.5ha が販売面積）
販売開始	2013 年
集中排水処理設備能力	9,000 ㎥／日
出資者	双日（株）、大和ハウス工業（株） 神鋼環境ソリューション（株） ドナフーズ（越国ローカル）

図3.2.6　Long Duc工業団地集中排水処理設備の全景

　事業運営案件を展開するためには、関係省庁からの許認可取得、地元住民対応等が必要になり、ローカルパートナーとの協業は不可避となる。また、長期的に経済性、事業性を成立させるためには、オーナー・パートナーに近い立場で最適なシステム選定を行う必要もある。したがって、必ずしも自社が保有する技術に固執するのでなく、地域、案件に応じ、最適技術、プロセスを提案することが重要で、短期的視点でなく、中長期的にオペレーション、メンテナンスが容易な設備、LCCの優位性が求められると考える。

　しかし、ローカルパートナーとの協業に関しては、双方で事業の取組みに合意したとしても、具体的な案件に移行する段階で、コスト負担面や事業性の評価等で時間を要したり、協業体制自体が解体することもあった。その中で、日本の品質に期待する客先へ設備を納入、実績を積み上げ、評価を得ることで、ローカルパートナーと協業体制を構築、これらパートナーとともにEPCコントラクターではなく、事業パートナーとして、より事業性の高い案件を築いていくビジネスモデルを目指し、パートナーシップ構築を進めてきた。

　この結果、ベトナムでは水道事業投資会社（DNP Water等）との協業や、カンボジアSOMA社と水道事業会社を設立、フルコンセッションの水供給事業開始に繋がっている。

　表3.2.2にカンボジアでの水供給事業の概要、図3.2.7に浄水場イメージと実設備の写真を示す。

　本事業は、プノンペン都コーダック及びカンダール州コーオクニャテイ地区の住民約2万人及び商業施設を対象に上水を供給する。原水水源はメコン河で、浄水設備で浄化後、飲料水として各戸給水する。原水取水から上水への浄化、各地区へ配水、メーター検針、料金徴収まで含めた一貫した水道事業を展開している。

　浄水処理には、独自技術であるASFを採用しているが、その製造は、カンボジア国内の製缶ベンダーに委託し、ローカルライズを図っている。

表3.2.2　カンボジアで地元ローカル会社とJVで実施中フルコンセッション水道事業の概要

ライセンス形態	工業科学技術革新省（旧MIH）と20年の水道事業契約
対象人口/世帯数	20,759人／4,989世帯
給水開始	2019年12月
予想需要（2022年）	1,500 ㎥／日（能力1,800 ㎥／日）
総配水管延長	配水主管35km（副管約40km）
浄水プロセス	横流式薬品沈殿＋急速ろ過

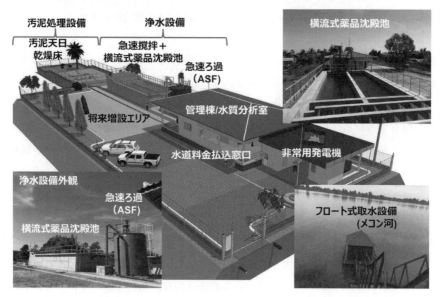

図3.2.7　カンボジア水道事業のKoh Dach浄水場イメージ図と主要設備の写真

　カンボジアでは、政府の財源が限られることから、水道事業ライセンスを取得したローカルの民間事業者（現時点で260社程度）が、水道事業を進めている。ローカル民間事業者の中には、適切な設備設計や運転管理ができていないことから、水質の悪化を引き起こしているケースや、資金不足から配管網の整備が不十分となり、結果的に販売機会の損失を招いているケースがある。事業開始に当たっては、これらの事象を事前調査し、適切な対策を講じた。また、今後の事業拡大も視野に、日本での経験も踏まえ、安全管理面、品質管理面にも留意した。

　今後、本事業では、水道普及による衛生面の効果を定量的に評価、途上国・新興国に対して、水インフラ整備の重要性を広めたいと考えている。さらに、水道事業にとどまることなく、下水道の整備や、地域に密着し、地域のニーズをキャッチすることで都市インフラ整備を目指した事業モデルを展開していきたい。例えば、汚泥や廃棄物からエネルギー創出、地域還元等へとさらなる拡大を図りたいと考えている。東南アジア地域ではCLMV（Cambodia,Laos,Myanmar,Vietnam）のような後発国で、特に、民間貯蓄と税収による資源よりも多くの投資と政府支出が行われるために生じるギャップを、国際機関や二国間援助機関等からの資金供給と外国企業等からの直接投資でファ

イナンスする構造が存在する。したがって、日本とは対照的に、基礎的な社会基盤に関するインフラでさえ、その敷設や運営維持管理を民間企業に丸投げしたい現地側のニーズが存在する。事業としての要諦は押さえつつも、地域の実態に合致したビジネスを構築することが重要と考える。

3.2.3　海外水ビジネスにおける官民連携

（1）ベトナム国での官民連携実績

　海外水ビジネスを展開するに当たり、案件構築の段階で、日本の行政との連携も重要な因子と考えている。

　ベトナムにおいては、浄水場の水質改善の一環として、U－BCFの適用拡大に際して、日本の自治体が地元水道公社に対して技術検証を推進し、案件の構築へ繋がった。当該技術に関しては、現地実証試験の実施を、厚生労働省の水道分野海外水ビジネス官民連携型案件発掘形成事業として支援も得ている。

　また、環境省のアジア水環境改善事業の補助事業プログラムを活用し、行政との連携で技術や事業モデルを提案、具体的案件へ結びつけている。

1）U－BCF高度浄水処理技術適用における官民連携

　日本でも適用実績を有するU－BCF高度浄水処理技術のベトナム国への展開に関し、日本の自治体がハイフォン市内の浄水場で実証実験を実施、特にアンモニア態窒素の除去性能が評価され、下記の2案件で採用された。図3.2.8にU－BCFの構造を示す。

　U－BCF高度浄水処理技術は、浄水処理の前処理として原水を直接通水、担体に付着した生物膜によって、アンモニア態窒素や溶解性マンガンの除去、臭気成分を除去することができる。上向流式を採用することと、効果的な洗浄方法により高い濁度の原水に対しても高い通水速度で直接処理することができる特徴を有する。また、生物除去機能を活用するため、薬品の添加が不要である。さらに、厚生労働省の水道分野海外水ビジネス官民連携型案件発掘形成事業として支援を得て、ホーチミン市のサイゴン水道公社の浄水場にて実証実験を実施、同水道公社が進める水道インフラ整備の一環として当該技術が採用されるべく活動を継続している。

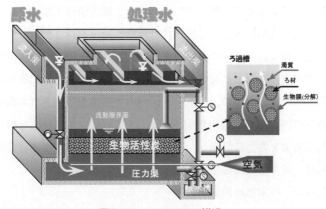

図3.2.8　U－BCFの構造

ア．ハイフォン市ビンバオ浄水場U－BCF建設（処理量5,000㎥／日）
　　　客先／予算：ハイフォン水道公社／独自予算
　　　請負者　　：KOBELCO ECO-SOLUTIONS VIETNAM
　　　完工　　　：2013年

イ．JICA無償供与案件ハイフォン市アンズン浄水場U－BCF建設（処理量10万㎥／日）
　　　客先／予算：ハイフォン水道公社／JICA無償
　　　請負者　　：KOBELCO SANKYU JOINT VENTURE
　　　完工予定　：2021年9月

図3.2.9　アンズン浄水場U－BCF設備写真

　　図3.2.9に設備の写真を示す。

２）環境省のアジア水環境改善事業活用による民間工場向け排水処理の実用化
　　ベトナム国では、産業の発展とともに工場から排出される排水処理の問題が顕在化されつつある。
特に繊維染色産業はTPPによりその発展は著しい。一方、繊維染色工場から排出される排水は環境
への影響も大きく、環境負荷型排水として位置付けられ、認可や誘致拒否される場合も多い。
　　そこで、産業の発展と環境負荷低減の両立の実現に向け、ベトナム国の実情に合致した排水処理
技術を検討すべく、環境省のアジア水環境改善事業を活用し、この問題に取り組んだ。
　　特に日越政府機関からの協力も得て、ベトナム国内の実態調査、ベトナム繊維染色協会などの関
係機関への当該取組みのPR、さらには現地実証を通じて、有効な処理技術を検証することができた。
　　これらの調査・検証結果を客先に提案した結果、下記の２案件で排水処理設備の採用に至った。
　　・日系染色工場向け　排水処理設備建設
　　・香港系染色工場向け　排水処理設備建設
　　今後、さらに実績を積み重ねていき、ベトナム国の環境保全に貢献していく。

（2）官民連携拡大への期待

　これまでの経験から、案件構築段階で日本の行政から地元自治体、政府への働きかけ、日本国内で行政サイドが得てきた知見を活用することは、目指すビジネス展開において重要である。また、案件化を目指す段階で、ローカルニーズの調査・実証に対して、資金的サポートを得ることで、具現化を加速することもできており、さらなる官民連携の取組み推進に期待している。

　ビジネスモデルの一つである水供給事業では、行政が都市計画の立案、需要予測、予算調達、必要な施設規模・技術の選定などを行ってきた。一方、途上国、新興国では、都市計画、需要予測、資金調達が十分にできる行政は必ずしも多くないと思われる。したがって、日本では技術を提供してきた弊社は、現地に事務所を構えて、ネットワークを構築し、より川上分野への参入を目指しているが、行政からのファイナンス活用や都市計画、需要予測等に関しては、多くの知見を有する日本の国・自治体の協力等、行政と密接な関係を継続しながら、ビジネス展開したいと考えている。

　また、今後、水道分野から下水道分野への事業展開も考えている。下水道分野では、料金徴収等の制度設計が未熟であり、事業として進めていくには地元自治体・住民が下水道事業の重要性を認識し、その処理に対して見合う対価を払うといった仕組みが必須となってくる。この点においても、日本政府や自治体が1970年代から推進してきた下水道普及の経験を、現地側の実態やニーズを踏まえながら、地元自治体や政府に広めていくことで、日本が50年かけて進めてきた施策を短期間で達成できるのではと期待する。

　資金サポートの点では、これまで、案件化調査や普及・実証段階での支援をいただいてきた。今後も、ローカルニーズに合致した技術の導入や、その検証に対して幅広い支援を期待する。特に下水道分野への展開を進める中では、処理区域の検討、事業性調査、カウンターパートナーのニーズに合致したプロジェクトの立案等の案件形成段階での調査や、モデル事業実施への資金サポート、さらには事業化後における事業性を高めるための資金サポート等、日本政府側からの強い支援を期待しているところである。ESG投資やSDGsを促進する世界的な潮流に乗り、日本政府としてもさまざまな枠組みを検討・構築しているものと理解しており、金利面で優位な日本のファイナンスには重要性があるものと認識している。他方、金利面で決して優位とは言えない中国ファイナンスが開発途上国の市場を席捲していることからも明らかなように、ある程度の機動性がなければ、機会そのものを失ってしまう懸念もある。この意味でも、一層の官民連携を通じたプロジェクト構築及び事業性評価の短期間化による、投融資決定の所要期間の短縮化が肝要と考える。このような大きな枠組みの中でも、当社としての活動を検討していきたい（田路明宏：㈱神鋼環境ソリューション環境エンジニアリング事業本部 水環境技術本部 海外水処理室 担当部長）。

●海外水ビジネスの眼● ⑥

インドネシア・ジャカルタの水道事業再公営化について

1. インドネシア最高裁での水民活ビジネス違法判決

　インドネシア最高裁は2017年10月10日、ジャカルタ特別州の水道事業民営化は同州の条例等に反し違法として、ジャカルタ特別州に対し民営化中止の判決を出した。水道法改正で民間企業とのコンセッション契約の導入が可能になった日本の参考になる。

　市民団体「水民営化に反対する住民連合」は、水道料金は民営化後19年間で３倍に上がる一方、半分以上の漏水と水道網整備の遅れでサービスは向上していないとして、2011年に正副大統領、公共事業・国民住宅省大臣、ジャカルタ特別州知事、BOT企業２社等を訴えた。2015年に地裁が違憲判決を出し原告が勝訴したが、控訴審では敗訴した。最高裁では違憲ではないが違法だとして原告が勝訴した。憲法33条「土地、水、天然資源は国家の管理に置かれる」との規定に民間による水道事業運営は違憲だとの主張だ。

　同州水道事業は1998年１月に民営化された。州営水道公社パムジャヤ社は、東半分は英国テムズ・ウォーターが８割、スハルト大統領の長男シギットの会社が２割出資の合弁会社との間で、西半分は仏国スエズが４割、スハルト大統領の盟友華僑財閥サリムが６割出資の合弁会社との間で、各々2023年まで25年間のBOT契約を結んだ。州営水道公社の対外債務２億3,000万ドルも引き受けた。

　合弁会社２社の出資者は変動した。BOT契約４カ月後のアジア経済危機でスハルト大統領は失脚した。縁故主義批判でテムズ・ウォーターはシギットの持分を、スエズはサリムの持分を買い取り、改めて５％をスハルトと無関係の地場企業に譲渡した。インフラ事業では外資に合弁しか認めないからだ。

2. 外資の撤退とポピュリズム選挙

　反グローバル主義の高まりと1999年の地方自治法制定で、ジャカルタ州議会がBOT契約破棄の圧力を強めると、外資２社は州営水道公社が契約破棄すれば、BOT契約により20億ドルの賠償金請求訴訟を起こすと脅し、再契約交渉に持ち込んだ。

　2001年の州知事令95号で、ジャカルタ上水道規制機関が、BOT企業との係争調停、政策形成、合意遵守監査、水道普及率目標値設定、料金設定で勧告と仲裁を行うとした。2004年の州知事令59号は、水道料金を物価上昇に応じ半年ごとに自動的に見直すとした。

　初のジャカルタ特別州知事直接選挙を2007年８月に控え、州知事選に出馬予定の州副知事は「自動料金調整は事実上の料金値上げであり、これ以上の料金値上げ要求には応じない」と州政府名で発表した。選挙目当ての人気取り政策だ。

　2006年末、外資への社会的批判と値上げの可能性がなくなったことで、東半分担当のテムズ・ウォーターは、合弁会社の持分95％を売却し撤退した。買ったのは、2019年４月の大統領選でプラヴォ陣営の副大統領候補であるサンディアガ・ウノ前ジャカルタ特別州副知事が所有するインドネシア最大の投資会社サラトガのシンガポール子会社だ。

　西半分担当のスエズ（現在はスエズ・エンバイロメント、フランス電気ガス会社エンジーが35％所有）は、地場持分５％を買い取り、51％の経営支配権を維持し、49％の株式をアストラ（トヨタと車、ホンダとバイク、コマツと建機で合弁事業をする。祖父会社は阿片戦争を引き起こしたジャーディン・マセソン）に売却し、企業の社会的責任と情報公開で外資批判をかわす戦略を採った。低所得者層地域への水道接続で世銀ローンを、貧困層地域への投資でアジア開銀ローンを得、ジャカルタ証取で社債発行をした。2016年度財務諸表では売上８億1,700万ドル、純利益１億3,000万ドルで売上高純利益率は14％を超え、純利益は10年で３倍に伸びた。一方で水道料金値下げ要求には応じず、値下げするくらいなら売った方がましとマニラウォーターと株式売却契約を結んだ。州水道公社と世論の批判で売却契約は破棄されたが、この貪欲資本主義が再公営化判決の背景にある。　　　　　　　　　（不見丸）

3.3　コンサルタントから見た
アジア水ビジネスの困難さと克服

　本書では、ベトナムでのインフラ投資参加について、国としての可能性や制度の充実等、さまざまな側面で可能性があることが示されている。しかし、すでに指摘されているように、水道分野におけるベトナム進出は必ずしも順調とは言えない。本格的なPPP案件の形成を目指して実施された可能性調査等は一定の役割を果たしているものの、現在も継続的に進捗しているのは数件にとどまっているのが現実である。そこで、ベトナムでの案件形成にどのような難しさがあるのか、この状況の背景を探りたい。

3.3.1　ベトナム水道事情とわが国の水道分野での支援の状況

（1）ベトナムの水道の概要

　ベトナムは、JMP（Joint Monitoring Programme for Water Supply, Sanitation and Hygiene：水と衛生に関する共同監査プログラム）の安全な水へのアクセス率で95％、SDGsの「基本的な飲み水が利用できる割合」で91％[1] とかなり高くなっている。一方で、水道整備に関する国家戦略は「社会経済発展10か年戦略（2021〜30年）」においても取り上げられており、JWRC（Japan Water Research Center：水道技術研究センター）の「アジア諸国水道マップ」で無収水率がホーチミン市でも28％[2] にのぼるなど、水道の改善余地はまだまだ大きいと言える。

　水道事業は国の建設省の管轄下にあるが、水道事業の経営は各省（地方行政区画としての省）の水道公社が、農村部については農業農村開発省が所管している。水道公社は法的には政府から独立しているものの、水道料金は施設整備にかかる費用をカバーできる水準ではなく経営的には独立していない。さらに水道料金から幹部の任命に至るまで実質的には各地方の地方行政を担う人民委員会の管理下にあると言える。

　ベトナムにおける水道事業の民間参加の形態は独特で、株式会社化（equitization）と呼ばれる政策が基本にある。これは、公益国有事業を株式会社化して株式を民間等に売却し、これによって資金調達を行うという政策である。人民委員会が株式の過半を保有することが多いが、実態としては関係者が好き勝手に株式を購入していることも多いようである。また、一つの水道事業を多数の会社に分解して発行株を増やすなど、公益事業の社会的使命を考えれば不可解といわざるを得ない

図3.3.1　トドゥック浄水場及びその沈殿池（2017年3月2日撮影）

動きも見られる。株式の売却資金をもってすれば料金値上げをせずに更新投資できると現地の人たちは誇らしげだったが、売却できる株式には上限があることを考えれば、行きつく先は大混乱ではないのか、というのが正直な感想である。

　一方で、一般的にイメージするようなPPPに近いスキームとして、民間資金で設立された民営水道会社が、SPCとして、水道公社に用水供給を行う浄水場の整備と運用を担うケースもある。大規模な投資案件は各省の建設局により立案されるが、工業団地等を対象とした事業は計画投資局、小規模な案件では水道公社が企画する場合もあり、成功事例として知られるホーチミン市のトドゥック浄水場はこのようにして運営されている事業の例である（図3.3.1　参照）。

（2）日本の支援状況

　1970年代以降、水道分野においてもベトナムに対してさまざまな国際協力が行われてきた。当初は、サイゴン首都圏やダナン都市圏等、大都市圏におけるマスタープラン策定や施設整備が中心だったが、これが一巡した近年では人材育成が活動の中心となっており、このために整備されたトレーニングセンターが役割を果たしている。

　2000年代になると、世界的に水道インフラへの民間投資が注目されるようになり、わが国の国際協力もPPP事業の形成を目指すようになった。ベトナムにおいても2009年ごろから複数の協力準備調査が行われている。表3.3.1～表3.3.3に一連の取組みを、地域および取組み主体別に整理したが、ベトナムのさまざまな地域でわが国水道事業体が人材育成に参画しているほか、PPPプロジェクトの形成を目指した協力準備調査も実施されている状況が読み取れる。これらの活動は現在の成果につながっているが、今のところ、当初期待されたようなPPP案件の事業化には至っていないようである。

表3.3.1　ベトナム北部におけるわが国水道分野のPPP関連の活動

都市	日本側参加者	内容	年度※	調査種類
		北部		
ハノイ中央直轄市	メタウォーター、クボタ他	ハノイ都市圏水道 PPP ドン河事業準備調査3) （日本は終了。中国企業が導水管の SPC 事業を実施したが低評価。）	2009	協力準備調査
	東京都、TSS、JICA	無収水削減技術研修・能力向上プロジェクト	2015	草の根技術協力
ハイフォン中央直轄市	北九州市	友好・協力協定締結	2009	
		ハイフォン市下水道排水公社と下水道技術協力・交流の覚書締結	2010	
		水ビジネスの包括協定締結	2011	
		姉妹都市協定締結	2014	
	北九州市、神鋼環境ソリューション等	U-BCF の実証プラントによる効果確認	2010～13	草の根技術協力
		U-BCF を活用した浄水処理の普及・実証事業	2016～	中小企業海外展開支援
		ハイフォン市アンズオン浄水場改善計画に参画。G/A 締結、実施中	2016	無償資金協力
	北九州市、松尾設計、東芝	ハイフォン市の配水ブロック化整備の可能性検討	2011	案件発掘調査
	北九州上下水道協会、ケイ・イー・エス	工業団地の専用水道の運営・管理業務	2012	案件発掘調査
	北九州市	配水管網管理の能力向上事業	2013～16	草の根技術協力
	北九州市他	下水道分野で案件化調査（高濃度有機排水を対象とした高性能排水処理システム案件化調査）、草の根技術協力のプロジェクト（下水処理場運転管理・浸水対応能力向上プロジェクト）等	2016～17	案件化調査（中小企業支援型）
			2018～	草の根技術協力
ランソン省	神奈川県企業庁	水道分野における技術協力の覚書	2018	独自事業

表3.3.2　ベトナム中部におけるわが国水道分野のPPP関連の活動

都市	日本側参加者	内容	年度※	調査種類
		中部		
フエ水道公社	横浜市4)	2003 年水道事業経営改善計画。以降、技術協力で人材育成。2009 年の覚書締結後対象を拡大。2018 年にフエ省、ホーチミン市、ダナン市、水・環境分野センター（フエ市）等5機関と2023年までの覚書を締結。	2003～09 2018	JICA 事業、横浜市独自事業（フエ・ホーチミン）
ダナン中央直轄市	鹿島建設、日立プラントテクノロジー、横浜ウォーター他	ダナン市ホアリエン上水道整備事業5)	2011	協力準備調査

表3.3.3 ベトナム南部におけるわが国水道分野のPPP関連の活動

都市	日本側参加者	内容	年度※	調査種類
南部				
ホーチミン中央直轄市	横浜市	2000年JICAプログラムに参画し職員派遣。2018年にホーチミン市水道公社、ホーチミン市建設大学校南部水道訓練センター等5機関と覚書を締結し、技術協力で人材育成。	2000～、2018	JICA事業、横浜市独自事業
	大阪市、東洋エンジニアリング、パナソニック環境エンジニアリング等	技術交流に関する覚書締結・更新	2009～	
		ホーチミン市給水改善計画調査6)	2012	JICA事業
		日本の配水マネジメントを核としたホーチミン市水道改善事業準備調査7)	2013	協力準備調査
	北九州市、神鋼環境ソリューション	ホーチミン市におけるU-BCFの有効可能性調査	2013～14	案件発掘調査
バリア・ブンタウ省	川崎市、JFE等かわさき水ビジネスネットワーク企業	コン・ダオ県における水ビジネス官民連携型案件発掘形成事業	2014	案件発掘調査
ビンズオン省	日立製作所、日立プラントテクノロジー、日水コン	ビンズオン省北部新都市・工業地域上水道整備事業準備調査8)	2011	協力準備調査
カントー中央直轄市	日本工営、水ing、三菱商事	カントー市上水道整備事業準備調査9)	2011	協力準備調査
キエンザン省	神鋼環境ソリューション、日水コン	キエンザン省フーコック島水インフラ総合開発事業準備調査10)	2010	協力準備調査
	神戸市	環境・上下水道分野の交流及び相互協力の覚書締結・更新、上下水道事業化検討調査	2011	神戸市独自事業
	神戸市、神鋼環境ソリューション他	オーダーメード方式によるJCM大規模案件の発掘・形成を目的に、環境省のエコアイランド実現可能性調査11)	2014	環境省可能性調査
ロンアン省	ワールド・リンク・ジャパン、野村総合研究所	環境配慮型工業団地ユーティリティ運営事業準備調査12)	2009	協力準備調査、事業会社への資本参加
	神戸市、神鋼環境ソリューション等	神鋼環境ソリューション等企業グループと現地企業が、神戸市の関連団体を通じてベトナム・ロンアン省に設立する工業用水供給事業会社に資本参加、施設整備や管理運営に参画	2013～	

（備考）表3.3.1～表3.3.3は各種の事業時期や内容等をおおよそ把握するために公開資料により作成したもので、正確な情報が必要な場合は個別に確認されたい。調査種類の略語は以下のとおり。

協力準備調査：協力準備調査（PPPインフラ事業）。表中の年度は公示年度を示す。

案件発掘調査：厚労省官民連携型案件発掘形成事業

（3）民間企業の進出状況

　国際協力とは別の視点だが、ベトナムは、海外展開を見据える企業にとって、生産拠点、ベトナム国自体の市場、ASEAN各国への進出拠点としての魅力を備えていて、海外展開を目指す企業にとっては有力な投資先である。一例として、㈱神鋼環境ソリューションは2010年にホーチミン市に現地法人KOBELCO ECO-SOLUTIONS VIETNAM社を設立、ベトナムをはじめ東南アジア諸国の工業団地等に用水排水処理設備を納入している。また、給水装置メーカーの㈱タブチはサイゴン水道公社（SAWACO）にサドル分水栓を継続的に納入するなど、水道用資機材の企業が現地進出し、水道事業体と連携して成果を上げている例もある。

3.3.2　ベトナムでのプロジェクトの難しさ

　ここまでに見てきたように、最終目標となっていたPPPプロジェクトの形成は必ずしも順調とは言えない状況である。浄水場を自己資金で整備して水道用水を供給する事業はベトナムでは比較的多くの実績があるが、これに本邦企業が参加している例はロンアン省の1件のみのようである。
　では、ベトナムにおける案件形成は何が難しいのか、日本と比較して何が違うのか。そこを考えるために、主に現地でのプロジェクトに関わった経験者との議論を重ねた。この結果から指摘されたポイントを本稿では次の3点で整理した。

（1）ベトナムにおけるPPP関連法制度の運用

　PPPの制度は整っているが、その運用がついていっていないという指摘が多く寄せられた。
　①水道を所掌する建設省は政策立案を所掌するが、投資は計画投資省、水質は保健省等、複数省庁が個別に水道を監督する。水道の投資案件は建設省がリストを作成しているが、報告を列挙しているだけなので内情は個別に深く調査しなければわからない。
　②2015年にPPPに関する政令（Decree No. 15/2015/ND-CPon PPP Investment Form）が公布され、制度面では整っている。しかし、政府機関も投資家も実務に習熟していない。政府機関は手続き上の問い合わせに対しても判断ではなく条文をおうむ返しにしてくるのが通例である。このため案件形成のスケジュールが読めない。
　③これらの理由から、優先度が高く有望な事業ほどPPPではなく通常の公共事業が選択されがちである。

（2）ベトナムの水道事業への投資のスタンス

　①公的機関側にはインフラ整備に十分な資金を投入する余力がないため、国際協力による援助や民間資金による水道整備が好まれる。ただし、資本主義国家ではないためか、資本提供者、特に外国資本が安心して資金を提供できるような環境とは言えず、十分な注意が必要なようである。ただし、投資範囲と事業リスクを限定しやすい水道用水供給事業、特に工業団地向けでは複数のBOO、BOT契約の事例がある。
　②水道料金が低くPPP投資回収が困難で、投資を直接補助する仕組みもない。VGFや人民委員会

による現物補助の例はあるが、高度な交渉が必要である。

③投資計画が過大で杜撰なものになりがちである。

④リスクの上限規定やリスク分担についての理解も不十分で、為替リスクのような不可抗力までユーザー負担となりがちである。

⑤資金調達の方法が限られる。債権化による資金調達も困難で、市場での政府による外貨交換保証についても制約がある。近年では外国銀行からの融資を利用する例も多いが、民間の出資は基本的にベトナムの投資家が中心である。

（3）ベトナムにおける交渉の難しさ

海外では日本人的感覚で交渉しても仕事が進まないのは普通だが、特にベトナムならではの難しさを指摘する声があった。

①職権乱用に見える行為もある一方で、関係者への配慮のきめ細やかさもあり、現場で働いている人の人間関係をよく観察することが大変に重要。特に雇用については安易に手をつけてはいけない。このあたりの感覚がベトナム流である。ベトナム共産党が全体を監督していて、住民もそれを受け入れており、あまり細々と介入しないが、問題と判断すると大胆に懲罰を下す。

②「家（一族）」を中心とした個人的な信頼関係を重視する。第三者に対する透明性は重視されず、外部の評価や介入も好まれないため、過去プロジェクト等の情報をなかなか語ってもらえず、情報収集が困難になりがちである。

③地域による差も大きい。北部は官僚的でいちいち手続き論になり話が進まない。ホーチミンはまだビジネスとしての話が通じる、ハノイだと難しいので手を出すつもりはない、というフィリピン資本のコメントが印象的であった。

3.3.3　ベトナム進出のために対応すべきこと

以上を総括してみると、ベトナムでの水道PPP案件の形成は、手続きは定まっていても実務家が不足していて、細かい調整の手間や必要な収集情報量が多く、投資環境や交渉文化の特性もあって、たとえ双方が前向きであっても時間がものすごくかかる点で難しい、となりそうだ。

したがって、どうしても必要かつ不足しがちなリソースは、「現地に駐在して専門的かつ精力的に交渉を取り仕切れる人材」ということになりそうだ。具体的には、ベトナム人でないとわからない肌感覚を備え、同時に、日本のやり方を深く理解し共有できる人材であること、さらに資本主義的投資感覚や水道事業の特性を理解していることが必要となるだろう。

このような人材を確保する方法はいくつか考えられるが、「肌感覚」を備えることはベトナム人でないとなかなか難しいので、留学その他の経緯で日本人との関係を強固にしたベトナム人を活用する、現地ベトナムで「ベトナム的信頼」ができるパートナー企業と連携する、現地法人を設立した上で時間をかけて交渉に当たれる人材を育成する等が現実策となると考えられる。

いずれにせよ、短期間でベトナムでの案件を形成することは極めて難しいと言わざるを得ないだろう。実際にベトナムにおいて一定の地歩を築いているプロジェクトは、地道に時間をかけて足掛

かりを広げ、徐々にビジネスの幅を広げている。つまり、単一のプロジェクトだけでなく、ベトナムあるいはベトナムを拠点としての他国展開を目指す覚悟を持ち、その上で人的リソースを育成する意思が大切なのではないか、という結論に至った（山口岳夫：水道技術経営パートナーズ㈱代表取締役）。

【参考文献・URL】

1 ）SUSTAINABL EDEVELOPMENT REPORT2019, The Sustainable Development Solutions Network（SDSN）and Bertelsmann Stiftung,2019, p.459
https://s3.amazonaws.com/sustainabledevelopment.report/2019/2019_sustainable_development_report.pdf（2020閲覧）

2 ）JWRC「アジア諸国水道マップ」
http://www.jwrc-net.or.jp/map/asia_map.html（2020閲覧）

3 ）JICA（2012）「ハノイ都市圏水道PPPドン河事業準備調査（PPPインフラ事業）ファイナルレポート」
https://openjicareport.jica.go.jp/pdf/12080628.pdf　（2020閲覧）

4 ）横浜市（2020）「ベトナム国でのプロジェクト」
https://www.city.yokohama.lg.jp/kurashi/sumai-kurashi/suido-gesui/suido/torikumi/koken/fue-project.html（2020閲覧）

5 ）JICA（2016）「ダナン市ホアリエン上水道整備事業準備調査（PPPインフラ事業）ファイナルレポート」
https://openjicareport.jica.go.jp/pdf/12254389.pdf（2020閲覧）

6 ）JICA（2013）「ホーチミン市給水改善調査報告書」
https://openjicareport.jica.go.jp/pdf/12125498_01.pdf（2020閲覧）

7 ）JICA（2015）「日本の配水マネジメントを核としたホーチミン市水道改善事業準備調査（PPPインフラ事業）報告書」
https://libopac.jica.go.jp/images/report/12238564.pdf（2020閲覧）

8 ）JICA（2015）「ビンズオン省北部新都市・工業地域上水道整備事業準備調査（PPPインフラ事業）ファイナルレポート」
https://openjicareport.jica.go.jp/pdf/12238234_01.pdf（2020閲覧）

9 ）JICA（2013）「カントー市上水道整備事業準備調査（PPPインフラ事業）ファイナルレポート」
https://openjicareport.jica.go.jp/pdf/12114922_01.pdf（2020閲覧）

10 ）JICA（2013）「キエンザン省フーコック島水インフラ総合開発事業準備調査（PPPインフラ事業）最終報告書」
https://libopac.jica.go.jp/images/report/12124137.pdf（2020閲覧）

11 ）（公財）地球環境戦略研究機関、㈱日建設計シビル（2014）「キエンザン省・神戸市連携によるエコアイランド実全可能性調査」

https://www.env.go.jp/earth/coop/lowcarbon-asia/project/data/JP_VNM_H26_01.pdf （2020閲覧）

12）JICA（2011）「環境配慮型工業団地ユーティリティ運営事業準備調査（PPPインフラ事業）報告書ファイナルレポート」

https://openjicareport.jica.go.jp/pdf/12039418_01.pdf （2020閲覧）

3.4　水道事業体の海外活動と
ベトナム水ビジネス

　海外水ビジネスを推進するに当たっては、日本において現場の実務を担っている各地の水道事業体にも、参画への期待が寄せられている。本章では、水道事業体がこれまでどのように海外活動に取り組んできたか、それがどのようにベトナムでの活動と水ビジネスに活かされたのかを見た上で、その意義と課題を検討する。

3.4.1　水道事業体の海外活動

（1）海外活動の契機
　日本の水道事業は、給水人口が10万人以下の中小規模事業体の数が圧倒的に多いのが現状だが、本章では、海外水ビジネスに取り組み得る組織的体力のある主要都市の水道事業体を想定して検討する。

　一般的にそのような都市部の水道事業体では地方公営企業法が全部適用され、水道料金を主要財源とした企業会計で運営されている。地方自治体から会計的に独立し、利水者からの収入で運営されているため、地元の水道使用契約者ではなく、海外の市民を裨益者とした活動に経費と人材を投入するためには、相応の説明が必要になる。

　地域への給水が主たる業務である都市水道が、水分野の国際事業に取り組む契機として最も一般的なのは、ODAによる国際技術協力事業への参加要請である。日本のODAは、1954年にコロンボ・プランに参加して以来の歴史があり、その中には水道分野への技術協力も含まれてきた。特に水道は、乳児死亡率の低減や水汲み労働からの解放など、基本的人権に関わる公衆衛生案件として、さまざまな国から協力要請が寄せられ、一部の都市水道がそれらの国際技術協力に応じてきた。

　そのような場合、まず外交窓口を通じて発出された各国の協力要請が、外務省と同省所管のJICAを通じて公衆衛生を所管する厚生労働省に届き、同省管轄下の各水道事業体の中から、要請に応じるところを探すことになる。このような「所轄官庁経由の要請」に応じて国際協力への取組みを開始するのが、各都市水道の海外活動への取組み契機となることが一般的である。主な要請の内容は、職員を支援国へ派遣しての技術移転や、支援国から研修員として受け入れた人材の育成である。

このような要請は、上記のJICAをはじめ、経済産業省所管の(一財)海外産業人材育成協会（The Association for Overseas Technical Cooperation and Sustainable Partnerships：AOTS）や、厚生労働省所管の(公社)国際厚生事業団（Japan International Corporation of Welfare Services：JICWELS）といった国の関連機関、またそれらの機関から事業を受託した団体からの場合もある。さらに、世界銀行（WB）や世界保健機構（World Health Organization：WHO）といった国際機関から直接要請がくる場合もある。また、このような要請に応えて国際経験を積む中で、総務省所管の(一財)自治体国際化協会（Council of Local Authorities for International Relations：CLAIR）の枠組みを活用して、自治体水道の方から海外活動に挑戦したり、自治体同士の国際交流事業として取り組むといった事例も見受けられる。

（2）転換期を迎えた日本の水道と海外活動

厚生労働省では1984年以来、水道分野の国際協力事業のあり方を検討する事業を現在に至るまで継続しているが、その内容は、日本のODAとその概要を示した「開発協力大綱」を踏まえたものとなっている[1]。しかし、2004年に同省が示した水道ビジョン[2]では、少し事情が違っている。同ビジョンでは、国が示したODA方針に水道界としてどう対応するかではなく、転換期を迎えた水道界が将来のため取り組むべき事業として国際事業を位置付けている。

この当時の水道界は、経済成長に伴う拡張期からバブル崩壊、維持管理時代を経て、将来に向けた振り返りの時期を迎えていた。国民皆水道を目指した施設整備が一息つき、その更新時期が気になりだした頃である。集中的に水道施設の整備を進めたため、更新の際も一気に工事費用負担の波が押し寄せる。また、単に設置した時と同等の資産価値の設備に更新すればよいというわけではなく、昭和から平成にかけて経験してきたような激甚災害に耐え、かつ環境にも配慮した、より高負荷の設備投資が求められる時代となっていた。その一方で、日本社会が人口減少に向かうことで水の消費が減少すれば、事業収入の方も確実に減少していく。団塊世代の大量退職に伴う技術継承も課題となっており、ヒト・モノ・カネすべての面で将来への不安があった。

水道ビジョンでは、このような課題を水道界が乗り切るための取組み目標が五つ掲げられており、国際はその中の一つだった。ビジョンでは、「わが国は水分野の政府開発援助の最大供与国でもあるが、企業としての国際市場における競争力は十分にあるとはいえない」とし、国際事業に取り組むことで「わが国水道のレベルにふさわしい国際競争力を有することができるよう努める」としている[3]。このような国際事業への取組みは、平成20年代に入ると公民連携でのアプローチが強調されるようになっていく。

（3）国際貢献から公民連携、そして海外水ビジネスへ

リーマンショックと世界同時不況で始まった平成20年台、政権交代したばかりの政府は「新成長戦略（基本方針）」を打ち出し、そこではアジア経済戦略として官民あげたインフラ整備が唱導され、主要社会インフラの一つである水道についても、ノウハウを蓄積してきた各地の水道事業体が一定の役割を果たすことが期待されるようになる。また水道界からも、(公社)日本水道協会が「水の安

全保障」に関する議論を通じて、水道事業の運営基盤と国際競争力を強化するため、水道の広域化とともに、公民連携の推進を提唱している[4]。

　このような社会状況から、それまで「公共部門による技術移転を通じた途上国への国際貢献」として国際事業に取り組んできた水道事業体は、「公民で連携し海外水ビジネスへ挑戦」することが求められるようになってきた。しかし、いくら企業会計が適用されているとはいえ、公共セクターとしてリスク回避重視で地域密着型の経営を行っていた各地の事業体にはとまどいが拡がった。

　これに対し総務省が外務、厚生労働、経済産業、国土交通の各省と研究会「地方自治体水道事業の海外展開検討チーム」を2010年に立ち上げ、ビジネスモデルや資金調達、リスクヘッジ、公民の連携形態、国・地方自治体・住民との関係性について整理した。同年5月までに3回開催された研究結果は「中間とりまとめ」[5]として公表されたが、実社会における運用は各地の水道事業体に委ねられることになる。

　横浜市水道局は、この研究会が終了した翌々月には、単独の出資で横浜ウォーター㈱を設立し、地方公営企業として蓄積してきたノウハウを海外水ビジネスへ投入する体制を整えた。翌2011年には、横浜市長を会長とした横浜水ビジネス協議会が設立され、地元の公民が連携して水ビジネスに参入するための体制も構築されている。このような海外水ビジネスに向けた法人の設立や公民連携のプラットホーム構築は、平成20年代初頭に日本各地で同時並行して急速に進展するとともに、(公社)日本水道協会をはじめとする業界団体や中央省庁も取組みを強化し、まさにオールジャパン体制で海外水ビジネスに取り組む機運が高まった。この時の中央と日本各地の動きについて、図3.4.1、図3.4.2に概要をまとめた。

日本各地の自治体や水道事業体の動きと連動しながら、中央でも同時並行して様々な動きが各方面で起こったことが分かる。なお、平成22年3月26日の経済産業省「産業構造審議会」第2回産業競争力部会は、水ビジネス市場を、2025年で①従来の上下水道分野74兆円、②技術活用分野12兆円と試算している。

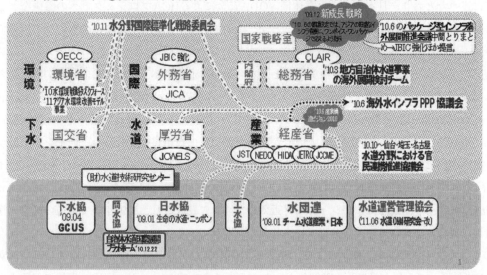

図3.4.1　平成20年代初頭の中央省庁・業界団体の動き

（出所：筆者作成）

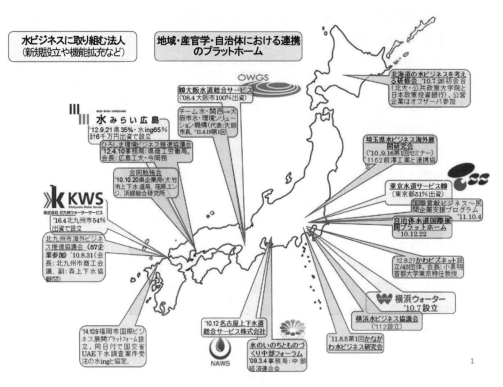

図3.4.2　平成20年代初頭の日本各地の動き

（出所：筆者作成）

3.4.2　日本の水道事業体のベトナムにおける活動

（1）ベトナムでのODAプロジェクト開始

　すでに述べたとおり、日本の水道事業体は、ODA資金によるJICAプロジェクトへの参画などを契機として海外活動への取組みを開始することが一般的で、ベトナムにおける活動も、その例外ではない。

　東南アジア地域では、もともと厚生労働省と日本各地の水道事業体等が協力し、昭和の時代からODAによる水道分野への支援が実施されてきた。タイでは1986年に水道技術訓練センター（National Waterworks Technology Training Institute：NWTTI）が設立され、水道事業体からは札幌市、埼玉県、東京都、横浜市、名古屋市、大阪府が職員を派遣して技術移転を行った。同センターは現在、タイ国内だけでなくアジア地域における水道技術普及の拠点となっている。また1990年にはインドネシアでも水道環境衛生訓練センター（Water Supply and Environmental Sanitation Training Center：WSESTIC）がジャカルタ近郊のブカシに建設され、1997年まで水道の経営・浄水・管路・設備、廃棄物処理の５分野で技術移転が行われている。

　このような、人材育成拠点構築による水道分野の国際協力がベトナムで始動したのは、同国がASEANに加盟して５年が経過した2000年だった。ホーチミン市のベトナム国建設省第二建設大学校を拠点として、同校内にベトナム南部地域水道分野訓練センターを設立、ベトナム南部の水道公

社を受講対象とした配水・経営・無収水対策の３分野で研修コースを開講するというプロジェクトである。日本からは厚生労働省のほか、札幌市、東京都、横浜市、名古屋市、北九州市の水道事業体から、３年間に長期専門家延べ４名、短期専門家延べ19名が派遣された。タイやインドネシアの先行プロジェクトからも第３国派遣専門家として３名が投入されたほか、ベトナムからは11名が日本に派遣され、研修を受けている。

　このプロジェクトは、NWTTIやWSESTCがプロジェクト方式技術協力であったのに対し、チーム派遣型技術協力で、その通称が「ミニプロジェクト」であることから明らかなとおり、タイやインドネシアの先行案件と比べ予算規模が小さく期間も３年と短いものだった。しかし、先行２案件では、ベトナムより多くの人材と機材を投入し、水道事業体からは独立した訓練センターを設立したため、プロジェクトが終了すると、研修施設の維持管理費用や講師の人件費確保に苦労するようになっていった。その点、既存の大学設備と教員に水道分野の人材育成機能を追加していくベトナムのプロジェクトは、確かにコンパクトな建付けとなってはいたが、継続性という観点からは先行２案件の課題を解決できたものと考えられる。しかし、大学の教員には水道の現場経験がなく、ベトナム水道事業体が直面する課題と研修ニーズを的確に把握し、それに応じて研修コンテンツを調節するのが困難であるという問題点を抱えていた。

（2）ODAによるベトナム水道人材育成

　ベトナムで上記プロジェクトが終了した2003年、北九州市と横浜市が参画した「カンボジア水道事業人材育成プロジェクト」では、先行のプロジェクトで得られた教訓に基づき独立した訓練センターは設立せず、水道事業体であるプノンペン水道公社の研修部署を強化し、カンボジア国内の地方水道人材にも利用できるような体制をとっている。また、ベトナムでのように大学など水道事業体外部に教官を求めず、事業体のシニア職員が講師を兼務している。

　これは、それまで水道分野の人材育成で想定してきた技術協力モデルの転換である。それまでのプロジェクトでは人材育成拠点を構築した後、そこの職員をカウンターパートとして日本の水道事業体からの派遣者がトレーナーズトレーニングを行ってきた。ここで想定されているのは、「訓練センターの人材の育成が訓練センターの組織強化となり、それが充実した人材育成活動の普及発展へとつながり、最終的に支援国各地の水道事業体が改善されていく」というモデルである。それが本案件以降、「影響力を発揮することが見込まれる支援国の水道事業体を選出の上、日本の水道事業体が事業体同士で直接技術移転を行い、その成果が他事業体に伝わっていく」というモデルで技術協力案件が形成されるようになった。

　上記案件が終了した翌年、ベトナムで、このモデルに沿った案件が開始された。横浜市がベトナムのフエと水道事業体同士で人材育成に取り組んだ「ベトナム国中部地区水道事業人材育成プロジェクト」である（図3.4.3　参照）。2007年からの２年間、横浜市水道局は単独でチーフアドバイザー、浄水処理、水質管理、配水管理、人材育成、顧客サービスの分野に延べ18人の職員をベトナムに派遣し、カウンターパートのフエ省水道公社からは延べ29人の職員が日本で浄水処理、水質管理、配水管理、人材育成、顧客サービスの各分野の訓練を受けた。その結果、フエ省水道公社は創

設100周年を迎える2009年、フエ省全域で蛇口から直接水を飲むことができる「安全な水宣言」を行った。プロジェクトを通じて水質検査項目の確認、適正水圧の維持、残留塩素濃度の管理などの面からフエ省水道公社の能力を強化した成果である。フエ省水道公社は、分析技術の国際規格ISO／IEC17025も取得している。

このプロジェクトでは、ホーチミン市に設立したベトナム南部地域水道分野訓練センターから講師を招聘するなど先行案件の成果

図3.4.3　フエのJICA案件での技術移転[6]

を活用するとともに、プロジェクト終了翌年の2010年からは、フエ省を取り囲む中部ベトナム全域にプロジェクト成果を伝えていくための後継プロジェクトが開始されている。このように、ベトナムで開始されたODAによる水道分野の技術協力は、JICAプロジェクト間で成果を発展的に継承するとともに、ベトナム国内での水平展開を図る設計となっている。

（3）日越水道事業体の交流

以上のようにJICAプロジェクト等を通じた日越水道事業体同士の直接交流が進むことで、そこで醸成された信頼関係をもとに、やがてODA資金とは別途、自前で技術協力に取り組む事例もあらわれてきた。横浜市水道局がベトナムの水道事業体とたどった経過を表3.4.1に示す。

表3.4.1　横浜市水道局とベトナム水道事業体との交流経過

年	内容
2000	JICA ミニプロジェクトでホーチミンの訓練センターに職員派遣開始（3年間）
2002	自治体交流でフエから研修員受入、JICWELS 研修でハノイから局長他受入
2003	CLAIR 事業で横浜の水道局長がハノイ水道を訪問、職員の派遣開始
2004	ホーチミン・フエと JICA 草の根事業開始、フエ省水道公社と二者覚書締結
2007	JICA 技術協力プロジェクトでフエ省水道公社の人材育成開始（2年間）
2008	フエ省水道公社がフエ市内で「安全な水」宣言
2009	フエ省水道公社がフエ省全域で「安全な水」宣言、「四者覚書」締結
2010	ベトナム中部に対象を拡げた JICA 技術協力プロジェクト開始（3年間）
2013	JICA 草の根技術協力（地域経済活性化特別枠）開始（3年間）
2015	2度目の覚書更新の際、ダナン市水道公社他が加わり「六者覚書」に拡大
2017	横浜水ビジネス協議会支援も組み込んだ二者覚書をフエ省水道公社と締結

これを見ると、当初はベトナム北部で政治の中心でもある首都ハノイや、南部で経済の中心でもあるホーチミン、両者の中間に位置するフエなど、さまざまな地域と交流している。ベトナム全域から、カウンターパートとなる水道事業体を探る様子がうかがえる。それが、2009年にフエ省全域

で「安全な水」宣言が出されるといった成果をきっかけとして、フエ省水道公社に絞られていく。また、自治体交流やCLAIRなどの枠組みも当初活用しているが、次第にJICA事業を核として規模を拡張していく。

ベトナムでの活動はJICAミニプロジェクトや草の根事業（2004年からの「地域提案型」）から始まって技術協力プロジェクト（以下、「技プロ」という。）に移行し、最初の技プロがフエを対象として2年間、後継の技プロがベトナム中部を対象として3年間と、地域・期間ともに拡張していく。その後、2013年からは再び草の根事業となっているが、JICA案件としての規模は小さいものの、制度名に「地域経済活性化特別枠」と添えられているとおり、規模縮小というより、それまでの国際貢献から公民連携・水ビジネスといった新分野への挑戦開始と見るべきだろう。

また、JICA案件と並行して、2004年にはフエ省水道公社と二者で、2009年にはフエ省水道公社のほか、JICAミニプロジェクトで支援したベトナム国建設省第二建設大学の南部地域水道分野訓練センターや、JICA草の根事業で支援したホーチミン市水道総公社と、日越四者で覚書を締結している（図3.4.4　参照）。これはODA資金によらない、日越の水道関係機関が独自の資金で相互訪問して技術交流する枠組みである。この覚書は更新を重ねており、2015年の第2回更新の際には、中部地域を対象とした第2回技プロに参画したダナン市水道公社や、ベトナム中部地域を所管する水道訓練センターが新規加入したことで「六者覚書」となった。第3回に更新した際には「横浜水ビジネス協議会へのビジネス支援」へと取組み範囲を拡張し、現在に至っている（図3.4.4　参照）。

以上、日越の水道事業体同士がODA資金による技術交流を契機として交流を深め、そこで構築された信頼関係を基盤として公民連携よる海外水ビジネスへと向かうまでのプロセスを、横浜市水道局の事例を通じて概観した。この事業体間の直接交流も、既述のとおり平成20年代に入ると加速する。

平成10年代まで、横浜市はベトナム、北九州市はカンボジア、さいたま市はラオスと、自治体ごとに主要な海外活動先が国単位で分散していた。しかし、平成20年代に入ると、大阪市水道局は2009（平成21）年にホーチミン市水道総公社と技術協力に関する覚書を締結、川崎市上下水道局は2012（平成24）年にダナン市と環境協力協定を締結、北九州市上下水道局は2016（平成28）年にハイフォン市ほかベトナム6都市で地元企業の活動支援といった具合に、日本各地の水道事業体によるベトナム参入が相次いだ。自治体と民間企業、上水道と下水道といった枠を超えた連携による挑戦が、ベトナムを舞台として繰り広げられている。

図3.4.4　ベトナムの水道関係機関と横浜市水道局との覚書締結。左は2009年の四者覚書締結式。その後六者覚書となり、2018年に3度目の更新を迎えた（右）[7]。

（4）水道事業体にとってのベトナム水ビジネス

　それでは、地方公営企業法に基づいて運営されている日本の水道事業体は、どのように民間と連携し、ベトナムでの水ビジネスを推進すればよいだろうか。まず、技術協力などの活動を通じて得たベトナム現地の情報や市場ニーズを、地元を中心とした民間企業と共有することができる。その上でベトナム進出に関心のある企業を、それまでに関係を構築してきた現地水道関係機関を通じて、ベトナムに紹介することができる。ドイモイ以降、資本主義経済圏に開放され市場メカニズムも導入済みとはいえ、ベトナムは社会主義国家である。外国の民間企業が直接営業をかけるより、公共セクターとして上水供給を担う日越の水道関係者経由の方が、参入障壁がより低くなるだろう。前項で交流経過をたどった横浜とフエの場合、2016年のJICAプロジェクト終了までに、横浜水ビジネス協議会の会員企業2社が、ベトナムの水道事業体と業務提携している[8]。

　このプロジェクトは、今のところ横浜にとってベトナムで最後のJICA案件となっているが、ODA資金による活動が終了した翌年には、自前資金で「水ビジネス推進セミナー」をフエ省水道公社と開催している（図3.4.5　参照）。横浜水ビジネス協議会と三者で共催されたこのセミナーでは、横浜水ビジネス協議会会員企業6社が、58団体165人のベトナム側参加者に対し、自社の製品と水道技術をアピールしている[9]。

　横浜水ビジネス協議会のような、公民が連携して水ビジネスに取り組むためのプラットホームについては、図3.4.2で全国の発足状況を概観した。このような地元企業を中心とした団体と水道事業体が連携してビジネスチャンスを模索する取組みは、日本各地で展開中である。また、図3.4.2では、各都市で水ビジネスを念頭に設立された法人も取り上げているが、これら新法人や既存の民間企業、研究機関や大学など、さまざまな組織との連携を通じて水ビジネスを推進することは、すでに述べたとおり日本の水道事業が構造的に抱える課題解決に向けた取組みでもある。

　2010年当時、経済産業省の研究会は水ビジネスの2025年の市場規模を87兆円と見積っていた[11]。水ビジネスへの参入が提唱され始めたこの頃、日本の水道事業体の活躍にも期待が寄せられていた。水道事業の運営委託先を競う国際入札で、参加資格として実際の事業運営経験が問われた場合、日本でこのような経験を蓄積しているのは自治体の水道事業であり、民間と共同での国際入札参加が話題になったこともある。しかし、これまで見たとおり、日本の水道事業体のベトナム水ビジネス活動の大部分は、地元を中心とした日本の民間企業のベトナム参入支援であり、海外水ビジネスを視野に入れて設立された新法人も、その海外事業の多くは日本のODA案件受託である。

図3.4.5　ベトナムでの「水ビジネス推進セミナー」（左：セミナーの様子、中央：セミナー会場での展示会、右：フエ省水道公社で漏水調査実演）[10]

　ここまで、水道界が公民連携して取組みを進める海外水ビジネスについて、ベトナムでの事例を中心に紹介してきた。これからは、SDGsやESG投資、AIやIoTを活用したスマートシティ構想など、各方面からの参入機運が高まっている分野にも、果敢に挑戦していく必要があるだろう。これらの分野には、ベトナムをはじめとする世界各国の水道関係者からも熱い視線が送られている。3.4.1 水道事業体の海外活動で紹介したとおり、中央省庁による「地方自治体水道事業の海外展開検討」は、「中間とりまとめ」の段階で終了しており[5]、バトンは水道事業の現場に託されている。これまでのように民間「への支援」なのか、それとも民間「との投資」なのか、日本の水道事業体はそれぞれの水ビジネスについて、これからも模索を続けていくことになるだろう。

3.4.3　海外活動の意義と課題

　国からの海外活動要請に一部の自治体水道が応えていただけの状態から、全国各地の水道事業体が果敢に海外水ビジネスに挑む時代を迎え、2018年の水道法改正をはじめ公民連携の制度整備も随分と進んだ。しかし、要請や制度といった外部条件だけでなく、水道事業体自らが意義を認めているからこそ、ここまで海外活動の取組みが定着したのだといえるだろう。地方公営企業としての制約があるにも関わらず、海外へ挑戦し続けることの意義とその反面の課題について、最後に考える。

（1）ヒトづくりとしての意義と課題

　多くの本邦水道事業体が、国際活動を人材育成の取組みとして意義付けている。水道事業は施設産業である。拡張期から維持管理時代を経て人口減少社会に入った日本の水道事業は、施設の整理・統合・手仕舞いには事欠かないが、新規建設や拡張工事はめっきりと減った。これと好対照なのが開発途上国で、都市部への人口流入で水道施設拡張を迫られ呻吟している場合がほとんどである。ODA資金によるこのような国の水道への国際技術協力は、日本ではなかなか経験できない建設工事の現場経験を職員に積ませることできる絶好の機会である。知識やマニュアルだけでなく現場で経験を積み、人材に暗黙知を蓄積することの重要性は、現場を抱えている組織ならどこでも知っていることだ。それがまた、現場を担っているという、本邦水道事業の「強み」を強化するだけでなく、非常事態での臨機応変な現場対応力を培うという意味で、地域住民にとっても意義がある。

　また、ODAによる国際技術協力では、結構な規模の仕事を任されることもしばしばで、日本では到底回ってこないような重責を果たすことで、やりがいや達成感が涵養される。さらに支援国の人達から感謝されれば、仕事への誇りやモチベーションも高まる。職員を送り出した自治体にとってもシティセールスになり、そのような自治体では首長が国際都市を目指していることもしばしばで、地域をあげたまちづくりと国際化の推進にも貢献できる。現場力のみならず、多様な関係者にとっても意義があるのが国際活動である。

　しかし、海外からして見ると、日本の国際事業の意義は全く違ってくる。すでに見たとおり、ODAによる水道分野への日本の支援は、人材育成に注力されてきた。育成対象となった相手国人材にとっては、もちろん知識や経験を積む貴重な機会であるものの、その活かし方が日本とは違っていることがしばしばである。ベトナムをはじめとした支援対象国の人材には、身に着けたスキル

を職場で周囲と共有せず、抱え込んでしまうことがよくある。それらは自分の収入や身分をステップアップするための資産であり、周囲の競争相手より優位に立つためには、抱え込む方が得策だからである。競合他社へそのまま転職ということも珍しくない。

　時間にルーズというのも、相手国や地方によっては依然としてよく聞く話である。このような日本との違いに苦言を呈しても、延々と言い訳が返ってくることがある。しかし、その国では、一生懸命に弁明することが、申し訳ない気持ちを表現する「社会常識」だったらどうだろうか。日本人の感覚で「潔くない」と腹を立てる前に、異文化交流の課題として、お互いの理解を深めるきっかけにする方が建設的である。そのような交流経験に裏打ちされた相互人材の信頼関係が、ODAによる技術支援から水ビジネスに局面が進んだときの強みになることだろう。

（2）モノづくりとしての意義と課題

　繰り返しになるが、水道は施設産業であり、その施設は多くの民間企業に支えられている。一方、民間企業の立場からすれば、近年発注が減ったとはいえ、水道事業は手堅いマーケットだろう。世界中に現地法人を展開中の大企業は別として、地元中心にお互い支えあってきた中小企業と水道事業体では、わざわざリスクを冒して海外投資する強い動機が働きにくかったのは事実である。このような海外での経験不足を克服し、先行する他国企業との競争にいかにして勝利するかが最大の課題である。

　一方、日本がODA資金による支援を通じて関係を構築してきたベトナムをはじめとする海外水道事業体からすると、いくら高価でも、「海外ドナーの資金による設備改善」ということなら、より先進的な技術の導入に関心が向いてしまう。その一方で、ひとたび「自立して自前資金での施設整備」となった途端、「ともかく安い資機材で！」の一辺倒になってしまいがちである。本邦水道事業体からすれば、身の丈に合った設備による着実な事業経験蓄積と利水者の信頼獲得、ひいてはその信頼に基づく料金支払いや原価回収が優先されるべき、と指摘することになるが、なかなか受け入れられないのが実情である

　背伸びして導入した「先進技術」は、ドナー機関からの支援が終了した途端に遊休施設化してしまいがちである。また、自前資金で安価な施設を導入した場合、導入関係者が導入実績という「手柄」で昇進（もしくは転職）する頃には、早くも機能停止してしまうかもしれない。

　日本には、モノづくりに自負を持つ企業が豊富に存在する。一方、長年にわたる水道事業運営で経験を蓄積してきた日本の水道事業体が、ODA資金による活動で信頼関係構築に成功すれば、「安物買いの銭失い」を脱し、LCCに基づいた高価格であっても長期的には元のとれる投資として、日本製品を紹介することができるかもしれない。

（3）おわりに

　将来のヒト、モノ、カネを強化するため、日本の水道事業体が取組みを開始した海外水ビジネスだが、その重要なターゲットは、それまでODA資金などで支援してきた国々の水道事業である。そして、そのような国々では、多くの場合、老朽化した施設による質と量ともに不充分な給水が財

源と人材の不足をもたらし、それがさらなる状況の悪化を招くという、ヒト、モノ、カネの負のスパイラルに陥っている。それを好循環に転換できるかどうかで、日本の水道事業体の海外活動の真価が問われることになるだろう。そして、そのような取組みで成果を上げ、日本の水道事業体自身の構造的課題も克服し、世界の水道分野で「三方よし」を実現できるかどうかに、日本の海外水ビジネスの成否もかかっているのではないだろうか（富岡透：東京水道㈱ソリューション推進本部水道事業部 国際事業課）。

【参考文献及び出典・URL】

1）厚生労働省「水道分野の国際協力等」

https://www.mhlw.go.jp/stf/seisakunitsuite/bunya/0000112577.html　（2021.3.18閲覧）

2）厚生労働省健康局水道課（2004）「水道ビジョンについて」

https://www.mhlw.go.jp/topics/bukyoku/kenkou/suido/vision2/vision2.html（2021.3.18閲覧）

3）厚生労働省健康局（2004）「水道ビジョン」p.24

https://www.mhlw.go.jp/topics/bukyoku/kenkou/suido/vision2/dl/vision.pdf（2021.3.18閲覧）

4）日本水フォーラム「生命の水道ニッポン」

http://www.waterforum.jp/twj/team/doc/inochi_suido.pdf　（2020閲覧）

5）地方自治体水道事業の海外展開検討チーム（2010）「地方自治体水道事業の海外展開検討チーム中間とりまとめ」

https://www.soumu.go.jp/main_content/000068206.pdf　（2021.3.18閲覧）

6）横浜市水道局（2020）「ベトナム国でのプロジェクト」

https://www.city.yokohama.lg.jp/kurashi/sumai-kurashi/suido-gesui/suido/torikumi/koken/fue-project.html（2021.3.18閲覧）

7）横浜市水道局（2018）「ベトナム国水道事業体等５機関との覚書を更新」

https://www.city.yokohama.lg.jp/city-info/koho-kocho/press/suidou/2018/20181106-034-28505.html（2021.3.18閲覧）

8）横浜市水道局（2016）「横浜水ビジネス協議会企業がフエ省水道公社と業務提携へ」

https://www.city.yokohama.lg.jp/city-info/koho-kocho/press/suidou/2016/20160822-034-23799.html（2021.3.18閲覧）

9）横浜市水道局（2017）「ベトナム国フエ省水道公社と協力してビジネスセミナーを開催」

https://www.city.yokohama.lg.jp/city-info/koho-kocho/press/suidou/2017/20170626-034-25601.html（2021.3.18閲覧）

10）横浜市水道局（2017）「横浜市水道局とベトナム国フエ省水道公社が覚書を締結！！」

https://www.city.yokohama.lg.jp/city-info/koho-kocho/press/suidou/2017/20170710-034-25685.html（2021.3.18閲覧）

11）水ビジネス国際展開研究会（2010）「水ビジネスの国際展開に向けた課題と具体的方策」

https://www.meti.go.jp/committee/summary/0004625/pdf/g100426b01j.pdf　（2021.3.18閲覧）

● 海外水ビジネスの眼 ● ⑦

ベトナムとの20年

　世紀が変わって間もなくのこと、初めてベトナムを訪れる機会を得た。降り立ったのは、ベトナム南部へのメインゲートであるホーチミン市タンソンニャット空港だが、当時はまだ、現在の国内線ターミナルビルが国内外すべての離発着便をさばいている時代で、ビルを出る前からイモ洗い状態の人波に圧倒され、不用意に身に着けた腰のカメラや懐のパスポートを守るのに精いっぱいであった。結局そのカメラは、出国までに「どこかにいってしまった」のだが…。同じ年にODAの仕事でベトナムを再訪した際にはすでにデジタルカメラに変わっていたが、消失したカメラはまだ光学フィルム式だった。今ではもう、カメラで写真を撮る人が、日越ともにすっかりいなくなってしまった。

　この空港は、元来フランス植民地政府によって大戦前に建設された。戦中には日本軍が使用したこともあり、ベトナム戦争ではアメリカと南ベトナムの軍事空港となった。日本のODAで現在の国際線ターミナルに新規拡張したのが2007年で、正にこの空港は時代の移り変わりに立ち会ってきたといえよう。また北の玄関口・ハノイのノイバイ空港にも、2014年に日本の援助で国際線専用の第2ターミナルが完成している。工事を請け負ったのは日越のJVだが、ベトナム側は同国建設業を代表するビナコネックス社で、水道に関する案件も手掛けている。今後、日本企業がベトナムで水ビジネスを展開する際にどう動くのかが注目されるプレイヤーの一つだ。

　これまでに9回ほどJICAの専門家としてこの国を訪れているが、その間のこの国の変貌ぶりは、目を見張るようだ。20年前に、スリランカ経由でベトナムに初入国した際は、空港からホテルにタクシー移動するにも一苦労だった。外国人観光客慣れしたスリランカのドライバーとは打って変わって、地図を横にしたり縦にしたりして首をかしげている。発車しても、そのまま地図を眺め眺めしつつ走行するので、生きた心地がしなかった。クラクションを連発しながらの暴走運転ぶりは、スリランカと全く同じだったが。

　ホーチミンで勤務を開始すると、この地図リテラシーの低さは、ドライバーに限ったことではないことに気付いた。当時、市内で手に入る地図といえば、広告チラシのアクセスマップに毛の生えた程度の略地図ばかりで、ベトナム人同士なら「〜通りを北に○キロ」で、すべて事足りる。彼らが地図を用いることはまずない。市内中心部には、かつての南ベトナムの大統領府が、いまも統一会堂として一部保存・公開されているが、そこで等高線まで明示された「地図らしい地図」を訪越後初めて見つけた。しかしその掲示場所は「反革命政府の作戦本部」の壁面であった。「明細な地図を持っているだけでスパイと疑われる！」とも聞いたが、こうなるとあながち冗談とも思えなくなってくる。

　別にベトナム人は明細地図がなくとも何不自由なく暮らしているわけだが、こちらはそうもいかない。配管図や拠点設備の標高など、地図とセットの情報が手に入らないと、水道の仕事にならない。いくら杯を重ねて打ち解けたと思っても、図面関係の提供を申し出たとたんの警戒心に、こちらが外国人であったことを思い知らされる経験をしたものであった。現在、VietWaterなどの水道に関する産業展示会場で、スマートシティだのソサエティ5・0といったフレーズが飛び交っている様を見ると、隔世の感がある。

　2019年の第60回国際数学オリンピックで、参加112カ国中ベトナムは7位。金メダルは日本と同じ2個だったが、銀メダルは日本を上回って4個獲得した。国全体の平均年齢も若く、高い潜在能力を秘めた国である。コロナの封じ込めに関しても、2020年は1年を通じて成績良好であった。2021年は日本とベトナムとの水が取りなす縁が、ますます広がることを願っている。

（炎ワ鳥）

3.5 ベトナム／BIWASE社への 出資について

3.5.1 当社の概要と上下水道分野における海外実績

（1）海外進出の経緯

JFEエンジニアリングは、都市環境（上下水道含む）、エネルギー、鋼構造、機械／システム分野の事業を展開しており、売上高は5,122億円（2020年3月期連結）、従業員数は約1万人である。

当社の上下水道分野における本格的な海外展開はフィリピンから始まった。1995年から工場排水処理設備建設工事の受注が始まり、2000年からはマニラ・ウォーター社から下水処理場の更新工事と小規模下水施設の新設工事を受注してきた（表3.5.1　参照）。

この背景には、JFEスチールの100％子会社、フィリピン・シンター社の鉄鉱石焼結工場が1977年から事業を展開し、現地に根差していたことが挙げられる。こうした地の利を生かし、現地の財閥と共同で工業団地の排水処理などの実績を重ね、下水道分野に進出していった。これまでフィリピンでの上下水道分野の実績は32件にものぼる。

マニラ首都圏では、コンセッションが導入されており、西地区がマニラッド社（Maynilad Water Services, Inc.）、東地区がマニラ・ウォーター社（Manila Water Company, Inc.）という民間の水道事業運営会社（コンセッショネア）が上下水道事業を運営している。このため、民間の水道事業運営会社が発注者となり、基本的にローカルファイナンスで資金調達を行っている。当初はマニラ・ウォーター社からの受注が多かったが、2010年頃から、当社の施工実績の少ない回分式活性汚泥法が採用され始め、マニラ・ウォーター社からの受注は減少していった。その一方で、マニラッド社からは、2013年にタラヤン下水処理場建設工事（1万5,400㎥/日）を受注することができた。この実績及び経験が、ODAによるスリランカ／キャンディ下水処理場建設工事（1万8,000㎥/日）の受注（2015年）に結び付いた。

フィリピンにおいては、当初は小規模な汚泥浄化槽の案件から始まり、2010年頃までは日量1万㎥クラスの案件が多かったが、2015年に竣工したパラニャーケ下水処理場（7万6,000㎥/日）を受注して以降、大規模な案件も受注できるようになり、現在は、カマナ下水処理場（25万㎥/日）、ラメサ第1浄水場（150万㎥/日）に加え、ベトナムでエンサ下水処理場（27万㎥/日）を施工中である。

例えば、ラメサ第1浄水場は、日本最大の施設能力を誇る村野浄水場（大阪広域水道企業団）と同規模であり、ろ過池26池・沈殿池12系列を稼働させながら、改築・更新工事を行っている。

表3.5.1　当社の上下水道分野における海外実績

年	施主	概要	規模(㎥/日)	資金
1995年	民間企業	工場排水処理設備建設工事 （～2002年まで10件以上）	-	非ODA
2000年	マニラ・ウォーター社	下水処理場更新工事	-	非ODA
2000年	マニラ・ウォーター社	小規模下水施設新設工事	-	非ODA
2006年	マニラ・ウォーター社	汚泥処理施設建設工事2件	約2000	非ODA
2008年	マニラ・ウォーター社	下水処理場新設工事建設工事3件	約10,000	非ODA
2013年	マニラッド社	タラヤン下水処理場建設工事	15,400	ODA(世銀借款)
2015年	マニラッド社	パラニャーケ下水処理場建設工事	76,000	ODA(円借款)
2015年	スリランカ国政府	キャンディ下水処理場建設工事	18,000	ODA(円借款)
2017年	ベトナム国政府	ホアラック下水処理場建設工事	36,000	ODA(円借款)
2017年	マニラッド社	ラメサ第1浄水場更新工事	1,500,000	非ODA
2018年	ベトナム国政府	エンサ下水処理場建設工事	270,000	ODA(円借款)
2019年	マニラッド社	カマナ下水処理場建設工事	250,000	非ODA

（2）フィリピン、ベトナムでの具体事例

　いくつか具体の案件を紹介する。

　1件目は、2013年に受注したタラヤン下水処理場（1万5,400㎥/日）である（図3.5.1　参照）。建設当時の処理方式は標準活性汚泥法であるが、今後、窒素・リンを除去するための高度処理が導入される計画である。狭い敷地で1万5,400㎥/日を処理するため、HRT（Hydraulic retention time：水理学的滞留時間）の最適化を図り、曝気槽の滞留時間を4時間程度に短縮したのをはじめ、最初沈殿池への傾斜板の導入、最終沈殿池への2階層掻き寄せ機の導入により、敷地面積を大幅に削減した。世界銀行の案件だったため、当社が土建、機電工事を含めて元請として受注することができた。

図3.5.1　タラヤン下水処理場

　2件目は2015年に受注したパラニャーケ下水処理場（7万6,000㎡/日）である（図3.5.2　参照）。JICAのセクターローン（円借款）を活用し、タラヤン下水処理場の設計思想をさらに突き詰めた設計となっている。具体的には、円形ではなく矩形の最初沈殿池への傾斜版の導入、最終沈殿池の3階層化などにより滞留時間の短縮を図っている。フィリピンのマニラ・ウォーター社、マニラッド社の発注方式は仕様発注方式ではなく、受注者が性能保証をした上で処理方式やサイズ等を決定する、いわゆるDB（Design Build）の性能発注方式である。性能保証というリスクを取った上で、建設費を削減するために、設計上、さまざまな工夫を行っている。

図3.5.2　パラニャーケ下水処理場

　上記のタラヤン下水処理場建設工事、パラニャーケ下水処理場建設工事ともにODA資金を活用した案件であったため、フィリピン建設業許可委員会（ Philippine Contractors Accreditation Board：PCAB）のライセンス（建設業資格）をプロジェクトごとに特別に取得して、元請フルターンキーとして工事を受注することがきた。ただし、それ以降、ラメサ第1浄水場更新工事やカマナ下水処理場建設工事はローカルファイナンス案件であり、ローカルファイナンス案件の場合、フィ

リピンではローカル資本会社と組まなければ工事はできない。こうした資金動向と建設業資格の兼ね合いから、フィリピンのみの一本足打法では限界があるため、他の国に目を向けるきっかけとなった。

　3件目は円借款で建設したベトナムのホアラック下水処理場（3万6,000㎥/日）である（図3.5.3参照）。ホアラック工業団地の排水処理を行う施設であり、日本でいう文部科学省のような機関からの発注だった。処理方式はＡ２Ｏ法（Anaerobic Anoxic Oxic Process：嫌気無酸素好気法）を考慮したものになっている。

図3.5.3　ホアラック下水処理場

　4件目は円借款で建設中のベトナムのエンサ下水処理場（27万㎥／日）である（図3.5.4〜5　参照）。ハノイ市最大の下水処理場だが、最初沈殿池はなく、最終沈殿池が円形となっている。これは円借款であるため、仕様発注方式であり、日本のコンサルタントが設計を行っている。標準活性汚泥法とAO法（Anaerobic Oxic Process：嫌気好気法）に加え、本邦技術である雨天時の高速ろ過を導入した設計となっている。工事は順調に進んでおり、TVをはじめ、多くのメディアに取り上げられている。

図3.5.4　エンサ下水処理場のパース図

図3.5.5　エンサ下水処理場の現況

3.5.2　ベトナム上下水道市場の現状認識と今後の動向

　ベトナム都市部の現状は日本の1970年当時の状況に近いと考えている（表3.5.2　参照）。ただし、ベトナム上下水道市場は、今後、日本が辿ったペースで成長するのではなく、日本の50年分の成長を一足飛びに実現すると考えられ、今後数十年にわたり旺盛な上下水道投資となると考えられている。

表3.5.2　ベトナムと日本の比較

	ベトナム(2019 年)	日本(1970 年)
水道普及率	81％（都市部）	80.8％
下水処理普及率	15％（都市部）	16％
名目 GDP(億 USD)	2,616	2,143
人口(千人)	95,490	103,720

　ベトナム上下水道市場については、下記のとおり認識している。
　①上水道事業については、省の水道公社が既に民営化されている。その他、民間企業が立ち上げた水道会社もある。
　②浄水場の新設・増強需要はまだまだ旺盛である。
　③下水道事業については、大都市のみ公共下水道が普及しており、各地の省などが資金を調達して施設を建設し、その運転管理を民間企業等に委託している。そして、地方都市の公共下水道の整備はこれから本格化する。
　④今後、ODA案件は減少していくと考えられる。ベトナムは高い経済成長を遂げており、自ら資金調達ができるようになることに加え、ベトナム国政府は対外債務管理の観点から円借款の借入増に慎重であり、ODAが減少しつつある。ただし、浄水場、下水処理場の建設市場は年間5,000億円程度あると見込んでいる。

　こうした市場認識を踏まえ、当社はベトナムを重点市場に位置付け、ODA案件がいずれなくなることを前提に、ローカル案件に食い込んでいこうと考えている。具体的には、ローカル人材を育成し、土木建築を含むEPCの競争力向上を図るとともに、現地企業との提携により、O&Mや事業運営に参画していく方針である。
　こうした方針をもとに、BIWASE社（Binh Duong Water Environment株式会社）への出資に関して検討し、出資することを決めた。

3.5.3　BIWASE社の概要と出資の狙い

（1）第2の造水能力を有する企業グループ

　今回出資を行ったBIWASE社は、ベトナムで5位となる39万6,500㎥/日の造水能力を保有している。加えて、6位の造水能力（37万1,200㎥/日）を有するDOWACO社と12位の造水能力（23万㎥/日）を有するTDM社と資本関係があり、これら3つの会社の造水能力計は99万7,700㎥/日となり、2位のDNP Water（80万3,190㎥/日）を抜き、1位のSAWACO（115万㎥/日）に匹敵する規模になる（表3.5.3　参照）。

表3.5.3　ベトナムにおける造水能力ランキング（2019年時点）14社／全71社

No.	会社名	造水能力 （㎥/日）	事業地域
1	Saigon Water Corporation （SAWACO）	1,150,000	Ho Chi Minh City
2	DNP Water JSC	803,190	Ha Noi, Bac Giang, Hue, Khanh Hoa, Binh Thuan, Long An, Tien Giang, Can Tho
3	Ha Noi Water Company Limited （HAWACOM）	658,200	Ha Noi City
4	AQUAONE Corporation	400,000	Ha Noi, Hau Giang
5	Binh Duong Water - Environment JSC （BIWASE）	396,500	Binh Duong, Binh Phuoc
6	Dong Nai Water JSC （DOWACO）	371,200	Dong Nai
7	Song Da Water Investment JSC （VIWASUPCO）	300,000	Ha Noi City
8	Thu Duc BOO Water JSC - BOO Thu Duc 2	300,000	Ho Chi Minh City
9	Saigon Clean Water Investment & Trading JSC （SWIC） - BOO Thu Duc 3	300,000	Ho Chi Minh City
10	Tan Hiep Water Investment JSC - BOO Tan Hiep 2	300,000	Ho Chi Minh City
11	Da Nang Water Supply JSC （DAWACO）	284,304	Da Nang
12	Thu Dau Mot Water JSC （TDM）	230,000	Binh Duong, Binh Phuoc
13	Hai Phong Water Supply JSC	214,000	Hai Phong
14	Kenh Dong Water JSC （BOO KENH DONG）	200,000	Ho Chi Minh City

BIWASE社はビンズオン省にあり、ホーチミン市の北東側に位置する省である。ビンズオン省の名目域内総生産成長率はホーチミン市と同等以上で、2025年には工業団地が28カ所から35カ所に、人口が245万人から300万人に、1人当たりGDPが6,319USドルから1万2,000USドルにまで成長すると予測されている。

BIWASE社の2019年度の売上は119億円で、事業領域としては、上水製造・供給、固形廃棄物処理、下水処理、ボトル詰飲料水・肥料製造である。

上水道事業については、浄水場8カ所を保有しており、運転管理も直営で行い、用水供給と末端給水の双方を行っている。加えて、資本関係のあるTDM社（造水能力ランキング12位）が保有する浄水場2カ所の運転管理を受託している。

固形廃棄物処理事業については、ビンズオン省内の産業廃棄物と都市ごみの埋め立て処理を行っている。

下水道事業については、ビンズオン省が下水処理場を建設・保有し、運転管理を受託している。その他の事業については、ボトル詰飲料水、肥料の製造などを行っている。

表3.5.4　BIWASE社の会社概要

位置概要	ベトナム国ビンズオン省	
	＊人　　口：約 245.5 万人（80%都市、20%農村）	
	＊面　　積：2,694 ㎢	
	＊人口密度：911 人/㎢	
	＊1 人当たり GDP：6,319USドル（2020 年）	
	＊工業団地：28（全国 12%,総面積 8,700ha）	
	＊名目域内総生産成長率：8.7%（2018 年）	
設立	2006 年国営企業として創業、2016 年株式化	
売上	119 億円（2019 年）	
事業領域	上水製造・供給、固形廃棄物処理、下水処理、ボトル詰飲料水・肥料製造	
保有施設	浄水場（8 カ所、39 万 6,500 ㎥/日）、廃棄物処分場（1 カ所、3,000t/日）	
O&M 受託施設	浄水場（2 カ所、23 万㎥/日）、下水処理場（4 カ所、7 万㎥/日）	

（2）当社の出資の狙い

現在、ビンズオン省における水使用量は1人1日当たり200Lだが、2030年には300Lまで増加すると見込まれており、ビンズオン省内の造水能力を62万6,500㎥／日から2030年に140万㎥／日まで増強する計画がある。

当社の出資の狙いとしては、①浄水場能力増強工事の受注機会創出、②下水処理場拡張工事の参入検討、③O＆M・運営ノウハウの蓄積、④廃棄物処理施設のEPC、O&Mの参入検討などである。

3.5.4 今後の展開

　今回のBIWASE社への出資を通して、社内外に、当社の海外展開の本気度を示すことができた。また、従来のスピードよりも早く事業展開を進めるための特急券になるのではないかと考えている。フィリピンでは大きな案件を受注するまでに約20年かかったが、ベトナムでは今回の出資により5〜10年に短縮できないかと考えている。

　水インフラの海外展開にはいろいろな形態がある。機械や装置、素材が得意なメーカーであれば、それぞれの要素技術・商品を顧客、コンサルタント向けに営業することで販売につなげているであろう。しかし一方で、浄水場、下水処理場の新設や大規模更新は、元請としてプロジェクトをまとめるエンジニアリング会社も必要である。当社は、上下水道以外にもエネルギープラント、ごみ焼却発電、鋼製橋梁などの多岐の分野にわたるインフラ技術を保有しており、海外プロジェクト管理を得意とする豊富な人材群を多く有している、国内では珍しい立ち位置の企業である。その海外プロジェクト部隊を最大限活用して、土木建築、機械電気をまとめるフルターンキーのエンジニアリング・コントラクターとして独自の存在感を高めていきたい（福田一美：JFEエンジニアリング㈱常務執行役員環境本部海外事業部担当）。

3.6 PPPの受注態勢・受注・クロージング・建設・運転・ダイベストメントの各フェーズにおける課題と戦略

3.6.1 PPP事業のフェーズとBOT方式とBOO方式の違い

　PPP事業は、PPPの事業プロセスによりその業務内容はかなり異なる。そこでPPP事業に取り組む際の課題と戦略は、PPPの事業プロセス別に検討する必要がある。事業プロセスはフェーズ（phase）と呼ばれることも多い。PPP事業の典型であるBOT方式の事業ならBの建設、Oの運営、Tの移転の３フェーズがあるという言い方である。PPP事業では受注に至るまでの態勢づくりが一番重要なポイントであることが多い。

　BOT方式ではTの移転フェーズは、事業の運営権と事業資産のすべてが無償で相手方国家機関に移転するのみだから、それ自体には課題も戦略もない。移転時までに事業の予定投資収益率が確保されるべく、建設フェーズでの投資収益と運営フェーズで投資収益を確保するための条項をBOT契約にどう書き入れればよいかが戦略となる。そして、実際の建設と運営フェーズで各予定投資収益が実際の投資収益と異なる際に、その差を調整して埋めることが課題となる。差は埋めるばかりでなく、利幅が大きい場合、その利益をどう処理するかも調整の範囲となる。

　移転フェーズでの戦略が重要なのはBOO方式のPPP契約の場合である。BOT方式と異なり、BOO方式では、契約運営期間が到来した際の運営権と事業資産を相手方国家機関に返還することも返還の仕方も事前に決めない。つまり、運営権を延長・更新して事業資産をPPP事業会社が持ち続ける交渉も可能となる。運営権を延長・更新せず、相手側に事業資産を移転する際は、移転時の時価で対価が投資家に支払われるのでキャピタルゲインの譲渡益が発生する可能性が高い。運営期間が延長ないし更新されれば、更新・延長期間の投資収益が予定投資収益に積み増される。それが配当原資となり、投資家に還元されれば投資家は配当のインカムゲインが得られる。さらに更新・延長期限の到来時に譲渡益が期待できる。

　BOO方式はこのように投資収益が上振れする可能性が高いので、運転期間内での投資収益がBOT方式より低くても投資家が集まる。これは相手国政府にとり、BOT方式と同じ公共財・サービスをPPP事業会社から調達する際、BOO方式の場合はより低い価格で調達できることを意味する。他方、BOO方式では100％外資系企業も認められやすいので、経営の自由を確保したい外国投

資家も歓迎する。外国投資家は、技術移転義務を書かなくてもよいのでBOO契約を歓迎する面もある。

　BOT方式では運営期間内に必ず相手国側に技術移転を終了させないと、移転後の操業が覚つかなくなる。そこで技術移転義務をBOT契約に書き、技術移転がしやすいように、PPP事業会社を外資系合弁会社にして、相手国の国有企業を合弁パートナーとすることが多い。出資者としての責任で技術移転を要求できるようにするためと、出資者として派遣した現地側取締役に技術移転の進捗具合をチェックさせるためである。

3.6.2　各フェーズ別の課題とダイベストメント戦略

　上水道PPP事業のフェーズ別に、日本企業が一般的に直面するだろうと想定される課題とその克服法を表3.6.1に示した。アジア途上国を特定しないと想定が見当違いになる可能性があるので、特定国をベトナムとして考えてみた。海外水ビジネス研究会の参加者有志で「ベトナム・ワーキンググループ」を作り検討した経験と、本書が第三部と付録でベトナムの水PPPビジネスについて検討し関連法令の翻訳を掲載しており、そこにある記載内容の理解に役立つと考えられるからである。

　想定される課題の多くはルーマンのいうコミュニケーションの過程で生じている。ルーマンのいうコミュニケーションについては本書で鈴木康二が担当した2.5.4　ポストモダンのアジア経営論を使うで説明した。そのコミュニケーションのタイプには、私・互・共・公・商があるとの視点が有用だと思われる。私・互・共・公・商があるとの視点は、金子勇北大教授が支援学を提唱する際に使っている分析手法である[1]。ポストモダン文明の秩序原理は支援であり、モダン文明の管理から変化している。ポストモダン経営の特色については、2.5　アジアでの水PPP事業にどう経営学を使うかの表2.5.1に示した。また、克服法の一つとして、筆者はダイナミック・ケイパビリティ論を使っている場合もある。ダイナミック・ケイパビリティ論については、2.5.2　ダイナミック・ケイパビリティ論を使う、2.5.5　ダイナミック・ケイパビリティの具体的な作り方で説明した。

　表3.6.1の左端項の事業フェーズにある、「現地政府との契約取り纏め」はクロージング（closing）と呼ばれ、取り纏めの交渉で、事業がキャンセルになることもある。投資家側が受注できるように、格別安い応札価格や有利な金融条件での金融調達を示して受注し、ライバルが撤退したことを見極めた直後から、工事代金が不足することがわかった、有利な金融が調達できなくなった、施設の規模容量が大きすぎるから適正な規模に縮小せよ、といった交渉をするケースがあるからである。過去のPPP案件では、中国、韓国、マレーシアの企業がこのような交渉をスリランカの港、ミャンマーの空港、パキスタンの港のPPP事業で行い、PPP案件自体が変更されたり、キャンセルされたりしている。

　表3.6.1の左端項の事業フェーズにある「ダイベストメント（Divestment）」とは、投資からの撤退を言う。出資持ち分をなくすか減らしてキャピタルゲインを得る方法である。他のパートナーへの持ち分譲渡、それが現地投資家への持ち分譲渡の場合、「資本の現地化」と呼ばれる。現地ないしは第三国証券市場への上場もダイベストメントである。出資持分を投資先会社の取締役達個人に買い取らせることでダイベストメントすることもある。投資ファンドが投資先企業に転換社債を

発行させて、一定期間の間に上場できなかった場合は、取締役達個人に買い取らせるオプション契約を締結して投資をすることが多い。ベンチャーキャピタルがベンチャービジネスに投資する際によく使われる手法で、アジア途上国でも多く使われている手法である。取締役達と言っても個人に買い取らせるのは酷だと考えがちだが、上場に成功しなかった企業の純資産は、簿価を大幅に割り込む時価で評価されるので、喜んで買う取締役達は多い。

表3.6.1　PPP事業の事業フェーズ別に想定される課題と克服法

事業フェーズ	課題	克服法
①受注態勢	コンソーシアムの組成。日本の中堅企業、コンサルタント、第三国企業（日系アジア企業）を取り込む際の戦略経営者に誰がなるか。	地場企業（必須）、第三国企業（任意）をコンソーシアムに参加させる。PRの担い手（ODA技術協力の地公団体水道局、現地日系企業）。
②受注	現地政府の評価とライバル企業の出方を見た、価格志向の提案をさせる際の戦略経営者に交渉説得力があるか。	建設コストを低くする。地場企業、第三国企業を入れる。日本の各企業の積算余裕幅を狭くする。
③現地政府とのPPP契約取纏め	ベトナム法に従うが妥当なリスク範囲に収める。収める。OOF（JBIC、市中銀行）部分からODA（JICA）部分を切り離して事業の収益性を上げる。	VGF相当分のODAが組成できないか。
④建設	スケジュール管理能力のあるプロジェクト・マネージャーは戦略経営者と同一人物でよいか。	現地調達（工事施工と将来の現地調達品と代替可能な部品スペック）を増やす。
⑤運営	運営会社を雇うと高くつく可能性がある。PPP会社自体が運営会社になる。	運営コスト低減は技術移転と資本現地化を見定めた意味あるものにし、現地政府にアピールする。
⑥ダイベストメント（Divestment）	投資ファンドが社債権者になれば投資10年後の一括返済でよい。JVFDIのPPP会社が持分を戦略的投資家に売るには株式会社が有利。	戦略的投資家に売る。公開株式会社に転換する。ESOPも含め現地個人株主を増やす。上場も検討する。

（出所：筆者作成）

　会社の現経営者達ないし従業員達に株式を譲渡するダイベストメントもあり得るが、水PPP事業会社の場合は、従業員に時価ないしそれを下回る価格で譲渡する従業員持ち株制度（Employee Stock Ownership Plan：ESOP）の導入の方が、現経営者達に株式ないしワラントを譲渡するストックオプションより良いと考える。現経営者に株式を譲渡する権利を与えると経営者は自分の任期中に会社を高収益にしようと画策して、公共財サービス供給会社としての社会的評判を落とすことにもなりかねないからだ。安定的な低収益で会社の社会的評価を徐々に勝ち得ていく道を選ぶべきだと考える。そのブランド価値を得るべく、株主となった従業員達は、賃金上昇による現在のフローによる富か、ブランド価値と会社の財務会計上の価値の差が大きくなる将来のストックによる富かを合理的に選択するようになる。後者を選択した従業員集団は、激しい賃金アップ闘争よりも、日

常の業務でのコスト削減とサービス向上を重視するようになる。

それは、アジア途上国での労務問題である、急激な賃金アップの要求と頻繁な転職の防止にもなる。アジア途上国の従業員に外資系企業への忠誠心を求めるのは筋違いだ。勤務年数と労働生産性の上昇はESOPと上場により実現される。よその社会の道徳の問題ではなくて、自ら設計できる制度の問題だ。

筆者は水PPP事業会社の最適なダイベストメントは、日本企業グループは経営支配権を持つ支配株式は失うが、有力株主の一人として残ったまま、数多くの現地個人株主を持つ公開株式会社にすることだと考える。現地証券市場に上場する道もあるが、PPP事業会社には運転期間があり、上場会社は永続性が必要だと、ベトナムでの上場を審査する国家証券委員会（State Securities Commission：SSC）は、官僚的な対応をするかもしれない。ホーチミン、ハノイの両証券取引所の上場基準には永続性要件はないし、ジャカルタ証券取引所は水PPP会社の上場を認めている、企業の社会公益性と収益性を同時に満たす道として上場を考えていると、説得すればよい。

2014年投資法には外国投資家の出資割合の無制限規定は上場会社、公開株式会社については証券関連法によるとの例外規定があった。しかし、2020年投資法からは削除されていることも説得材料になる。TPP11にベトナムが参加したことによる削除だ。

数多くの現地個人株主を持つ意義は、収益性がありながら社会公益性とESGを備え持つ会社にすることだ。従業員株主を増やせるのも公開株式会社にするメリットだ。現地消費者でもある多数の新しい個人株主達が有力な株主グループになれば、偏狭なナショナリズムによる資本の現地化要求や経営の現地化要求はなくなるし、ESG重視の利他性と接続性のポストモダンのアジア経営は実現できる。

3.6.3　各フェーズ別の課題克服法と私・互・共・公・商のコミュニケーション

表3.6.1の各フェーズの克服法を私・互・共・公・商の視点によるコミュニケーションで捉え直してみる（表3.6.2　参照）。私・互・共・公・商で分ける意義は、そのコミュニケーションの表出の仕方に違いがあるからである。同じことを理性的に言えば通じると思うのは、機能重視のモダンの文明での仮説だった。意味重視のポストモダン文明の下では感性と指向性を持ってコミュニケーションの表出をしないと、理性的・論理的なコミュニケーションでもうまくできなくなっている。

表出の様式の違いとして、金子勇は、「協議や決議の表出の様式は比較的簡単だが、調整や実行では公の権力が強い機能を持ち、共では評価してくれる相手を見つけられるか否かで、その持続性が決定される」[2]との例を示している。日本コンソーシアムがコミュニケーションの発信者で、具体的には戦略的経営者がこのコミュニケーションの実行者となる。どこからどのような手段でどのように言えばよいのかのアプローチをするか、言うだけで良いのか、を考えるヒントとなる。このヒントがないと徒に戦略的経営者の業務負担は過重になり、およそ戦略的経営者に相応しい人材など水道業界にはいない、といった安直な結論めいた感想が出てくることになる。

表3.6.2（1）　課題の克服法と私・互・共・公・商のコミュニケーションの視点①

事業フェーズ	私・互・共・公・商のコミュニケーションの視点も入れた克服法
①受注態勢	●地場企業がコンソーシアムに必須なのは、公（現地政府に現地化に積極的に協力していると利他性をアピールする）と互（参加してもらうことで競争優位の評判が築けるとの配慮）と公（現地政府に現地化に積極的に協力していると利他性をアピールする）と商（将来におけるコスト削減の可能性）。 ●第三国企業を任意でコンソーシアムに参加させるのは、共（エンジニアリングや IT システムで頼れる相手となりお互いの評判が高まり、両天秤に掛ける行為を含めた機会主義的行動が採り難くなる）と商（サプライチェーンのネットワーク拡大による接続性の利益、途上国企業の輸出支援）。 ●ODA 技術協力の地公団体水道局には、共（自らの信頼性を自省することを通した支援）による PR の担い手になってもらう。 ●現地日系企業には、共（日本コンソーシアムの評判の PR により自らの評判も上がる）の PR の担い手の他に、商（直接 PPP 事業会社に機器・部品・サービスのサプライヤーになるか、施設部分のエンジニアリングを請負う可能性）。 ●戦略的経営者には、私益と商益のためのコミュニケーションをしてもらうのが本旨だが、上述の互・共・公のコミュニケーションをしてもらう。 ●内外投資ファンドにコンソーシアムの金融組成で社債権者となるか出資者となるかの交渉をする（商のコミュニケーションだが、ESG 投資になるとして公のコミュニケーションもできる）。 ●日本の地方公営企業には運営段階での技術支援を取り付けておくが、技術ノウハウ出資も可能なことは伝えておく（互と公のコミュニケーションで、日本の水道事業の人員不足と技術維持、そして海外技術協力のみならず海外投資の要員としてアジア人留学生を雇用する意味をアピールしておく）。
②受注	●建設コストを低くするのは公（現地政府へのアピール）。 ●地場企業と第三国企業を入れるのは私（コスト削減）と商（取引機会の提供とコスト削減）と互（エンジニアリング下請けと技術移転）。 ●日本の各企業の積算余裕幅を狭くするのは、私（建設コスト削減）と共（信頼できる相手、今後もパートナーになる可能性）。 ●戦略的経営者には、共（受注するためとの強い関心の共有）のコミュニケーションができる（交渉説得力ある）人材である必要。
③契約取纏め	●VGF 相当分の ODA が組成できないかにつき公（日本政府への要請）と共（ベトナムで PPP 事業を成功させるという投資家とベトナム政府の共通の関心）のコミュニケーションをする。 ●ベトナム法には従うが妥当なリスク範囲に収める交渉には公と商のコミュニケーションをする。まさに論理的な主張の場なので、ベトナム法に詳しい専門家のサポートを得ることも検討する。 ●OOF（JBIC、市中銀行）部分から ODA（JICA）部分を切り離して事業の収益性を上げるコミュニケーションには、公のみならず互（他者を支援し他者に配慮して自らの行為を再組織する）コミュニケーションも有効である。 ●PPP 事業会社の将来の上場の企画と交渉を、PPP 事業契約の交渉時に行う（本表⑥ダイベストメント 参照）。 ●上場の企画と交渉には証券市場関係者が戦略的経営者をサポートする必要がある（商）。

表3.6.2(2)　課題の克服法と私・互・共・公・商のコミュニケーションの視点②

事業フェーズ	私・互・共・公・商のコミュニケーションの視点も入れた克服法
④建設	●現地調達(工事施工と将来の現地調達品と代替可能な部品スペック)を増やすコミュニケーションでは商ではなく互のコミュニケーションをしないと、ベトナムの企業はおよそついてこない。「貴社の技術と市場を支援するから、コンソーシアムの現地調達を支援してくれ」とのコミュニケーションである。 ●現地調達担当のプロキュアメント・マネージャーを選定して、プロジェクト・マネージャーにはスケジュール管理に集中させ、コストオーバーランの可能性を回避した方がよい。
⑤運営	●運営コスト低減は技術移転と資本現地化を見定めた意味あるものにし、公と共(技術と資本の現地化という相手と共通の関心を持ち、その現地化を支援したい)のコミュニケーションで現地政府にアピールする。 ●PPP事業会社自体が運営会社になれば、日本のODA技術協力の経験者と地方公営企業からの支援(共と公)が得やすいし、日本の地方中堅企業も運営サービスないし補修部材供給に参入しやすい(互)。
⑥ダイベストメント	●戦略的投資家に売るには商のコミュニケーションでよい。 ●上場(PPP事業会社は公開株式会社への転換が必要)の場合は、ベトナムの証券市場監督当局の承認を受けねばならず、公(ベトナム個人に広くPPP事業会社の株主になって貰い、「真実の社会主義公有制を上場外資系企業で実現すべきだ」との主張、国家が国民の代理として公有の運営者〈平常の権威者〉となるのではなく、国民自身が公有者〈臨時的な権威者として平常の権威者である経営者をチェックする〉となる。そのために従業員持ち株制も導入したとの説得も効果的)と、共(証券市場の発展に関心がある)のコミュニケーションが必要。 ●上場の企画と交渉は、PPP事業契約の交渉時に行い、クロージングで契約に入れて置き、PPP事業会社の定款と出資間契約に記載しておくと事業のみならず日本全体の評判向上になるのみならず、PPP事業会社を株式会社で設立すること自体が認められる可能性さえある(商のコミュニケーション)。 ●上場の企画と交渉には証券市場関係者が戦略的経営者をサポートする必要がある(商)。

(出所: 筆者作成)

　①受注態勢では、地方公共団体水道局は、技術ないし技術ノウハウを現物出資（ベトナム企業法第34、131条）することが望ましいと筆者は考えている。しかし、地方公営企業OB・職員は出資に否定的なようである。現金出資でなくても、地方公営企業法の付帯事業として海外事業することへの抵抗が地方議会から出るので、地方公営企業法改正がない限り、地方公営企業による技術出資は困難だ、と考えるようだ。そのような考えは、給水人口の減少による水道事業・水道技術維持の困難さを踏まえた水道法改正の意味を軽視しているように筆者には思える。数多い水道関係の地元業者に、地方公営企業が出資者であるPPP事業会社が発注すれば、地元業者の海外事業開拓に寄与する地方創生事業になる。地方公営企業と地方水道業者の水道需要と水道技術の維持にも役立つので、地方議会は反対しないだろうと考える。

　②受注フェーズで、価格志向の提案をするために「戦略的経営者には、共（受注するためとの強い関心の共有）のコミュニケーションができる（交渉説得力がある）人材である必要」があるとしたのは、入札評価において、原則的投資承認をする権限者（ベトナムでは国会、首相、中央省庁の長、ないし省クラスの人民議会）は、PPP事業を評価するに当たり、施設建設費用など初期投資コ

ストがどれだけ低いかに関心が集まってしまう傾向があるからだ。

　アジア途上国のPPP法令はいずれもVfMの計算を必要としていない。そのためVfMによって運営全期間にわたって現在価値をはじくという考え方を理解していないことが多い。あらかじめVfMを算定せず、pre F／SとF／Sを行ってPPP事業を入札にかけるので、施設建設費用など初期投資コストがどれだけかかり、それに見合う金融が付いているかという判断を重視することが多い。特に政治家や上級公務員にはそのような傾向が強い。ハコモノに対する国家予算の要求と査定をする普段している予算での見方をPPP事業にも適用する。また、政治家の場合、国民へのアピールを第一に考えるために、外国から安くインフラを調達できたことを選挙対策に使おうと考える場合も多い。

　マーケティング論は、図3.6.1に示すように、三種の買い手のタイプに合わせたマーケティング戦略を立てよ、と教える。日用品・食料など必需商品には、まず価格、次に品質を重視するプライスハンター、プラントや耐久消費財など必要商品には、まず品質、次に価格を重視するバーゲンハンター、書画骨董や音楽会など必欲商品には、まず価値、次に価格を重視するコレクトハンターが現れる。PPP事業はプラントと同様に、資本財を長期間・継続的に使用するので、まず品質、次に価格を重視するバーゲンハンターでなければならない。バーゲンハンターにアピールする戦略は、良いものを安く買った、つまりお値打ち感のある情報の提供がポイントとなるはずである。しかし途上国の政治家や上級公務員及び技術・品質に関心が低い発注者は、まず価格、次に品質を考えるプライスハンターになりがちである。

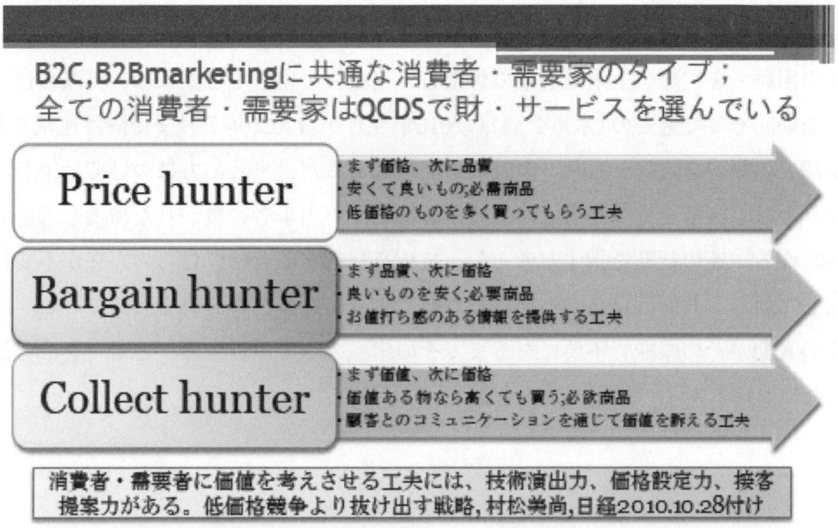

図3.6.1　三種の買い手に応じたマーケティング戦略

（出所：筆者作成）

韓国やトルコ企業は、安値で応札する際に、欧米日企業の下請業者としてプラント建設に従事した実績を提出する。発注者は下請業者としての実績とメインコントラクターとしての実績のノウハウ・技術・品質の違いを意図的に理解しようとせず、応札金額が安価であることを評価しがちである。中国企業は欧米日企業の下請けとして働いた実績がない分だけ、安値を提示し、金額が豊富で審査は安直な金融を提示する。場合によってはESGを軽視した金額提示をすることにも躊躇いはない。韓国・トルコはOECD加盟国なので、OECD外国公務員贈賄防止条約に加盟しているが、中国はOECD非加盟国なので途上国の公務員への贈賄を国内で処罰する必然性がない。このようなライバル企業に勝って受注するためには、初期投資費用で中韓企業が提示するだろう価格になるべく近づけた金額を提示しないと、入札評価で勝てない。

3.6.4　技術移転の課題と信頼財

　上水道PPP事業の事業フェーズ別に行われる技術移転・技術協力で日本企業が直面すると想定される課題を表3.6.3に示した。

　この表での、技術協力のエンジニアリングを実施した上での課題は、日本政府の無償技術協力ODAであるJICAの水道技術協力の公表資料から探し出して作成した。そこでの想定される課題とは技術移転が上手く行かないだろうと拡張解釈できそうな課題である。ここで筆者は、当該JICAの水道技術協力案件自体が上手く行かなかったと解釈しているわけではない。あくまでそれらをヒントに筆者が拡張解釈して書いた憶測である。拡張解釈は法律学では裁判官がしてはならない法解釈の方法で、類推解釈・目的的解釈なら文言解釈と共に合法だと考えられている。

　技術移転の困難さを実際の上水道事業で想定して克服法を検討する際には、実際の例ほど参考になるものはない。そこで過去の『水道公論』に2016年9月から2020年7月まで隔月連載された「JICA専門家の活躍」の報告を素材とした。誤読の可能性もあるが、まとめ方については筆者に責任がある。技術移転とは、技術を持つ当事者が、技術を持たない当事者の置かれた環境を考慮して技術を持つ当事者になる一連の行為を指すと考える。技術を移転する者は、自らの存在が不要になるべく技術を移転している。教師は自らが不要になるべく生徒に知識と考え方を教えている。組織に属する人間はその人間がその組織で不要になるまでその組織の中で出世する、とピーターの法則は言う。PPP事業会社におけるダイベストメントも似ている。

表3.6.3　PPP事業の事業フェーズ別に分類した技術移転・技術協力の課題

事業 フェーズ	ベトナム以外の各国における課題	ベトナムにおける課題
①受注態勢	●無償 ODA で出した送水管用ダクタイル鋳鉄管の国内メーカーがなく維持修理ができず、送水管に HDPE 管を使っている。ヤンゴン市事業・運営権対応無償 ODA の成果は不明（ミャンマー, p. 48, 49）。	●日本側技術に対し過度な期待感がある。ニーズを探り技術提案で有効性を確認する PR が必須。横浜民間企業の製造機材の代理店を作った（ベトナム, p. 49）。
②受注	●メーター設置改善、動作不良メーター交換・老朽管更新の機材が得られるので無償 ODA を受け入れる（フィリピン, p. 46-48）。 ●流量計設置で ODA を受け入れる（ミャンマー, p. 50）。	●組織の長の強いリーダーシップがないと幹部職員の意識は高まらない（ベトナム, p. 47）。 ●取水・給水もやらないと送配水 PPP 事業はさせないという地方政府（ベトナム・ヒアリング）。
③契約取纏め	●マネジメント・チームに実務経験がないため無収水対策の活動計画が立てられない（インド, p. 46）。	
④建設	●正確な配管図がない。流量・配水量計測がなおざり。検針作業が不適切。州政府から水道局が財務的に独立していない。水は一日2時間配水（インド, p. 51）。	●現地調達器材の納期品質が守られない。返品交換等分の言訳と責任のなすり合いで納期が遅れる（ベトナム, p. 48）。
⑤運営	●運営会社（市水道公社）の経営幹部が設備・運用改善の有効性を理解しないため、新投資（能力不足の配水ポンプ）や運用の変更を躊躇う。現場職員は必要性を説得できない。浄水技術を習得したと過信し技術維持ができない（インドネシア, p. 40, 41, 43）。 ●職階が異なる技能職員に研修機会は与えられておらず意欲も低い（インド, p. 48）。 ●場当たり的な維持管理の水道公社と、事業指導・支援する国・県の水道行政能力の向上のための、意識付けと仕事の原理原則の理解（ラオス, p. 56, 57）。	●現地人研修講師に実務経験がない。顧客の信頼は正確なメーター検定が必須と研修で反映させる必要がある（ベトナム, p. 47）。

（出所：著者作成）

表3.6.3に書かれている国名とページの典拠は以下のレポート資料である。
・渡邊桂三（2016）「ミャンマー・ヤンゴン市における技術協力」『水道公論』2016.11
・河合寿（2020）「インドネシア共和国ソロク市における浄水技術改善事業」『水道公論』2020.5
・下村政裕（2018）「ラオス水道の新たな時代へのチャレンジ」『水道公論』2018.3
・田路明宏（2020）「ベトナムを含む東南アジアでの事業展開」『水道公論』2020.12
・山口浩之（2017）「ベトナム国フエ省での人材育成と民間企業の技術力導入」『水道公論』

2017.11

・山口雅弘外（2017）「インド国ジャイプール市における無収水対策プロジェクト」『水道公論』
2017.9

・山田順一編著（2018）『インフラ・ビジネス最前線』日刊建設工業新聞社

・横山健（2019）「フィリピン国での技術協力プロジェクトの取り組み」『水道公論』2019.3

・渡邊桂三（2016）「ミャンマー・ヤンゴン市における技術協力」『水道公論』2016.11

　本表から、PPP事業フェーズ別に戦略的経営者の為すべきこと、どの組織能力をどう高めればよいか（個別のオペレーショナル・ルーティンとダイナミック・ケイパビリティの組合せ）のヒントが得られるはずである。

　本表で気付くのは、アジア途上国における信頼と人材の能力とは何かとの問題である。ルーマンは「信頼には、意味と世界を構成する（馴れ親しみ）、人格信頼、システム信頼の三類型がある」とした[3]。本表の技術協力のODAを見ると、意味と世界を構成する（馴れ親しみ）と人格信頼はうまくいくが、システム信頼がうまくいかない、と言えそうだ。ベトナム共産党が指導する社会主義体制の国で官僚制のディスファンクション（逆機能）が跋扈しているベトナムで、ベトナム側のPPP事業を提案・評価・承認・モニターする公務員達と組織・国家機関に対し、日本企業・日系企業は提案・応札するPPP事業へのシステム信頼を得なければならない。

　ルーマンのオートポイエシス理論のシステムの構成要素は再生産される、再生産は回帰的ネットワークによって閉じているが故にシステムは自律性を持つ、との考えが応用できる。再生産システムの構成要素は、社会主義体制の維持と、機能していると思っている官僚制下での繁文縟礼による相互牽制とモニターだろう。繁文縟礼の多くは組織の中で相互牽制をするための非権威的グループへの責任とモニターによって起こる。非権威的グループとモニターする組織は権威だと考えられているからだ。非権威的グループという権威が入手し使用可能な情報に関する限りで、非権威的グループという権威による決定・承認を正当化する[4]との理解が必要だ。NPM（New Public Management：ニューパブリックマネジメント）による第三者委員会やモニターの意味をベトナムの国家機関・組織に紹介すればよい。

　ベトナムのすべての法律の最初に掲げられている国是「独立・自由・幸福」は、ベトナム憲法前文にある「民族の独立と自由のため、人民の幸福のため」に対応している。ベトナム共産党が指導する社会主義体制の国家の独立と自由が、国民の幸福に優先する。ベトナムの公共性は国家の独立と自由そして国民の幸福だ。具体的なPPP事業において日本企業・日系企業は「利他性と接続性で、ベトナムの公共性に寄与したい。そのために、このような共同性と互助性の発揮を提案したい」とアピールできる。彼らのオートポイエシスの主たる要素を、受注態勢、応札、受注後の交渉、ダイベストメントのフェーズごとに、この共同性と互助性を具体的な業務で示しアピールできる。

3.6.5　求められる人材の能力はフェーズで異なる

　表3.6.3は、PPP事業では、建設・運営のフェーズで必要とされる人材の能力と、それ以外のフェー

ズで必要とされる人材の能力は、大きく異なることを気付かせてくれる。戦略的経営者の業務は、建設・運営のフェーズとそれ以外のフェーズで大きく異なるのだから、戦略的経営者はそれぞれ別の人材にした方がよいと筆者は考える。戦略的経営者Aと戦略的経営者Bがいると仮定する。

　建設・運営フェーズでの戦略的経営者Aはエンジニアである必要があると考える。戦略的経営者Aの能力は、システム知能（SYQ）、情緒的知能（EQ）、そして精神的知能（SQ）、分析的知能（IQ）の順に重要となる。他方、受注までの戦略的経営者Bに必要な能力は、分析的知能（IQ）、システム知能（SYQ）、そして精神的知能（SQ）、情緒的知能（EQ）と続く。必要とされる能力の順番が異なる。この知能の考えはジョン・マッキーらが紹介している[5]。

　受注までの戦略的経営者Bに必要な分析的知能には、PPP法の趣旨・内容を知りプレイヤーごとに運用のされ方を分析できる文系人材が持つ能力が必要となる。その分析的知能を活かすのが、日本側コンソーシアム各参加者、ベトナム政府、ライバルへの受注態勢と入札における影響と結果を見極めるシステム能力である。また、部分と部分、部分と全体の繋がりと時間的な繋がりを知るのもシステム知能と言える。受注提案に、PPP期間内のダイベストメント戦略を入れ込むのも、分析的知能とシステム知能による。ベトナム株式市場への上場、内外投資ファンドによる社債引き受けと時間を考えた株主化をダイベストメント戦略として提案できる。早期の資本の現地化をベトナム政府にアピールしながら実質的経営権を維持する手法である。

　戦略的経営者Aが兼務することもある建設プロジェクト・マネージャーにまず必要な能力はシステム知能だと思われる。日本側コンソーシアム各参加者の部分と部分、部分と全体の繋がりと時間的な繋がりを知って、スケジュール管理をする能力である。そのシステム知能を活かすには情緒的知能が欠かせない。自分自身を理解し他人を理解する知能だ。機転が利かない、無神経、傲慢は他者の協力が得られない。

　日本人エンジニアはアジア途上国の現場で働く現地人リーダー達に圧倒的に支持されている。それはアジア途上国に広く存在している日系の製造業企業どこにも共通している。現地人の大学工学部卒のエンジニアは、エリート意識が強く、現場を嫌い監督と指示ばかりする。彼らは組織に入ってすぐリーダーとなるために、現場で必要な技能やテクニックを熟練工具から教えてもらったり、自ら学び体験する機会が、およそなかった。大学工学部には実験棟といった設備はないし、実習用の機械・器具もないか少なく、テキストも現地語に翻訳されていないので、英語のテキストを読んで卒業する。

　筆者は1990年代、タイの大学工学部とベトナムとインドの工科大学を訪問したことがある。ベトナム人学生はロシア語のテキストで勉強していた。日本のODA資金でこのテキストをベトナム語に翻訳してくれないかと大学教授に頼まれた。タイの国立総合大学で充実した実験器材を持つ工学部があるのはチュラロンコン大学だけで、後はモンクット王工科大学があるだけだった。日本の経団連が全面的に支援してタマサート大学にシリントーン国際工学部が設置されたばかりの時期だった。キャンパスがバンコク都心から離れているので学生が集まらないと教授が嘆いていた。理工学部を持つタイの私立大学はあっても実験・実習器材は少なく座学に終始している。2007年、タイに私立の泰日工業大学が開学した。現地日系企業が教師派遣代とテキスト作成代を負担した日本の技

術協力ODAの成果だ。現地日系企業は、実習・実験の器材を寄付し教師を派遣し、卒業者を入社させている。

　戦後日本は駅弁大学と言われたように各県ごとに工学部と教育学部を設置し、工学部に国家予算を付けて研究実験器材を充実させたために、中堅エンジニアの質が世界的に見ても非常に高くかつ層が厚い。それが日本の高度成長の基盤となった面もある。また、初中等教育に携わる教師の質と層も充実しているために、誠実に人生を送り、誠実にビジネスを行う、との価値観を持つ国民が養われた面もある。この両者が相俟って、アジアで働く日本人エンジニアは、大学工学部卒であっても、現場に率先して行き、現場の現地人リーダーに技術と技能、そして考え方を手取り足取り教えるし、現場の現地人リーダーと一緒になって工夫やカイゼンを考える。日本人大卒者は、組織に入って当初の数年間は、現場の工員・労働者と一緒の作業をして同じ釜の飯を食べて、現場ならではの工夫とカイゼンを評価できる能力が鍛えられている。

　精神的知能とは、生きる意味、価値観、目的、気高い動機、道徳的知能、思いやりを発揮する知能だ。受注態勢、受注、現地政府とのPPP契約取り纏めの段階での戦略的経営者Bには、ベトナム政府担当者に彼らの価値観にアピールする精神的知能が求められる。社会主義体制の価値観を尊敬しているベトナムは、国益に寄与するESG重視の低収益の利他性と接続性の経営を行い、ベトナムの国益に寄与したいとの論理は使える。ベトナムの国富を搾取して資本主義企業は利益を得ていると、本気で考えているベトナム人はいまだ多い。利益はトレードオフではなく、利他性の経営は接続性を通して自社の利益に繋がるからウィン・ウィンの利益の生み方になる、とアピールできる精神的知能が必要となる。

　しかし、そこまでベトナム政府に共感をアピールしても、ベトナムの省クラスの人民委員会が、具体的な水PPP事業を採択して、省クラスの人民議会の原則的な投資承認を得るように働きかけ、省クラスの人民委員会委員長の投資承認を得て、入札に掛けるかは不明だと言える。努力した甲斐は、水PPP事業の情報を集めていると、政府に採択される水PPP事業の提案機会が得られるのみならず、ベトナムでPPP以外の水関連のビジネスが生まれていることに求められるのかもしれない、との覚悟もまた必要と思われる。

　他方、戦略的経営者Aが兼務することもあるプロジェクト・マネージャーに必要な精神的知能とは、コンソーシアム内部への思いやり、賄賂を許さない気高い動機と道徳的知能だ。建設段階でのリーダーには、情緒的知能と分析的知能を活かしたカイゼン提案によるコスト削減の実行能力が必要となる。

　建設・運営段階での戦略的経営者Aは、日本企業コンソーシアム内で、互・共つまり互助性と共同性を商業性に結び付けることが中心業務となる。PPP事業は運営段階で大きく儲けられるので、運営段階での戦略的経営者Aは、水ODAでの技術協力経験者から選択するのが近道だろう。途上国水道事業の官民連携の成果を検証した世界銀行の報告書は、民間企業による水道事業運営は、専門ノウハウの移転と企業文化変革に大きく貢献しており、途上国民間水道事業者が急成長している、と指摘している[6]。水道PPP事業が、コストリーダーシップ、集中化の戦略でも成り立つのは、運営段階での戦略的経営者Aの組織能力への貢献如何だ。地方公共団体水道局の技術ないし技術ノウ

ハウの現物出資は、運営段階での利益が株主責任を伴う支援となり、ベトナム政府も信頼する。社会主義の途上国ベトナムでは、技術移転による経済発展は待ったなしだ。予算と外国借款で整備したインフラが、適切な経済乗数効果を生まず、外貨準備が不足する事態を招いているのは、繁文縟礼的な法令と公務員体質、それに同国官民が技術移転を私益と公益を生むように使いこなせていないからだろう。

　建設・運営段階以外の段階での戦略的経営者Bは、PPP事業を提案・評価・承認・モニターするベトナム側の公務員達と組織・国家機関に対し、公を実現するための共・互をアピールする能力が必要となる。もちろん日本企業コンソーシアムを組織内と組織を超えて組成する能力も必要である。戦略的経営者Bの調達は困難かもしれないが、PPP事業の受注には必須の人材である。そのような人材を発掘・開発する努力は、ポストモダンのアジア経営の下で報われるだろう。ベトナムの水PPP事業での受注機会がなくても、地方水道公社の株式化への参加機会、通常の直接投資による工業用水供給事業会社への出資機会で活かすことができるからだ。

3.6.6　まとめ

　以上、日本の企業と組織が、アジア途上国でのPPP事業の事業フェーズ別の課題と克服法を、相手国でのPPP法令と担当する公務員の体質、相手を見たコミュニケーションの仕方、日本コンソーシアムとその戦略的経営者に必要な信頼財と人材の能力のタイプを述べてみた。まだまだ想定すべき課題はあると思われるので、あくまで知識の一半に過ぎない。しかし、このような分析方法と理解の仕方が、一半でもよいから必要だと考える。このようなものがないと、「参照するものはない、セオリーなどない、すべてケースバイケースだ」といった大ざっぱな感想を、実見した印象という一見科学的・実証的な言い方に乗せて、「アジアの水PPP事業に取り組むことは無駄な努力だ」という日本人関係者を増やすだけだと思われる。

　日本のODAで、アジア途上国の公営水道公社のサポートをしてきた成果は、日本コンソーシアムによるアジア途上国での水PPP事業に活かせる。それは、公共財・サービス生産での日本のODAによる技術移転には汎用性がある、と確かめられたことを意味する。水という公共財サービスを扱う上で、水PPP事業会社という事業形態は、水道事業を民間株式会社という事業形態で行うより、優れた事業形態である可能性がある。ESGを重視する利他性と接続性のポストモダン経営を、アジアで実践するのに相応しい投資形態だからだ。ただしアジア途上国の繁文縟礼主義とアジア公務員の体質をクリアするのは、困難なことかも知れない。しかしその克服法の一半は示せた、と筆者は考えている。日本コンソーシアムを形成するからこその強味もまたあるのだ、と読者に理解して頂けることを期待している（鈴木康二：元立命館アジア太平洋大学教授）。

【参考文献】

1）金子勇（2002）「少子高齢化と支え合う福祉社会」『中間集団が開く公共性』（公共哲学シリーズ第7巻）東京大学出版会

2）同書p.85-86

3）ニコラス・ルーマン（1988）『信頼─社会の複雑性とその縮減』（野崎和義、土方透訳）未来社

4）ケネス・J．アロー（1999）『組織の限界』（村上泰亮訳）p.97,岩波書店

5）ジョン・マッキー他（2014）『世界で一番たいせつにしたい会社』翔泳社

6）フィリップ・マリン（2012）『都市水道事業の官民連携－途上国における経験を検証する－』（齋藤博康訳）日本水道新聞社

●海外水ビジネスの眼● ⑧

水ビジネスと経営者

　水ビジネスについてのわが国での議論は、1997年にデンバーで開催されたG８サミットで橋本首相（当時）が寄生虫症の国際的対策の重要性を訴え、G８各国が協力分担して当たるべきことを強調し、翌1998年に橋本イニシアチブとしてG８サミット宣言がなされたことに端を発し、水をテーマに政策を考えることに繋がったものと推察する。

　さて、水ビジネス、と聞いて読者のみなさんは、何をイメージするだろうか。

　ペットボトルの水を販売する。水資源を買い付けて卸売りする。水道事業を自ら起業して生業とする。十人十色のイメージがあるのではないか。筆者としては、ビジネス＝商売＝営利目的の事業活動、の方程式をイメージするが、この中で、営利の点でも、各自十人十色の物差しがあると考える。つまり、年間の売上収入から必要な経費等を除して手元に残るお金＝価値（仮想上の数値）の多寡が、ある人は売上の10％以上で合格とする人もいるし、６％程度でも良いという人もいる。逆に、15％以上が当たり前、てな感じでいかぶる人もいるであろう。では、営利の水準における正解は、あるのだろうか。否、それぞれがビジネスであるし、どれも正解、どれも誤りではない、とも言える。

　次に、ヒト（経営者）の話である。世界のビジネスシーンで活躍していて、かつ有名な経営者と言えば、ビル・ゲイツ、スティーブ・ジョブズ、そしてマーク・ザッカーバーグといった方々を思い出す方もいるであろう。わが国では、松下幸之助、本田宗一郎、最近では孫正義や前澤友作が有名である。この方達は、優れた経営者と言われている。専門家（スペシャリスト）ではないが、世界的には経営者という職業が一般的に認知されているからであろう。日本では経営者＝職業というイメージが、それほど浸透していないのではないか。逆に言うと、日本では経営者が育ちにくい環境にあるとも言えるのではないか。

　では、水ビジネスにおける優れた経営者は誰か。今まで、わが国でこの点を論じられた事がないと思う。水道法が制定された1957年以降、2018年の水道法改正を経て現在も日本の水道事業は市町村経営が原則とされており、民営水道はとても限定的であった。市町村が経営する水道事業であるから、当然に会社法上の法人ではなく地方公営企業法によって規制された事業となっている。

　よって、有名な経営者の名前は、ビジネス誌を含め一般に取り上げられることなど皆無となる。当然、過去の水道事業体の事業管理者や技術管理者といった水道事業体のトップは、それなりに経営手腕を発揮して事業運営・経営を行ってきていることは言うまでもないが、ここでいう水ビジネスとは全く異なるシーンでのことになる。

　海外を含め、日本で有名な水道事業経営者という点では、カンボジアのエク・ソンチャン長官が唯一無二の存在ではないか。彼は、ポル・ポト時代を生き抜き、プノンペンの水道復興（整備）を日本の援助のもとで成し遂げ、今では、無収水率10％以下で蛇口から飲める水を利用者に提供できるまでに成長させ、カンボジアで株式公開までに至っている。2018年、この功績により、日本国外務大臣表彰およびJICA理事長表彰を受けた。本当に立派な水ビジネスの経営者だと思う。

　わが国でも今後、優れた水ビジネスの経営者が現れることを強く期待する。でないと、いつの間にか他国の優れた経営者に経営を委ねてしまうことになるやもしれない。2018年の水道法改正によって、水道が民営化され水道サービスの低下を招く、とゴシップ記事になっているが、優れた経営者が出現すれば、そんなバカげた事態には至らない。水道利用者にとって、より良い水道サービスを提供することが水ビジネスの真の目標・目的である。優れた経営者であるならば決してブレないとの思いを込めて。　　　　　　　　　　　　　　　（ギエモン）

3.7　ベトナム2020年PPP法の 内容とそれを活かす戦略

3.7.1　ベトナム2020年PPP法の成立とその特色

（1）ベトナムPPP法は2020年6月に制定された

"Law on Public Private Partnership Investment"（PPP投資法だが、以下、「PPP法」という。）は、Law Nr. 64/2020/QH14として2020年6月18日に国会で制定された。全11章全101条よりなる。ベトナムではPPPは投資法の一類型とみなされている。投資法は直接投資と間接投資、そして内国投資・ベトナムへの外国投資・ベトナムからの外国投資を包括的に扱っている。ベトナムへの直接外国投資の形態としては、新規・既存を問わずベトナム法人に投資する合弁投資、100％子会社による投資、PPP投資があり、法人組織は作らないが事業登録はする合作投資があるとの考えだ。本PPP法で規定するPPP事業は新規事業であるBOT、BOO、BTO契約と、国家がリース料を支払うBTL、BLTそれに既存施設・サービス事業の運営のみを行うO＆M契約がある。既存事業の改修・規模拡張事業（いわゆるROT〈Rehabilitate Operate Transfer〉、RT〈Rehabilitate Transfer〉、RTO〈Rehabilitate Transfer Operate〉）は格別に規定されていない。BTは禁止され、コンセッション方式はない。

　従来のベトナムにおけるPPP法令は政令であり、法律の形式を採っていなかった。2014年投資法第27条で規定されているPPP形式による投資の内容を規定する下部法規の位置付けだった。今般、PPP投資は、ベトナムで初めて法律という形式でPPP法により規定されることとなった。全面改訂された投資法は法律61号として、PPP法の前日の6月17日に国会で採択された。新投資法においては、PPP形式による投資は、投資の形式としては他の投資と同じだが、権限、手続きにおいて異なる投資との位置付けだ。新投資法の第4条「投資法及び関係法律の適用」の条文が適用されない投資として、c号に以下のように規定されている。

c）PPP法の規定に従って実施される、PPP形式に従う投資プロジェクトに直接適用される投資の権限、手順、手続、プロジェクトの実施；プロジェクト契約を調整する法令：国家資本の投資の保障、管理制度。

（2）ベトナムPPP法制定の意義と問題点

本法が成立した意義と成立しても残る問題点を以下にまとめた。

1）PPP全体の見通しが良くなった

外資が参加するPPP事業がおよそ少なかった近時の傾向が変わる可能性がある。少なかった主な理由には以下があると思われる。PPP政令では総投資額に占める自己資金比率が高すぎる要求をしていた。政府保証をおよそ出さないで投資家に負担を強要していた。政令下でのPPP事業では、ベトナムの上級公務員の裁量の余地が広すぎて法的予測可能性が低かった。本PPP法は法律なので法的予測可能性が格段と高まった。

計画投資省（Ministry of Planning & Investment：MPI）と財務省（MOF）がPPP政令の旗を振っていたが、各種公的インフラを所轄する中央省庁と省クラスの人民委員会の上級公務員は、旗振れど踊らずの状態で、PPP案件の形成に協力してこなかった。公的インフラを従来通り国家予算で建設した方が、自らが属する国家機関のインフラ案件を主導する力が維持できるし、業務も容易だからだ。PPPになるとインフラ案件を主導する力がMPIとMOFに大きく移動してしまう一方で、業務負担は増える。そこに、各インフラを所轄する国家機関がPPP事業の案件形成に積極的ではなかった一因があると筆者は考える。

PPP法は法律なので、ベトナムの公務員の裁量の余地が減る一方で、公務員全体が本法律を知らないとは言えなくなった。

本PPP法を国会で立法した背景には、全面的に国家予算に頼る公的インフラ建設が困難になっていることを、MPI・MOFのみならず各インフラを所轄する国家機関と共産党員が大宗を占める国会議員にわかってもらう必要があったからだと思われる。これまでは公的インフラを、ODAを含む対外借入を積極的に行って国家予算で建設して経済成長に寄与させようとした。しかし、寄与の効果が不充分な段階で、公的対外債務が膨れ上がり、これ以上の政府の積極的な対外借入れはし難くなった。公的インフラ建設による経済発展を通しての国民の経済生活水準の向上は、国民各層からの社会主義政権支持を維持していくために必要だ。この状況下では、公的インフラ建設に民間資金を導入するPPPは不可欠なので、各インフラを所轄する国家機関はPPP案件形成に動かざるを得ない環境を法律で作っても反対はでない。

2）PPP事業会社が外国金融機関から借りる際に政府保証を出す可能性はなくなった

政府保証が出ないため、本来はPPP部分であったものを、ODA部分を切り離し、PPP部分を小さくする試みが必要となる場合が増えると思われる。いわゆる上下分離方式だ。その場合、PPP事業会社と本国政府とベトナムの中央政府・地方政府との間の組織間の連携の良さと能力の高さが試されることになる。ODAローンを使うPPP投資事業はすべて首相に原則的な投資承認権限がある（第12条第2項b号）。

上下分離方式でのPPP事業投資は、PPP事業の収益率を高めないと投資家が集められない場合に使われる。採算性の低い下の部分をODAローンに任せて、上の部分をPPP事業会社に対するシニ

アローンとしてJBICや市中銀行から借りる。この場合、PPP事業投資は上の部分だけだとされれば、首相による原則的な投資承認は不要となるが、多分上下一体でPPP事業投資の原則的承認を得ると思われるので、首相による原則的承認が必要になると思われる。ODAローンがシニアローンになることはないので、PPP事業のシニアローンに政府保証が付いたわけではない。

3）VGFのメカニズムが初めて規定された

　毎年の実収入と計画での収入額の差が25％を超える場合、政府と投資家・PPP事業会社の二者間で超過額・未達額を折半して負担することが明記された。以下の「第7章　投資優遇と投資保証」の章中の、第82条第2項が、収入不足の場合の、国家が負担する仕組みの規定である。

第82条　事業収入の超過と不足をシェアするメカニズム
　第2項　実収入がPPP事業契約における財務計画の収入の75％に満たない場合、国家は、財務計画の収入の75％と実収入の差額の半額を、投資家、PPP事業会社と折半して負担する。ただし、以下の条件を満たしていなければならず、投資家、PPP事業会社から未達分の折半の申請が国家に対してなされる。

4）コンセッション権という担保権は創設しなかった

　コンセッション方式に近い形にしようとしても、コンセッション権という担保権の創設はしなかったために、コンセッション方式は使われない可能性が高い。しかし、ベトナムには売掛金を担保にして国家に登録する政令はある。実際にはベトナムの国営金融機関で一年程度の売掛金債権を担保に貸すことしか行われていないらしいが、PPPの長期売掛金債権担保設定も考えられなくはない。ほとんどの先進国はコンセッション権という担保権を創設している。そのため、料金設定はPPP事業会社に任せ、第三者委員会ないし政府との会談で料金を5年ごとに見直す方式をとる。

　ベトナムは、社会主義国として国家が国民に公共サービスを権威的に供給するという形を維持したい。公共料金設定をPPP事業会社に任せることを極端に嫌う。そのため、コンセッション方式を法文上に書かず、料金設定権は政府側が持ち、かつ料金徴収業務もなるべくPPP事業会社、特に海外直接投資（FDI）に任せない考えがある。

5）ベトナムの繁文縟礼主義はPPP法の中にも多く見られる

　手続きがいまだ煩雑で国家の関与・チェック・監査が多すぎる。全101条からなる法律の中で、審査、検査、監査、監督、責任についてしか書いていない条文が12条と12％を占める。ベトナムの社会主義下での政治システムは集団指導制が基本だ。共産党の集団指導グループが合意をしながら社会を統治する。受け身な対応をする公務員が多い政府において、公務員の関与・チェック・監査は事業の妨げになることをベトナム国家はわかっていながら、その体質改善は容易ではない。

　「本条について政府はガイダンスを作成して配布する」との規定のある条文は13条ある。約13％の条文が、当該条文を読んだだけでは理解しがたい、ないし説明不足だと立法者は自覚している。

このような規定の仕方は、「ガイダンスが出ていないから対応はしない。対応はできない」と言い抜けるベトナム公務員が多く出てくることも予想される。

　中央レベルのPPP事業では国会承認が必要なメガPPPを除き、すべて長が責任を持つ。水事業は地方の省レベルのPPP事業となることがほとんどだ。原則的な投資承認は省レベルの人民議会（日本で言えば県議会）が決定権を持ち、投資承認は省レベルの人民委員会の長（日本で言えば県知事）が行うという、二段階の投資承認となる。省レベルの人民委員会に勤務する地方公務員は、長の判断を聞いていればよいではなく、省レベルの人民議会の判断を聞かねばならず、もともと研修機会が極端に少なく、他の国家組織との調整、そして地場企業優遇を考えると、動かないのが身の安全と考える公務員が増えると予想される。プノンペンの奇跡を生んだカンボジアのエク・ソンチャン[1]のような公務員がベトナムに現れる可能性は低いと思われる。

（3）アジアのPPP法令は手続き中心

　アジアにはPPPに関する法令は多くあるが、PPP事業をする民間企業をどうやって政府が集めて規制・監督するかの手続きを規定するばかりである。中には法律と銘打ったPPP法令もあるが、手続きを書くのに終始している。PPP投資法という法律の形式でPPP投資のリスク分担のメカニズムの一部であるVGFにまで踏み込んで規定した国はベトナムが初である。アジアのPPP法令の性格の傾向を表3.7.1にまとめて見た。

表3.7.1　アジアのPPP法令の性格の傾向

	法律か政令かGuidanceか	Institution Oriented	Procedure oriented	Mechanism oriented
先進国	law		○	◎
Vietnam	PPP Law 2020		○	△VGF
Thailand	PPP Law 2019		◎	
Cambodia	Concession Law 2007		○	
Indonesia	Decree 2015	○	△	
Lao	Decree 2015		○	
Pakistan	PPP Authority Act 2017		△	
Singapore	PPP Handbook 2012	取組姿勢と態度重視		
Malaysia	PPP Guideline 2009		○	
Nepal	PPP Policy 2015	取組姿勢		
Bangladesh	PPP Law 2015		○	
Mauritius	PPP Act 2016		○	
Mongolia	Concession Law 2010		◎	○政府保証有
India	PPP Policy draft 2011		◎	○VfM,VGF
China	無し			
Philippines	BOT Law 1994		◎	

（出所: 筆者作成、https://ppp.worldbank.org 他の法文を読んで筆者が性格と傾向をまとめた。◎、○、△の順に傾向は弱くなる）

アジア諸国のPPP法令の性格は手続き・プロセス中心だ。インドネシアの大統領規則では政府保証も出せるような書き方をしているが、本音は政府も出資する投資ファンドのような機関設立に焦点がある。先進国のPPP法令は、VfM、VGF、コンセッション権、住民・専門家も入れた料金設定の定期的な見直し制度といった、リスク負担のメカニズム中心のPPP法律になっている。

　中国には中央政府ベースのPPP法令がない。1990年代央、香港企業Hopewellによる広東省の火力発電所BOT案件の投資収益率が16％なのは、外資に中国の富を搾取されている例だとの批判が全人代であり、長沙火力発電所BOT計画が廃止に追い込まれた苦い経験が、中国の中央政府である国務院にはある。BOT立法を断念した原因だ。一方、省ベースの法令に基づくPPP案件は数多くある。

　インドにもPPP法令がない。連邦政府は2011年にリスク負担メカニズムのあるPPP Policy Draftを出したが法令になっていない。日本のOrixが23％出資するインド最大のインフラ融資ノンバンクIL&FSは2018年に経営破綻している。

3.7.2　PPP法の構成と定義条項

　ベトナムPPP法の全11章全101条は、以下の構成よりできている。
　全11章の章の標題は以下である。
　　第1章　総則　Art.1-11
　　第2章　PPP事業の準備　Art.12-27
　　第3章　投資家の選定　Art.28-43
　　第4章　PPP事業会社の設立と運営；PPP事業契約　Art.44-55
　　第5章　PPP事業契約の執行　Art.56-68
　　第6章　PPP事業執行のための資金源　Art.69-78
　　第7章　投資優遇と投資保証　Art.79-82
　　第8章　PPP投資活動に対する審査、検査、国家監査そして監督　Art.83-88
　　第9章　PPP投資に関する国家行政機関の義務、権限そして責任　Art.89-94
　　第10章　不服処理、紛争処理そしてPPP投資に対する違反への対応　Art.95-99
　　第11章　施行に関する条項　Art.99-101

　各章で、重要ないし特色があると思われる規定を以下に挙げる。具体的なPPP事業に即して考えると理解しやすいと考え、上水道PPP事業を主たる例として検討してみる。
　第1章　総則（第1－11条）では定義条項がポイントとなる。
　定義条項（第5条）において、各種国家機関の呼称について以下の用語で使い分けされている。
　①所轄機関（competent agency）は、国家の中央省庁、省レベルの人民委員会（日本でいう県庁）などの行政官庁。
　②所轄組織（competent organization）は、国家の組織で、行政官庁より委任を受けて一定の行政をする組織、政府傘下の国有企業、省レベルの人民委員会傘下の公営企業、裁判所など常設の国

家組織。

　③所轄する権限官庁（competent authority）は、法律で所轄する権限をあたえられた国家機関（行政のみならず国会や省レベルの人民議会（日本の県議会）。

　その他に、所轄機関より特定の業務の遂行を委任された行政府内の一部局をunitと呼び、特別の業務の面から当該unitを呼ぶときはentity（例えばprocuring entity：調達組織）と呼ぶようである。

　入札保証、契約保証を出す金融機関は、第3条第3・4項でベトナムにおける金融機関と述べられているので、外国銀行はベトナムにある支店と、出資しているベトナムでの金融機関が出すことになる。外国銀行の海外本店やベトナム以外にある海外銀行支店は出せない。保証実行の際のベトナムでの執行がしやすいためだ。

　既存の施設を改修・拡張するPPP事業を格別にPPPの一契約タイプとしない（第3条第9項b号）。諸外国では新設の場合のみBuildと呼び、既存の施設の改修・拡張の場合はRehabilitationとして別の様式、BOTに比してROTと言った呼び方をするが、ベトナムではBuildに含めている。第45条第4項で、「既存の施設の改修・拡張の事業の場合、PPP事業会社は、その供給する公共財サービスの利用料を、直接、利用者から徴収してはならない」と規定する。従来の施設の事業体である国有企業・公営企業が、従来通り利用料徴収者であり続ける、との意味である。利用者である国民や組織に対し、国家が公共財サービスを供給しているとのイメージを崩したくない。新設の場合でも、上水道料は公営水道公社が徴収し、水道PPP事業会社は、たとえ直接使用者に配水したとしても、水道使用料は公営水道公社から貰う水の卸売会社となると思われる。

3.7.3　PPP事業の二段階の投資承認とF／S

　第2章　PPP事業の準備（第12−27条）では、PPP事業は国家機関の側から提案するものと投資家が提案するものとがあるとして二つの節に分かれている。

　第1節　所轄機関によるPPP事業の形成　Art.12-25
　第2節　投資家が提案するPPP事業　Art.26-27
　PPP事業投資の原則的な承認を国会が行うPPP事業の投資規模は10兆ドン以上（＝450億円以上）の巨大案件である（第12条第1項a号）[注]。

　（注）以下すべての条文の参照の仕方において漢字表記と英文表記を統一しようと考えたが困難だとわかった。同一条文を別表記している場合があると理解していただきたい。

　ODAローンを使うPPP投資事業はすべて首相に原則的な投資承認権限がある（第12条第2項b号）。ODAローンは政府間交換公文によりなされる。外交権限は政府にあるので、政府を代表する首相の承認が必要となる。ODAローンは対外公的債務になるので、この場合はPPP事業に政府保証が付いたのと同じ意味になる。ほとんどないケースだろう。

　PPP事業の投資承認には、pre F／Sに基づく原則的な投資事業の承認と、F／Sに基づく投資事業承認の二段階がある。承認権限者が異なる。**表3.7.2**で示す。特に原則的な投資承認権限が、行

政府になく立法府である国会と省レベル人民議会にある場合があることに留意する。外資は政府にはアプローチできても議会にはアプローチしにくい。投資事業承認の権限者は原則的な投資事業承認の権限者と異なり、国家機関の長が行う。表3.7.2に示す通り、PPP事業はベトナムの国家機関がpre F／SとF／Sを行って投資事業の承認を受けるものと、投資家が提案して投資家がpre F／SとF／Sを行って投資事業の承認を受けるものの二種がある。日本企業には投資家提案のPPP事業の方が取り組みやすいと思われる。日本コンソーシアム独自の技術、ノウハウ、金融手段・ビジネスプランを示した提案がしやすいからだ。

表3.7.2　PPP事業の二段階の投資承認と投資家によるPPP事業の提案

事業の提案者	原則的な投資事業の承認者	投資事業の承認者
国家	pre F/S に基づく承認	F/S に基づく承認
	国会	首相
	首相	公共投資が国家中央予算に関する投資事業について、大臣または他の中央レベルの国家機関の長
	首相	公共投資が国家地方予算に関する投資事業について、省レベルの人民委員会の委員長
	大臣または他の中央レベルの国家機関の長	大臣または他の中央レベルの国家機関の長
	省レベルの人民議会	省レベルの人民委員会の委員長
	第12条	第21条
投資家	国家の所轄機関のいずれかにpre F/SをするIII申請すると、pre F/Sに基づき、原則的な投資承認をする権限のある所轄機関が、投資家がpre F/Sをしてよいのか、してはならないのかの返答がくる。拒否された場合は、拒否理由が示される（第27第1項b号）。 拒否の場合、pre F/Sの費用は投資家が負担する（第27条第1項dd号）。 受け入れられた場合は、当該所轄機関に投資家は自ら行ったpre F/Sを示して原則的な投資承認を第12条によって受ける（第27条第2項）。 pre F/S作成費用は投資金額に含まれる。入札ないしは競争による交渉（第38条）で受注できない場合、pre F/S作成費用は提案者に返還される（第27条第6項）。	投資家はF/Sを作成し、指定された所轄機関のF/S審査部局に提出する。F/Sが受け入れられると投資承認が第21条によりF/Sがなされる（第27条第3項c号）。 F/Sが拒否されると投資承認はされないので、F/S作成費用は投資家の負担となる（第27条第3項d号）。 その後の公開入札ないし競争による交渉で提案者＝投資家が受注するとF/S作成費用は投資金額に加えられ、失注すると、F/S作成費用は提案者に返還される（第27条第6項）。

(出所：筆者作成)

しかし、独自の技術、ノウハウのような営業秘密は、独自の金融手段・ビジネスプランも含めて、ベトナム国家機関の審査と投資承認の過程で漏洩の可能性がある。レッドテープの対象にもなりやすく、裁量権の逸脱もあり得る。第27条第4項b号に営業秘密保持契約について、PPP事業の提案

者と国家機関の間で結ぶ規定がある。しかし、この規定は、提案されたPPP事業が投資承認を得て、入札ないし限定交渉になる前になされる公告に関する規定だ。投資家が作成するpre F／S、F／Sが、審査過程で拒否された場合ないし、pre F／Sが受け入れられて原則的な投資事業の承認がなされ、F／Sに掛かる際には適用されない。pre F／Sを提案すると同時に営業秘密保持契約につき、PPP事業の提案者と国家機関の間で結ぶ必要がある。pre F／Sをやらせてくれと国家機関に働きかける段階での営業秘密保持の契約はできないので、働きかける際の国家機関とのコミュニケーションの仕方には工夫が必要となる。

　投資家提案のPPP投資事業のpre F／S作成に当たっては、土地取得費を見積もっておかないと、国家資金による支援が得られない可能性があることに留意する。建設段階に係る土地取得費（補償費、再定住費）は国家資本による支援対象だ（第69条第1項c号）。支援額は、原則的な投資承認を得る際に提出するpre F／Sの中の、予備段階での財務計画における国家資本の支援の比率でもって決めるとある（第70条第2項）。原則的な投資承認を得る際に提出するpre F／Sの内容を規定する第14条第3項dd号は、「予備段階での総投資額；予備段階での事業の財務モデル評価（assessment）；（もしあれば）予備段階での事業における国家資本の使用に関するスケジュール」とある。この「事業の財務モデル評価」の中で、「支援を受けたい国家資本額も記載されていなければならない（もしあれば）」と書かれているが、「必ずある」と思って対処する必要がある。この規定は第2章第1節の「所轄機関によるPPP事業の形成」の中にあるが、第2章第2節の「投資家が提案するPPP事業」でも適用される。第27条第2項の投資家から提案された事業を評価し承認する際の典拠となる条文の中に、「担当機関によるPPP事業の形成」について規定する本第14条が記載されているからである。「一番最初に提出したpre F／Sで建設費用の中で土地取得に関する国家資金支援予定額が書いてないので、今になって国家資金は出せない」と言われてしまう。大きなミスを誘導し兼ねない条文の書き振りになっている。

3.7.4　PPP事業の二段階の投資承認とF／Sそして入札

　第3章　投資家の選定（第28−43条）は以下の三つの節からなっている。
　　第1節　投資家選定についての総則　Art.28-36
　　第2節　投資家選定の手続き　Art.37-40
　　第3節　資格審査と入札における評価方法と評価基準　Art.41-43

　プラント入札やPPP事業入札では、一般的に資格審査の入札と価格入札の二段階で行われるが、ベトナムでは資格審査は入札とは考えず、入札のための資格審査だと考えている。本法第28条第1・2項は、資格審査は「もし適用されれば」ショートリストの選定という形で行われると規定している。PPP事業は原則的な投資承認と投資承認の二段階がある。入札のための資格審査は第41条に規定しており、いずれかの投資承認があった後でショートリストの作成と言う形で、他国で言う資格審査の入札が行われると思われる。
　第3条12・14号、第36条第2項b号を合わせて読めば、調達組織が事前資格審査を行い、その結

果ショートリストを作る、と理解できる。ショートリストの選定に「もし適用されれば」と書くのは、ショートリストで選定されるほど応札する投資家の数がいれば、という意味だろう。投資家提案のPPP投資事業では、応札者は少ないと想定されるので、応札者が三者以下の競争による交渉が行われるだろう。

　投資家選定は、公開入札、競争による交渉、直接指名、特別のケースにおける投資家選定の四種がある（第37・38・39・40条）。入札条件を満たす応札者の数が三者以下なら競争による交渉になるが、通常は応札者の数を制限してはならない公開入札になる。ベトナムでは、事前資格審査は入札ではなく、入札のための事前資格審査なので、事前資格審査で絞ってショートリストに乗った者にしか公開入札に参加できない場合でも、応札者の数を制限してはならないとの規定との乖離はない。

　PPP事業を上下分離方式で行い、ODAローンを採算性の低い投資部分にして、採算性の良い投資部分のみ入札に架けた際に、それは公開入札でなく、特別のケースにおける投資家選定になるのではないか、との考えもあり得る。筆者は、下部分を担当するODAローンで、上部分に応札するのは日本企業ないし日本コンソーシアムのみだ、と条件付けることは無理なので、上部分のPPP事業は公開入札になると考える。VGFローンを日本のODAローンで出した場合も、ODAローンの利用者を日系企業に限る制限は掛けられないと考えるので、やはり特別のケースにおける投資家選定にはならないと思われる。

　VGFローンを日本のJBICローンで出して、JBICがPPP事業会社に対してシニアローンを出す場合は、特別のケースにおける投資家選定とすることにつきベトナムの調達組織は同意する可能性がある。VGFローンの利用者は日系企業ないし投資家である日本企業に限られるからである。日本コンソーシアムが受注する複数のベトナムでのPPP事業に対してVGFローンを、JBICがベトナム政府に対して出す意義は此処にあるのかもしれない。3.7.3　PPP事業の二段階の投資承認とF／Sで述べた日本コンソーシアム独自の金融手段・ビジネスプランとなり得るアイデアかもしれない。このアイデアは、pre F／Sをして良いとの国家機関からの返答があった際に、所轄機関との間の秘密保持契約を結ぶことに成功すれば、中韓企業が真似することを防止できる可能性はある。しかし、ベトナムの所轄機関がpre F／S段階から秘密保持契約に応じるとは考えにくい。第27条第4項b号に「資金調達に関する秘密の協定」も秘密保持契約の対象にできると規定するので、提案されたPPP事業が投資承認を得た直後に、秘密保持契約の内容にして契約締結を求めた場合、ベトナムの国家機関は拒否できないと考える。

　入札担保の金額は、入札を行う国家機関が示す入札書類の中で示されるが、その金額は総投資額の0.5〜1.5％の範囲で決められる（第33条第1項）。

　表3.7.3に事前資格審査と入札評価の評価基準をまとめてみた。この表を見ると、どこにも施設の初期投資コストが低いことで比較する評価法は書かれていない。しかし政治家・上級公務員をプライスハンター（3.6.3　各フェーズ別の課題克服法と私・互・共・公・商のコミュニケーション参照）にする要素は、入札評価における「料金・手数料、施設建設への国家資本への依存」が低いことを「比較とランキング法」で評価する方法にある。施設の初期投資コストが低ければ低いだけ

表 3.7.3　事前資格審査と入札評価の評価基準

受注における考慮事項	事前資格審査	入札評価
第43条	第41条	第42条
入札保証	得点合計法のみ。	三種の評価法を使う。
能力と経験	コンソーシアム応札の場合、30%以上の主たる投資家と15%以上の投資家の能力と経験を見る（第41条第2項a号後段）。得点合計法なので能力経験ある主たる投資家の出資比率が高いと有利。	第41条第2項による。同右。
技術面での必要性		得点合計法ないし有無法、品質水準、規模容量と効率性、運転・経営・ビジネス行動・維持の水準、環境保護と安全、その他技術水準（第42条第2項）。
財務・商業の必要性	財務・商業の能力と経験、金融調達力、同種の事業を実施した経験（第41条第2項a号前段）。	入札書類に記載された比較とランキング法。料金・手数料、施設建設への国家資本への依存、社会の便益と国家の便益（第42条第3項）。
入札ランク第一位	事業実施の予備的な計画と実施への関与度合い。過去と現在の契約紛争と訴訟の履歴。	

（出所：筆者作成）

「料金・手数料、施設建設への国家資本への依存」は低くなる。「比較とランキング法」の詳細は入札書類で示されるので、そこでライバル企業に勝てないまでも負けないだけのランキングを得る必要がある。

　日本企業コンソーシアムは、「技術面での必要性」の「品質水準、規模容量と効率性、運転・経営・ビジネス行動・維持の水準、環境保護と安全、その他技術水準」で強味を発揮できる。しかし、「技術面での必要性」は「得点合計法ないし有無法」で評価されるために、差別化がされ難い。これらの要素の中でトレードオフの関係になっているものがあれば、両者が相俟って得点が上がらないおそれがある。「環境保護と安全」に力を入れると「効率性」が落ちる可能性がある。「維持の水準」が高ければ、比較とランキング法による「財務・商業の必要性」の最重要要素である「料金」を、長期的には低減させるが、短期的には上げてしまう。それは日本コンソーシアムがアピールしたい、水道事業での施設運転の高い技術と施設サービス維持の品質が良いことが、入札ランキング一位を得ることに反映しないことになる。

　「維持の水準」が高いことが、比較とランキング法による「財務・商業の必要性」の最重要要素である「料金」を、長期的にも短期的にも低減させる工夫が必要だ。そこに日本のODAにより地方公営企業が水道技術移転をしてきた実績と経験の出番がある。水道管・浄水場・ネットワークの繋ぎ方の工夫と水道作業員の能力向上の工夫で、短期的にもこれだけ料金は下げられる、と数字で言えればよい。これはライバルの中韓企業もベトナムの水道公社も欧米の水バロンもできないノウハウだ。そのノウハウは応札に活かせる。

　「環境保護と安全」に力を入れると、運転時の水道作業員の点検手法のカイゼンとモチベーション向上で、短期的にも長期的にも「効率性」はこれだけ上がるということを、数字で表せれば、技術面のトレードオフはなくなり、かつ料金の低さに落とし込めるので、比較とランキング法による

ランキング向上に寄与する。これもまた、ライバル達はできない日本の水道局が海外ODAで蓄積してきたノウハウの活かし方だと筆者は考える。

　個々の技術移転の成果や技術向上の成果を個々に実証的に言うのは、成果を優先様式とするモダンの文明である。個々の技術移転・技術向上の意味を数字に落とし込んで差異を作り出し、入札評価をするモダンの文明下のベトナム国家機関の公務員達にもわかる成果として示すのが、ポストモダンの日本コンソーシアムの戦略的経営者の仕事だと考える。ポストモダンは差異を優先様式とする意味の文明である。ポストモダンのアジア経営の考え方の一例となると筆者には思える。

3.7.5　PPP事業の契約の種類と特色

　第4章　PPP事業会社の設立と運営；PPP事業契約（第44－55条）で気付いたポイントを述べる。PPP事業会社の種類と特色について**表3.7.4**、**表3.7.5**を作成した。

　PPP事業会社では、どの契約形態を採ればどのような特色があるのかを想定したのが**表3.7.5**である。

表3.7.4　PPP事業会社の種類

条文根拠	条文内容
BOT： 第45条第1項a号	a) BOT契約は、投資家、PPP事業会社が施設・インフラシステムを建設し、その後一定期間運営し、期間終了とともに施設・インフラシステムを国家に引き渡す契約である。
BTO： 第45条第1項b号	b) BTO契約は、投資家、PPP事業会社が施設・インフラシステムを建設し、建設終了とともに国家に引き渡し、その後一定期間運営する権利を得るコンセッション契約である。
BOO： 第45条第1項c号	c) BOO契約は、投資家、PPP事業会社が施設・インフラシステムを建設し、一定期間、所有し運営するコンセッションを得て、一定期間終了後に、投資家、PPP事業会社が、契約を終了させる契約である。
O&M： 第45条第1項d号	d) O&M契約は、投資家、PPP事業会社が既存の施設・インフラシステムの一部ないしは全部を、一定期間、運営するコンセッションを得て、一定期間終了後に、投資家、PPP事業会社が、契約を終了させる契約である。
BTL： 第45条第2項a号	a) BTL契約は、投資家、PPP事業会社が施設・インフラシステムを建設するとともに国家に所有権を移転し、その後で一定期間、その施設・インフラシステムを使用して操業する権利を得る公共財・サービス供給契約である。契約締結機関は、投資家、PPP事業会社に対価を支払って当該サービス事業を賃貸(lease)する。
BLT： 第45条第2項b号	b) BLT契約は、投資家、PPP事業会社が施設・インフラシステムを建設し、一定期間その施設・インフラシステムを使用して操業する、公共財・サービス供給契約である。契約締結機関は、投資家、PPP事業会社に対価を支払って当該サービス事業を賃貸(lease)し、一定期間が終了すると国家に施設、インフラシステムを移転する契約である。
ミックスした契約： 第45条第3項	第1,2項の契約のミックスした契約もある。
BT： 禁止されたので根拠なし	BT契約では、投資家、PPP事業会社が施設を建設し、施設を国家に引き渡し国家は対価を支払う。ベトナムでは対価として土地使用権を与えていた。投資家はその土地使用権の上に付加施設と称した民間施設事業で儲けられた。

（出所：ベトナムPPP法）

表3.7.5　各PPP事業会社の特色

契約	想定される 投資規模	想定される 公共財サービス	金融組成力	経営者の経営 のポイント
BOT	すべての規模	施設投資が大きい公共財	BOO より低い。担保は所有する資産と長期売り掛け債権	建設の遅れとコストオーバーランを防止する
BTO	中規模	施設投資が中心の公共財	移転の支払対価を政府は ODA 調達によることが可能	建設会社の運営委託では建設会社の理解不足に苦労
BOO	すべての規模	施設投資が大きい公共財。収益率 BOT より低いので、同じ土地内に付帯施設建設を認めて収益率を上げる手法も使われる	高い。担保は所有する資産と長期売掛債権	運営で儲ける工夫
O&M	小さい	公共サービス(病院・介護)、インフラシステム(公共サービスのIT システム化の開発)。既存施設を使う	施設建設は不要 低い。借りる必要なし	サービス受託の質の維持
BTL	小さい	移転対価が少なくて済む小規模の公共施設の新設ないし既存施設の拡張(料金の直接徴収不可)	低い	支払われる賃貸料と運営維持費
BLT	小さいが BTL より大きい	中規模の公共施設の新設ないし既存施設の拡張(料金の直接徴収不可)	低い	支払われる賃貸料と運営維持費
BT (禁止された契約)	中小規模	よい土地使用権狙いの建設会社の戦術で、公共財の質は無視された	T 時の対価が土地使用権で賄賂の温床となったので禁止された	

(出所: 筆者作成)

　PPP事業会社の契約形態の選択の例として以下を考えてみた。

　本PPP法の国会採択の前日に国会で採択され、PPP法と同様に2021年1月1日に発効した法律に投資法がある。従来の2014年投資法を全面的に書き換えている。新投資法の投資優遇対象事業を規定する第15条第2項dd号で「技術移転に関する法令の規定に従った移転奨励技術目録に属する技術移転をするプロジェクト」が新設された。他方、ベトナム政府は知的財産関連を中心とする政府方針を示し、その中に「PPP方式に基づきテクノロジーに関する優秀な教育・訓練センター」が示されたとの報道がある。これは日本企業にとってPPP事業投資のチャンスになる。本教育・訓練センターを、施設・機材はベトナム政府が揃えて、教育・訓練のみPPP事業会社に任せるのだとしたら、O&M契約が選ばれるだろう。施設の建設・機材の導入もPPP事業会社に任せるのだとしたら、BOT契約かBOO契約が選ばれるだろう。

3.7.6　PPP事業での土地問題

　第5章　PPP事業契約の執行（第56-68条）で気付いたポイントを述べる。第5章は、以下の3節に分かれている。
　第1節　施設の建設、インフラストラクチャー・システム　Art.56-61
　第2節　施設とインフラシステムに関する経営・運営・ビジネス行為の遂行　Art.62-66
　第3節　施設とインフラストラクチャー・システムの移転とPPP事業契約の清算　Art.67-68

　第1節では、第56条の「建設用地の準備」と第58条の「コントラクターの地元優先」の規定が注目される。土地問題は詳論しなければならないので、施設の建設問題として挙げられているコントラクターは地元企業優先、労働者も地元優先を規定する第58条第4・5項を先に説明する。コントラクターは地元企業優先と規定される中で、在ベトナム日系建設会社は地元企業かの問題がある。筆者は地元企業（＝domestic contractor）と見なされるだろうと考える。ベトナム法人として登録されているからである。建設スケジュールの遅れを招かないためにも、コントラクターの中に現地日系企業を加えるべきだと考える。中国企業の行う海外PPP事業や一帯一路事業で、中国人労働者を海外に派遣するのは、安い労働力、コミュニケーションが中国語でできることの他に、建設スケジュール管理がしやすいことがある。ベトナム人労働者優先規定は、中国企業の受注には不利に働くが、日本コンソーシアムに有利に働くには、建設段階専門のプロジェクト・マネージャーを雇う必要があると考える。

　第1節では第56条の「建設用地の準備」での土地問題は重要である。水PPP事業は都市部で行われることが多いので、新規事業で用地が必要な場合、土地使用権を持つ住民に保証して立ち退いてもらう交渉がある。

　土地取得の遅れがPPP事業の大幅な遅れの原因になっているのは、インドネシアでの中国企業が受注したジャカルタ・バンドン高速鉄道PPP事業や、日本企業が受注した中部ジャワ石炭火力発電PPP事業で悪名が高い。ベトナムの土地はすべて国有だが、PPP事業会社が土地使用権を得られるかは問題となる。上水道PPP事業で見ると、既存の水道公社の持つ土地が使える事業ならよいが、都市の街中に水圧低下を防止するための新設設備を置くとしたらどこに置くかが問題になる。

　第56条は以下を規定する。
「省レベルの人民委員会は、関係機関、契約締結機関と協力して、土地収用（land clearance）と土地の配置ないし土地使用を主導する。その上で、省レベルの人民委員会は、事業が実施できるように、土地法令とPPP事業契約その他関係契約に従って、土地を引き渡す」。

　土地取得と住民への補償、立ち退いた住民の再定住費用は、PPP事業への国家資金の支援が得られると第69条第1項c号にある。しかし、人民委員会が土地取得費と住民への補償費を安くするように交渉してくれるわけではない。PPP事業会社が使う土地を収用して引き渡す一方で、土地取得費・補償費・住民の再定住費用については国家資金で支援すると言っているだけだ。第69条第2項

は「土地所得にかかる費用と施設建設費用に対する国家支援額は事業の総投資額の50％を限度とする」と規定している。

　入札で評価されるのは国家資金への依存度が低く、料金が低くなるような総投資額が少ないPPP事業だ。土地取得費が低ければ、総投資額は低くなるし、土地取得費に使える国家資金の支援額が総投資額に占める比率も低くなる。土地取得費は低いに越したことはないが、だからと言って、土地への補償費を値切っているわけではない。「妥当な水準で補償費を支払うのだから、受け入れてくれ」との説得力と交渉力のある人材が日本コンソーシアムに必要だ。住民に妥当な金額の水準で立ち退いてもらう交渉には、交渉力ある現地人スタッフが欠かせない。

　その交渉力は、立ち退いてもらう住民との間のみならず、立ち退きを支援する省レベルの人民委員会の公務員との間でも、発揮される必要がある。「外資は金持ちなのに立退き費用を安く値切っている」と考えるのが、普通のベトナム国民だ。提示している補償費と再定住費は妥当な金額だ、との助言を、省レベルの人民委員会の公務員の立ち退き支援の仕事にしてもらう交渉力だ。「値切る交渉をしているのではなく、ベトナム国家が土地収用する際の補償費以上に支払っている」、「補償交渉が長引いたり、補償費が高額過ぎると、公共財サービスの価格が高くなり、高品質の公共財サービスが受けられる時期も遅くなる」、「公益が私欲の犠牲になりかねない事態なのだ」との説得を、当該立ち退き業務をする公務員にもしてもらう。我関せずの姿勢で、立ち退き業務を形式的にしかしようとしない公務員を動かす公益意識に訴えて、その公益意識を発揮しないと公務員としての立場も悪くなると思わせるコミュニケーション能力が求められる。

3.7.7　PPP事業契約の資金源の問題

（1）自己資本比率15%以上の意味

　第6章　PPP事業執行のための資金源（第69-78条）の章は事業資金の調達について投資家側の負担とベトナム国家資金の支援につきそれぞれの節で規定する。

　第1節　PPP事業における国家資金　Art.69-75
　第2節　投資家とPPP事業会社のPPP事業実施のための資金　Art.76-78

　第69条は、PPP事業における国家資金の使用を規定している。PPP事業会社を投資家とともに、国有企業が現物ないし現金で出資して合弁会社を設立する場合の、国有企業の出資分は本条の規定する国家資金ではない。たとえ国有企業が現金出資したとしてもその資金は国家資金ではない。ベトナムが国家予算で支援する資金を指すからである。

　国家資金によるPPP事業への支援の上限は、以下である。

　国家資金による建設資金支援額（第1項a号）＋国家資金による土地収用支援額（第1項c号）≦総投資額×50%（第2項）

　投資家は総投資額の最低15%を資本金で賄え、その際の総投資額は第70・72条で規定する国家資

金を除いた金額であると第77条第1項はいう。この規定は以下の式で示される。

総投資額（X）　=資本金+負債（借入金+社債）

　　　　　　　　=資本金（外資側出資金+ベトナム側出資金）+負債（借入金+社債）

　　　　　　　　=資本金（外資側出資金+ベトナム国有企業の現物出資+ベトナム法人の出資金）

　　　　　　　　+負債（借入金+社債）

資本金≧総投資額（第77条第2項で修正されたもの、Y）×15%（第77条第2項）

総投資額（第77条第2項で修正されたもの、Y）

=総投資額（X）－第70条の国家資金－第72条の国家資金

=総投資額（X）－施設建設費への国家資金支援額（A）－土地取得費への国家資金支援額（B）

総投資額（X）　=設備資金+運転資金

　　　　　　　　－土地取得費+施設建設+機械設備+運転資金

　　　　　　　　=B+投資家負担の土地取得費（D）+A+投資家負担の施設建設費（C）

　　　　　　　　+機械設備+運転資金

　　　　　　　　=土地取得費×pre F/Sでの土地取得費支援比率+投資家負担の土地取得費（D）

　　　　　　　　+施設建設費×pre F/Sでの施設建設費支援比率+投資家負担の施設建設費（C）

　　　　　　　　+機械設備+運転資金

　自己資本比率15%以上との規定を、普通の総投資額に対する自己資本比率に引き直してみてどの程度低くなるのかは、国家資金支援額如何による。しかし、pre F／Sでの土地取得費支援比率と施設建設費支援比率が低ければ低いほど、原則的な投資承認が受けやすくなるために、国家資金による支援比率を低目に設定して原則的な投資承認を得ようとの思惑を持ち勝ちになる。本PPP法の立法前の、2018年のPPP政令Decree 63号の第10条第2項a・b号では20%の自己資本比率を規定していた。1兆5,000ドン（約67億円）を超えた分については10％でよいとの規定もあった。Decree63号の下でPPP案件は一件も組成できなかった。PPP法になって自己資本比率を下げて投資しやすくなったとのイメージ作りのために、15％という規定を入れるばかりでなく、国家資金による支援額でさらに自己資本比率は実質低くなった、と思わせたいのだろう。

　それでも自己資本比率15%以上は高すぎて、投資家の投資意欲をそぐ、との批判があり得る。その際に備えた規定がある。国家資金支援金額を総投資額の計算から外してよい、との規定である。外せば総投資額が低くなるから自己資本比率は高くなる。

　施設建設費への国家資金支援額は、第70条第5項a号により外せる。土地取得費への国家資金支援額は第72条第2項により外せる。それぞれの規定は以下のとおりである。

第70条

　第5項　PPP事業の施設、インフラストラクチャー・システムの建設を支援する国家資金が、公
　　　　共投資基金（public investment fund）から用意されたものだった場合の国家資金の使用と経
　　　　営は、以下のいずれかによる。

　　　　a）PPP事業のサブ事業として分離されて使用・経営される。この場合は公共投資に関する
　　　　　　法令の規定が適用される。

　　　　b）PPP事業契約に記載された比率と価値、スケジュール、条件で、特定の部分に配賦され
　　　　　　る。

第72条　国家資金が、補償、土地収用、移転先での再定住資金支援、（建設期間中の）暫定的な施
　　　　設建設の支援に使われる場合

　第1項　国家資金が、補償、土地収用、移転先での再定住資金支援、（建設期間中の）暫定的な
　　　　施設建設の支援に使われる場合

　第2項　個々のPPP投資事業の規模とその性質により、契約締結機関は、補償、土地収用、移転
　　　　先での再定住資金支援、（建設期間中の）暫定的な施設建設の支援に使われる国家資金を事業
　　　　の一部とするか、公共投資に関する法令に基づくサブ事業とするかについての裁量権を持つ。

　違いは、土地取得費への国家資金支援額を外すのは、ベトナムの国家機関である契約締結機関だ
と明記しているが、施設建設費への国家資金支援額を外す権限を持つのは誰かについて明記してい
ない点である。場合によっては、投資家側の選択によって外すことができるとも読める。実際には
PPP事業のサブ事業として認める権限は、ベトナムの国家機関にあるから言い出すことができる、
にとどまる。しかし、この両条の規定振りから、国家資金による支援は、土地取得の方が出やすく、
施設建設の方が出にくいことが想像される。確かに土地取得費関連の方が、ベトナムの国家機関に
とって権力的な対応が可能だろうことは想像できる。だとすれば、pre F／Sでの土地取得費支援
比率を高くして、pre F／Sでの施設建設費支援比率を低くして、原則的な投資承認を得る戦略が
考えられる。

（2）専門化と超効率化が脆弱さを招く

　米国を代表する法律事務所Allen & Overyは、本自己資本比率の規定に関連して言う。出資の時
期、建設期間を超えた際の自己資本比率につき本PPP法は規定していない、投資家のsub loanや出
資までの暫定的なbridge loanの取り扱いについても規定していない、と書いて本法を批判してい
る[2]。筆者は、前者は、第77条第2項で、PPP事業契約で当事者が合意して認可を受ければよい話
であり、後者はPPP事業契約で政府の認可を受ける必要のない、PPP事業会社の出資者間契約で書
く話だと考える。そこまで、「手取り足取り法律に書いてないとできない」とするのは、契約自由
の原則に対する例外としてPPP事業契約があるとの位置付けを、米国を代表する法律事務所が言う、
空事かと思わせる奇妙なことだと筆者には思える。ベトナムの立法者にそこまで決めておいて欲し

いと強いるのは酷である。彼らは世界のPPPの動きを詳細に知っているわけでもないし、実務に詳しいわけでもない。それにも関わらず、規定して欲しいとするのは、モダンの管理統制に慣れ過ぎている故に、PPP案件が進まないベトナムの現状と問題を、さらに大きくしかねないと考える。

このような議論は、PPP契約も政府調達なのだから、WTOの政府調達条約の中に入れろ、とする一部の日本の専門家の意見と同様、あまりに規制・統制に重きを置き過ぎたモダンの考えの弊害だと考える。ポストモダンの文明になっているから、地方分権が叫ばれている。しかし、コロナ第三波対策で、政府に細か過ぎる対策を明らかにして欲しい、とする日本の都道府県の全国知事会の意見は、ポストモダンから遡ってモダンに行こうとする、国家・政府の力を強めようとする動きだろう。

2021年1月28日付の日本経済新聞で元EU共通外交・安全保障上級代表のハビエル・ソラナは「21世紀の今後を決める1年」と題する記事の中で、以下のように言う。

「20年前は、さまざまな問題に対する答えは、グローバル化の進展だった。正当でたたえるべき目標だったが、われわれは必要な安全装置の組み込みに失敗した。2008年の金融危機や新型コロナウイルスの感染拡大のような惨事は、世界の相互依存がリスクを高めることを示した。専門化と超効率化は、脆弱さの源泉になりうる」。

ベトナムで2009、2015、2018年に出した3本のPPP政令も、世界のグローバル化に乗って、インフラ建設の効率化を図ろうとする、ベトナムの国家戦略だった。しかし、それは先進国PPP法にあるVfM、コンセッション権の立法による新担保権の設定、VGFという安全装置を組み込まなかった、イイとこ取りをしたものだったために、世界からそっぽを向かれて、PPP案件は一件も組成できないという失敗を招いた。そこで、政令ではなく法律にして、VGFを取り込み、自己資本比率の要求を20%から15%に下げ、さらに低くする奥の手もあると規定すれば、十分な安全装置になると考え、政府保証なし、VfM規定なし、コンセッション権なしの、イイとこ取りを残したままの立法となった。

この一見、さらに効率化を図ったように見えるPPP法により、さらに専門化が進んだ。この法律をベトナムの公務員に執行してもらうには、「この条文につき政府はガイダンスを出す」と書く規定がやたら多くなるという脆弱性を招いた。ハッカー被害同様な専門化と超効率化による脆弱性である。この専門化と超効率化の渦に、米国の法律事務所の在ベトナム弁護士まで巻き込まれ、さらに手取り足取りの規定の立法を要求するという自らの脆弱性を曝け出す結果を招いている。

3.7.8　PPP事業会社の現地化戦略と現物出資

第77条第1項による、投資家は総投資額の最低15%を資本金で賄え、という規定を満たすためと、経営権を握るための方策として、外資側は現物出資が検討できる。2020年に改正された企業法（59/2020/QH14）の規定も紹介しながら、現物出資戦略を提案したい。

現物出資は、有限会社は企業法第34条により、株式会社の場合は企業法第34条と第131条により、土地使用権、知的財産権、工業技術、技術ノウハウ、その他財産（株式会社の場合は会社の定款に

定めるその他の財産）で認められている。株式会社の現物出資では一括支払いが求められている。日本の地方公営企業は技術ノウハウのみで出資できる。外資系合弁企業のベトナム側パートナーが地方水道公社の場合、土地使用権で現物出資することも可能だ。

　株式会社の総会議決権は単純過半数だから、日本側全体で50％超を事業開始してから10年間は持つと合弁契約書に書いて置くのも有効だろう。会社を設立してから10年間は、日本側が経営支配権を持つのは、当初の経営が不安定な時期に、経営のリーダーシップをスピーディに発揮するためだ。ただし、株式会社では株式の譲渡制限ができないので、経営に不満な株主は、スピーディな経営の阻害要因になり、自らの株式を敵対的な株主に譲渡するおそれがある。第148条第2項は会合に出席した株主全員の議決票総数の50％超と規定している。第145条第1項は、定足数は議決票総数の50％超を代表する株主が出席と規定する。株式会社の取締役会は、第153条第1項で3人以上11人以下の取締役で構成され、第157条第8項によりその4分の3以上の出席を定足数とし、第157条第12項により、出席取締役の多数で決議される。

　有限会社の社員総会の単純議決権は65％なので（出席者の議決権総数の65％と第59条第3項a号にある。定足数は第58条で議決権総数の65％）、日本側全体で65％以上の持ち分を、事業開始してから10年間は持つと合弁契約書に書いて置く。現物出資分については「企業の設立時の出資財産は、各社員、発起株主により同意の原則に従って、または価格査定組織により評価されなければならない。価格査定組織が評価したときは、出資財産の価額は各社員、発起株主数の50％超の承認が必要」とあるので、日本側の一部出資者が現物出資する際も、日本側全体で65％は持っているので問題はない。

　筆者の考える現物出資を踏まえたダイベストメント戦略を表3.7.6で示す。このダイベストメント戦略を、日本コンソーシアムはpre F／Sの段階から示せば、事業地のある省レベルの人民議会からの原則的な投資承認を受けやすいだろうと考える。ESGを最重要視した利他性と接続性のポストモダン経営の典型例となる。

　筆者は、設立は有限会社で行った方がよいと考える。株式会社は3人以上の出資者で設立できるので、設立の容易さでは有限会社と変わらない。経営が不安定な会社設立からの当初10年間は、経営組織が簡素な有限会社の方が、経営支配権を持つ日本側が出すことになる会長と社長によるスピーディなリーダーシップが図れる。

　有限会社は持ち株の譲渡制限があるので、他の出資者にしか持ち分譲渡できない有限会社なら、会長と社長を信頼する出資者が常に確保できることになる。さらに企業法第51条は、有限会社では、社員総会で定款修正・定款規定の事項・会社再編の決議に反対の投票をした出資者は、その持ち分を会社に買取請求ができるとしている。その分減資したことになるので、有限会社の資本金は減少する。経営方針に反対の出資者が、会社に敵対的な第三者に持ち分を譲渡することを避ける規定である。株式会社の場合も同様な規定が第132条にあるが、経営方針に反対の株主が、買取請求しないで、第三者に株式を譲渡することを制限することはできない。譲渡制限株式にする旨の定款があれば可能だが、それでは何株式会社にした意義がなくなる。

有限会社でも私募による社債発行はできる。社債権者の数は100人未満である。PPP事業会社は、PPP法第78条で、社債の公募も、私募による転換社債・ワラント債の発行も禁止されているので、株式会社の形態を採っていても、資金調達においては、有限会社と変わらない。株式会社は3人以上の出資者で設立できるので、設立の容易さでは有限会社と変わらない。

表3.7.6　在ベトナム日系水PPP事業会社のダイベストメント（divestment）戦略

受注時に設立し 当初 10 年間	運転 8 年目より 15 年目 8 年間	運転 16 年目より 30 年目 15 年間
PPP 期間 30 年の BOO 方式 建設期間 3 年　運転期間 7 年		期間終了で譲渡益か継続
在ベトナム日系水 PPP 事業会社の有限会社での設立	非公開株式会社に転換	公開株式会社に転換時に増資して拡張投資
赤字→経常利益黒字化	経常利益黒字・低収益	経常利益黒字・中収益
日本水関係メーカー 35%	日本水関係メーカー 35%	日本水関係メーカー 20%
日本投資ファンド 10%	日本グループで共有 10%→ 0%投資 ファンド分買取り株式会社転換時にベトナム投資家数人に売却	外人投資家としての日本人個人 5%
日本水サービス会社 10%	日本水サービス会社 10%	日本水サービス会社 5%
(現金出資)　　　　55%		
水地方公営企業　　10% (現物出資；技術ノウハウ)	水地方公営企業　　10%	水地方公営企業 10%→5%
日本グループ　　　65% 支配株式は日本グループで持つ	日本グループ 65%→55% 株式会社に転換時に 55%へ 日本グループ 51%以上で支配株主	日本グループ　　35% 日本グループで最大主要株主
全ベトナム投資家 35%	全ベトナム投資家 45%	全ベトナム投資家 65%
ベトナム水サービス会社 (現金出資)　　　15%	ベトナム水サービス会社　15%	ベトナム水サービス会社 5%
ベトナム水道公社(現物出資；施設と土地使用権)　　20%	ベトナム水道公社　20% (equtizationで株式会社化している)	ベトナム水道公社(株式持分半分売却で譲渡益)　10%
	ベトナム投資家複数　10%	ベトナム投資家多数 30%
		ベトナム人従業員持ち株会(ESOP)　　20%

(出所: 筆者作成)

有限会社を非公開株式会社に転換し、その後、公開株式会社に転換していくのは、ESGのGであるガバナンスを重視していることの具体的なアピールとなる。経営の透明性、公開性を高める以上に、株主にベトナムの多数のベトナム個人株主を加えることで、公共財サービスを外資系企業が行うことは、ベトナムの公益に適うことのアピールになる。

利他性の経営になるのは、ベトナムの公益に寄与するという抽象的なイメージ以上に、現地化を資本・技術・経営の面で具体的に進めているからである。ナショナリズムというモダンの考えに捉

われている人民議会の議員達にもわかりやすく共感を得やすい考えだろう。彼らに説明する際には、調達の現地化も追加できる。ESGのSのソーシャルを意識した投資とも見られるだろう。従業員持ち株制度や大衆株主を迎える経営は、社会主義を建前とする国家、そして共産党員の多い人民議会の議員達の共感を得やすい。従業員持ち株制度を導入しているので、従業員は労働環境の改善を株主という立場でも言えるようになったから、ESGのS重視の表れだと言うこともできる。

　安全で衛生的な上水を安定的に広く市民に供給するということはEの環境に寄与するから、ESG投資とアジア投資を重視する日本の投資ファンドからの出資ないし社債引き受けが得られやすい。接続性の経営のアピールは本ダイベストメント戦略では明確には見えていない。ベトナムの従業員を日本に出向させて日本の水公営企業の人材確保策の一助になるのは接続性の経営の表れだと言えるかもしれない。

　表3.7.6で、運転16年目から公開株式会社になるとは、ベトナムの証券法によれば、議決権付き普通株式の10％以上を100人以上の大衆株主に売り出せばよいので、上場会社になるというイメージとは異なる。公開株式会社は上場会社同様、社債の公募も許される。公開株式会社（大衆会社ともいう）については、証券法（54/2019/QH14）第32条1項a・b号が以下のように規定している。

　「株式会社で、①定款資本が300億ドン以上で、かつ、議決権付き株式総数の最小で10％がマジョリティ出資をしていない少なくとも100人の投資家によるもの、②国家証券委員会への登録を通じて新規株式公募実施に成功したもの、のうち一つの条件を満たす」。

　表3.7.6において、水PPP事業会社が公開株式会社に転換できるのは、水PPP事業会社が低収益会社から中収益会社になったか、中収益会社になる見通しがついたかの時期である。水PPP事業会社が低収益会社から中収益会社になるのは、技術ノウハウで出資した現物出資者が、運営段階での収益向上に10％の株主として寄与してくれるからである。

　企業法第154条は、「株式会社の取締役の任期と人数は定款で決められるが、任期は5年を超えない範囲で再任可能、人数は3人以上11人以下の取締役数とせよ」とある。定款で任期を仮に5年とすれば、5年間身を入れた技術移転をすればその成果は必ず上がる。有限会社の取締役についての規定は企業法にはない。定款で取締役を設置することもできるが、現物出資者は運転期間の初期では、収益向上に協力はしても、収益向上義務を課されることは嫌うだろう。

　株式会社なら、企業法第115条第5項により、10％以上の持ち分を持つ出資者に取締役指名権がある。アジアで技術移転の経験のある水地方公営企業の職員が取締役となれば、ベトナムの従業員の生産性を向上させ、合弁パートナーのベトナム水道公社への技術移転も行えるのは確かである。従業員の能力評価の公平さと公正さを図る一方で、従業員持ち株制度（ESOP）を行い、賃上げ圧力を抑えながら転職防止とモチベーション向上を図れる故である。そのようなベトナム人労働者を日本の水地方公営企業に出向させることで、日本の水道技術者の人員確保と技術水準の維持の一助にすることも検討できる。

　PPP法第78条1項は、PPP事業会社による社債発行を以下のように規定している。

　「PPP事業会社は、PPP事業の遂行にかかる資金の流動化のために、本法、会社法令、証券法に

基づき私募社債を発行・償却できる。私募社債は、株式に転換できる私募債であってはならないし、ワラント私募債であってもならない」。

　二人以上社員がいる有限会社の場合は企業法第46条第4項により、株式会社は企業法第128条により、私募社債が発行できる。したがって投資ファンドにはPPP事業会社に出資してもらうか私募社債を引き受けてもらって資金調達をする道がある。株式転換権付き私募債の発行は企業法第128条第2項により可能だが、本PPP法第78条第1項により禁止されている。PPP事業会社はストレート・ボンドの私募発行しかできない。投資ファンドは私募債投資だけでは興味がないだろうから、出資も共にしてもらい、その出資持分は社債の満期と共に他の日本側出資者が共同で時価で買い取るとの日本側株主間契約を締結しておけばよいと思われる。また、出資持分売却（exit）時に、同時に社債も売れるようにしておく契約もあり得ると思われる。

3.7.9　投資優遇と契約の早期終了そしてVGF

（1）契約の早期終了とステップイン

　第7章　投資優遇と投資保証（第79−82条）の章でいう、投資優遇措置の具体的な内容は本法には書かれていない。投資保証とは、ベトナムの土地使用権の利用、外貨バランス、そしてVGFである。

　PPP事業会社が売る公共財サービスの買い手である国有企業や公有企業が買うことを、政府が保証する旨の規定はない。公共財サービスの買い手である国有企業や公有企業が何らかの事情で買えなくなった場合に、買い手が買い続けられるように、買い手の経営を政府が保証したり、サブローンを出すとの規定は本法中にはない。売り手の側に施設の事故発生などで公共財サービスが供給できない事情が生じたために、事業収入がなく、PPP事業会社が貸し手に返済できないことでディフォルトにならないようにと、投資家がサブローンを出す義務についても本PPP法は規定していない。しかし、本法はそのような事態が生じたらPPP事業契約の早期終了の原因となると、第52条のPPP事業契約の終了に規定することにより、サブローンを出す等のPPP事業を継続させる仕組みを示唆している。普通のPPP事業契約にある、通常のPPP業界用語を使って、普通のPPP事業契約にある仕組みを書けばよいのに、それをしないところに、ベトナムらしさがある。PPPというグローバル化の流れに乗った、ベトナムらしい専門化と超効率化を図った故に、理解するのが困難という脆弱性を生んでいると筆者には思える。

　第52条第6項は以下のように規定する。

　「…契約締結機関が、本条第2項d号に規定する契約義務の遂行につき重大な違反を犯した場合は、PPP事業会社の取得にかかる費用ないし契約終了に伴う補償費用は、法令に従って国家資本から支出される。投資家が、本条第2項c号、d号に規定する契約義務違反を犯した場合は、投資家が、他の投資家に株式ないし出資した資本金を移転しなければならない」。

　この規定は、以下のように読むとよく理解できる。

①ベトナム側の公共財サービスの買い手（＝契約締結機関）が、契約義務の遂行に対して、重大な違反を犯した場合は（本条第2項d号、料金を支払わない事態が継続するので、契約早期終了事由となる）、公共財サービスの売り手（＝PPP事業会社）は、契約終了に伴う補償金を受け取るか、（BOT、BOO、O&Mの場合）契約締結機関が持つ資産を取得する（バイアウト権を行使するBTO、BTLの場合）が、その費用はベトナム国家が負担する（国家資本が支出する）。そのような事態を避けたいのなら、契約締結機関に代わって当面の料金対価を支払うか、契約締結機関が対価を支払えるように、契約締結機関にサブローンを出して、PPP事業を継続できるようにして、契約早期終了事態を解消させよ。

②投資家側の公共財サービスの売り手（＝PPP事業会社）が、契約義務の遂行に対して、重大な違反を犯した場合（本条第2項d号、公共財サービスの供給をしない事態が継続するので、契約早期終了事由となる）か、PPP事業会社が破産した場合（本条第2項c号）は、投資家は自ら持つPPP事業会社の持分権を第三者に譲渡して、当該第三者がPPP事業を継続できるようにしなければならない。持ち分を譲渡したくないのなら、PPP事業会社にサブローンを出すか、追加出資をして、PPP事業を継続できるようにして、契約早期終了事態を解消させよ。

契約締結機関は、ベトナムの公共財サービスを国民に提供する国有企業か公有企業なので、倒産はしないのだ、という社会主義国らしい主張をする国会議員がいるので、契約締結機関の倒産は書かずに、PPP事業会社の倒産のみを書いているのだろう。彼ら左派マルキスト国会議員からの同意も得ようと考えた、工夫し過ぎの専門化と超効率化が図られた条文になっている。

PPP事業会社が、シニアレンダーへの元利払いをせず、ディフォルトとなると、シニアレンダーは、貸付金の継続的な元利払いが可能になるようにと、従来のPPP事業会社に替る別のPPP事業の運営会社を見つけてくる、というステップインの権利を実行する。ステップインという通常のPPP用語は使わず、第53条の貸し手の権利の規定を以下のように書く。二つの条文を参照して初めて意味がわかる実に回りくどい規定の仕方である。専門化と超効率化を図ったと立法者は考えているのだろう。

第53条　貸し手の権利
　第1項　PPP事業契約期間中の貸し手の権利は、貸し付け契約、PPP事業契約、関連法令に従わねばならない。
　第2項　PPP事業契約の早期終了があった場合には、貸し手は第39条第1項b号に規定される新しい投資家を選定するに際し、契約締結機関と調整しなければならない。
　第3項　前項の内容は、書面に記載され、契約締結機関、貸し手、投資家、PPP事業会社の間で、合意されねばならない。

第39条第1項b号は以下である。
第39条　直接指名

第1項　直接指名は以下の場合に適用される

　　b）事業継続を保証するために、第52条第4項a号に規定している、その他の投資家を緊急に選定する必要がある場合

第52条第4項a号は以下である。

第52条　PPP事業契約の終了

第4項　契約の早期終了が為された場合、契約締結機関は以下の業務をする。

　　a）新たなPPP事業契約を締結する別の投資家を選定するように貸し手との間で調整する。

（2）投資優遇

　投資優遇についての条文は以下のとおりである。

第79条　投資優遇

　投資家とPPP投資会社は税金、土地使用料、その他の優遇措置を関係法令の規定により受ける権利がある。

　本PPP法で特別の投資優遇を与えるわけではない。投資法（Investment Law）による投資優遇が得られる。2020年改正の投資法は優遇措置について以下のように書く。

　投資法第16条に投資優遇分野、業種及び投資優遇地域が規定され、その第1項h号に以下がある。

　「h）インフラストラクチャ構造物の開発及び運営、管理に関する投資。各都市における公共旅客運送手段の開発」。

　投資法第17条　投資優遇の適用手続は、以下のように書く。

　「この法律第15条2項が規定する対象、投資方針承認文書（もしあれば）、投資登録証明書（もしあれば）、関連を有する法令のその他の規定に基づき、投資家は自ら投資優遇を特定し、優遇措置の種類に応じて租税機関、財政機関、関税機関及び権限を有するその他の機関において投資優遇の享受手続を実施する」。

　そして、第15条2項a号は、「投資優遇を享受することができる対象は、法律第16条1項が規定する投資優遇分野、業種の投資プロジェクト」と読める。

　インフラ施設の建設運営管理の投資をしているPPP事業が法人税減免、関税減免、法人税の繰り越しが得られるのは明らかだろう。以下の資料により、PPP事業に対する法人税率はPPP契約期間一貫して20％であり、商業運転開始から2年間免税され、その後4年間50％減税（＝10％）が適用される。ただし、PPP事業は減価償却負担が大きい割には受け取れる料金は少ない。そのため減免税の対象となる商業運転開始しても3期連続で欠損金が出る場合もある。その場合は4年目から自動的に減免税期間が開始される。

税制優遇については、JETRO「ベトナム　外資に関する奨励」[4]がある。法人税の標準税率は2016年1月1日より20％。欠損金の繰越は発生した翌年から5年間認められる。優遇税制による免税期間も欠損金の繰越限度である5年に含まれるため、優遇税制の適用を受けている場合には、当該期間を考慮したスケジュールの検討が必要である。

ベトナムの優遇税制には優遇税率と減免税とがあり通達78/2014/TT-BTCが規定する。

a. 優遇税率

事業内容や設立地域の性質に応じて、10％もしくは20％の優遇税率が、10年あるいは15年もしくは活動期間中適用される。なお、優遇税率は、対象となる事業から収入が発生した年度から適用される。

b. 減免税

事業内容や設立地域の性質に応じて、4年間免税・その後9年間50％減税、4年間免税・その後5年間50％減税、もしくは2年間免税・その後4年間50％減税が適用される。

なお、減免税期間は、単年度で課税所得が発生した課税対象期間から起算される。ただし、減免税の対象となるプロジェクトから初めて収入が発生してから3期連続で欠損金が出ている場合、4年目から自動的に減免税期間が開始される。

（3）VGF

VGFを第82条は「事業収入の超過と不足をシェアするメカニズム」だとしている。

第82条で新設された規定なのでわかりやすい。3.7.1　ベトナム2020年PPP法の成立とその特色で前述した。

第82条第2項は、実収入がPPP事業契約における財務計画の収入の75％に満たない場合を規定する。例で説明すると、収入予定額が100だとして、実収入が65だった場合、収入予定額の75％に当たる75と65の差額である10の半額に当たる5を、国家はVGFとして国家予算からPPP事業会社に支払う。

第82条第1項は、実収入がPPP事業契約における財務計画の収入の125％を超えている場合を規定する。例で説明すると、以下である。

収入予定額が100だとして、実収入が135だった場合、収入予定額の125％に当たる125と135の差額である10の半額に当たる5を、PPP事業会社はVGFとして受け取れる。

第2項による不足分の半額を、国家予算から受け取れるための条件として、以下のすべてが満たされていなければならない。

a）事業はBOT、BTO、BOOであること

b）マスタープラン、政策、関連法の変更が未達分を生んだこと

c）公共財・サービスの料金、手数料を調整（adjust）し、PPP事業契約の期間を第50・51・65条によって調整しても、財務計画の収入の75％に満たないこと

d）未達分が国家監査によって監査されていること

第50・51条は契約期間の調整を規定し、第65条は料金、手数料による調整を規定している。収入不足分の半額を本メカニズムにより国家に請求しないで、契約期間を延長する交渉、料金・手数料を上げる交渉をしてもよいと言っているのだろう。面倒なVGFの申請をするよりよい、と考えるかもしれないと思っているのだろう。この条件は収入超過の場合にもある。面倒なVGFの申請をするよりよいと、料金・手数料を下げるインセンティブになるかもしれない、と考えるのかもしれない。BOT、BTO、BOO方式によらないPPP事業には適用されないのは、収入不足の場合だけである。原則的な投資承認の際に、収入超過の場合に適用が認められれば、VGFによりPPP事業会社の収益は高くなる。BTL、BLT、O&Mでのリース料、O&M費用での受け取りに使われる可能性があるからだろう。

　マスタープラン、政策、関連法の変更が未達分を生んだことという要件は厳しすぎると思われる。なるべく国家資金から支出する本折半メカニズムを利用させたくないとの考えがベトナムの立法趣旨にはある。

（4）外貨バランスの保証

　政府による投資保証の一環として第81条は「重要なPPP事業に対しての外貨バランスの保証」を規定している。原則的な投資承認が国会ないし首相によってなされるPPP事業は、規模が大きく、外国借入れが必要な場合が多い。公共財サービスはドン収入しかないから、PPP事業会社はドンで受け取って、外貨に換えて外国借入金の元利返済をする。市場に外貨が少ないと、外貨を買いたいと言っても外為銀行は拒否するかもしれない。そこで、政府が、ベトナム・ドンでの事業収入からベトナム・ドンでの支出を差し引いた残額の30％相当を限度に、PPP事業会社に外貨交換を保証するのである。

　技術ノウハウを現物出資する意義はここにもある。PPP事業会社は技術ノウハウの所有者なので、技術ノウハウ移転契約に基づくロイヤルティ支払い義務はない。そのため外貨交換は発生しない。出資の対価として配当を受け取るだけである。利益が出てこそ配当があるし、ドンで受け取った配当は外貨交換せず再投資に回した方がよい場合が多い。

　外貨準備が少ない国では外貨バランスの保証が、外資による国内市場向け直接投資を誘致するために必要となることが多い。ベトナムでの現地調達を増やせば、外貨交換量が減る。調達の現地化推進計画を作成した方がよい。ベトナムでは日系製造業投資も日系サービス業投資も多い。彼らは国内市場拡大を目指して進出している場合もある。調達の現地化推進計画を作成して、このような製品は作れないか、このようなサービスはできないかと、日系企業および地場企業に示す逆見本市をすればよいと思われる。地場企業からの調達先を探すとともに、日本企業のライセンス先を探す場ともなる。売りたいものを展示するのが見本市だが、買いたいものを展示するので逆見本市と言う。

3.7.10　紛争処理と準拠法

　PPP事業契約の準拠法は、第55条の規定によりベトナム法になるが、紛争処理は例えばシンガポール国際仲裁裁判所の規則によると書く。ベトナムを仲裁地にすると書いたり、ベトナムの仲裁規則によると書いてはならない。PPP立法に際し公開ヒアリングを行った際に、外資が投資家となるPPP事業契約の準拠法は、外国法も選択できるようにせよ、との意見もあった。その意見は傲慢な外資の意見だと筆者には思える。本規定は、ベトナムがナショナリズムの故の規定ではない。外資が設立したベトナム法人が、ベトナム政府の契約締結機関との間で、ベトナムで行う事業について契約する。準拠法がベトナム法になるのは妥当だ。

　ベトナムの法制度は、日本のODAによる法整備支援もあり、途上国の中では、格別優れた国際的な水準のものになっている。ただし、法律の執行に当たる公務員と紛争処理に当たる裁判官、そして法律の対象となるステークホルダー達の消化不足や、ショートカットする態度がしばしばみられるのが現実である。法社会学の問題であって実定法の問題ではない。ただしその法社会学の実態を考慮して、法文がより詳しく書かれるようになって、専門化と超効率化の弊害としての脆弱性が生まれている面もある、との理解が妥当である。

　PPP事業会社に外国金融機関や外国投資家が融資する契約の準拠法は、貸し手の国の法律なのも妥当である。たとえ融資の資金使途が現地で行われる事業だとしても、融資すなわち金銭消費貸借契約という契約自体は外国と現地との間で行われているからである。

　第97条第3項は、「所轄機関、契約締結機関と外国投資家ないし外国投資家により設立されたPPP事業会社の間での紛争は、契約で別途の規定を置くか、ベトナムがメンバーとなっている国際条約によると契約で書かれている場合を除き、ベトナムでの仲裁ないしはベトナムでの訴訟で解決される」と規定する。

　外国投資家が、投資家選定の過程か結果に不服がある場合、それは外国投資家と調達組織の間の紛争の一種なので、ベトナムの行政法の問題だから、契約を巡る私法の話ではない。外国投資家はベトナムの裁判所に行政訴訟を提起するか、調達組織に第96条の手続きによる不服を申し立てる。賄賂が横行する下で、外国投資家のなす正当な権利である。ただし外国投資家が、所轄機関に直接不服を申し立てることは、第96条第3項違反だとして、所轄機関は不服を受け付けないでよいとある。必ず第96条により調達組織に対して不服を申し立てる。すると暫定的な権限を持つアドバイス機関が、不服処理を進める。その処理結果に不満がある場合、ベトナムの裁判所に訴える。不服申立中に裁判に訴えてもよいが、不服処理の手続きは裁判提起と共に終了する。

　第97条第3項の規定する選択に従い、所轄機関、契約締結機関とPPP事業会社との紛争ないし所轄機関、契約締結機関と外国投資家との紛争は、「必ず契約で、具体的に明示した国際商事仲裁規則により具体的な国際商事仲裁裁判所の場所を指定した、仲裁により解決する」と契約中に規定しておく必要がある。例えばシンガポール国際仲裁裁判所でその規則によると書く。ベトナムでのPPP事業はベトナムの公益が絡むので、ベトナムでの仲裁・裁判所では、公益が国益と誤解されて、不当に外資に不利な仲裁判断や判決が出る可能性がある。「紛争当事者間での合意で設立した仲裁」

により紛争解決をする、との規定はしてはならない。自分たちが合意できるのは、ベトナムでの仲裁・裁判だ、と主張し続けることが、許されてしまうのである。

第97条第5項は「締結されたPPP事業契約ないし関連契約で書かれる仲裁でいう紛争とは、商業紛争である。外国仲裁判断は、ベトナムにおける外国仲裁判断の承認執行に関する法律により、承認されかつ執行される」とある。「商業紛争である」とわざわざ書くのは、ベトナムの過去の判決で、建設契約は商業契約ではないから、外国仲裁承認執行に関するニューヨーク条約の、1995年加盟時にベトナムが留保した「商業契約に限る」に該当するので、承認執行を認めないとして、オーストラリア法人の訴えを拒否した例があるからである。PPP法文上に商業紛争である、とあることにより、ベトナムの裁判所で外国仲裁判断の承認執行が拒否されることはなくなるのである[5]。

3.7.11　まとめと展望

2021年1月19日付の日本経済新聞「大機小機」で「過度のガバナンス信仰」を書いた鵠洋氏は言う。「コロナ問題では多様な利害関係者がおり、法治民主主義の下では、トップの果断な判断は容易でない。企業ガバナンス問題でも多様なステークホルダーを意識した企業の法治民主主義の下では、果断な意思決定や適時適切な投資に踏み切れないケースも散見される。『みんなで渡る』経営が多くなっている。公正で透明な企業活動を遂行すれば、持続的で中長期的な企業価値向上に寄与するとの理念はわかる。しかし、過度なガバナンス信仰が日本の上場会社のスピード感を鈍らせている」。

ベトナムのPPP法の条文における、「公平で透明な情報開示」、「政府が条文についてのガイダンスを作る」との規定も、社会主義による民主集中制と言う名の民主主義の下で、ベトナム公務員に、具体的なPPP事業の採用・推進のスピード感を鈍らせる理由に使われる可能性が高い。

PPP事業を進めなければ公的インフラ開発の進度が遅れる、との認識はベトナムの組織・公務員・政治家・国民に浸透してきた。しかし、自分が旗を振ってPPP案件形成をするのは面倒だ。本PPP法が立法されたら、条文理解はより難しくなり、審査、検査、監査は多すぎる。日本企業が本PPP法に沿った投資家提案のPPP案件のpre F／Sを検討することは、彼らに行動変容を起こさせるナッジになり得る。

水PPP事業で考えるなら、在ベトナム外資系企業として水ビジネス会社を設立しておき、PPP法に沿った具体的な水PPP事業のpre F／Sを検討する目で、水関連ビジネスの情報をフォローしていく。ベトナム水関係企業への出資、工業団地用の上下水道・環境事業者の新設もあるが、地方政府傘下の水道公社のエクイティゼーション（株式化）による株式売出しに応じる道もある。ある地域での水道事業がPPP事業になるとの情報は、当該水道公社のさらなるエクイティゼーションによる株式売出しの機会と、両天秤の情報かもしれない。エクイティゼーション参加なら、在ベトナム外資系企業の方が有利だ。このようなビジネス行動をしていくと、入札に掛かるPPP事業が具体化するや否や、当該在ベトナム日系企業も参加する日本企業コンソーシアムの組成が容易になる。

投資家提案のPPP事業を本PPP法に沿って作る検討をし、pre F／Sを検討するように、ベトナムの所轄機関に複数回提案することの意味はある。PPP事業の採否は、ベトナム政府側が決めるので、

ナッジは効かないケースはあるかもしれない。しかしその過程で、PPP以外の水関連ビジネスが発見できることで、努力の甲斐は報われる可能性は高い。その報われたビジネスを見たこと自体が、ベトナムの公務員にPPP案件形成をさせるナッジになる場合も多いだろう（鈴木康二：元立命館アジア太平洋大学教授）。

【参考文献・URL】

1）鈴木康次郎・桑原京子（2015）『プノンペンの奇跡　世界を驚かせたカンボジアの水道改革』佐伯印刷

2）Allen & Overy（2020）「New Law on Public-Private Partnerships（PPP）in Vietnam,」
https://www.allenovery.com/en-gb/global/news-and-insights/publications　（2021.3.6 閲覧）

3）「ベトナム2020年企業法（法律番号59/2020/QH14）」（塚原正典仮訳）p.80
https://www.jica.go.jp/project/vietnam/021/legal/ku57pq00001j1wzj-att/enterprise_law_2020.pdf　（2021.3.6 閲覧）

4）日本貿易振興機構（ジェトロ）「ベトナム　外資に関する奨励」
https://www.jetro.go.jp/world/asia/vn/invest_03.html　（2021.3.6 閲覧）

5）栗田哲郎（2012）「アジアにおける外国仲裁判断の承認・執行に関する調査研究」p.43-51,法務省
http://www.moj.go.jp/content/000098011.pdf　（2021.3.6 閲覧）

第四部
世界の最新動向とアジアへの影響

4.1　海外水ビジネス
〜激動する世界水ビジネスの動向〜

4.1.1　世界の水資源問題

　世界人口の増加、経済の発展により世界での水需要が急激に増加している。OECDの報告書によると、世界の水需要は、製造業、火力発電、生活用水に起因する需要増により、2050年には現在の55%の増加が見込まれている。

　水は地球上に偏在する天然資源であり、世界各地で問題が発生している。①水資源の量の問題では、国連の「世界水発展報告書2014」[1]によると世界一人当たりの水資源賦存量は平均6,148㎥／年であるが、オセアニアや南アメリカでは3万㎥／年を超える一方で、北アフリカでは、一人当たり284㎥／年しか存在しない。また、②水質の問題では2015年には「安全な水に継続的にアクセスできる人口」は世界全体で91%、開発途上国で89%まで改善したが、いまだ6億6,000万人が継続して安全な水を利用できない状態が続いている。さらに③気候変動による水資源問題など多くの課題を抱えている。利用できる水資源は降水量に比例するが、気候変動により大きく左右され、毎年のように発生する大雨や干ばつが水資源の量に大きな影響を与えている。

　世界で起こっている水資源問題の主因として、上記に記載の「人口の増加」、「地球温暖化の影響による気候変動の激化」の他、「水をめぐる争い・水戦争」などが挙げられている。

（1）地域差が顕著な世界人口の増加

　国連の報告書では、世界人口は増加を続けるが、地域によって、その増加率に大きな差が出ると予測している。2050年までの世界人口の増加は、インド、ナイジェリア、パキスタン、コンゴ共和国、エチオピア、タンザニア、インドネシア、エジプト、米国の9カ国で、インドは2027年頃、中国を抜いて世界で最も人口が多い国になると予想されている。一方、2019年から2050年にかけ、55カ国で人口が1%以上減少し、特にそのうち日本を含む26カ国と地域で10%以上の人口減少の可能性も示されている。国連の報告書「世界人口の推計（2019年版）」[2]によると、2019年時点で約77億人とされており、2050年には97億人に達し、2100年に110億人で人口増加はピークに達し、その後は頭打ちになると予想している

（2）人口増加率と水需要

　世界の人口増加率は、1950年から1995年までの45年間で約2.2倍（25億人から56億人）に増加したが、水需要は2.6倍に増加している。また水需要の6割がアジアで使用されている。

　この要因は、経済発展による水需要の増加、食糧確保のために農業用水の増加、生活の向上による一人当たりの生活用水量の増加である。OECDのレポート[3]によると、2000年時点の世界の水需要は約3,600k㎡であり、2050年までの水需要は、主に製造業の工業用水（＋400％）、発電用水（＋140％）、生活用水（＋30％）の増加により全体では55％の増加が見込まれている。このため2050年には深刻な水資源不足に見舞われる人口が39億人（世界人口の40％）以上になる可能性も示唆されている。さらに水需要がひっ迫している状態を表す指標として「水ストレス」が用いられているが、これは「人口一人当たりの最大利用可能水量」で、年間一人当たり1,700㎡が「ストレスを感じる最低基準」とされている。

（3）世界の水争い・・・水戦争

　限りある水資源が足りなくなると、そこに発生するのが「水争い」や「水ビジネスの台頭」である。特に世界中で「水争いが頻発」している。米国のシンクタンク「パシフィック・インスティチュート」によると、水をめぐる争いは2000年以降で357件に上っている（図4.1.1　参照）。地域別では、サハラ砂漠以南のアフリカで93件、中東90件、南アジア60件など、つまり人口が増加し、干ばつの影響を受けやすいアフリカ、アジアでのトラブルが増加している。特に各国を横断する流域を持つ国際河川が争いの中心になっている。オレゴン州立大学の調査では、複数国にまたがる国際河川でアジアでは807カ所、南米では354カ所でダム建設が予定されており、同レポートでは「水をめぐる国際間の紛争は激化する可能性がある」と指摘している。

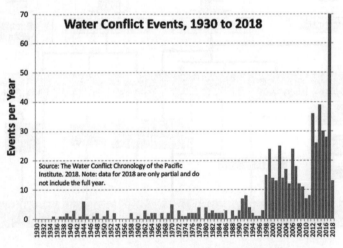

図4.1.1　世界の水をめぐる争い件数の動き[4]

例えば、ナイル川の紛争では、上流のエチオピアが2010年から建設を始めた「巨大ダム・ルネサンスダム（総貯水量740億㎥、参考：黒部ダム２億㎥）」が完成した場合、エジプトの農業生産に使われる灌漑用水が激減する。ナイル川流域国の国際会議で両国は激しい論議をしているが、結論が出ていない。アジアではメコン川が、流域の7,000万人の生活を支えている。メコン川の源流は中国に在り、中国では20カ所以上のダムを建設中である。中国は「ダムは発電用であり、下流域への影響はほとんどない」との立場だが、下流域の国々は「河川流量の減少、生態系の破壊、漁獲量の減少、農業に大きな影響を与える」として中国に強く抗議している。一方で中流域にあるラオスも複数の巨大発電ダムを（中国の資本援助で）建設している。ラオスの外貨獲得の手段は他国への売電である。流域国は「メコン川委員会」という仲裁機関を作っているが、委員会に法的な権限がない上に、肝心の中国は加盟しておらず、対立が収まる気配はない。

（4）地球温暖化と水資源への影響
　地球温暖化が進むと地球の気候が大きく変化するとされている。もちろん地域により大きな差がある。例えば地中海沿岸、中近東、アフリカ南部、アメリカ中西部では降水量が減少し、年間の河川流量も減ると予想されている。一方、地球温暖化により河川流量や降水量が増加すると予測されている地域もある。ロシアやカナダなどの高緯度の地域がこれに該当する。また温暖化によって降雨強度や頻度も地域により、大きく変化している。これにより干ばつの影響を受ける地域が拡大し、同時に洪水リスクも増大する。また温暖化により積雪量が減り、融雪の時期が早まり、春や夏の水資源量が減少し、さらに地下水量が減少する傾向が顕著になっている（図4.1.2　参照）。

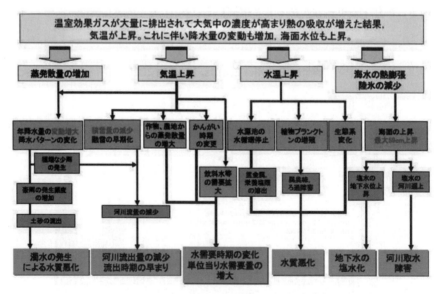

図4.1.2　地球温暖化が水資源に与える影響[5]

4.1.2　世界の水ビジネス市場

　世界の水ビジネス市場規模はどの位か？　調査機関により異なっているが、最も水関連データを保有している英国の調査会社Global Water Intelligence（GWI）の報告によると、世界水ビジネスの市場規模は、2025年には約87兆円になると予測している。事業分野として①上水道、②海水淡水化、③工業用水、④排水の再利用、⑤下水道の5分野に分類している。その中で上下水道分野（①＋⑤）は、全体市場の約85％に当たる74.3兆円（2025年予測）、工業用水・産業排水処理は5.7兆円、海水淡水化は4.4兆円、再利用水処理は2.1兆円などの市場規模を見込んでいる。

（1）地域別成長率・・・アジア・太平洋地域が最大市場に

　地域別では、東南アジア、中東、北アフリカ地域が、年間10％以上の成長が見込まれる。また2025年予測では、アジア・太平洋地域が世界最大の水ビジネス市場（全体の48％）になると見込まれている。

　どの分野がビジネス対象になるか、先進国では水インフラ（上下水道）の老朽化対策、水の再生利用、途上国では上下水道の普及促進、工業化に伴う用水処理や排水処理、中東地域では海水淡水化装置の増強と既設の海水淡水化の老朽化対策、省エネ化（蒸発法から膜〈RO〉処理方へ転換）が大きなビジネスとなっている。

（2）水ビジネス対象分野

　新興国やアジア・太平洋地域において、人口の増加、経済発展、工業化の進展、さらに生活様式の変化（水洗トイレ、ガーデニング）などにより、急速に水需要が高まることが見込まれている。それでは水ビジネスの分野別の伸びをみてみよう。

1）先進国、新興国では上下水道の民営化が促進

　先進国では、もともと「水」はビジネスの種だったといえる。日本と違い、多くの国で上下水道事業が民間企業のビジネスになっている。上下水道の事業は、本来、公的セクターが社会インフラとして構築すべき事業である。しかし、途上国では資金難に直面、先進国では建設後の財政難に喘ぐ公的セクターが多く、施設老朽化への対応が困難になっている。そこで頭角を現したのが、上下水道事業経営ができる民間企業が台頭してきた。では、歴史的に民間が関与した上下水道事業を国や地域別に見てみよう。

　イギリスは上下水道民営化が100％（スコットランド、アイルランドを除く）で、フランスは80％、中南米ではチリとアルゼンチンは50％以上、スペイン60％、ドイツ20％、アメリカ15％。アジアでも韓国、中国などで民営化は着実に進行している。ほかにもオセアニア、ラテンアメリカ、地中海、アフリカなど世界中の新興国に水道民営化の波は押し寄せている。2006年時点では、世界の上下水道民営化率はおよそ10％だったが、2015年には16％に拡大するとの予測も出されていた。しかし、リーマンショックや、その後発生した欧州諸国の金融危機で民営化ペースが落ちているの

が現状である。

2）海水淡水化市場規模

Adroit Researchによると2018年の180億ドルが2025年に320億ドルに成長し、その市場の67％は中東・アフリカ（Middle East and Africa：MEA）で、海水淡水化施設の増強と水のリサイクル市場である。残り33％は水資源が不足している地域で、アルジェリア、リビア、モロッコ、エジプト、北アフリカなどが挙げられている。

アジア向け水膜処理市場では飲料水市場、産業用純水処理装置、また半導体用水処理、超純水処理装置や医薬品製造用水の市場の拡大が見込まれている。

3）工業用水・産業排水処理市場

世界の工業用水・産業排水処理市場は2025年時点で5.7兆円とみられているが、市場は世界各地の経済成長率等により大きく異なることが予測されている。また民間が主体なので、動きの速さが統計に反映されないことも指摘されている。

エンドユーザーにより世界水市場は分類されている。エネルギー産業、鉱業、石油、化学産業、機械製造、飲料産業、食品加工産業、紙パルプ産業、繊維産業、製薬産業などである。また処理方式から分類すると①従来の化学薬品処理ベース（ろ過と凝集剤、脱塩処理、生物ろ過処理、化学酸化処理など）と、②水処理膜ベース（精密ろ過膜、RO逆浸透膜、電解膜など）に分類されている。

4.1.3 アジア太平洋地域の水問題・・・8割の国が危機的な状況

アジア途上国の経済成長は著しく、その成長は世界経済を牽引している。その経済成長を裏で支えてきたのが、アジア各国の水資源である。その水資源が、今危機的な状況になりつつある。世界の人口増加率と水需要の増加を振り返ってみると、前述のように、1950年から1995年の45年間で人口は2.2倍であったが、水需要は約2.6倍に増加した。同じ期間の一人当たりの生活用水量は約3倍となっている。これは生活様式の向上（水洗トイレ、シャワー、ガーデニング）によるところが大きい。しかしアジアにおける最大の水需要先は灌漑用水である。この水が不足すれば食糧供給に深刻な問題が生ずる。また水需要の10〜15％は工業用水だが、これが不足するとアジアの経済発展に急ブレーキをかけることになる。深刻化するアジア諸国の水環境問題について述べてみたい。

（1）アジア諸国の水環境問題

アジアの水環境問題を一言でいうなら急激なる人口増加と経済発展にて水資源の枯渇や水ストレスが年々激しくなってきていることである。さらに地球温暖化の影響と見られる洪水や干ばつが頻発している。言い換えると「少なすぎる水と、多すぎる水の問題」である。多すぎる水とは洪水であり、各国の水インフラ許容量をはるかに超えた洪水であり、大きな経済的な被害をもたらす。少なすぎる水とは、干ばつによる表流水や地下水の減少で、社会が必要とする水量が十分に確保できない状態である。

アジア地域は中央アジア、北東アジア、南アジア、東南アジア、オセアニア・太平洋地域からなり、50カ国が存在する。アジアは世界の水需要の約6割を消費しているが、水資源不足に加え、工業廃水や無処理の生活排水により貴重な水源も深刻な汚染に直面している。水資源問題の解決の難しさは、国により、地域により、天候により、時系列により、全く異なる水資源状況が生み出されることである。

図4.1.3　アジア地域国

1）水ストレスに直面するアジア

国連等の定義では、利用可能な水が一人当たり年間1,700㎡を下回る状態を「水ストレス」と称している。人口増加の著しい中国、インド、フィリピンなどでは、水の需要が供給を上回り、水ストレス状態に突入している。水質汚染も年々、加速度的にひどくなっている。中国は世界人口の約20％を占めるが、水の資源量は世界の5.2％しか存在していない。絶対的に水不足である。さらに7大河川の8割が飲料不適であり、黄河のおよそ5割が水質汚染により農業用水として利用不可能、河北省を流れる海河の5割以上の水は「どんな利用にも適さない、劣Ⅴ類の水質」になっている。水が目の前にあっても使えない状態である。

フィリピンにおいても、全土412の主要河川のうち、50河川は、いかなる生物も棲めない状態になっており、マニラ湾も中国の渤海湾と同じく死の海と化している。人口増加の激しいインドやバングラデシュでは水不足に加え、ヒ素による汚染や病原性バクテリア・ウイルスの蔓延に苦しめられている。

2）淡水資源の脆弱性

アジア地域の淡水資源の脆弱性は、全体として中程度から高程度までさまざまである。地球温暖化の加速により次のような脆弱性が指摘されている。

・海面上昇、高潮、サイクロンの発生頻度の増加、デルタ地帯の河川（ガンジス、ブラマプトラ水系、黄河、メコン川など）の流量低下及び地下水の塩水化。
・地表水・地下水涵養の著しい減少、流出量の低下及び最大流量の季節的サイクルの変化、降雪地帯での降雨量の増加、融雪パターンの変化による淡水資源の変動。
・アジア・モンスーン気候パターンの変化による干ばつや洪水の増加。

　これらの淡水資源の脆弱性は地域全体の食糧生産、経済活動、インフラ整備、その地域に住む人々に未曾有の危機をもたらしている。

（2）アジアで大規模水災害の頻発

　アジア地域では水関連災害による被害も甚大で、水災害による世界の被災者数の約9割が、この地区に集中している。さらに「気候変動に関する政府間パネル（Intergovernmental Panel on Climate Change：IPCC）」の報告によれば、気候変動の影響で、アジア地区が最も洪水や干ばつのリスクが増大すると指摘されている。アジアは水関連災害の宝庫であり、最近の例では2007年のサイクロン・シドルによるバングラデシュの高潮被害（892万人が被災、死者行方不明4,300人）、2008年のサイクロン・ナルギスによるミャンマーの高潮被害（240万人が被災、死者行方不明13万人以上）、2011年の異常降雨によるタイの洪水被害（248万人が被災、死者行方不明446人）等、このように一旦アジアのメガデルタ地帯（巨大三角州地帯）が自然の脅威に襲われると未曾有の被害に直面する。近年このようなアジア型巨大水災害が頻発している[6]。

1）タイの洪水被害

　2011年7月から発生した大洪水は、248万人が被災する大災害となった。この洪水が世界的に注目されたのは経済的な被害の大きさである。洪水はチャオプラヤ川流域の8つの工業団地を巻き込み、7つの工業団地がほぼ全域で冠水し（図4.1.4　参照）、日系企業を含む多くの企業や工場が長期間の操業停止を余儀なくされた。被害総額は1.4兆バーツ（約3兆4,550億円）に達し、2011年のタイのGDP成長率予測値が3.7％から2.3％に減速したと政府が発表、この被害額はタイのGDPの10％以上に達し、過去最大の被害となった。国連の国際防災戦略部門（International Strategy for Disaster Reduction：ISDR）の調査でも、2011年の自然災害による経済損失額が世界全体で3,660億ドル（約28兆1,000億円）、このうちタイの洪水被害額により経済損失は400億ドル（約3兆710億円）であり、世界全体の10％以上に相当するとされている。

図4.1.4 タイの洪水（2011年）。水没したロジャナ工業団地[7]

2）日本企業への影響

　タイに進出している日本企業数は1,370社（外務省、2010年10月調査）でASEAN加盟国の中で最も多い。日本の輸出額に占めるタイ向けの輸出割合は4.4％であり、これもASEAN加盟国の中で最大である。日本からアジア諸国向けに輸出される大半が部品や資材の中間財である。その中間財がタイで加工され世界へ輸出される構造で、国際的な分業体制（サプライチェーン）が構築されている。JETRO等の調査によると今回の洪水では、主要工業団地内の約804社が冠水被害を受け、そのうち日系企業は約486社であった（全体の約60％）（表4.1.1　参照）。このようにサプライチェーンが長期にわたり寸断され、日本企業に甚大な被害が及んだ。その被害総額の算定は非常に難しいが、少なくとも日本の損害保険会社が日本企業に支払った保険金の総額は9,000億円を超えている。

表4.1.1　被災した主要工業団地と企業数

工業団地名	企業数 （社）	うち日系企業数 （社）	従業員数 （人）
①サハ・ラタナナコン	42	35	10,882
②ロジャナ	218	147	99,751
③ハイテク	143	135	51,168
④バンパイン	84	30	27,590
⑤ファクトリーランド	93	7	6,015
⑥ナワナコン	190	104	175,000
⑦バンカディ	34	28	12,000
合計	804	486	382,406

３）なぜ大洪水が起きたのか

チャオプラヤ流域における洪水の原因は、天災と人災との複合災害であり以下のような事項が指摘されている。

- 記録的な大雨（ラニーニャ現象による雨季の長期化）、降雨量が例年の1.4倍であった。
- ダムの大量放水（ダムの決壊防止で大量放水）。
- 農地の整備による遊水機能の消失（農地の灌漑排水対策や堤防の整備により遊水機能の消失）。
- 地下水汲み上げによる地盤沈下。
- 地球温暖化の影響（年間降水量の変動幅の増大）。
- 上流側の不完全な治水対策のため、下流域の洪水リスクが増大した。洪水対策の重要性は、タクシン政権時代から指摘されていたにも関わらず、その後の政局不安の中で十分な対策が実施されてこなかった。
- 治水管理は干ばつ対策だった。チャオプラヤ川下流に広がるデルタ地域では稲作が主要産業であり、稲作の水をいかに確保することが治水の目標で、毎年雨季の水を大型ダムにため込むことが主目的であった。今回のように「多すぎる水」に対しての洪水予防対策が取られていなかった。さらにチャオプラヤ川の河床勾配の少なさが（表4.1.2　参照）、約50億㎥と推計される洪水を陸地に滞留させ工業団地を長期間、冠水させることになった。

表4.1.2　チャオプラヤ川と日本河川の河床勾配比較

河川名	河床勾配
木曽川下流	1/5,000
利根川下流	1/6,000
淀川大堰下流	1/17,000
チャオプラヤ川	1/50,000

（河川勾配1／100の場合、100m下ると水位が１m下る）

（３）アジア開発銀行が指摘するアジアの水環境

2013年３月、ADBがアジア・太平洋地域に存在する49カ国の水環境に関する調査レポートを発表した。それによると調査対象国の75％の国が安全な水を確保できない、また気候変動で洪水などの水災害が増えており、各国政府に対して迅速な政策対応を取るべきと指摘している。注目される内容では、今回各国の水の安全保障の観点から、家庭用の水道、農工業用水、都市の上下水道、水質環境、水災害への備え、という５項目について５段階評価している（表4.1.3　参照）。調査対象国の水道では、平均して６割以上の家庭が水道管による安全な水の供給を受けられていない。特に南アジアでは、その傾向が強く、農村部の貧困層では９割以上に達している。インド、バングラデシュ、カンボジア、また太平洋のキリバス、ツバル、ナウルなどの総合評価は最低の１である。総合評価２以下は中国、ベトナム、ラオス、ミャンマーなど37カ国である。

表4.1.3　アジア・太平洋地域における国別の水安全評価[8]

評価項目 国	水安全 総合評価	生活用水	工業・ 農業用水	都市 インフラ	河川環境	水災害耐性
ニュージーランド	4	5	4	4	4	3
豪州	4	5	3	3	4	4
シンガポール	3	5	3	3	2	4
日本	3	5	4	2	2	3
中国	2	3	4	2	2	2
タイ	2	3	3	2	1	2
ベトナム	2	3	1	1	2	2
インド	1	1	3	1	1	2

（注）5段階評価

1）アジアの水環境改善・・1,300億ドル必要

　ADBは、アジア全域で安全な水道を整備するためには、約590億ドルが必要で、さらに衛生的な環境を作るためには約710億ドル、合わせて1,300億ドル（約12兆6,000億円）の資金が必要であり、各国政府に対し、官民挙げて取り組むように提言している。

4.1.4　アジア・太平洋地域の水ビジネス

　アジア・太平洋地域は多くの国で構成されているが、まずは筆者が実際に現地訪問し成長が著しいと感じた国から見てみよう

（1）インドの水ビジネス・・・6億人が水不足に直面

　インドは経済成長が続き、国力が年々増加しているが、2019年5月末から記録的な熱波が続き、ニューデリーでは過去最高の48℃を記録し、すでに200人以上が死亡している。熱波に加え6月末から回避できない水クライシス（危機）に直面している。インドのシンクタンク「インド科学環境センター」は、国内の水資源問題に関する報告書をまとめ、全国民（約13億人）のうち、約6億人が深刻な水不足で同国史上過去最悪の事態に直面していると警告した。国内21都市が2025年までに地下水の過剰くみ上げによる地下水枯渇に直面すると予想し、すでに人口の急増している大都市（ニューデリー、バンガロール、ハイデラバード、チェンナイなど）は地下水の払底に襲われ、日常生活に大きな影響を及ぼしている。

　水量だけではなく、水質も問題である。同シンクタンクは、総人口の4分の3が汚染水の影響を受け、国内の疾病の2割が水由来の伝染病（コレラ、赤痢、腸チフスなど）に罹災し、不衛生な水の供給や汚染水が原因で住民20万人が毎年命を落としていると報告している。

1）インドの水資源問題

　インドの国土面積は世界の2％しかないが世界人口の15％はインド人である。しかし、インドは

世界の水資源の約４％しか保有していない。しかもインドの水源（表流水、地下水）の８割が汚染されている。世界で最も劣悪な水を飲まざるを得ない国である。

　水資源、インド全土の年間降水量は約4,000km³であるが、雨季は６〜９月の３カ月間に集中し、利用可能な水資源は690km³しかない。また降水量は各州により大きく異なっている。地下水汚染も深刻である。同国の地下水くみ上げ量は、2014年現在で251km³、G20加盟国の中で最も多く、２位の中国の２倍以上である。地下水の過剰くみ上げで地下水位が急激に低下している。同時に表流水も水質汚染が進み、浄化処理なしでは飲用不可となっている。同国の調査（2014-2015CGWB）によると有機物汚染（BOD、COD他）に加え、フッ素汚染（20州で276カ所）、ヒ素汚染（10州で86カ所）、重金属汚染（15州で113カ所）、鉄汚染（1.0mg／L以上、24州で297カ所）も深刻である。JETROの水インフラ調査（2019年７月）によると、布設された配水管の老朽化で、給水源からユーザーに届くまでの漏水率が約40％（筆者注、盗水も含む）に上ると報告されている。

２）インドの水ビジネス市場規模

　米国の調査会社・フロスト＆サリバン社などのデータによると同国の水ビジネス市場は2,400億ルピー（約4,080億円、2018年）とみられている。

　内訳は、浄水処理（生活用水、工業用水、浄水場）と、排水処理（下水処理、産業廃水処理、再生水処理）が各々2,000億円前後、水処理膜市場（RO・UF・MF〈Micro Filtration：精密ろ過〉膜）は193億ルピー（約320億円）と見られている。

　水ビジネス市場は今後数年間で10〜15％成長すると見込まれている。しかし、この中で公共（国または州政府）がやるべき水インフラ関係の市場拡大があまり期待できないだろう。なぜなら国に資金的な余裕が全くない。その理由は、政府統計に載っているインド人口12億9,000万人のうち、約1,900万人（国民の約1.5％）しか直接税（所得税）を納めていない。年間所得25万ルピー（約42万円）以下には所得税が課税されない。つまりインド国民の９割以上が、この所得水準であり国庫に資金が入らない状態である。

　2014年に発足したモディ政権はインフラ投資には国際金融機関や先進国政府の援助資金に頼り、また外資系企業へインフラ投資を働きかけている。日本政府からインド政府への円借款は総額3,841億円（2017年）を超え、一国に対する日本の供与額として過去最高を更新している。

　しかし、その投資先は高速鉄道、通信、エネルギー（原子力）が主であり、水インフラは最後の投資案件である。

３）危機的なインドの水不足

　インドの持続的な水資源開発は近年足踏みをしている。全28州の８割は水資源の開発や保護に関連した法的な対策を講じているが、有料での水供給制度の確立や、水資源の定量的なデータ管理がなされていないために、いわば無法地帯での水資源管理となっている。水管理がしっかりしているチェンナイ市（人口約465万人）でも、2019年７月には、４カ所の貯水池すべてが枯渇し、市内の配水塔も水がない状態が続き、市民は政府の給水車や民間のボトル水工場に詰めかけた。

インドの水資源用途の約8割は灌漑用水だが、水の価値は極めて安く、大部分の住民は、「水は無料と思い込んでいる」との指摘もされている。インド西部では2016年夏に深刻な水不足に見舞われ、マハラシュトラ州で農作物が壊滅的な被害を受け、収入減に悩んだ農民ら3,000人以上が自殺したケースもあった。インドの農地の52%は降雨（天水）に頼っており、灌漑用水の整備が急務であるが、予算難で進んでいない。

水質汚染が顕著なのが、ヒンズー教が「聖なる川」と崇めるガンジス川である。筆者も2018年にガンジス川を訪れたが、生活排水、工場廃水がそのまま流され、さらに驚くことは家畜の死骸や人の遺体と思われる物体が流されていることである。臭いもひどい。政府の調査でも、水質基準に対し5～13倍の大腸菌が検出されている。さらに、インドでは5億5,000万人以上が毎日、野外で排泄しており、トイレの整備が進まない実態が、水質汚染を加速させていると指摘されている。インド国民は早くモンスーンが来ることを期待しているが、異常気象が続く中、降雨が予測不可能となっている。

このまま水不足が深刻化すれば、インドのGDPを6%押し下げるとの予測も出されている（インド行政委員会報告）。

4）インドの水ビジネスの現状

インドの行政委員会の報告書（2018年）によると、インドの水源（表流水、地下水）の8割が汚染されている。世界で最も劣悪な水を飲まざるを得ない国であり、したがって水質は122カ国中で120番目と極端に悪い。水使用の有効性は世界180カ国の中で133番目である。さらに報告書は、ニューデリーなど21都市で、地下水が枯渇のおそれがあり、2030年までに人口増加などにより、水需要は利用可能な水供給量の2倍になると警告している。その解決策の一つとして水の会議や展示会も活発化している。

ア. 「インド・水EXPO2018」会場視察

水EXPO2018の会場では、東南アジアの展示会に見られるような、水の浄化システム・機器展示、関連する膜処理技術、海水脱塩などは、全く見られず、インドの誇るIT技術を水管理に応用した展示のみが目立った。ブースで際立ったのはインド三大財閥のタタ・グループである。タタ・グループは自動車、鉄鋼、IT、電力を主体とした企業（売上11兆4,000億円〈2017年〉、従業員66万人）であり、本格的に水事業に乗り出してきている。タタ・グループのプロジェクト責任者によると、現在の水に関する事業は以下のとおりである。

- ・ITによる水資源管理
- ・ガンジス川の浄化・保全
- ・下水処理場の建設
- ・スマート・シティ計画での水の総合管理
- ・ボトル水の販売（関連会社のTata Global Beverages社がボトル水、コーヒー、お茶の販売を行っている。売上：543億円、利益：12.2%）

その他、安全な飲料水をリモートエリアに供給できる５㎥／時の小型浄水装置、ソーラーパネルを搭載したRO・UF膜使用の小型浄水装置、トラック搭載型（山間部、水災害地対応）のRO膜使用浄水装置などを扱っている。

　スワジャル社（Swajal）社はインドの14州で飲料水供給ステーション430カ所（給水量15万㎥／日）を運営している。小型の飲料水装置にすべてIT技術を付加し、安全・安心な飲料水供給（QRコード使用、飲料水用・ATM）、メンテナンスフリーを打ち出し、業績を急拡大させている。EXPO会場では、とにかくIT技術の活用が主体であり、個別機器の展示はほとんど見られない。

イ．日本企業のインドにおける水ビジネスチャンスは

　残念ながら、インドではスズキ自動車以外、日本の技術はほとんど知られていない。公共の上下水道も、政府にその資金がなく（人口は13億人を超えているが、納税者は国民の１％以下）、水インフラの構築は海外の援助資金に頼っている。また民間向けには、工場排水処理や再生水ビジネスがあるが、主体となる水処理膜は主に中国製と思われ、価格は日本の３分の１程度、組み立てコストも日本の５分の１である。したがって日本製品を売り込むのは無理であり、逆にインドの特徴である「格安で高度に集積された水に関するIT技術」を持つ会社と組み、日本勢は世界市場、特に東南アジアやアフリカの水ビジネス拡大のために、インド企業と共同で取り組むのが最善と思われる[9]。

（２）インドネシアの水ビジネス

　人口約２億7,000万人（2018年）、大小１万8,000の島々で構成されるインドネシアは、世界最大の島嶼国家である。その面積は日本の約５倍の190万k㎡である。豊富な天然資源に恵まれ、日本とは古くからさまざまな分野で活発な交流が保たれ、現在、特に経済協力・貿易・投資の分野で重要なビジネスパートナーになっている。インドネシアはASEANの要にある地理的な条件や豊富な労働力、GDPの進展に伴い国内市場の将来性が世界各国から期待されている。インドネシアには日系企業1,489社（2020年１月、JETRO調査）が進出しており、さらに増加する見込みである。しかし、急激に発展する同国の悩みは社会インフラの整備が追い付いていないことである。

１）気候と水資源

　インドネシアの気候は典型的な熱帯性気候である。しかし、細分化するとスマトラ島やカリマンタン島などは年間を通して降雨量の多い熱帯雨林気候で水資源が豊富であるが、ジャワ島西部は雨季（１〜４月）や乾季（５〜10月）のある熱帯モンスーン気候で乾季に水不足が発生する。ジャワ島東部及び以東は乾燥の度合いが高いサバナ気候となり、ここでは水不足に悩まされている。

２）不足する水資源

　国内人口の過半数が日本の本州の半分程度のジャワ島に集中している。その結果、乾季には増加する水需要に、供給が追い付かない状態となっている。もちろん乾季に対応するために多くのダム

が建設されてきたが、上流区域の大規模な森林伐採や、同国の地質はもともと脆弱なことなどにより ダムへの堆砂流入が激しく急激にダムの貯水量が減少している。また水インフラの整っていない ジャワ島の沿岸地区では大量の地下水汲み上げにより深刻な地盤沈下が進行している。

　国全体では年間降雨量も多く、国民一人当たりの水資源賦存量は日本の約2.5倍であるが、水イ ンフラが整っていないので効率的な利用がなされていない。

表4.1.4　水資源の状況

国及び年 / 項目	インドネシア (2011年)	日本 (2011年)
年間降水量	2,702mm/年	1,668mm/年
水資源賦存量	2,019k㎥/年	430k㎥/年
地表水	1,973k㎥/年	420k㎥/年
地下水	457.4k㎥/年	27k㎥/年
一人当たり水資源賦存量	8,332㎥/人・年	3,399㎥/人・年

（出所：各種資料を基に筆者作成）

3）拡大する水質汚染

　都市部への人口の集中に伴い、水質汚染の問題も深刻化している。下水道普及率は低く、ほとん ど処理されないまま河川や湖沼に放流されている。特に乾季には河川流量が低下するので、水質汚 染が顕著になる。アジア水環境パートナーシップ（Water Environment Partnership in Asia： WEPA）アジア水環境管理アウトルック2015によると河川の汚染が進んでおり、BOD、大腸菌な ど基準を超えている河川が多く、その汚染源は未処理の生活排水と廃棄物の河川への直接廃棄であ ると報告されている。

4）上下水道の普及状況

　改善された水供給へのアクセスは都市部では82％と高いものの農村部では上下水道の普及率は低 く、また水道の無収水率は3割を超えているものが多い。

　国全体として上水道普及率は約31％、下水道は3％である（2010年統計）。

　上下水道の市場規模は2010年で約9.28億ドル、これが2016年には15.43億ドルと1.6倍になると予 測されていたが経済危機で進んでいない。同国政府は上下水道の普及率を上げるために、民間企業 の参入を認めているが、2011年現在で上水道事業への民間参入率は約5％、下水道事業への民間参 入率はゼロである。

5）民間企業の水リスク

　排水基準が州政府、県、市がバラバラな場合が多い。日系企業が入る工業団地でも国の基準より 厳しい排水基準のあるところや、国が定めている産業別の排水基準を採用してない自治体も多く、

また厳しい罰則規定を盛り込んでいる自治体も多い。もちろん企業誘致優先で、国の基準より緩やかな自治体もあり、進出に当たっては排水処理基準の現地調査が不可欠である。

（3）ミャンマーの水ビジネス

　2021年2月1日、ミャンマー国軍によりクーデターが起こり、ミャンマー国民のみならず国際社会に衝撃を与えた。過去2回の選挙が成功し、10年前から軍事独裁政権から民主主義に徐々に移行するさなかであった。どんなに政権が変わろうとも、水は国民の命であり、また経済発展の礎である。特にミャンマーは、2053年まで続く人口ボーナス（平均年齢28歳、これは終戦直後の日本の平均年齢と同等）の国であり、アジア最後の発展を目指す国と、国際社会から注目されている国である。

1）ミャンマーの現状

　軍事政権が長く続いたために、国家に関する統計的な数値は公開されてこなかったが、国連等の国際機関等の調査数値によると、人口は約5,371万人（2018年推計）、民族はビルマ族が約7割、少数民族（約130族）が3割、宗教は仏教90％、他はキリスト教やイスラム教、ヒンズー教で成り立っている。電化率は全国で34％（国民の3人に1人しか電気の恩恵を受けていない）。ヤンゴン市内の電化率は78％、道路舗装率は23％と言われている。水道の普及率は、全国での統計数値はなく、ヤンゴン市内の水道普及率（2016年、東京都水道局調べで約4割）、無収水率（漏水や盗水で料金収入にならない率、同調査）は66％に達している。

図4.1.5　宅配水はビックビジネス　ヤンゴン市内
（出所：筆者撮影〈2018年〉）

2）日本の貢献・・水関連分野

　日本のミャンマーへの資金協力は1954年の「日本・ビルマ平和条約及び賠償・経済協力協定」に始まり、有償資金協力は1968年より、無償資金協力は1975年より供与されていたが、ミャンマーに

は延滞債務があり、政治的な不安定さもあり、1987年以降、人道的な案件を除き有償資金協力は一時停止していたものの、ミャンマーの民主化運動（2010年11月、アウン・サン・スー・チー女史の自宅軟禁措置が解除）の進展に伴い再開。2011年度はマグウェー、カレン州、バゴー地区での洪水被害などに対し16億円（供与限度額）、2012年度はエーヤーワディ地域の洪水被害対策に11.6億円、2014年度はバゴー地域西部灌漑開発事業に148億円、また少数民族向け河川水供給システムや雨水収集タンクの設置など、水と衛生改善に寄与する無償援助を積極的に行っている。

　都市向けの上水道整備では、2014年度には、ヤンゴン市・無収水削減計画に21億円、マンダレー市・上水道整備計画に25.55億円、2015年度には中央乾燥地村落給水計画に12.42億円を供与している。例えば、ヤンゴン市の無収水対策事業（ODA資金約18億円の活用）では、東京都水道局の監理団体である東京水道サービス㈱（当時）と民間企業が設立したSPCが、漏水調査、水道管の取り換え及び修繕、水道メーターの取り換え及び新設などを現地水道関係者に技術指導を行いながら実施している。またヤンゴン都市圏上水道整備事業・フェーズ１（円借款）では、2017年12月にクボタグループ（クボタ、クボタ工建〈当時〉）が韓国企業ポスコと共同で総額約105億円の水道整備事業（第一工区、第二工区）を受注している。ポンプ場や消毒設備、送水管路を建設する。各工事で使用されるダクタイル鋳鉄管やポンプはクボタが製造し供給する予定である。

　2016年３月、アウン・サン・スー・チー女史の率いるNLD（National League for Democracy：国民民主連盟）の政権が誕生し、諸外国からの投資も活発になり、他の東南アジアをしのぐような勢いを見せているが、その変化に伴うインフラ整備が追い付いていない。ミャンマーの最大都市ヤンゴンの都市計画でも電力、道路、鉄道、上下水道などの都市インフラが未整備で、全国で増え続ける都市人口（約850万人、2020年国連予測）にも、全く追い付いていない。これからが本当の国造りの始まりであろう。

　2017年12月には、「第三回アジア・太平洋水サミット」が行われ、成果文章として「ヤンゴン宣言」が採択された（図4.1.6　参照）。

図4.1.6　第三回アジア・太平洋水サミット
（出所：筆者撮影）

ミャンマーには歴史的に親日派が多いが、経済の発展に連れシンガポール、ベトナム、中国、タイなどから多額の直接投資がなされ、日本は第7位に甘んじている。ミャンマーは日本にとり中国とインドに挟まれた地政学的にも重要な国である。また豊富な鉱物資源（天然ガスはアジア地域3位の埋蔵量）を有し、社会インフラ（電力、通信、道路、上下水道）が整えばASEAN地区の優等生になり得る国である。ミャンマーの持続的な経済成長を支援することは、日本の国益向上にも寄与することを確信している。

（4）ベトナムの水ビジネス

　ベトナムが世界から注目されている。人口9,500万人（2017年推計）を擁し、平均年齢が31歳という活気のある国であり、2030年までには人口1億人に達すると予測されている[10]。

　2012年から2016年までの平均実質GDP成長率は5.9％を超え、同国経済成長率は堅調に推移している。成長の要因は、同国の政治情勢が比較的安定している。アジア各国からアクセスも良く、相対的な労働力コストの安さと経済成長力の高さが魅力、また天然資源が豊富（鉱物資源、森林資源、水産資源、水資源）などである。

　それゆえ各国からの投資案件も多く、特にハイテク産業には、同国は「投資インセンティブ」を導入し、投資拡大の後押しをしている。法人税は周辺諸国より安く、ハイテク産業の場合は、当初4年間は免税、続く9年間は税率5％、その後は税率10％が適用されるルールとなっている。産業の急速な発展と都市部への人口増加により同国の水需要も急拡大している。

1）ベトナムの水事情

　ベトナムはインドシナ半島の東端に位置し、南北に1,700km、日本列島から九州を除いたくらいの面積（33万k㎡）を持つ。東側の海岸線は約3,300kmの長さがあり、北部の中国、ラオス、カンボジアとの国境付近は山岳・高原地帯が占め、国土の約8割が山地や高原である。ベトナムの気候は、熱帯モンスーン気候に属しているが、北部と南部では気候が大きく異なる。ハノイを中心とする北部では四季があり雨季は5月から9月で年降水量は地域により1,500mmから2,800mmと大きく変化する。ホーチミンを中心とする南部では平均気温が26℃と高く、年降水量の地域的な変化は少なく、1,800mmから2,200mmの間である。同国の国民一人当たりの水資源量は9,853㎡／年（日本の2.9倍）と豊富にあり、水力発電が盛んでベトナム全体の発電量の約40％を占めている（2014年実績）。しかし、他の水インフラの未整備が大きな課題である。

　北部と南部には2大河川の紅河とメコン河が流れ、広大なデルタ地帯が形成されているが、その他の多くの河川は急流で、流域地区の保水力が小さく洪水と渇水の被害が多い。ベトナムの主な産業は農業、特に米作が盛んであり水資源の約8割は灌漑に使われている。農業人口は国民の約5割を占めている。

　最近は鉱工業、建設、各製造業など2次産業が大きなウェイトを占めるようになり、水需要が急拡大している。

2）ベトナムの水インフラ状況

　上水道の普及率（直轄5市）は90％程度だが、他省都市の平均値は約70％である。

　その水源は表流水が65％、地下水が35％である。全国に約430カ所の主要な浄水場があるが、設備が旧式で能力不足、さらに漏水率の改善が急務である。一方、水環境問題（水質汚染）が深刻化してきている。

　急激な経済発展の一方で工場排水処理施設や下水道は未整備で、下水道の普及率は低く都市部でも20％程度である。上下水道事業は建設省が、水質管理は天然資源環境省が所管、個別事業は各省の人民委員会（自治体）に属する上下水道公社が担っているが、いずれも資金難に直面している。筆者もたびたびベトナムを訪問しているが、ハロン湾や中小河川の水質汚染や、集中豪雨で道路の冠水などを実感している。特に都市部の浸水被害が頻発し、単なる交通被害だけではなく、汚水の拡散による汚染物質の拡散や伝染性バクテリア・ウイルスによる健康被害が危惧されている。

図4.1.7　ハノイ市内の給水塔

（出所：筆者撮影）

3）ベトナムの水インフラ整備は国際金融支援が主力

　ベトナム政府は、以下のような水インフラ構築の長期展望「上下水道セクターの国家マスタープラン、2009年」を挙げているが、すべて資金難に直面している。

・2025年までにレベル4以上の31都市は、下水処理場を完備する。

・レベル5の612自治体は同期間で50％の汚水を処理する。

・中核都市の上下水道整備促進。

・工業団地の排水処理、水のリサイクル利用促進。

・農業用灌漑用水の効率化。

・鉱山向け水供給と排水処理、排水水質の管理。

・植栽用の散水、道路洗浄用水は排水の再利用水を20～30％使う。

・既存の上下水道施設のリハビリ、漏水管理、老朽化対策など。

今までODAでベトナムを支えてきた国々は、日本、フランス、ドイツ、スイス、オランダなどである。

特に日本はベトナムの水環境改善にODAとして2006年から2010年までの水分野ODA実績では累積約15億ドル（全体の34％を占め）でトップであったが、近年は韓国に追い抜かれている。金額だけではなく、日本のODA案件の実施までの遅さも問題である。ベトナムの下水道案件では、調印から着工まで平均5.3年かかり、他の件案（例えば、運輸関係は3.3年、電力関係は3.9年）に比べスピードが遅い[11]。他国は２年から３年で完工している例が多い。相手国の受け入れ側の問題もあるが、このままでは感謝されない日本となってしまう。

日本のODAに関する最近の動きでは2017年９月、JICAによる下水・排水処理システム改善に247億円の円借款の供与、同年11月には日本政府とベトナム政府間で、水環境改善として300億円の円借款が調印された。しかし、同年11月、ベトナム政府は韓国政府からODAとして2020年までに15億ドル（約1,710億円）を借り入れる枠組み協定を締結したと発表している。ベトナムの都市化率の向上、経済発展につれ、多くの国が同国の水処理市場の獲得を目指し、熾烈な戦いが始まっている。

４）ベトナム最大の水処理展示会「Viet water 2017」視察

「Viet water」はベトナムの最大の水処理展示会であり、2017年度も前年度に引き続きホーチミン市のサイゴンエキシビション＆コンベンションセンターで11月８日から10日まで開催され、同時に水処理分野の国際会議及びテクニカルセミナーも開催された。

ア．開会式

開会式において、ベトナム上下水道協会のカオ・ライ・クァン会長が「Viet water 2017を通じてベトナムの上下水道事業において大きいな発展を促進する。国内外の水処理関連企業の交流の場として重要な役割を果たす」と挨拶。また、同国建設省のファン・ティ・ミー・リン副大臣が「展示会の開催において水処理に関する最先端技術及び商品の展示及び技術譲渡の場であるとともに、ベトナムの公的機関及び企業が水処理に関するノウハウの交流と継承の場となることを期待している」と述べ、展示会開催に強い関心を寄せた。

イ．テクニカルセミナー

展示会期間中に開催されたテクニカルセミナーでは、浄水処理、排水処理及び海水淡水化に関するさまざまな水処理技術が紹介された。

ウ．展示会

展示会には世界38カ国から関係企業480社が出展し、水処理及びエネルギーに関する最先端の技術・機械を紹介する見本市として賑わった。会期中の来場者数は１万4,000人余り、水処理関係者及び80もの関係団体が参集し、多数の商談が行われた。今回の展示会は９回目の開催となり、ベト

ナムの上下水インフラ整備、排水処理など水処理に対する需要が非常に高まっていることが窺われた。日本からはJETRO主催のジャパンパビリオンに24社が出展。それ以外に単独のブースを構え自社の技術を紹介する企業も多数見られた。日本の総合水事業会社・水ingは2018年度も展示会の「ゴールドスポンサー」、荏原製作所、JFEエンジニアリング、月島機械、鶴見製作所は「シルバースポンサー」を担うなど、日本勢はベトナム国内の水処理市場において大きな存在感を示している。

5）勝てる日本の水戦略は

　急拡大しているベトナムの水ビジネス市場であるが、今のところ大きな案件はODA頼みであり、これでは国際競争に勝つことができない。事実、日本が最大の資金拠出国であるADBの国際入札では2016年度、資機材・土木部門の総額約8,000億円のうち日本勢の受注実績はわずか0.77％である。相手国のニーズを正確にくみ取り、相手のレベルと財布の中身に合う提案を、他国企業とも組み開拓することが急務である。

4.1.5　国際水メジャーの最近の動向

　1990年代から2010年にかけ、世界の上下水道の民営化は、ウォータバロンと呼ばれる国際水メジャーが約7割の市場を席捲していた。

　最近は英国を中心とするテムズウォーターは、国内問題（料金値上げなど）で国際市場から脱落し、ヴェオリア、スエズの2強となっている。さらに世界市場を目指し、2強の間で熾烈な競争が展開されている。2020年12月、世界中を駆け巡った水業界の最大ニュース、それは世界水メジャーのトップ・ヴェオリアによる、世界第二の同業者スエズに対する敵対買収であった。仮に敵対買収が成功すると、ヴェオリアは世界最大の水企業、売上規模で5兆～6兆円の企業となる。具体的な動きを見てみよう。

　ヴェオリア・エンバイロンメントは2020年10月末、同国のスエズ・グループを113億ユーロ（約1兆3,900億円）で公開買い付けによる完全買収すると宣言した。宣言をする前に、すでにその第一歩としてフランスの多国籍電力会社エンジーからスエズ株式29.9％を34億ユーロ（約4,182億円）で2020年10月15日に取得している。

　敵対買収を主導するヴェオリアの会長兼CEOアントワーヌ・フレロは声明の中で「天然資源の枯渇と気候変動の状態を考えると水環境改善の緊急性は、これまで以上に強くなっている。われわれの動き（世界的なチャンピオンを目指す）は世論、欧州グリーンディール、さらに多くの国から必要とされている」、さらにスエズとヴェオリアの非常に堅実なスキルを組み合わせることで、世界的な競争激化に直面しても、合併により新事業の開発を大幅に加速し、「フランス、欧州、世界が抱える21世紀の環境課題解決に対応できる」、また新たに台頭してきている「中国水企業とも戦う必要がある」とも述べている。

（1）水メジャーと呼ばれるヴェオリア、スエズの現状

　ヴェオリア、スエズは、ともに世界有数の水処理・多国籍企業であり、お互いに160年以上も強

力なライバルとして戦ってきた歴史がある。

1）ヴェオリア

1853年、ナポレオン3世の勅命により、市民への安全な水を届けるために設立された「ジェネラル・デゾー社」が前身で、それ以来160年以上にわたり、世界中で水・廃棄物処理・エネルギーに関するソリューションを提供、世界70カ国以上に拠点を有す。日本へは2002年に上陸、その後、千葉県、埼玉県の下水道の維持管理を初め、多くの国内水インフラ事業を手掛けている。ヴェオリア・ジャパングループの総従業員は約3,500人（パート従業員を含め約9,000名）である。

2）スエズ

1858年にフェルナン・ド・レセップスが設立したスエズ運河会社が前身で、1967年にリヨン水道の主要株主になり、当時の水処理エンジニアリング会社「デグレモン」を買収し世界的に水事業を展開した。その他、ガス事業、電力事業を展開している。2008年にフランスガス公社（Gaz de France：GDF）と合併してGDFスエズ（現：エンジー）となった際、水道事業を切り離し現在のスエズが水ビジネスを担っている。スエズは水道事業では世界1億4,500万人に配水する世界的なリーダーである。

最近の話題は2017年にGE（ゼネラル・エレクトリック）から水部門を約34億ドル（約3,700億円）で買収、水ビジネス業界で世界トップの座を目指している。日本での話題は2018年12月、日本の上下水道コンセッション事業に参画するために、前田建設工業と覚書を結んでいる。

3）数値で見る両社の概要

両者の事業概要等を表4.1.5に示す。

表4.1.5　数値で見るヴェオリア、スエズの比較（2019年）

項目 ＼ 社名	ヴェオリア	スエズ
主たる事業分野	水、廃棄物、エネルギー	水道、電力、ガス事業
水道/下水道サービス	9,800万人/6,700万人	1億4,500万人/
従業員	18万人	8万9千人
売上高	270億ユーロ（3兆3,210億円）	180億ユーロ（2兆2,140億円）
利益	40億ユーロ（4,920億円）	30億ユーロ（3,690億円）

（出所：各種資料より筆者作成）

（2）ヴェオリアとスエズの応酬合戦

スエズの最高責任者ベルトラン・カミュは、「ヴェオリアの提案はスエズの解体であり、フランスにとって悲惨な結果をもたらすだろう」、さらに「スエズはヴェオリアと全く結婚する必要はない」

とフランスの日刊紙ル・フィガロ紙に語っている。

1）敵対買収への対抗策

　スエズは敵対買収への対抗策として、①フランスの水事業をオランダの財団へ移す対抗策を発表、また②フランスの民間投資会社アルディアン（1,000億ドルの資産を保有する世界有数の民間投資ハウス）の創設者ドミニク・セネキエ氏に直接掛け合い、ヴェオリア提案の1株当たり18ユーロより高い18.50ユーロの価格を約束させたが、2020年10月5日に突然アルディアンは撤退表明。ホワイトナイト（白い騎士団）は消え去った。撤退理由は「アルディアンは、敵対的な買収案件には関わらない原則でビジネスを拡大させてきた。したがってこの提案は受け入れられない」と表明したが、別の大きな政治力が働いたのではないかとうわさされている。さらに10月9日、パリの裁判所はスエズ・グループの社会経済委員会（CSE）の要請に基づき、ヴェオリアによる株式買収を一時停止する命令を出している。

2）パリ司法裁判所の動き

　11月25日、パリ司法裁判所が任命した捜査責任者は、ヴェオリア、エンジー（スエズの29.9％の株式を売却した）、メリディアム（投資ファンド）の3社に質問書を送り「コンピュータを通じて交わされた買収に関連する文書（通信記録）」の提出を求めた。スエズ側の弁護士は、ヴェオリアがエンジーの株式を買収する意向を発表する1カ月前の早い時期に、ヴェオリアがエンジーと買収入札額を密かに調整した証拠を明らかにすることを望んでいる。これは、反トラスト法を含む「いくつかの法的手続き」違反につながる可能性があると指摘している。今回の捜査で収集された情報は、ナンテール商業裁判所に送られ審議されることになっている。

　ヴェオリアのフレロ会長はジャーナリストとのインタビューで「この歴史的な機会は、国際的な開発を促進し、イノベーション能力を強化し、フランス企業の世界チャンピオンを構築することを可能にするだろう」と、さらに「世界の水ビジネス市場が急速に成長し、海外進出に力を入れている中国企業との競争や、資産を買い占めるインフラファンドに心配している。われわれはいつの日か、世界的な中国企業が目の前に現れることを危惧している」と述べている。

（3）合併に関するGWIの見方

　長年、筆者と交流のある英国の調査会社GWIの発行責任者クリストファー・ギャソン氏は2020年11月、ブリーフィングで次のように分析している。

　スエズとヴェオリアは、世界における2大民間水供給者であるが、世界の主要な水供給企業20社のうち、中国企業は12社を占めている。ヴェオリアのスエズ買収計画は、ライバルである中国企業の強さに対抗する新しい挑戦である。具体的には次の項目が挙げられる。

・産業用水事業の統合の加速（競合他社の2〜3倍のビジネス創出可能）。
・巨大資本へのアクセスは、競争上の優位となる（信頼性の向上）。
・ヴェオリアは、反トラスト法の理由からスエズのフランスの水事業をメリディアムに売却する

計画である。
・ヴェオリアは、再び水中心の企業となるだろう。これまでヴェオリアは固形廃棄物やエネルギー
　への投資を増やし、水への依存度を減らしてきたが、スエズとの合併により水事業は50％以上
　増加するだろう。

図4.1.8　GWI発行責任者クリストファー・ギャソン氏（左）と筆者（右）
（Singapore Media Conference Room, 24 June 2009）

（4）今後の見通し・・・スエズは徹底抗戦の構え

　160年以上、同業のライバルとして戦ってきたスエズは、ヴェオリアのアプローチに対し猛反発。
10月6日のプレスリリースで「ヴェオリアによる買収は敵対的であり、われわれは従業員、顧客、
すべてのステークホルダーの権利と利益を守るために、買収や事実上の支配を避けるために最大限
の努力を果たす」と宣言している。

　フランス政府内でも意見が2分している。ジャン・カステックス首相は「いかなる提案も雇用を
維持し、フランス企業が世界のリーダーになることを歓迎する」と賛成派、しかしブルーノ・ル・メー
ル財務大臣は「両社に落ち着いてスエズの支配に関する解決策を見つけるように要請する」、さら
に「二つの美しいフランス企業間の争いを、世界に提供することは止めよう」とテレビを通じ助言、
いわば反対派である。フランス国内のみならず、世界中がこの敵対買収劇に注目している。

　世界の水業界にショックを与えたヴェオリアによるスエズ完全買収の動きであるが、巨大水企業
の創出であるが故、多くのステークホルダーへの説得、法的な規制クリアランスの排除などが待ち
受け、完全合併までに少なくとも2～3年はかかることが予想されている。世界水ビジネス市場は、
この大型合併により大きな転換期を迎えるであろう。

　今回のヴェオリアのスエズ敵対買収計画により、世界の水ビジネスがどう動くか、ヴェオリアの
戦略次第であるが、はっきり言えることは、これからは「巨大資本が世界の水インフラビジネスを
牽引する」ことである。日本国内においても、2002年にヴェオリア・ウォーター・ジャパンが設立
され、初代社長のオーギュスト・ロラン氏により日本企業の買収・協業を積極的に行った結果、現
在ヴェオリア・グループは日本国内にヴェオリア・ジャパン（2015年に社名変更）、ヴェオリア・ジェ

ネッツ、西原環境、フジ地中情報システムなどで構成され、連結従業員約3,500人を有し、国内約70カ所の浄水場の管理や、190の自治体の水道料金徴収、最近ではコンセッション案件などに積極的に参画している。

（5）ヴェオリア社、同業スエズ買収で急遽合意

　買収合意まで、少なくとも2〜3年かかると予想されていたが、2021年4月に両社が急遽買収に合意した。これで、スエズ経営陣を含め利害関係者が数カ月続けてきた根強い抵抗運動に終止符が打たれた。

　4月12日の発表によると、合意内容は①ヴェオリア社はスエズの未保有株約70％を一株当たり20.5ユーロで取得する（昨年の提案価格は18ユーロ）。またスエズグループは、従来の上下水道サービスの継続及び新規事業開拓のために、②約70億ユーロ（約9,100億円）規模の新会社を設立する。③ヴェオリア社は、新しいスエズの新会社の長期的な発展を保証する。④ヴェオリア社は買収終了から4年間、社会的コミットメントに同意することを約束するなどである。両社は2021年5月に最終合意を締結する予定である。

　合意に達しても、巨大企業であるが故に、複数の国・地域の競争当局の承認が必要となる。この合意によりヴェオリア社は、世界最大の廃棄物処理及び上下水道を含めたすべての水資源サービスを提供するグローバル巨大企業となる。

　日本の水関係企業は2007年にヴェオリアが千葉県の花見川下水処理場維持管理や、埼玉県、広島県の下水道維持管理事業に参入した時に「黒船来航」と大騒ぎしたが、その後、国内企業の多くは自らの改革をせず、ヴェオリアの躍進を許し、今日に至っている。国内企業は、彼らの世界的な戦略、多国籍に通用するマネージメント能力を、初心に戻り学び直し、研究を深め、今後迎える広域化・統合化や官民連携の動きに対応できる能力を創出することが急務であろう。

4.1.6　水から見た世界目標MDGsからSDGsへ

　筆者は1996年から2001年のニューヨーク同時多発テロ勃発までニューヨークの国連本部・経済社会局に勤務。2000年に国連本部で開催された「国連ミレニアムサミット」にも本会議場で参加した（図4.1.9　参照）。この時に採択されたのが「ミレニアム開発目標（Millennium Development Goals：MDGs）」である。MDGsは8項目で、ほとんどが先進国のみが途上国を支援する内容であった。そして2015年、国連はMDGsの継続プログラムとして、SDGsの17目標（ゴール）を掲げた。この17項目はすべての国、すべての利害関係者が参画

図4.1.9　国連・持続可能発展委員会に出席する筆者（CSD16 : Advancing IWRM at National Level　at UNHQ）

し、2030年までに実行する目標となっている。

（1）SDGs17項目と水との関係

水が支えるSDGsの17項目を具体的にみてみよう[12]。

図4.1.10　SDGsロゴ[13]

目標1）貧困をなくそう

貧困の始まりは、水がないことから始まる。身の回りに安全で十分な水資源があれば、生活だけではなく、農業生産が可能になる。世界文明がチグリス・ユーフラテス川、ナイル川、インダス川、黄河の4大大河文明から始まったように、水が生命を支え、生活ができ、農耕ができれば、貧困が撲滅できる。

目標2）飢餓をゼロに

飢餓は食糧不足から始まる。水さえあれば農業生産が可能である。最近は地球温暖化現象で洪水と干ばつが多発している。水資源は必要な時に、適切な水量、水質が確保されなければ使えない。水インフラ（ダム、貯水池、水路、維持管理）の整備が飢餓をゼロに近づけるだろう。

目標3）すべての人に健康と福祉を

身の周りに安全な水がないと、水系伝染病にかかるリスクが増大する。言うまでもなく水道普及の第一目標は「公衆衛生の確保」であった。中世ヨーロッパでは黒死病（ペスト）で欧州人口の3分の1が減少した。日本においても海外から持ち込まれたコレラが流行したのが文政5（1822）年と安政5（1858）年で江戸だけで死者10万～26万人出たと言われている。健康と福祉を支える安全な水の供給は近代においても、ますます重要な位置を占めている。

目標４）質の高い教育をみんなに

　アフリカをはじめ、中南米でも特に女性や子供たちが毎日水汲み、水の運搬に人生の大半を費やしている。家と水源（安全でない水が多い）を数時間かけて往復するために教育の機会、仕事の機会を失っている。その地域に共同水栓でもあれば婦女子に教育の機会や雇用の機会が得られるのである。

目標５）ジェンダー平等を実現しよう

　目標４で述べたように水汲みの主役は女性である。水汲みの仕事やかかる時間を減らせば、女性の教育、雇用の増進が図られジェンダーの格差解消となる。

目標６）安全な水とトイレを世界中に

　2000年のミレニアムサミットで提唱されたMDGsの「安全な飲料水と改良された衛生施設（例えば衛生的なトイレ）を利用できない人を半減させる」という数値目標は達成されたが、それでもいまだに世界人口の10分の１の人が安全な水へのアクセスができていない。例えば、筆者は2018年５月にインドを訪問したが、同国の携帯電話の普及率は約55％だが、家庭内トイレの設置率は40％以下であり、特に若い女性や子供たちが身の危険をさらしながら野外排泄を続けざるを得ない状態が続いている。人間の尊厳を守るためにも一刻も早く達成されなければいけない水項目である。

目標７）エネルギーをみんなに、そしてクリーンに

　エネルギーと水との関係を歴史的に考えると、まずジェームスワットの蒸気機関である。ここから産業革命がはじまり、エネルギー消費が急拡大した。水資源は水力発電、いまや再生可能エネルギー源として再び注目を浴びている。もちろんバイオマス資源利用も水がなければ成り立たない。火力発電所・原子力発電所では純水装置、復水脱塩装置、冷却水装置が重要な施設であり、水なしで運転不可能である。このように世界のエネルギーを支えているのが水資源である。国際エネルギー機関（IEA）の試算では2035年にはエネルギー生産に必要な水資源の年間使用量は、現在の660億㎥／年から1,350億㎥／年に倍増すると予測している。

　しかし、大きなジレンマも存在する。水資源の確保（取水、配水、海水淡水化など）でさらに大きなエネルギーが必要になる。水資源を増やす為のエネルギー消費をいかに抑えるかが、今後の大きな課題である。

目標８）働きがいも経済成長も

　すべての経済活動は水で支えられている。水脈は金脈である。

目標９）産業と技術革新の基盤をつくろう

　すべての産業や技術革新に水が関与している。賢い水の使い方として節水や水のカスケード利用が待たれている。

目標10）人や国の不平等をなくそう

ライバルの語源はリバーと言われるように、ヒトの大きな争いは「川の水をめぐる争い」から始まっている。ナイル川の水争い（上流国とエジプト）、メコン川など国際河川の水資源の分配を公正かつ効率的に水を分かち合うことが人々や国家間の不平等を解決する。

目標11）住み続けられるまちつくりを

自然災害に強い日本とも思われるが、災害リスク世界比較では17位と低い。これは「世界リスク報告書2016年版」で世界171カ国の自然災害（地震、台風、洪水、干ばつ、海面上昇）とそれぞれの国の脆弱性を評価した結果である。

住み続けられるまちつくりは、常に「水との戦い（洪水や干ばつ）と調和（賢い水利用）」である。

目標12）つくる責任　つかう責任

生活に必要なモノを作るには、すべて「水」が関係している。生産財としての水資源の確保、使った後の水の再生利用、環境調和型の水の管理など、これからの課題である。

目標13）気候変動に具体的な対策を

気候変動の影響は、すべて水の姿となってわれわれの前に現れる。高潮、洪水、干ばつ、水災害など、気候変動による災害の防止は、すべての水問題を解決することであり、一層の治水政策が待たれている。

目標14）海の豊かさを守ろう

下水処理場を完備し海の水質汚染を守るのは当然として、海に囲まれた日本は、魚類や藻類（海苔）などの資源循環を促進するために、佐賀県などが取り組んでいる下水処理水からの栄養塩類の放出による地域産業（海苔、養殖）の育成に努力し、その成果を世界に発信することが求められている。

目標15）陸の豊かさも守ろう

陸の豊かさもすべて健全なる水循環で支えられている。植林や適切な伐採、水インフラの構築・整備が待ったなしである。

目標16）平和と公正をすべての人に

水は地域に属する特有な天然資源である。適切な地域の水分配と水循環が世界平和を支えるだろう。特に国際河川（ナイル川、メコン河など）の水問題解決が急がれている。

目標17）パートナーシップで目標を達成しよう

あらゆる経済活動で水資源がますます重要な位置を占めてきている。世界各国のパートナーシッ

プで水問題を解決することが持続可能な発展をさらに進展させることができる。

4.1.7 おわりに

世界の水資源の現状と、水ビジネスを紹介してきたが、最後の目標は、国連が提唱するSDGsをいかに遂行するかである。

SDGsへの取組みは始まったばかりで、世界各国が智慧と行動力で日夜邁進している。

筆者も国連本部会議で「日本の水資源管理」を述べたが、日本には個別で優れた技術がたくさんあるものの、残念ながら全体システムを「持続可能な発展に向けて」結集するアイデアや牽引する人材が不足している。2030年には世界中で40％の水資源量が不足すると予測されている中、日本の優れた水関連技術や経験・ノウハウにより世界の水環境問題を俯瞰し国際貢献をすることが求められている（吉村和就：グローバルウォータ・ジャパン代表、国連テクニカルアドバイザー）。

【参考文献及び出典・URL】

1）国土交通省（2014）「国連世界水発展報告書2014」
001044451.pdf（mlit.go.jp）（2021.3.18閲覧）

2）国際連合（2019）「世界人口予測・2019年版（World Population Prospects 2019）」
https://population.un.org/wpp2019/ （2021.3.18閲覧）

3）経済協力開発機構（OECD）（2012）「Environmental Outlook to 2050」
http://www.oecd.org/environment/outlookto2050 （2021.3.18閲覧）

4）The Pacific Institute（2019）「The Water Conflict Chronology of Pacific Institute.2018」
https://www.wateronline.com/doc/pacific-institute-releases-updates-to-the-water-conflict-chronology-0001 （2021.3.18閲覧）

5）国土交通省（2009）「平成21年度版日本の水資源　概要版」p.3
https://www.mlit.go.jp/tochimizushigen/mizsei/hakusyo/H21/gaiyou.pdf （2021.3.18閲覧）

6）吉村和就（2013）「水危機に直面するアジア諸国」『月刊 Business i ENECO（ビジネスアイエネコ）』2013.5

7）「タイ洪水（2011年）」『フリー百科事典　ウィキペディア日本語版』2021年4月25日㈰12：59 UTC
https://ja.wikipedia.org （2021.3.18閲覧）

8）ADB（2013）「Asian Water Development Outlook 2013」より抜粋
https://www.adb.org/publications/asian-water-development-outlook-2013 （2021.3.18閲覧）

9）吉村和就（2018）「インドの水ビジネス事情」『月刊 Business i ENECO（ビジネスアイエネコ）』2018.8

10）JETRO（2016）『ベトナム一般概況〜数字で見るベトナム経済〜』
https://www.jetro.go.jp/ext_images/world/asia/vn/data/vn_overview201608.pdf （2021.3.18閲覧）

11) JICA（2016）「水環境改善に向けての取り組み」『ベトナム事務所月報』第99号
https://www.jica.go.jp/vietnam/office/others/ku57pq0000224s7k-att/monthly1609.pdf
（2021.3.18閲覧）

12) 国際連合（2015）「Sustainable Development Goals Report Sept.2015 edition」
https://www.un.org/en/development/desa/publications/global-sustainable-development-report-2015-edition.html　（2021.3.18閲覧）

13) 国際連合広報センター（2020）「SDGsのポスター・ロゴ・アイコン及びガイドライン」
https://www.unic.or.jp/activities/economic_social_development/sustainable_development/2030agenda/sdgs_logo/　（2021.3.18閲覧）

4.2 シュタットベルケ（都市公益公社）に関する先行研究を整理してみたら

4.2.1　なぜシュタットベルケが注目されているのか？

　本稿の内容は、2020年12月時点までの情報である。これまでの、わが国において、研究発表、講演会発表、雑誌掲載等により公表された情報を基にしており、現地関係者等を直接調査したものではない。主な情報源は、文末に参考文献として整理してあるとおりである。

（1）上水道等のインフラ事業間における分野連携の不足

　わが国の上水道事業は、人口減少、施設の老朽化、大規模災害の頻発、技術職員の減少、さらには新型ウイルス感染拡大等、急激な環境変化の中にあり、公益性を担保しつつも、効率的かつ効果的な事業運営がますます重要視されるようになっている。国・各自治体はこれまでも事業の効率化などに継続的に取り組んできており、上水道という縦割りの事業範囲の中ではあるが広域連携や官民連携等多様な施策を講じてきた。2018年には水道法が改正され、水道事業におけるコンセッション方式の創設、広域連携の推進等、政府がこれらの取組みをこれまで以上に後押しする姿勢もうかがえる。下水道や道路、公共施設など、他インフラにおいても同様の状況にあり、それぞれの分野内での取組みが進められている。

　しかし一方で、縦割りの分野を超えた横断的な取組みはいまだ限定的となっている。

（2）エネルギー問題等、さまざまな地域課題が顕在化・未解決

　さらに、インフラに関わる問題以外にも、高齢者福祉や介護など社会福祉サービスの充実、地域経済の活性化や地域雇用の確保、地域での防災・減災対策、温暖化防止対策やエネルギーの自立化といった地域の課題も顕在化している。

　これまで国・各自治体は、人口減少などによる地域経済の縮小で、財政が年々圧迫される傾向にある中で、これらのさまざまな地域課題に対して、個別事業ごとに課題の解消や重点化・効率化、費用対効果の最大化に取り組んできたものの、部分最適、永続的でない短期的な財政改善、地域の構造的問題が未解決、地域経済へのインパクトが限定的、事業の公益性が担保されていない場合が

ある等、課題の抜本的解消とはなっていない。

　特にエネルギーの自立化については、東日本大震災での経験から、各自治体において、災害に強い地産地消型のエネルギーに対して関心・注目が年々高まっている。電力小売の段階的な自由化等に伴い、多くの自治体がエネルギー自立化に向けた取組みを模索している。

（3）新しい事業アプローチの必要性

　これらを背景に、今後は、前述したような多分野にわたる地域課題に対して、「事業効率」・「公益性」・「全体最適」を重視する事業アプローチが求められると（一社）日本シュタットベルケネットワークの理事を務めるラウパッハ氏は論じている[1]。ドイツのシュタットベルケ（Stadtwerke）は、この3つの側面を後押しする事業アプローチを採用していることに加え、近年日本でも関心の高いエネルギーの地産地消化・自立化というテーマにも関わることから、大いに注目を集めている。

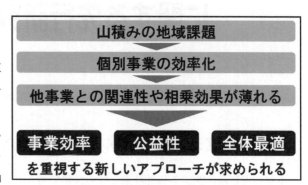

図4.2.1　新しいアプローチの必要性

　本稿においては、係るシュタットベルケに関して、これまでの、わが国における研究発表、講演会発表、雑誌掲載等により公表された既往情報を集約し、水道事業の視点からとりまとめたものである。

　本書の読者が、新しい事業アプローチの一つとして興味を抱いてもらえることを期待する。

4.2.2　シュタットベルケって何？

（1）シュタットベルケの概要

1）シュタットベルケの和名（日本語訳）

　シュタットベルケ（Stadtwerke）は、表4.2.1のとおり、さまざまな文献で日本語訳されているが、共通して表現されている要素は、「公共出資」、「公益的」、「総合的にインフラ・公共サービスを提供」、「（民間）会社」等である。これを勘案し、本稿ではシュタットベルケを「都市公益公社」と名付けることとする。ただし日本の公社の意味合いではなく、英語表記でいうところのPublic utilitiesと同義となる。

表4.2.1　シュタットベルケの名称（既往文献より）

論文執筆者等	シュタットベルケの名称
松井（2016）[2]	公共出資の公益的サービス会社
諸富（2017）[3]	自治体が出資する公益事業体
山本（2017）[4]	地域住民が生きていく上で欠かせないエネルギーやサービスを、良心的な価格で提供する「生存配慮（Daseinsvorsorge）」を目的とした、自治体が所有・運営する事業体
山本（2018）[5]	自治体が地域に特化して経営する都市公社
土屋ほか（2019）[6]	地方自治体が出資する公益事業を担う企業体（地域の総合的な公共・インフラサービス業）
小谷（2020）[7]	自治体規模の単位で管理されるインフラ・公共サービスを総合的に運営する公益事業体
関ほか（2020）[8]	地域の電気・ガス・熱供給等のエネルギーや上下水道のネットワークインフラに加えて、プール、駐車場、地域交通事業等を含めたインフラ・公共サービスの総合プロバイダーとして、自治体から独立して設立された民間企業
海外水ビジネス研究会	「都市公益公社」とする。

2）設立経緯

シュタットベルケの起源については、「産業の変革と人口流入に伴う都市の急速な発展により、各都市でガスや電気等へのニーズが高まり、19世紀後半、その担い手として、自治体直下のシュタットベルケが事業を開始した」とされている（山本, 2017, p.4）[4]。当初は、水道、ガス事業から始めたが、時々の社会的要請に合わせ、事業内容を拡大し、現在では、電気、ガス、熱、上下水道、ごみ処理、交通、ブロードバンド等を提供している。

3）法的根拠・設置数

関ほか（2020）[8]によれば、「ドイツでは、わが国の憲法にあたるドイツ基本法（Grundgesetz für die Bundesrepublik Deutschland）第28条を根拠に地方自治が保障されており、自治体が地域に関するすべての事項を自己の責任において規律する権利を有するとされている。そのうえで、ドイツ人の『生存配慮』（Daseinsvorsorge）の基本的な権利を守ることを目的に、自治体が公共サービス提供の保障責任（Gewährleistungspflicht）と遂行責任（Erfüllungspflicht）を負っている」（p.70-71）とのことである。この自治体の責務を全うするために設けられるのが、シュタットベルケである。

シュタットベルケそのものを定義する法令はないが、ドイツ国内では強いブランドイメージがある。明確な定義がないため、シュタットベルケの正確な設置数を把握することは困難と考えられる。しかし参考値として、VKU（Verband Kommunaler Unternehmen：地方自治体系企業連盟、自治体企業連合、地方公共事業組合、シュタットベルケ連盟等、さまざまな訳がなされている）の2020年年次報告書[9]では、加盟企業数（＝シュタットベルケ数とみなす場合が多い）は1,487社、従業員数は約27万人となっている[注]。

数については文献により記述が異なる。関ほか（2020）[8]によれば1万1,494社（p.71-72）ということであるが、その根拠はドイツ連邦統計局の統計データ（Statistisches Bundesamt）であり、公的機関から会計上分離されてインフラ・公共サービスを行う企業のうち、私法に基づく事業形態（シュタットベルケ）の数値を引用している。一方で、山本（2018）[5]、土屋ほか（2019）[6]、ラウパッハ（2019）[10]等では、1,458社とされており、これは、VKUの加盟企業数を、2018年当時の年次報告書から引用している。また、ラウパッハは別の文献では、約1,000社とも言及しており[11]、この根拠は不明である。これらの数値の違いは、それぞれで採用するシュタットベルケの定義の違い、さらには持株会社の数と、持株会社の傘下事業会社の数の数え方の違いによると思われる。ここでは、参考値として、VKUの最新の年次報告書（2020年）の数値を示す。

4）事業構成やシェア等[9]

　事業構成やシェアについても同様に、正確な把握は困難と考えられるが、参考値として、前述のVKUの2020年年次報告書の数値を示す。VKUの加盟企業1,487社のうち、その多くが実施しているのは、電力事業729社（49.0％）、ガス事業640社（43.0％）、熱供給事業581社（39.1％）、水道事業733社（49.3％）、廃棄物処理事業438社（29.5％）、下水道事業333社（22.4％等）である。さらにドイツ国内でのシェアは、電力事業が61.5％、ガス事業が66.6％、熱供給事業が73.7％、上水道事業が90.2％、下水道事業が44.1％となっておりインフラ事業におけるシェアは高い。

（2）シュタットベルケの仕組み

1）組織形態・構造

　多くのシュタットベルケは、自治体が出資（100％または過半数以上の場合が多い）を行っている事業体である。組織形態は私法に基づく民間企業形態である。

　シュタットベルケは、複数の公共事業を担うことが一般的であるが、シュタットベルケが一つの組織として全事業を担う場合、分社化し子会社に各事業を担わせる場合、市が100％出資の親会社の下に事業の統括会社としてシュタットベルケが位置付けられる場合等、その組織構造はさまざまである。

2）事業ミックスと経済の域内循環

　シュタットベルケの大きな特徴は、その事業ミックスにある。多くのシュタットベルケは、エネルギーや上下水道等の（高・低）収益事業、道路や公園・緑地等の非収益事業を複数担っており、高収益・低収益事業の利益を低収益事業、非収益事業に対して内部補填する仕組みをとっている。低収益・非収益事業は、自治体から低廉価格でのサービス提供が義務付けられている場合もある。利益を内部補填することで、シュタットベルケとしては、事業税（法人税）を減らすことができ、自治体としては、経済の域内循環を促進させることができる仕組みとなっている。

　具体的には、「黒字事業だけの場合、収益の一部は税として市町村外（域外）にも流出していく。しかし、意図的に赤字事業を組み合わせることで、黒字事業の利益が、赤字事業の損失と相殺されるため、シュタットベルケにかかる税負担が下がる。つまり、シュタットベルケは、地域で得られた収益の一部を、域外に流出させることなく、域内のための事業へ直接充当させることで、料金やサービスの対価などの域内経済循環を可能として」いる（関ほか, 2020, p.73）[8]。

　さらには、「民間企業であれば得た収益は配当として（域外にいるかもしれない）株主に配当されるが、自治体が出資する事業体であれば、その収益の配当は自治体が提供する公共サービスの供給という形で市民に還元」され、「事業体が生み出す雇用も域外から域内へとシフトし、地域に新たな雇用機会を創出し得る」という側面もある（小谷ほか, 2020, p.59）[12]。

　このように、シュタットベルケは、収益の確保だけでなく、経済の域内循環の仕組みを構築する、ということも大きな狙いとしている。

3）自治体の関与・ガバナンス

　一般的なシュタットベルケは、下記のようなガバナンス構造となっている。これらにより、シュタットベルケは、「官が持つ公益性と民間企業が持つ経営ノウハウや機動性といったそれぞれの特徴を活かした役割分担を行い、責任の所在を明確化し、自己規律を働かせるといった特徴を有して」いる（関ほか,2020,p.74）[8]（以降の箇条書きも同文献より引用）。

　①自治体は、シュタットベルケへの「出資」を通じて、複数の監査役を首長及び議員等の中から選任し、事業に関する最終的な責任を持つ。

　②「監査役会」は、シュタットベルケの事業目的の変更、決算の承認、会社の買収・売却、会社の解散等の重要事項に加えて、執行役の選解任権を有する。なお、会社法制上「監査役会」は、経営執行の事後的な監督に専念することを原則とし、執行権はなく、重要な経営事項についても事前の同意権を有するにとどまる。

　③自治体は経営に直接関与せず、外部から経営の専門家を経営者として選任し、その経営者にシュタットベルケの経営全般を委ね、機動的な経営を可能としている。また、自治体から独立して存続してきた歴史の中で、シュタットベルケ専門の経営人材が育成され、これを支え続けてきた。

　④監督者である自治体（ないし監査役会）は経営者の選解任権を有し、また、経営者は経営成績（KPIを設定）が一定水準に満たない場合には監査役会によって解任されるため、双方ともに緊張感のある関係が作出されている。

　⑤州の自治体コード（わが国の地方自治法にあたる）において、シュタットベルケの出資者としての自治体に対し、出資会社たるシュタットベルケを含む年度決算書の策定、会計監査の実施や投資報告書の公表が義務付けられており、これに対応する内容がシュタットベルケの定款にも明記されている。

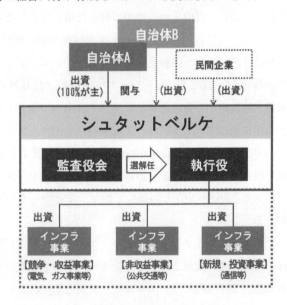

図4.2.2　事業ミックスとガバナンス
（出所：関ほか（2020）[8]を基に筆者作成）

日本においても類似の仕組みとして一時期、第三セクターによる事業運営が注目されたが、この仕組みは失敗例が多いとみなされている。その理由として、第三セクターの役員が自治体OBの天下り先ポストとなっており、これら役員の多くは経営的感覚を保有していなかったこと、事業内容を熟知していなかったこと、意思決定があいまい等ガバナンスが不全だったこと等が挙げられるが、シュタットベルケは経営者を外部（民間）から選任し、監査役会は執行権を持たない点で、第三セクターとはそのガバナンス構造が全く異なるものとなっている。

4）人材育成

各シュタットベルケが、自社の経営計画にあわせて自由に採用を実施し、給与水準等も独自の規程が設けられている。複数分野を横断的に管理できる多能工人材の育成に焦点が当てられており、1人の職員が水道、電力等、複数のインフラに精通することで、職員の効率的な配置やサービス対応の集約化による事業の効率化が実現している[8]。

例えば、ウルム市とノイウルム市が共同出資しているシュタットベルケ「Stadtwerke Ulm/Neu-Ulm」では、「ガスと水道については、新入社員は両方の技術教育を行う。同様に、電気と通信についても両方に精通する研修を自ら実施することで、グループ事業を広く理解できる人材を育成している」（小谷ほか, 2020, p.17）[13]とのことである。

5）競争力の源泉

ドイツでは1998年、日本に先立ち電力・ガス事業の小売自由化が行われた。小売事業には国内外の多くの事業者が参入し、電力会社の再編が進む中で、大規模な発電設備を持たないシュタットベルケは淘汰されると見込まれていた。しかし実際には、多くのシュタットベルケは後述するような強みを生かし、自由化から約20年経った現在でも、その事業を存続・維持（あるいは拡大）し続けている。さらに自由化後、シュタットベルケが一度民営化されたものの、近年再度設立される等、いわば「再公営化」の動きも見られる[4]。

小谷ほか（2020）[12]は、「シュタットベルケは地域のインフラ、特にエネルギー（電気・ガス・水道・熱供給）の供給主体としてドイツ国内で現在も新設されている。その背景には、2010年から2016年にかけてドイツ国内の配電網のコンセッションの多くが契約満了するタイミングに、インフラの再公有化（Remunicipalization）の議論の高まりが重なり、これまで大手民間電力会社が運営権を握ってきた配電網を自治体出資企業であるシュタットベルケが担うケースが増えてきていることがある」（p.58-59）と指摘しており、ここからもシュタットベルケの長年の存在感の強さがうかがえる。

このようにシュタットベルケが、エネルギー事業で強い競争力を発揮するのには、ドイツの国全体のエネルギー政策と、シュタットベルケの事業戦略が合致していることが大きな要因として挙げられる。ドイツ政府は、エネルギー政策として、これまでの原子力や火力を中心とした集中型電源から、さまざまな再生可能エネルギーを取り入れた分散型電源への転換を進めている。2022年までに原子力発電からの脱却を打ち出し、また並行して再生可能エネルギー電源比率を、2025年までに

40～45％、2035年までに55～60％まで引き上げる等の目標を設定している[14]。再生可能エネルギーやコージェネレーションに対して、政策的な支援制度を用意し、分散型電源の開発を促進している。

　元々、シュタットベルケにおいては、そのエネルギー供給設備はコージェネレーションを活用した熱電併給が古くから主流であった。その前提の上で、2000年代の再生可能エネルギー法やコージェネレーション法（CHP法）の制定に伴う政府からの政策支援などを活用し、シュタットベルケは分散型電源への投資を積極的に行っている。特にコージェネレーションは、「長距離輸送に適していない熱を生産することから、地域に根ざし、地域の需要及び熱導管インフラを押さえているシュタットベルケのビジネスモデルに適して」いる（山本, 2017, p. 9）[4]。

　また、ドイツ政府のエネルギー政策の方向性との合致以外にも、シュタットベルケが現在に至るまで競争力を維持してきた要因は他にもたくさんあり、多くの文献でその要因が分析・整理されている。

　例えば、松井（2016）[2]は、シュタットベルケが強みを発揮できた要因として、下記の4点を挙げている。

　①近代的経営：地域内資源からの電力調達と外部電力調達を最適に組み合わせている。民間出身の経営者を招聘し、民間企業的な発想で運営している。

　②熱導管の敷設：1970年代に政府補助により敷設した熱導管を有効活用し、熱電併給を行うことで、顧客を囲い込んでいる。

　③きめ細かな需要家密着サービス：省エネ診断等を提供し、信頼を勝ち得ている。

　④地域内資金循環：シュタットベルケの活用が地域内資金循環を起こし、雇用の創出につながることが市民に理解・指示されている。

　また、山本（2017）[4]は、シュタットベルケの競争力を下記の3点にまとめている。

　①自治体出資＋公益（非採算）事業の継続：自治体出資（公益追及を保証）により安心ブランドを創出している。赤字事業への収益補填により、住民の信頼・支持を集め、競合の参入障壁を形成している。結果として、シュタットベルケの中長期的な利益最大化につながっている。

　②特定地域に集中：地元に活動範囲を限定し、地元の資源を使い、地元で地域独占時代の圧倒的な小売シェアを守る戦略を軸としている。活動範囲を絞ることで、地元におけるシュタットベルケのプレゼンス向上に繋がっている。地元の需要家が求めるサービス改善やシュタットベルケのプレゼンスの変化についても、きめ細かくそして継続的に確認し事業へ反映できる。地元で高いシェアを維持できているため、集客のための一時的な料金割引を行う必要がなくなり、過度な価格競争を回避できる。調達面においても、人材や資材の多くを地元で賄い、地域経済活性化につなげている。

　③分散型電源の積極活用：再生可能エネルギーやコージェネレーションの活用を積極的に進めている。前述のとおり、シュタットベルケは国の政策支援を活用して、分散型電源への投資を積み上げており、特にコージェネレーションは、シュタットベルケのビジネスモデルに適している。

4.2.3　シュタットベルケを日本に導入できるか？

　前節ではシュタットベルケについて、その概要や仕組みを整理してきたが、本節では、シュタットベルケの日本への導入可能性や望ましい導入のあり方について分析した。

　結論からいうと、現段階でドイツのシュタットベルケをそのまま日本に導入するのは困難である。前提条件となる、エネルギー事業分野への民間の参入状況や、税制度、ガバナンス、その他の事業運営の仕組みが異なるからである。

（1）エネルギー分野における民間参入状況の日独比較

　最も重要な違いは、エネルギー事業の提供主体にある。ドイツでは歴史的にシュタットベルケがエネルギー事業を実施してきたという経緯がある一方で、日本では、古くから民間によるサービスが主となっており、日本にシュタットベルケを導入したとしても、容易にはドイツのような事業ミックス（公的事業として高収益なエネルギー事業で獲得した収益を不採算事業へ補填する）を採ることができない。

表4.2.2　エネルギー分野における民間参入状況・参入経緯の比較

国／事業	日本	ドイツ
電力	●従来から民営が主である。系統運営と何十年にも及ぶ独占により、強固な顧客ベースを保有する[15]。 ●電力事業のうち、発電は届出制（1995年に原則自由化）、送配電は許可制、小売は登録制である。2016年から小売は全面自由化となった。2010年代前半から自治体が出資・関与する地域新電力※が設立されるようになった[16]。 ※後述する「日本版シュタットベルケ」の1類型に該当することから、「4.2.3（2）政策や事業運営の仕組みの日独比較」では、地域新電力を後押しするという観点から政策等を分析する。	●従来から、公営及び民営事業者が競争・共存してきた。 ●19世紀後半より、インフラの整備・運営を行う公的な事業体としてシュタットベルケが発達してきた。当初シュタットベルケは、保有する小規模な発電設備・配電網を通じて小売供給する垂直一貫体制だったが、発電設備の大規模化や広域系統の発達により、多くは配電と小売に注力するようになった[4]。また、配電事業については、1990年代にコンセッション等により民間移転が進められた[19]が、近年コンセッション契約満了と合わせて、再公有化されるケースも見られる。 ●1998年、電力小売全面自由化となり、シュタットベルケ、大手電力会社、その他の新規参入が競争し、統廃合を重ねてきた。
熱供給	●民営が主である。 ●2014年時点で、熱供給事業の許可を受けている140地点（78社）のうち、自治体出資企業によるものは16地点（12社）である（2016年に、許可制から登録制に変更）[17]。	●従来から公営が主である[17]。 ●シュタットベルケは、コージェネレーションを活用した熱電併給を主流とし、これが特定地域における顧客の囲い込みにつながった。
ガス	●電力と同様、従来から民営が主である。 ●都市ガスは、LNG基地（ガス製造）事業、一般ガス導管事業、ガス小売事業に分けられ、LNG基地事業は届出制、一般ガス導管事業は許可制、ガス小売事業は登録制である。2017年から小売全面自由化となった[18]。	●電力と同様、従来から、公営及び民営事業者が競争・共存してきた。 ●1998年、電力と合わせてガスも小売自由化された。 ●シュタットベルケは、電力、ガス、熱供給等のセット販売、料金請求の一本化等で、地域の顧客に訴求している。

（2）政策や事業運営の仕組みの日独比較

　エネルギー政策や、事業運営の仕組みについても、下記のとおり、日本とドイツでは大きく異なっている。ドイツの政策や仕組みを見ると、エネルギー政策はシュタットベルケによる公益事業の展開を後押しするものであり（言い換えるとシュタットベルケは国のエネルギー政策をうまく自社の事業戦略と適合させており）、また、税制度やガバナンス、情報開示の仕組みは、シュタットベルケの透明かつ適正な事業運営を後押しするものとなっている。一方の日本では、このような政策や仕組みにはなっていない。

　①エネルギー政策：ドイツでは、長年、再生可能エネルギーやコージェネレーションの導入支援策が講じられてきており、シュタットベルケは、このエネルギー政策を自らの事業戦略と合致させることで興隆してきた。一方日本では、東日本大震災の原発事故を契機に、分散型、自立型、地域特化の安全な電源に対しての関心が高まっているものの、これを促進するための施策・取組みは、端を発したばかりである。社会的潮流としては地域新電力を後押しする流れであることから、今後の総合的なエネルギー政策の展開が期待される。

　②税制度：ドイツでは、持株会社方式において50%超を出資している子会社との間であれば損益相殺が可能であり、日本よりも柔軟な損益通算の制度が採用されている。一方、日本の連結納税制度においては、節税効果を得るためには100%親子関係を作らなければならず、出資戦略が硬直化してしまうことになる[7]。納税による収益の域外流出を防ぐためにも、節税と柔軟な出資戦略を両立できるような制度づくりが求められる。

　③ガバナンス：ドイツでは監査役と取締役は兼任不可であり、経営の執行（意思決定含む）と監督が制度的に分離されている。一方、日本においては（ドイツの枠組みに近いとされる指名委員会等設置会社の制度を想定）、取締役と執行役の兼任が可能であることから、経営の執行と監督が完全には分離されておらず、ガバナンスの不全を排除しきれていない（経営の執行に対して監督のみをする機関が会社法制で想定されていない）[7]。法改正、あるいは制度を補完する形でガバナンス不全を防ぐような方策の検討が必要である。

　④情報開示：ドイツでは各種法律によって地方自治体及びシュタットベルケによる情報開示の内容が規定されており、市民に対する情報開示の質が高い。一方で、日本の株式会社の法定の情報開示は乏しく（事業報告・計算書類程度）、また自治体による調査権・監査権は設定されているものの、その権限は大きくない[7]。法改正、ガイドラインの策定、あるいは定款での規定等により、より質の高い情報開示を事業者に義務付ける仕組みとしていく必要がある。

　これら、エネルギー政策のあり方、税制度、ガバナンス、情報開示の仕組みは、シュタットベルケのような新しい仕組みをわが国に導入する上で、大いに参考にすべきと考えられる。

表4.2.3　政策や事業運営の仕組みの比較

分野 ＼ 国	日本	ドイツ
エネルギー政策	●2011年東日本大震災を契機に、原発依存度の低減、エネルギーの自立化（海外依存構造の変更）、脱炭素化（パリ協定による）等を前提に、原子力への大規模集中型から、分散型電源への転換を目指している。 ●2016年の電力小売全面自由化と前後して、上記のエネルギー政策と方向性を同じくする地域新電力が次々と設立され始めた。これに対し、政府はモデル事業を実施する等、その事業展開を支援し始めたところではあるが、その取組みは端を発したばかりである。 ●環境省だけでなく、経済産業省、国土交通省、農林水産省等、複数の省庁の公表資料で「シュタットベルケ」に言及されていることから、分野横断的に関心が高まっていることがうかがえる。また菅総理大臣も、2020年10月の所信表明演説時に、再生可能エネルギーの最大限導入、非常時のエネルギー供給の確保や地域活性化に資するべく再生可能エネルギーを含めた分散電源の導入支援について言及している。このように、社会的潮流は、ドイツと同じく地域新電力を後押しする流れである。 ●前提となる、エネルギー事業への民間参入状況がドイツとは異なることをふまえつつ、流通構造や取引慣行の見直し等を含めた総合的なエネルギー政策の展開が今後大いに期待される。	●東日本大震災前は原発を奨励してきたが、原発事故を契機にエネルギー政策を転換した。2022年までに原子力発電からの脱却を打ち出し、原子力や火力を中心とした集中型電源から、再生可能エネルギー、コージェネレーション等を取り入れた分散型電源への転換を進めている。 ●再生可能エネルギーの導入については、すでに1990年代初頭より力を入れており、民間投資を奨励する包括的な一連の政策を実施してきた（1991年電力供給法、2000年再生可能エネルギー法など）。 ●具体的には、直接投資と研究開発の補助金、政府補助ローン、課税控除、固定価格買取制度（2000年～、2012年からはIPへ段階移行）等[1]。 ●コージェネレーションについても、温室効果ガス削減対策の主要施策の1つとして位置付け、2000年代より導入支援策を展開してきた（2002年、CHP法）。 ●シュタットベルケは、これらのエネルギー政策と、自らの事業戦略を合致させ、再生可能エネルギー、コージェネレーション等の分散型電源への投資を積み上げ、地域特化型の事業会社として興隆してきた。
税制度[注1]	●シュタットベルケ本体と、そのグループ内で100％出資子会社である事業会社との間でのみ、損益相殺が可能。また、連結納税グループから一度離脱した子会社は、以後5年間再加入不可。 ●持株会社方式において税務メリットを享受するには、シュタットベルケ本体から子会社への出資比率を100％のまま動かせないため、他の出資者を募ることができず、グループとしての出資戦略が硬直化する。	●シュタットベルケ本体と、そのグループ内で50％超の出資子会社で、性質の類似性、技術上・営業上の密接な関係性又は公共目的の範囲内で営利性を有する事業会社との間で、損益相殺が可能。 ●持株会社方式により、子会社ごとの実情に応じた迅速な意思決定、人事制度の継続、事業リスクの分散等を図りつつ、税務メリットも享受可能。 ●シュタットベルケ本体から子会社への出資比率50％超であれば、他の出資者を募ることも可能。
ガバナンス[注2]	●取締役会は監督機関であるが、重要な意思決定を執行役に委任することはできず、自ら意思決定する。 ●取締役は執行役を兼任することができる。 ●取締役の構成内訳は法定されておらず、株主総会において自由に決定することができる。 ●経営の執行と監督の分離が制度的に徹底されないため、プロ経営者の扱いが難しい。監督機関の暴走等、ガバナンスの不全の懸念をドイツほど除去することができない。	●監督機関である監査役会は、自ら会社の意思決定はできない。重要な業務執行に対しては「同意権」として一定程度関与できる。 ●監査役は取締役を兼任することができない。多くのシュタットベルケでは、監査役のメンバーは労働者・自治体側で半々にしなければならない。 ●経営の執行と監督が制度的に分離されていることから、プロの経営者を「取締役」として置くことで経営能力を最大限発揮でき、ガバナンスの不全のおそれが制度的に防止されている。
情報開示[注3]	●日本の株式会社の法定の情報開示は極めて乏しい。 ●株式会社：計算書類の開示・公表、会計監査人による監査。 ●自治体：出資法人に対する収入・支出実績等の調査・監査権、事業計画、決算関連書類の議会への提出。	●地方自治体及びシュタットベルケによる情報開示の内容が定められており、市民に対する情報開示の質が高い。 ●シュタットベルケ：年度決算書の開示、ガバナンスに関する報告義務、会計監査人による監査、役員報酬の開示等。 ●自治体：シュタットベルケに対する拡張会計監査の実施、投資先に関する投資報告書の公表、年度決算書の策定。

（注1）シュタットベルケが親会社として持株会社を設立し、それぞれに各事業を担当させる方式の場合（〈小谷, 2020, p.41〉[7] より引用）

（注2）日本は指名委員会等設置会社、ドイツはGmbH＋監査役会を想定（〈小谷, 2020, p.42〉[7] より引用）

（注3）日本は指名委員会等設置会社、ドイツはGmbH＋監査役会を想定（〈小谷, 2020, p.43〉[7] より抜粋・整理）

（3）ドイツの会社組織におけるガバナンス【参考情報】

VKUの2020年年次報告書[9]によれば、加盟企業1,487社のうち、株式会社の形態によるもの（AG）が56社、有限会社の形態によるもの（GmbH）が699社となっているが、GmbH及びAGのガバナンスの仕組みについて、以下に参考情報を示す。

「ドイツにおける現地法人設立の手引き（2020年更新）」[20]によれば、従業員500名超のGmbHの経営組織は、社員総会（出資者を社員と呼ぶ）、監査役会、取締役である（監査役会については、従業員500人超のGmbHにおいて必須となる）。取締役に任期はなく、取締役の選・解任権は定款で決めない限りは社員総会にある。各シュタットベルケは、定款で監査役会に選・解任権があると規定し、取締役と会社が契約をするに当たりKPIによる解任を規定していると思われる。

なお、ドイツには社会的市場経済（Soziale Marktwirtschaft）という社会的公正を重視する企業経営・経済運営の考えが支配的で、従業員500名超のGmbHの監査役会を構成する監査役の3分の1は従業員代表でなければならない（2004年従業員監査役会3分の1参加法〈Drittelbeteiligungsgesetz〉第4条）。また、従業員2,000人超のGmbHには共同決定法の規定（労資同数の監査役会）が適用される。

AGにおいては、業務執行について決定権限を有するのは執行役会で、執行役会構成員（任期は最長5年、最長5年の再任可）は、監査役会により選解任・監督される[21]。

（4）各インフラ事業の特徴整理

参考までに、主要な各インフラ事業について、それぞれの特徴を表4.2.4に示す。それぞれのインフラ事業が公営でされるかどうかは、その重要性（＝公益性。どの程度必要不可欠なサービスか）、収益性等が大きな論点となる。

表4.2.4　インフラ事業の特徴整理

項目＼事業	電力	ガス	上水道	下水道
重要性	なくても生存可能。	なくても生存可能。	生存に必要不可欠。	なくても生存可能。
収益性	発電：発電施設への投資が必要である。送配電：送配電設備等への投資が必要である。小売：託送費、電力購入費がかかる。	製造：LNG基地の整備が必要である。導管：ガス導管の整備等が必要である。小売：託送費、ガス購入費がかかる。	水道施設、水道管等の設備投資が必要である。独立採算が可能な場合もある。	下水道施設、下水道管等の設備投資が必要である。構造的に、上水道よりも高額になりやすい。設備投資が高額なため、回収に長期間必要となる。公的資金の投入が多い分野である。
原料	石炭、石油、天然ガス、水力、風力、太陽光、地熱、ごみ発電等。	都市ガスは天然ガスや液化天然ガスを原料とする。液化天然ガスは海外から輸入する。	事業性は、水源の立地、水質に大きく依存する。	

（5）日本版シュタットベルケの類型化

（1）エネルギー分野における民間参入状況の日独比較及び（2）政策や事業運営の仕組みの日独比較で整理したとおり、日本とドイツにおいては、前提条件となる、エネルギー分野での民間の参入状況や、政策・事業運営の仕組みが異なっており、現段階でシュタットベルケを日本にそのまま導入することは困難である。そもそも、日本がシュタットベルケから学ぶべきことは、日本の地域が抱えるさま

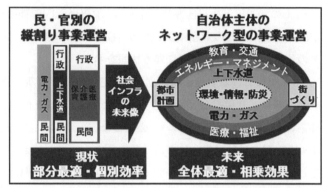

図4.2.3　縦割事業運営からネットワーク型の事業運営へ
（出所：ラウパッハ（2019）[10]を基に筆者作成）

ざまで多様な課題に対して、従来からの縦割り方式で部分最適・個別効率的な対応をとるのではなく、「事業効率」・「公益性」・「全体最適」を重視するアプローチで対応していくことである。

　諸富（2017）[3]は、日本がシュタットベルケから学ぶべき点として、「エネルギー分野で収益をあげ得る公益的事業体を確立し、そこから生み出される安定的な収益を用いて、地域経済と市民生活に向上のために再投資を行うという事業モデルを確立すること」を挙げている。

　収益をあげるのは、必ずしもエネルギー分野である必要はないと思われるが、少なくとも、何らかの分野で安定した収益を上げ、それを地域課題への再投資に振り分けられるようにすることが、公的事業体には求められていると言える。

　ラウパッハ氏は、2018年に開催されたPVビジネスセミナーにおいて、シュタットベルケは、「個別的・部分的な最適化ではなく、地域の全体最適を図ることのできるネットワーク型のプラットフォーム」であり、「地域外に流出していたお金を地域内に留め、地域内で循環させ、持続可能な地域づくりを推進することのできる仕組み」であると言及している[22]。

　以上を踏まえ、日本にシュタットベルケをそのまま導入するのではなく、国内の既存の取組みや先進的事例を日本版シュタットベルケ（「都市公益公社」）として育て発展させていくという前提に立ち、日本における業界動向や取組みを分析すると、日本版シュタットベルケとなり得るケースとして、下記の3パターンが挙げられた。

1）パターン1　エネルギー小売自由化に伴い設立された地域新エネルギー会社

　エネルギー小売の自由化に伴い、続々と設立された自治体出資の新エネルギー会社である。その背景には、前述のとおり、エネルギーの外部依存への危機感、エネルギーの地産地消化や環境問題への対応といったニーズがあり、これらの会社は、主に地域で作り出されたエネルギーを購入し、地域内で販売・供給することを主眼に置いている場合が多い。

　山本（2018）[5]は、日本版シュタットベルケ候補として、日本の自治体出資の新電力、特定送配電事業者、地域熱供給事業者の事例を調べたが、これらの事業者は、電力あるいは熱供給、または

その両方のみを事業メニューとしている場合がほとんどであり、その他の事業メニューまで展開している事例は少数とのことであった。

　例外として考えられるのは、①地域新電力として設立されたが、将来的には上下水道事業を含めた総合的なインフラ企業となることを目指す「浜松新電力」、②ガス事業のコンセッションに、水道施設の維持管理事業の一部を含めて民間委託している「びわ湖ブルーエナジー」の事例である。これら①、②は次節で詳しく紹介する。

2）パターン2　域内の上下水道事業の受注を主に担う上下水道運営会社

　域内の上下水道施設の運転・維持管理業務等を受注する、自治体出資の民間企業に端を発し、海外展開コンサルティングや広域受注等その他の事業に事業拡大している事例が増加している。例えば北九州ウォーターサービスや、クリアウォーターOSAKA、水みらい広島等が挙げられ、インフラ事業を恒常的に担っている点で、日本版シュタットベルケの候補とみなすことができるかもしれない。

　しかしこれらの会社は、もともとが上下水道施設の運転・維持管理業務を主事業としてきたこともあり、この実績から得られたノウハウや技術を、他自治体や海外へと展開していくことに主眼を置いたものがほとんどである。電力や通信等他のインフラ事業への事業拡大、地域サービスへの還元といった方向性を持つものは見受けられない。

3）パターン3　下水処理で発生する汚泥の有効利用事業（PFI・DBO）受託会社

　下水処理の過程で発生する汚泥を活用し、燃料化・発電を行う事例が全国的に増えてきている。国土交通省研修資料（2018）によれば、汚泥有効利用等を目的としたPFI・DBO事業（実施予定のもの含む）は2018年1月時点で36件ある[23]。これらの事業では、受託会社が、汚泥有効利用のための施設（リサイクルセンター等）の設計、施工、管理・運営等を請け負う。汚泥による発電事業とともに、下水道事業までを恒常的に担う受託会社（事例）が存在するのであれば、日本版シュタットベルケの候補となる可能性がある。

　しかし、これらの事業は、汚泥有効利用のための施設のみに焦点を当てているものがほとんどであり、下水処理施設や下水管路、その他分野のインフラ事業の維持管理も併せて、包括的に委託するといった方式のものは現時点では見受けられない。

4.2.4　日本版シュタットベルケとなり得る先行事例は？

　以上を踏まえると、この3類型の中で、現時点で日本版シュタットベルケとしての事業展開が期待できるのは、下記の2事例となる。それぞれの事例について、その概要を簡単に整理しておく。

　①浜松新電力（浜松市）

　②びわ湖ブルーエナジー（大津市）

（1）浜松新電力

表4.2.5に浜松新電力の概要を示す。

表4.2.5　浜松新電力の概要[24) ～27)]

項目	内容	
会社名	株式会社浜松新電力（静岡県浜松市）	
設立	2015年10月	
資本金	6,000万円	
株主 （2020年7月時点）	●浜松市8.33％ ●NTTアノードエナジー株式会社25　　％ ●NECキャピタルソリューション株式会社 　25％ ●遠州鉄道株式会社8.33％	●須山建設株式会社8.33％ ●サーラエナジー株式会社8.33％ ●中村建設株式会社8.33％ ●株式会社静岡銀行4.17％ ●浜松磐田信用金庫4.17％
事業内容	再生可能エネルギー電源を中心とした電力の売買	
経緯	浜松版スマートシティの実現をゴールとし、民間活力を最大限生かし、官民連携で地産地消エネルギーシステムを構築するため、その担い手として、「浜松新電力」が設立された。	
仕組み	市内の太陽光発電所や清掃工場から電力調達し、公共施設や民間施設への電気の供給事業を行うとともに、事業者向け省エネサービスや太陽光メンテナンス拡大事業を展開している。2019年8月から家庭向けの低圧電力供給も開始した。	
ガバナンス体制	取締役3名（浜松市、民間企業）、監査役2名（地方金融機関）	
今後の 事業展開方針	●将来的には、生活支援総合サービス（浜松版シュタットベルケ）を目指している。 ●浜松版シュタットベルケの事業範囲は、「長期的には、電力事業・地域熱供給事業、ガス事業等を基本に、バス交通事業、駐車場事業、公営プール事業、街灯事業、上水道事業、下水道事業、見守り事業、買い物代行事業、融雪事業など、地域の要望によっては多岐に渡る」ことになるが、「エネルギー事業の収益を、このような公共的サービスの展開に利用するため、短中期的には、エネルギー事業に絞って事業を展開し、持続可能な事業会社としての実力を培った上で、他の事業を展開する」（浜松市, 2019 p.29)[27)]という、段階的発展を想定している。	

（2）びわ湖ブルーエナジー

表4.2.6にびわ湖ブルーエナジーの概要を示す。

表4.2.6　びわ湖ブルーエナジーの概要[28)～30)]

項目	内容
会社名	びわ湖ブルーエナジー株式会社（滋賀県大津市）
設立	2018年11月
資本金	5,000万円
株主 （2019年8月時点）	●大阪瓦斯株式会社74.8％（特定事業、付帯業務、任意事業） ●大津市25.0％（付帯業務、将来の総合的なインフラ事業） ●JFEエンジニアリング株式会社　0.1％（付帯業務、将来の総合的なインフラ事業：水道等） ●水道機工株式会社0.1％（付帯業務、将来の総合的なインフラ事業：水道等）
事業内容	●ガス小売・電力代理販売 ●ガス・LP・水道の保安 ●Daigasグループによる総合的なサービスの普及促進
契約形態・期間等	●ガス事業施設を対象とした公共施設等運営事業（コンセッション契約） ●ガス小売業務以外に、ガス導管業務（緊急保安・緊急修繕等）、LPガス業務（緊急保安 ・緊急修繕等）、水道業務（水道の緊急対応・緊急修繕、水道施設の点検等）も発注（サービス購入） ●2019年4月から20年間
経緯	都市ガス小売の全面自由化に伴い、料金の現状維持等を条件に事業者を募集したところ、当該民間グループが事業者として選定された。
ガバナンス体制	株主総会、取締役会7名（大津市、民間企業（ガス会社含む））、監査役2名（大津市、民間企業）、監査役と独立した会計監査人を選任
今後の 事業展開方針	●水道事業における官民連携の推進や広域化に向けた展開を見据え、株主には水道事業の全体運営の実績を有する企業が参画している。 ●ガス・電気・水道・ごみ処理等多くの分野で、大津市のパートナーになり得るような「総合的なインフラ企業」へと進化することを想定している。

4.2.5　まとめと考察：日本版シュタットベルケの進展に向けて

（1）振り返り

ドイツにおけるシュタットベルケの概要、日本への導入可能性、導入時のあり方、日本版シュタットベルケとなり得る国内既存事例等について、国内既往研究の整理・分析を行ってきた。

シュタットベルケそのものを、そのまま日本に導入することは、さまざまな前提条件が異なるため、現時点では困難である。しかし、前述したような政策提言（ガバナンスや情報開示の仕組み、エネルギー政策等）に取り組んでいくことは、ドイツのシュタットベルケを丸ごと取り入れることができなかったとしても、日本版シュタットベルケ（「都市公益公社」）を検討し、広めていくためにも大きな意義がある。

もう1つの視点として、ドイツのシュタットベルケに習い、日本版シュタットベルケ（「都市公

益公社」)を育てていくことも1つの方策である。前述したようなシュタットベルケの概念を理解し、既存の取組みを、日本版シュタットベルケ(「都市公益公社」)として発展させていくことは、新しい官民連携の取組みとなる。

　本稿では、将来的に日本版シュタットベルケとなり得る取組みを3パターンに類型化している。まず、パターン1の地域新エネルギー会社であるが、これは、シュタットベルケと同様にエネルギー事業を主力としている点でも期待ができるものであるが、一方で、ほとんどの会社が事業を開始したばかりであり、他インフラ事業へ展開できているものはほとんどない。上水道・下水道事業等、他インフラ事業への今後の事業拡大が期待される。本稿で取り扱った先進的な2事例の動向にも注目しておきたい。

　次に、パターン2の上下水道運営会社についてであるが、現状、これらの企業は、上下水道分野における自治体職員の高齢化やノウハウ継承不足等に対する危機感が強いこともあり、これらの技術・ノウハウを蓄積、継承し、また、自治体間での横連携に繋げていく趣旨のものが多い。上下水道のノウハウや技術に特化せずに、他事業への展開を検討する企業が出てくるのであれば、将来的な日本版シュタットベルケとして期待できるかもしれない。

　パターン3の下水汚泥有効利用事業については、今後インフラ事業における包括委託のさらなる進展により、汚泥有効活用事業(施設整備・運営)単体でなく、これらに合わせた上下水道処理施設や管路の維持管理事業の包括委託等も期待できる。コンセッション等契約形態を工夫し、長期間の運営を実現すれば、自治体出資の組織ではなくても、民間企業による地域での複数インフラ事業の展開、地域循環につながる取組みとなるであろう。

　以上のとおり、日本においても、日本版シュタットベルケ(「都市公益公社」)の種ともいえる取組みが芽生えている。これらの取組みを、地域全体の視点から最適化を目指し発展させていくことで、日本版シュタットベルケ(「都市公益公社」)がさらに進展していくと期待したい。

(2) 今後の調査・研究課題

　ここでは、今回の調査で整理・分析しきれなかったテーマを、今後の調査・研究課題として示す。まず、ドイツのシュタットベルケについては、人材育成・採用、ガバナンス、事業ミックスのあり方について、いまだ不明な部分が多い。これらについては、今後日本版シュタットベルケを広めていくにあたり、大いに参考にすべき部分であり、今後の調査課題となる。

表4.2.7　ドイツのシュタットベルケに関する今後の調査・研究課題

分類	調査・研究課題の内容
人材育成・採用	●多能工（他分野複合専門家）の人材育成方法：具体的な実践内容（大学・専門学校での教育課程の有無、等も含めて） ●職員の人事の仕組み：採用、待遇、解雇の自由度、地域住民の認識・評価 ●地元企業保護への対応状況：業務発注の地元要件等の有無、直営とのバランスのとり方
ガバナンス	●事業経営の評価方法：客観的指標以外による評価の有無、その具体 ●民間出資が多い場合のガバナンス方法：具体的な事例、必要な工夫や留意点等 ●経営者の解任・選任プロセス：選任・解任基準の具体的な内容。公平性・透明性・客観性の確保がどの程度なされているか。過去の解任事例等 ●シュタットベルケでの、労働者・労働組合の経営への参画状況 ●経営責任における地方公共団体の責任の範囲 ●職員が準公務員的位置付けの場合、根拠法上の刑事罰での取扱
事業ミックス	●税制度の仕組み：ドイツにおける税制度の具体、収益相殺の仕組み導入時のデメリット等、赤字事業効率化や新規事業拡大へのインセンティブの生み出し方・仕組み ●シュタットベルケ存続のための必要条件：最低限必要な人口規模、電力・ガス事業以外が主力事業となるケースの有無、その具体的な内容 ●シュタットベルケの財務実態：赤字企業の有無、政府や自治体からの補助金交付の有無やその程度、失敗（破綻）事例、破綻時の対応（自治体等の介入の有無等） ●その他：デジタル技術を活用した新事業への取組み

　次に、日本版シュタットベルケのあり方を検討するに当たっての、調査・研究課題として以下の2点を示す。

　まず、日本における関係諸法令の（ドイツにおける関係諸法令との比較等に基づく）整理・分析である。今回の調査においては、日本の地方公営企業法、その他関連する諸法令について整理・分析を行っていない。日本版シュタットベルケを具体に検討するためには、これらの整理・分析は必要不可欠である。一般に、英米法に比べ大陸法系の法体系では、国や自治体の義務や権限が法律に詳しく書かれる傾向があり、わが国においても、公共インフラに関する公物管理法では、国の義務や権限、民間ができることできないことが厳しく制限されている。大陸法系をベースとするドイツ、日本の両国は、類似点も多いと想定されるが、同じ大陸法諸国の間でも相違はあると考えて、より詳しく両国の法体系を調査する必要がある。関係法令を整理し、両国の法令の比較・分析を行った上で、日本版シュタットベルケのハードルとなる部分、制約が生じる部分等を把握することが肝要である。これにより、さらに具体的に日本版シュタットベルケ（「都市公益公社」）の形について検討していくことが可能となる。

　2点目として、両国における公益事業の委託/受託に関する、根本的な考え方の違いの把握である。海外には、「Fiduciary Duty」という言葉があり、受託者は委託者の利益のために専門的職業人としての忠実義務を果たすという法的概念がある。日本語で類似する言葉として「受託者責任」という言葉があるが、この「受託者責任」の概念と異なる点として、「Fiduciary Duty」には、受託者は一定の倫理・効率性・規律にしたがって行動し、客観的に委託者の利益が最大となるように管理・運営するという専門的職業倫理が含まれていることがある。したがって、受託者が委託者による指

示の言いなりになる（自治体行政や地方議会の指示があればそのとおりにする）という概念ではない点に留意する必要がある。これらの差異を前提とすると、シュタットベルケにおいては、自治体が株主でありながら経営に介入せず、経営を専門家に託することを通じて経営の効率性が保たれていると見られるが、わが国で同じことが可能であるとは限らない。以上のように、公益事業の委託／受託に際して、根底に流れる考え方・意識の、両国間の差異を踏まえることは、より日本の実態に即した日本版シュタットベルケを具体化していくために重要である。

　以上、示した調査・研究課題に取り組み、より掘りこんで日本版シュタットベルケを検討し枠組みを作るとともに、日本版シュタットベルケの種とも言える既存の取組みを育てていくことで、将来的には全国各地で山積する地域課題が、効率的に、公益性を担保しつつ、全体最適で、解消されていくことを期待したい。

　なお、今回の内容は、わが国での文献調査と先行研究者への質問調査を実施した限りであるため、今後の調査・研究に際しては、具体事業について現地（ドイツ）にて調査し、関係者へのヒアリング等も実施してみたい（森本達男：㈱ギエモンプロ代表取締役、三輪千里：同社企画部ディレクター）。

【参考文献・URL】

1）ラウパッハ・スミヤ・ヨーク（2018）「日本におけるシュタットベルケの現状」（日本シュタットベルケネットワーク設立一周年記念日独シンポジウム「シュタットベルケの未来－デジタル時代における新ビジネスモデル」発表資料）2018.9.11

2）松井英章（2016）「自治体の再エネ施策の現状と留意点・将来展望」（地域の"財産"を活かす！自治体の再エネ施策動向特集）『月刊 Business i ENECO（ビジネスアイエネコ）』2016.11

3）諸富徹（2017）「『再生可能エネルギーとシュタットベルケ』特集にあたって–日本における自治体エネルギー公益的事業体の創設とその意義-」『経済論叢』190(4)，京都大学

4）山本武人（2017）「ドイツ・シュタットベルケのビジネスモデルが持つ競争力に関する一考察」『Mizuho Industry Focus』191

5）山本尚司（2018）「ドイツのシュタットベルケから日本は何を学ぶべきか」（（一財）日本エネルギー経済研究所）

　http://eneken.ieej.or.jp/data/7847.pdf　（2021.1.27閲覧）

6）土屋依子・小谷将之（2019）「持続的な地域インフラ・公共サービスのあり方に関する調査研究～ドイツ・シュタットベルケ調査のキックオフ～」『国土交通政策研究所報』71～2019年冬季～，p.48-55，国土交通省国土交通政策研究所

7）小谷将之（2020）「インフラ・公共サービスの効率的な維持・管理のあり方について～ドイツ・シュタットベルケの事例から～」（京都大学再生可能エネルギー経済学講座資料），2020.5.25

8）関隆宏・加藤裕之（2020）「分野横断型の官民連携モデル～ドイツ・シュタットベルケがもたらす価値～」『水道公論』56(8)，p.69-76，日本水道新聞社

9）VKU Verband kommunaler Unternehmen e. V. (2020)「2020年年次報告書（Figures, Data and Facts for 2020)」 https://www.vku.de/fileadmin/user_upload/Verbandsseite/Publikationen/2020/2020_VKU_Zahlen_Daten_Fakten_WEB_EN_ES.pdf　（2021.1.27閲覧）

10) ラウパッハ・スミヤ・ヨーク（2019）「日本版シュタットベルケに向けて」（環境省・IGES公開セミナー資料），2019.2.12

11) ラウパッハ・スミヤ・ヨーク（2017）「ドイツ シュタットベルケの変化するヨーロッパエネルギー市場への対応戦略」『経済論叢』190(4)，京都大学

12) 小谷将之・土屋依子・山腰司（2020）「インフラ・公共サービスの効率的な地域管理に関する調査研究～ドイツ・シュタットベルケ調査中間報告②」『国土交通政策研究所報』76～2020年春季～，p.58-73,国土交通省国土交通政策研究所

13) 小谷将之・土屋依子・山腰司（2020）「インフラ・公共サービスの効率的な地域管理に関する調査研究～ドイツ・シュタットベルケ調査中間報告」『国土交通政策研究所報』75～2020年冬季～，p.6-19，国土交通省国土交通政策研究所

14) 経済産業省資源エネルギー庁長官官房総務課戦略企画室（2019）「『パリ協定』のもとで進む、世界の温室効果ガス削減の取り組み⑦～原子力と石炭火力からの脱却を図るドイツ」https://www.enecho.meti.go.jp/about/special/johoteikyo/pariskyotei_sintyoku7.html　（2021.1.27閲覧）

15) Oliver,W., Vera,A., Kurt,B., Naomi,G., Peter,H., Maike,V.（2018）「シュタットベルケの現状と新設の日独比較」（インプットペーパー：日本のエネルギー供給における分散型アクターのためのキャパシティビルディングプロジェクト）ヴッパータール研究所https://www.jswnw.jp/pbfile/m000040/pbf20180613094727.pdf　（2021.1.27閲覧）

16) 経済産業省資源エネルギー庁（2020）「電気事業制度について」https://www.enecho.meti.go.jp/category/electricity_and_gas/electric/summary/　（2021.1.27閲覧）

17) 経済産業省総合資源エネルギー調査会基本政策分科会ガスシステム改革小委員会（2014）「熱供給事業の現状について」第14回委員会資料

18) 一般社団法人日本ガス協会（2020）「ガス小売全面自由化の経緯などについて」https://www.gas.or.jp/seido/jiyuka/　（2021.1.27閲覧）

19) 松井英章（2013）「電力自由化と地域エネルギー事業—ドイツの先行事例に学ぶ—」（特集　環境・エネルギーの海外トレンドとわが国への示唆）『JRIレビュー』10(9)，p.20-29,日本総研https://www.jri.co.jp/MediaLibrary/file/report/jrireview/pdf/7041.pdf　（2021.1.27閲覧）

20) デュッセルドルフ日本商工会議所（2020）「ドイツにおける現地法人設立の手引き（2020年更新）」https://www.jihk.de/ja/page/103　（2021.1.27閲覧）

21) 北尾聡子・龍仙和歌子（2015）「ドイツ・コーポレートガバナンス・コードとその開示」RID ディスクロージャーニュース　2015.7 Vol.29, p.118-131

22) 廣町公則（2018）「地域を潤す再エネ事業『シュタットベルケ』の神髄がここに！」（Solar Journal主催PVセミナー関連資料）2018.8.29

https://solarjournal.jp/sj-market/25582/　（2021.1.27閲覧）

23）国土交通省水管理・国土保全局下水道部下水道企画課（2018）「下水道分野におけるPPP/PFI
　　　の推進について」（下水道分野におけるアセットマネジメントに関する人材育成研修資料）
　　　https://www.mlit.go.jp/mizukokudo/sewerage/mizukokudo_sewerage_tk_000624.html
　　　（2021.1.27閲覧）

24）浜松市役所産業部エネルギー政策課（2020）「株式会社浜松新電力の設立について」
　　　https://www.city.hamamatsu.shizuoka.jp/shin-ene/new_ene_co/start.html　（2021.1.27閲覧）

25）浜松市産業部エネルギー政策課（2019）「浜松新電力を通じた浜松市の取組〜浜松版スマート
　　　シティ」（近畿地方環境事務所主催セミナー「地域新電力を通じた地域活性化を考える」発表
　　　資料）2019.12.3
　　　http://kinki.env.go.jp/13%20%E3%80%90%E6%B5%9C%E6%9D%BE%E5%B8%82%E3%80%9
　　　1(HP%E6%8E%B2%E8%BC%89%E7%94%A8)191203%E8%BF%91%E7%95%BF%E3%82%BB
　　　%E3%83%9F%E3%83%8A%E3%83%BC.pdf　（2021.1.27閲覧）

26）松野英男（2018）「PRE（Public Real Estate）戦略とシュタットベルケ構想」『ARES 不動産
　　　証券化ジャーナル』41, p.43-47,（一社）不動産証券化協会

27）浜松市（2019）「分散型エネルギーインフラプロジェクト（マスタープラン策定事業）報告書（概
　　　要版）」
　　　https://www.city.hamamatsu.shizuoka.jp/documents/13411/masterplanhoukokusho.pdf
　　　（2021.1.27閲覧）

28）びわ湖ブルーエナジー㈱（2019）「大津市ガス特定運営事業等全体事業計画書」（第1回大津市
　　　ガス特定運営事業等検証委員会資料）2019.8.5
　　　https://www.city.otsu.lg.jp/material/files/group/279/dai1kaikennshouiinkaisiryou4.pdf
　　　（2021.1.27閲覧）

29）大津市企業局（2019）「大津市ガス特定運営事業等の経緯・概要について」（第1回大津市ガス
　　　特定運営事業等検証委員会資料）2019.8.5
　　　https://www.city.otsu.lg.jp/material/files/group/279/dai1kaikennshouiinnkaisiryou2.pdf
　　　（2021.1.27閲覧）

30）高田泰（2019）「大津市がガス事業を民営化、全国初のコンセッション方式で大阪ガス等へ」（エ
　　　ネルギー自由化コラム）"ENECHANGE株式会社ガス自由化ニュースサイト"2019.1.17
　　　https://enechange.jp/articles/city-otsu-gas（2021.1.27閲覧）

●海外水ビジネスの眼● ⑨

温暖化と貧困問題に対処する道

菅首相の「2050年カーボンニュートラル」の表明で日本もようやく、温暖化対策の先頭グループに顔を見せる状況になってきた。しかし、実現のためには、これから数々の有効な具体策を計画し実施していかなければならないが、まだ方向性の定まらない施策が多々ある。例えば、車両のEV化において電源が火力で作られていればほとんど意味がない。同様にFCV（水素燃料電池車）の水素が化石燃料の副産物に頼っている段階では効果はない。また、既存のエネルギー業界等が期待するCCS（二酸化炭素回収貯留）は極めて問題が大きい。これは、石炭火力を含む化石燃料発電を継続し、そこから発生する二酸化炭素を多大なエネルギーを使って回収し地中や海中に永久に封じ込めようとするものであるが、安全性や効率に問題があり、私には化石エネルギー産業延命のための悪あがきに見える。

温暖化対策の本筋は、太陽光と風力発電を中心とする再生可能エネルギーの開発と普及である。低コスト化と普及を促進する制度改革がカーボンニュートラル実現の要となる。日本の場合は立地条件に制約が多く、必要エネルギー全量を国内で賄うことには困難があり、海外の再生可能エネルギーを使った電気分解で製造した水素を輸入することも必要だろう。しかし、国内での発電割合を増やすことはエネルギーの輸送距離を抑え、環境に対する影響を小さくするために重要である。例えば、家屋の屋根や小規模な空き地を利用した細かな発電と蓄電設備をネットワーク化し、近隣の需要に答えようとする地産地消的な「分散化エネルギー」とも呼ばれる方法も今後期待される。

本コラムで筆者はこれまで温暖化対策だけを人類の課題として述べてきたが、SDGsに挙げられた他の課題ももちろん重要である。貧困、経済格差、差別、武力紛争や抑圧、食料や水の確保、保険衛生、環境破壊等、数々の課題があるが、私は、途上国だけでなく先進国でも深刻化している貧困と格差拡大を最重要な問題ととらえる。他の課題もこの問題から派生しているように思える。

海外水ビジネス研究会では水道事業の公営と民営の二つの可能性についても研究をしてきたが、その中で、市場原理か国家統制かという20世紀全般にわたる経済体制の対立について議論をした。20世紀後半はサッチャー・レーガン流の規制緩和・民営化、ソ連東欧圏の体制崩壊、グローバル経済の進展等、圧倒的な市場主義の勝利に見えた。しかし今世紀に入り、なくならぬ貧困とそれに関連する紛争の激化、先進国でも問題化する格差の拡大、そして気候変動に代表される環境問題の深刻化から、市場万能主義に赤信号が灯った。

「限界費用ゼロ社会」を書いたジェレミー・リフキン等は、国家でもない市場でもない第三の経済主体を中心にする新しい社会を主張している。個人や小規模な地域共同体、NPOなどの自立組織がインターネットなど21世紀の技術を活用し緩やかに結合しながら、平等で公正な経済活動や社会変革を担うというものである。「分散型社会」とも呼ばれる。前出の「分散化エネルギー」とも通じるものがある。これらの新しい社会システムが順調に発展するかは現時点で断言できないが、デジタル化とグローバル化の進展が可能性を大きくしていくだろう。

いずれにせよ、競争万能の20世紀的経済社会観から離脱し、調和のとれた社会発展を目指す新しい道が、多くの分野で求められている。これは世界各地の水ビジネスの展開においても重要なことだと思う。

（笛吹童子）

資料編

資料1　2020年PPP法の全条文の日本語訳と条文へのコメント

鈴木康二（元立命館アジア太平洋大学教授）

1．はじめに

　本PPP法の日本語訳の典拠としたのは、在ベトナム・オーストラリア商業会議所のHPに掲載されている英訳文である[1]。

　本英訳文の第一ページには「PPAによる非公式な英訳である」と注記がある。PPAとは、ベトナムの政府機関であるVietnam News Agency（VNA）の中にあるPress-Publication sectionにある部局で、Press-Publication Authorityの略称だと思われる。VNAが毎日発行する官報（CÔNG BÁO）には、ベトナムの法律、政令、省令、条例といった法令と、各種のマスタープランが掲載されている。中央レベルの国家機関のもの、省レベルの国家機関のものを問わない。中央政府のもの、そして省レベルの地方政府のものの、ほとんどは官報に掲載される。

　官報に掲載された法律のうち、重要な法律は、英語訳が作られ、週3回発行される英語版官報「Official Gazette」上に、ベトナム語版官報（CÔNG BÁO）に掲載されてから、ほぼ3カ月遅れで発表される。さらに重要な法律は、VNAが本にして販売することもある。法律に著作権はないが、法律の翻訳文には著作権がある。本PPP法律の英語訳の著作権はVNAにあると思われる。その英語訳を元に、本日本語訳をすること自体には、英語の翻訳著作権の問題は生じない。

　本PPP法第8条第1項は、「国家は、PPP投資に関する法的文書の施行につき、公布・公表、宣伝、普及および組織する」とある。VNAはたとえ英語の翻訳著作権を持っていたとしても、英訳を作って発表することは、広く知らせることが目的であり、その英訳の翻訳著作権を保護するのは目的ではないので、英語の翻訳著作権を主張することはないと思われる。

　本英訳文は、VNAの中のPress-Publication section内の英文翻訳担当者が訳していると思われる。「非公式な翻訳」と書くのは、政府が、自国の法律を自国の公用語以外で公式に発表することは、条約を除き基本的にないからである。日本の法律の英訳は、日本の場合、日本政府と無関係な日本の民間企業が行っている。日本と比較すれば、ベトナムの方がより信頼度の高い英訳文を世界に発信している国だと言える。

　条文へのコメントは、各条文の下に、☜☞印の後に示す。

法律番号: 64/2020/QH14

PPP投資に関する法律

（Public Private Partnership（官民パートナーシップ）による投資に関する法律）

ベトナム社会主義共和国憲法により、国会はPPPに関する法律を立法する。

第1章　総則　Art. 1-11
第1条　（以下、「Art. 1」のように記載する。）　規定する範囲

本法はPPP（官民パートナーシップ）の形態での投資行為を規定する；（すなわち）PPP投資行為に関与する機関、組織と個人の権利と義務そして責任そして、それらに対する国家の行政を規定する。

Art. 2　対象となる組織

本法は、PPP契約の当事者、国家行政機関、PPP投資行為に関与する機関、組織、個人に対して適用する。

Art. 3　用語の解釈

本法においては以下の用語は以下のように解釈される。

1．事前事業化調査（pre-feasibility study〈以下、「pre F／S」という〉）。は、所轄機関が原則的な投資承認をするための基礎となる官民パートナーシップ事業（以下、「PPP事業」という）の必要性、事業性、有効性について、事前調査をした内容を示す書類である。

2．事業化調査（feasibility study〈以下、「F／S」という〉）。は、所轄機関が事業を承認するための基礎となるPPP事業の必要性、事業性、有効性について、調査をした内容を示す書類である。

3．入札保証（bid security）は、投資家の責任ある入札を保証するために、入札締め切りまでに投資家が積むベトナムにおいて法的に事業を認められている金融機関、外国銀行支店、保険会社が発行した保証状、預金、担保物である。

4．契約履行保証（contract performance guarantee）は、投資家と事業会社（project enterprise）が、契約遂行につき責任があることを保証するために、事業会社が積むベトナムにおいて法的に事業を認められている金融機関、外国銀行支店、保険会社が発行した保証状、預金、担保物である。

5．貸し手（lender）は、PPP事業契約を実施するために投資家、PPP事業会社に融資する組織ないし個人である。

6．調達組織（procuring entity）は、所轄機関より投資家の選定を組織する任務を与えられた専門性と能力を持った単位である。

7．ショートリスト（short list）は、公開入札（open bid）で事前資格審査に残った選ばれた投資

家達のリスト、ないしは競争的交渉に招待された投資家達のリストである。

8．PPP事業会社は、PPP事業契約に調印し、同契約を実施する目的のためにのみ設立された企業である。

9．PPP事業とは公共財・公共サービスを、単一ないしは複数の業務により供給するための投資に関する提案の統合されたもので、以下を指す。

a）施設を建設し運営すること、ないしインフラストラクチャーのシステム（以下、「インフラシステム」という。）を構築し、インフラシステムを動かすビジネス業務をすること

b）既存の施設、ないしインフラシステムの改修・増強・拡張・近代化をし、（施設の）運営、ないし（インフラシステムを動かす）ビジネス業務をすること

c）既存の施設の運営をすること、ないし既存のインフラシステムを動かすビジネス業務をすること

10．PPP投資形態（以下、「PPP」という。）は、民間投資家がPPP事業に携わるために、PPP事業契約に調印して契約遂行することに関する、国家と民間投資家の間の、期間を設けたパートナーシップに基づいて業務を行う投資の形態である。

11．PPP事業準備組織（部局、unit）は、PPP事業のpre F／S、F／Sその他関連する業務を行うべく、所轄機関から任務を与えられた一部局である。

12．事前資格審査の申請は、調達組織が事前資格審査（pre-qualification）のために必要とする投資家が準備し調達組織に対して提出する書類のセットである。

13．入札は、調達組織が入札のために必要とする投資家が準備し調達組織に対して提出する書類のセットである。

14．事前審査書類は、調達組織がshort listを作る資料となる投資家の資格と経験について必要事項を記載した書類のセットである。

15．入札書類は、事業実施の要件を含む投資家を選定するために使用される書類のセットである。入札書類は、入札審査と契約交渉によって、事業遂行の要件を満たす投資家を選定する調達組織のためのもので、投資家が入札の準備をするために使われる。

16．PPP事業契約は、契約締結機関と投資家、PPP事業会社の間に締結された国家が投資家にコンセッションを与えることについての書面による合意書である。PPP事業会社は以下の契約形態によりPPP事業を実施する。

a）BOT契約：Build-Operate and Transfer contract

b）BTO契約：Build-Transfer-Operate contract

c）BOO契約：Build-Own-Operate contract

d）O＆M契約：Operate-Management contract

dd）BTL契約：Build-Transfer-Lease contract

e）BLT契約：Build-Lease-Transfer contract

g）第45条3項に記載された混合契約

17．投資家選定は、競争を確保し、公平、透明性、経済的効率性を保証するという原則に立ち、

PPP事業を実施するのに十分な能力、経験、実施可能な解決方法を持つ投資家を特定する過程である。

18. PPP投資家（以下、「投資家」という。）は、各々の準拠法によって設立された独立した法人、ないしはPPP投資に参加するために複数の法人による合弁事業組織である。

 ☞合弁事業組織は法人格を持たなくてもよい。受注が確定してPPP事業契約を締結するに至って初めてPPP事業会社が設立される。入札段階ではコンソーシアムという合弁事業組織でよい。個人は外国人・ベトナム人共にPPP投資家になれない。合弁事業組織に入れるのも法人に限られている。

19. 国家資本（State capital）は、国家予算、投資支出のための法的収入、国家予算支出の範囲内での再支出を含む。

Art. 4　PPP事業の投資分野、規模と分類

1．PPP投資分野は以下を含む。

 a）交通分野

 b）送電線網、発電所、水力発電所と電力法に規定のある国家独占の場合を除く。

 c）灌漑、水供給、排水と廃水処理、廃棄物処理

  ☞上水道事業がPPP投資に含まれる根拠である。

 d）病院（healthcare）、教育・訓練

  ☞healthcareとあるので、病院のみならず、老人介護施設、老人ホーム、介護サービス派遣事業、場合によっては温浴施設まで含まれると思われる。

 dd）ITインフラ施設

  ☞IT事業をするインフラのみならず、データセンターも入ると思われる。

2．PPP事業の最低投資総額は以下の通り。

 a）第1項に規定するa、b、c、dd各号では2千億ドン。社会経済的な困難が伴う僻地ないし法令が規定する社会経済的な特に困難な地域においては1千億ドン

  ☞1百万ドン＝4,496.76円（2021年1月8日付）なので、1千億ドン＝449,676,000円となる。PPP事業の最低総投資額は9億円＝2千億ドンと見ておけばよい。僻地のPPP事業では4.5億円となる。

 b）第1項に規定するdでは1千億ドン

 c）第1項に規定するa、bのO＆M契約においては最低総投資額の規定は適用されない。

3．PPP事業は、原則的な投資承認をする権限によって以下に分類される。

 a）国会承認の事業

 b）首相承認の事業

 c）大臣承認の事業、中央レベルの組織の長ないし第5条第1項c号に規定する組織の長の承認の事業

d) 省レベルの人民議会承認の事業

    ☞省レベルの人民議会（Peoples Council、人民評議会との訳もある）であって、人民委員会の長（Head of Peoples Committee）ではない。すなわち、PPP事業のうち、特別巨大なものと小さいものは、行政機関の長による承認ではなく、立法府による承認が必要となる。ベトナムは社会主義国であり、「すべての権力はSovietに」と言ったレーニン型社会主義体制を採っていることの表れだろう。水PPP事業は本第3項d号の事業になることが多いとみられるので、地方行政府の長の了解を得ても、PPP事業の承認権限は地方行政府の長にはなく、地方議会にあることへの対応が必要となる。地方行政府の長には、中央行政府での昇格ないし共産党内部での昇格を狙っての点数稼ぎないし、地元業者と結託し易いために、PPP事業による不必要なインフラ建設をすることがあり得る、と怖れているのだと思われる。水PPP事業は当該地方に必要不可欠なインフラ建設運営だとappealできることが必要だと思われる。

4．政府は本条第1項の投資分野および第2項にある各分野別の最低総投資額についてのガイダンスを作成して公表する（provide guidance）。

    ☞政府がガイダンスを作成するという本法に数多くある規定の一つ（以下、「ガイダンスを作らない公務員の言い訳対策①」とする）。ベトナム公務員の多くは、「中央政府がガイダンスをいまだ作成していないので、本PPP事業の提案は認めない」といった対応をすることが予測される。官僚制のdisfunctionの典型である事なかれ主義である。日本の公務員にも多く見られる、前庭を掃いていれば給料は貰える、稼げるのだから儲けることなど不要だ、との公務員体質の表れである。

      資本主義国家の日本と異なり、ベトナムは社会主義国家であり、かつ賄賂が横行する社会である。日本以上に事なかれ体質は強い。社会主義官僚制は、権威主義の下での統制・管理に力点があるので、良い点を評価するより罰点を探す。権威主義社会主義国家と言っても、ベトナムは、中国のように一人に権限が集中し個人崇拝をするような権威主義ではなく、権威者たちがお互いに協力・牽制し合う権威主義である。ベトナム公務員の事なかれ体質は、賄賂体質と裏腹のこともあるので留意しないと賄賂要求が隠されている場合も多い。毒食らわば皿までの発想で、見つからない罰点なら、とかなり悪どいことまで平気で行う。権威主義なので有力政治家の子弟である公務員には、特に留意が必要となる。見つからない可能性が高いからである。

      一般的に見てベトナムの公務員は、職業選択の一つとして公務員を選んだに過ぎず、「公務員は全体への奉仕者」との考えは期待できないことが多い。ベトナムの公務員の中で、全体の奉仕者意識を持つ公務員を探し出してアプローチしないと、無駄な鉄砲ばかり撃つことになりかねない。贈賄要請を感じれば、自分に鉄砲が向いていると認知する必要がある。贈賄要請に応えでもしたら、味方から鉄砲で撃たれる。日本の不正競争防止法には、外国公務員贈賄罪があるからである。

Art. 5　所轄機関とPPP契約締結機関

1．所轄機関は以下を含む。

  a) 中央省庁、中央省庁と同じレベルの政府機関（agencies）、中央政府傘下の政府機関（agencies）、中央レベルの政治組織、最高人民検察庁、最高裁判所、国家会計検査院（State Audit）、大統領府、国会事務局、ベトナム祖国戦線と社会政治組織の中央レベルの組織（以下、「中央省庁、中央レベルの政府機関」という。）

  b) 省レベルの人民委員会

    ☞人民委員会とは地方政府（人民政府との訳も見受ける）のことで、省・中央直轄市レベルの人民委員会と、

それ以外のレベルの人民委員会がある。その他のレベルの人民委員会には、省の下に、県・市人民委員会がある。中央直轄市の下には、郡・県・市人民委員会がある。県の下に社・市鎮、市の下に坊・社がある。各人民委員会に対応する人民議会がある。憲法第110条に規定がある。水PPP事業では、省レベルの人民議会と、省レベルの人民委員会が所轄する。

 c）政府機関（agencies）、中央政府ならびに首相によって設立された組織と、予算に関する法令による予算作成見積りのために設立された組織（以下、「他の政府機関」という。）

2．PPP契約を締結する政府機関（agencies）には以下を含む。

 a）本条第1項に書かれた所轄機関（competent agencies）

 b）本条第4項の規定により契約締結を所轄機関の権限により任された機関と部局（unit）

3．本条第1項による所轄機関が複数ある事業である場合、ないし所轄機関の変更があった場合は、それらの所轄機関は首相に報告して、契約調印する所轄機関を一つに決める。

4．所轄機関は、直接傘下の組織ないし単位に、その所轄の範囲内でPPP契約を締結する権限を与えることができる。

Art. 6　PPP事業評価評議会

1．PPP事業評価評議会には以下がある。

 a）国家の評価評議会は、国会が原則的な投資承認をしたPPP事業のpre F／SとF／Sを評価する。

 b）組織間統制の評価評議会は、首相が原則的な投資承認をしたPPP事業の、pre F／SとF／Sを評価する。

 c）各国家機関の評価評議会は、大臣、中央省庁の長、省レベル人民議会が、原則的な投資承認をしたPPP事業の、pre F／SとF／Sを評価する。ただし、本条第3項の記載により所轄機関が、直接下部の部局にpre F／SとF／Sを評価する業務を委任した場合を除く。

2．首相は、本条第1項a、b号記載の、PPP事業評価評議会を、計画投資大臣の要請により設立することを決定する。

3．事業の性質と規模により、大臣、中央省庁の長、省レベルの人民委員会（地方政府、人民議会の下で行政を担う、いわゆる日本の都道府県庁に相当する）の長は、各国家機関の評価評議会ないし、各国家組織が直接、PPP事業のpre F／SとF／Sを評価する業務を、委任する下部の部局を設立する。

4．PPP事業評価評議会および、直接、PPP事業のpre F／SとF／Sの評価を委任された下部の部局は、その評価業務を補助するコンサルタントを雇うことができる。

5．政府は本条についてのガイダンスを作って公表する。

Art. 7　PPP投資を管理するに際しての原則

1．国家社会経済発展の戦略と計画、そしてマスタープランに関する法令に従う関係マスタープランと適合していること。

2．PPP事業において国家の資源が、有効に管理・使用されていることにつき保証があること。

３．PPP事業に対する審査、検査、国家監査、監督の行為が、投資家とPPP事業会社の通常の投資・ビジネス業務に対する妨害になっていないこと。

４．投資の公知、透明性、平等性、持続可能性、効率性につき保証のあること。

５．国家、投資家、利用者そしてコミュニティの間での利益の調和につき保証のあること。

Art. 8　PPP投資に対する国家管理の内容

１．PPP投資に関する法的文書の施行につき、公布・公表、宣伝、普及および組織する。

２．PPP投資活動の実際について、まとめ、評価し、報告する。

３．PPP投資に関する法令の施行につき審査、検査、監督をする。

４．PPP投資活動に関する訴えと事業の破棄につき解決し、違反行為を処理する；投資家選定に対する不服を処理する。

> ☞破棄はdenunciationの訳語である。公然の非難、弾劾といった訳語もあるが、ここではPPP投資事業をしている最中に、事業を破棄する決定をするのも、国家管理の一部だと言っていると思われる。事業破棄のケースとして、PPP事業が環境問題を起こしたり、施設が大事故を起こし復旧が困難になったといった事態が想定できる。

５．PPP投資に関し、投資促進と国際協力を組織し行動する。

６．PPP投資活動を遂行している期間の間、投資家ないしPPP事業会社の要求により、ガイダンスを出し、支援し、手続き上の問題を解決する。

> ☞公務員がいまだガイダンスがないので対応できないと、公務員体質による対応拒否がある場合、本第8条第6項を提示して、「まさにわれわれPPP事業会社が今、ガイダンスを出すように、要求しているのだ」と主張することが必要となると思われる。「ガイダンスは投資家ないしPPP事業会社の要求により出す」と読めるからである（ガイダンスを作らない公務員の言い訳対策②）。

Art. 9　PPP投資に関する公告と透明性

１．国家調達ネットワークシステムで公表される情報は以下を含む。

　a）PPP事業の原則的な投資承認と投資承認に関する情報

　b）投資家選定についての情報：事前資格審査の情報、入札情報、ショートリスト、投資家選定の結果

　c）選定された投資家、PPP事業会社についての情報

　d）PPP事業契約の主な内容で以下を含む：総投資額；事業の資本別の構成；契約の形態；事業期間；公共財・サービスの料金、手数料；料金，手数料の徴収方法と徴収場所（もしあれば）その他必要な情報

　dd）もし公共投資資本を使用する場合には、PPP事業における公共投資資本の最終的な価値

　e）PPP投資における法令

　g）投資家達に関するデータベース

　h）PPP投資関連法令に関する、訴えと破棄そして不服を解決したことに関する情報と、違反行

為を処理したことに関する情報

 ☞第8条第4項にあるPPP投資に対する国家管理の内容につき情報を公告する。

2．国家調達ネットワークシステムでの公表に加え、本条第1項a、b、c、d各号に関する情報は、（もしあれば）所轄機関のweb siteでも公表される。

3．本条第1項に記載される他の情報は、他のマスメディアでも公表されることが勧められている。

Art. 10　PPP投資における禁止事項

1．PPP事業の原則的な投資承認において、戦略・マスタープラン・計画と不一致がある；国家資本の使用を必要とするPPP事業において、国家資本が特定され得ない本法に書かれた所轄、過程、手続きを無視している。

2．PPP事業の原則的な投資承認に先立ってPPP事業を承認する；原則的な投資承認と不一致がある；本法に書かれた所轄、過程、手続きを無視している。

3．所轄機関（competent agencies）、契約締結機関が、コンサルタントや投資家と共謀して、国家の資本、資産、国家の資源の損失を引き起こすような、PPP事業の原則的な投資承認ないしPPP事業の承認を誘導すること；市民とコミュニティの便益に対する損害ないし違反である。

4．投資家選定において公平性、透明性が保証されていない。それには以下が含まれる。

 a）ある事業における調達組織、所轄機関、契約締結機関が、当該事業の投資家の一人として選定手続きに参加している。または、調達組織、所轄機関、契約締結機関の任務を遂行する者が、当該事業の投資家の一人として選定手続きに参加している。

 b）事前資格審査書類、入札書類を準備し、同時にそれら書類を評価する業務に参加している者が、同じ事業の投資家選定のために行われる入札評価と、同時に行われる投資家選定の結果評価に参加している。

  ☞書類の有無をチェックする業務に参加している者は、書類の中身を見て投資家を評価する業務に参加してはならない、と言っている。形式のチェック者と内容の評価者は別人だと言っていると思われる。

 c）以下の①②③④の者がいる。調達組織、所轄機関、契約締結機関に属する個人であって①②ないし③である者。①直接、投資家選定過程に関与する者か、②専門家グループないし投資家選定結果の評価チームの参加者。③事業の所轄機関、契約締結機関、調達組織の長である者。④以上の①②③の者の父母、義父母、配偶者、子孫、養子、義理の子弟、兄弟が、投資家の選定手続きに参加したと見なされるか、投資家選定過程における投資家の法的代理人と見なされた者

  ☞公平性確保のために利益相反行為になる関係者を排除するのが趣旨。

 d）所轄機関、契約締結機関、調達組織のなす対象事業に関する入札であって、当該個人が当該組織・機関を辞任してから一年以内に行う入札

  ☞投資家が離職してから一年たっていないのに、離職前の組織がPPP事業の所轄機関、契約締結機関、調達組織になるような事業は、PPP事業として透明性に欠けると言う趣旨だと思われる。主語であるBidding

は、個人を指すから、「入札参加者の代理人となった個人」が主語だとの趣旨なのだろう。投資家ないし投資家の法定代理人となった者が、以前の職場における力を利用してPPP事業を決定させることは認めないとの趣旨である。外資系企業が投資家となる場合、現地政府組織への食い込みが必要と考えて、当該組織の国家公務員をヘッドハンティングして、PPP事業組成に携わらせようとする戦術があり得る。本条違反の入札だとして入札自体が反故になる。離職後一年経過してから前の職場のPPP事業形成に従事させればよい。離職後一年間は無関係とみなされる別地域のPPP事業形成業務に従事してもらう。

5．投資家選定過程での以下の情報・書類の漏洩ないし受領

a）所定の公表時期以前の事前資格審査書類、入札書類の内容。ただし事前資格審査書類、入札書類を準備するために、当該事業の市場調査をする場合、投資家と事前相談する場合を除く。

b）以下①②③の書類と情報。①事前資格審査のための申請、応札の内容、②調達組織の報告、専門家チームの報告、評価報告、コンサルタントの報告、投資家選定過程に関与した専門機関の報告、③規則による公表期日前の、事前資格審査結果ないし入札結果

c）その他投資家選定過程の書類で、法律で規定された国家秘密を含むと認定された書類

6．共謀行為で以下の行為を含む。

a）入札で受注するための合意で、入札に参加していた一社もしくは複数社が、応札から引き下がるか、入札済の応札を引き揚げることに合意する。

☜ライバル企業が応札行為から意図的に引き下がって、一社が受注するような共謀。

b）入札で受注するための合意で、入札に参加していた一社もしくは複数社に、応札させることに合意する。

☜受注者を決めておいて応札者を意図的に増やす行為。「さくら」になってもらう共謀。

7．本法とPPP事業契約の規定に反して、持ち分、出資ないし権利義務を譲渡すること。

8．PPP事業契約に書かれている場合を除いて、公共財・サービスの供給継続をしないこと。

9．PPP投資活動において、贈収賄の提供、収受、仲介をすること。

10．PPP事業における国家資本の管理運営において、私的に着服したり、利益を得たり贈収賄をしたりするために、地位と権力を濫用すること；PPP事業の過程に不法に介入すること。

11．PPP投資活動において不正行為をすることで、以下を含む。

a）不正な利益を得るか、何らかの義務を免れるために、PPP事業の原則的な投資承認、PPP事業承認、投資家選定、PPP事業遂行に関する虚偽ないし正しくない情報、書類、記録を作成すること。

b）PPP事業の、原則的な投資承認、PPP事業承認、投資家選定、検査、監督、監査結果、公共投資結果報告、PPP事業契約の清算を偽るために、故意ある報告ないし不正確で目的にそぐわない情報を提供すること。

c）不法な利益を得るために、PPP事業収入のデータを偽って、故意ある真実ではなくかつ目的にそぐわない情報を提供すること。

12．PPP投資に関する規則違反の捜査や処理行為を妨害すること。

Art. 11　PPP事業の手続き

1．本条第2項に記載される場合を除く、PPP事業の手続きは以下である。

　a) 事業の形成、pre F／Sの評価、原則的な投資承認、事業の公告

　b) 事業の形成、F／Sの評価、PPP事業の承認

　c) 投資家の選定

　d) PPP事業会社の設立とPPP事業契約の締結

　dd) PPP事業契約の実施

2．ハイテクに関する法令により開発投資が優先されるハイテクのリストにあるハイテクを利用するPPP事業ないし、技術移転に関する法令による新技術を利用するPPP事業においては、PPP事業の手続きは以下のとおりである。

　a) 事業の形成、pre F／Sの評価、原則的な投資承認、公告

　b) 投資家の選定

　c) 選定された投資家が行うF／S

　d) F／Sの評価、事業承認

　dd) PPP事業会社の設立とPPP事業契約の締結およびPPP事業契約の実施

3．建設において設計計画のコンテストが必要なPPP事業において、コンテスト実施は、本条第1、2項の原則的な投資承認をしているとみなされる。コンテスト実施は建築設計に関する法令による。

4．公共投資計画の事業でPPP事業への転換が考慮された場合、本条第1、2項に記載された手続きに沿っていなければならない。

5．政府はPPP事業手続きに関する詳細を規定する。

　　☞（ガイダンスを作らない公務員の言い訳対策③）。

第2章　PPP事業の準備　Art. 12-27

第1節（以下、「Sec. 1」のように記載する。）　所轄機関によるPPP事業の形成　Art. 12-25

Art. 12　PPP事業投資を原則的な承認をする要件

1．国会は以下の要件の一つが満たされている場合に、PPP事業投資の原則的な承認をする。

　a) 10兆ドン以上の公共投資資本を使っている。

　　☞10兆ドン以上（＝450億円）、公共投資資本（public investment capital）とはPPP事業総投資額を指すと思われる。国会は国家予算で公共投資資本を決定するため、この用語を使った。この考えに対し、PPP事業の総投資額の中に公共投資資本が、国家資本の支援として使われると考えて、PPP事業の総投資額はより大きくなるはずだ、との考えもあり得ると思われる。いずれにせよメガ・プロジェクトを指す。

　b) 環境に対して格別に不利な影響を与える事業、ないしは環境に対して無条件に深刻な影響を与える事業；①原発事業；②以下の③④⑤のいずれかの土地で50ha以上の土地使用を変更する必要のある土地使用がなされる事業（③特別使用の目的の森林地、④河川流域を保護する森林地、⑤国境保護の森林地）；⑥以下の⑦⑧⑨⑩のいずれかの森林地で500ha以上の森林地に

影響を与える事業（⑦防風林、⑧防砂林、⑨防波林、⑩河川の浸食ないし海の浸食から保護するための森林）；⑪1,000ha以上の森林産業用の生産森に影響を与える事業

    ☞国会の原則的な投資承認が必要になる環境に深刻な影響を与える事業の例として、①②⑥の三種類の事業が挙げられている。

  c）二期作ないし三期作に使用されている米作耕地500ha以上の土地使用の変更を要する事業

  d）高地で２万人以上、それ以外の土地で５万人以上の住民の移住と住民の再定住が必要な事業

dd）国会の承認を要する特別のメカニズムないし政策を適用する必要のある事業

    ☞投資法第30条で国会が投資方針を承認する要件と同じ要件である。

2．本条第１項に記載されている事業を除き、首相は、以下の要件の一つが満たされている場合に、PPP事業の原則的な投資承認をする。

  a）高地で１万人以上、それ以外の土地で２万人以上の住民の移住と住民の再定住が必要な事業

  b）中央省庁と中央レベルの国家機関により運営される中央レベルの予算を使った事業で、公共投資に関する法令で規定されるGroupA事業と同等の総投資額を持つ事業と、ODAローンないし優遇された借入条件の海外からのローンを使った事業

    ☞ODAローンを使うPPP投資事業は、すべて首相に原則的な投資承認権限がある。ODAローンは政府間交換公文によりなされる。外交権限は政府にあるので、政府を代表する首相の承認が必要となる。ODAローンは対外公的債務になる。PPP事業投資を上下分離方式で行う場合がある。PPP事業の収益率を高めないと投資家が集められない場合だ。採算性の低い下の部分をODAローンに任せて、上の部分をPPP事業会社に対するシニアローンとしてJBICや市中銀行から借りることにする。この場合、PPP事業投資は上の部分だけだとされれば、本条の適用はない。多分、上下一体でPPP事業投資の原則的承認を得ると思われるので、本条が適用されると思われる。ODAローンがシニアローンになることはないと思われる。PPP事業のシニアローンに政府保証が付いたのと同じ意味ではない。上部分に政府保証は付かないからである。

  c）新規に空港の建設投資をする事業；飛行場と空港；飛行場の滑走路、空港、国際空港の乗客ターミナル；年間１百万トン以上の規模を持つ飛行場の貨物ターミナルないしは空港

  d）新規に港湾を建設投資をする事業；港湾、特定のシーポートの下にある港湾と港湾エリア；公共投資の法令に記載されているGroupA事業と同等の総投資額を持つタイプⅠのシーポートの下にある港湾と港湾エリア

3．本条第１、２項に記載されている事業以外は、大臣、中央レベルの国家機関の長、その他の国家機関の長は、各々の行政が所轄する範囲のPPP事業に関し、原則的な投資承認をする。

4．本条第１、２項に記載されている事業以外は、省レベルの人民議会が、各々の行政が所轄する範囲のPPP事業に関し、原則的な投資承認をする。

    ☞省レベルの人民議会（provincial level Peoples's Council）は、省レベルの地方政府ではなく地方議会を指す。社会主義は「すべての権力はsovietに」の原則により人民政府は、人民議会の下で、行政を執行するとの考え方になっている。省レベルの公共財サービスを供給するPPP事業の原則的な投資承認は、省レベルのsovietである省レベルの人民議会が議決により行う、との考えである。省レベルの人民議会には、

外資はコネがないことが多く、地場企業のみでの参加が確保されるのだろう。ただし、原則的な投資承認の後の投資承認は省レベルの人民委員会がする。PPP投資ではない通常の投資を規定する投資法では、省レベルの人民議会は投資方針承認に関与せず、省レベルの人民委員会が承認する。PPP法の原則的な投資承認者は、国会、首相、各中央官庁の長、省レベルの人民議会である。その後の投資承認は、首相、各中央官庁の長、省レベルの人民委員会の長が行う。投資法における投資方針承認者は、国会、首相、省レベルの人民委員会とある。

5．PPP事業の原則的な投資承認につき調整がある場合、その調整についての所轄は第18条第2項に従う。

Art. 13　PPP事業の原則的な投資承認の手続き

1．国会によるPPP事業の原則的な投資承認の手続きは以下である。

a）PPP事業準備単位は、所轄機関が政府と同時に計画投資省に送付するための基礎となるプレ事業化調査（pre F／S）を準備する。

b）計画投資大臣は国家審査評議会（state appraisal council）を設立するように首相に提案する。

c）国家審査評議会は、pre F／Sを審査する。もし当該事業が公共投資資本を使用する場合、資本源の審査と資本充当の可能性については公共投資に関する法令に従っていなければならない。

d）政府は国会が検討して承認できるように、国会に送る書類一式を作成して確定する。

dd）国会の機関は政府から送付されてきた書類一式を検討する。

e）国会は検討し、事業の原則的な投資承認についての決議を採択する。

2．首相によるPPP事業の原則的な投資承認の手続きは以下である。

a）PPP事業準備単位は、所轄機関が計画投資省に送付するための基礎となるpre F／Sを準備する。

b）計画投資大臣は内部規律評議会（inter-disciplinary appraisal council）を設立するように首相に提案する。

c）内部規律審査評議会は、pre F／Sを審査する。

　　☞内部規律審査評議会とは複数の中央官庁にまたがる組織だと思われる。計画投資省、財務省に所轄官庁（建設省等の事業の所轄機関）が含まれる。

d）計画投資省は、当該PPP事業が中央レベルの予算資本を使用する場合、資本源の審査を統括し、公共投資に関する法令に従う中央レベルの予算資本による充当可能性の審査を統括し、内部規律評議会に送付する。

dd）省レベルの公共投資の管理に特化した機関は、当該PPP事業が地方レベルの予算資本を使用する場合、資本源の審査を統括し、公共投資に関する法令に従う地方レベルの予算資本による充当可能性の審査を統括し、内部規律審査評議会に送付する。

e）内部規律審査評議会は審査報告を作成し所轄機関に送付する。

g）所轄機関は書類一式を揃えて、考慮と承認を得るために首相に送付する。

h）首相は事業に対し原則的な投資承認をする。

3．各行政が所轄するところの大臣、中央政府の機関の長、他の国家機関の長によるPPP事業に対する原則的な投資承認の手続きは以下である。

a）PPP事業準備部局（unit）は、pre F／Sを準備する。pre F／Sは大臣、中央レベルの国家機関ないし同等の機関の長が、考慮して承認するために送られるためのものである。

b）pre F／Sは、機関レベルの審査評議会ないし同評議会から委任を受けた部局により審査（appraise）される。

☞pre F／Sを審査できる人材が不足していることを考慮して、業務を委託してもよいと言っている。Institutional-levelを「機関レベルの」と訳したが、所轄機関である「中央レベルの所轄の国家機関別に」との意味である。

c）中央省庁、中央レベルの行政庁ないしその他の国家機関の（すなわち中央レベルの予算における）公共投資の管理を専門に行う機関は、もしPPP事業が、（中央レベルの予算における）公共投資資金を使う場合、（PPP事業の）資金源の審査と、公共投資資金に関する法令に沿った公共投資資金が配賦の可能性を統括して管理し、その結果を機関レベルの審査評議会ないし同評議会が委任した審査部局に送付する。

d）機関レベルの審査評議会ないしその委任を受けた審査部局は、審査書を最終的にまとめて、審査書をPPP事業準備組織に送る。

dd）PPP事業準備組織は、file一式にして、大臣、中央レベルの国家機関の長ないし同等の国家組織の長が考慮して承認するべく送付する。

e）大臣、中央レベルの行政機関の長ないし同等の組織の長は、事業の原則的な投資承認をする。

4．所轄する省レベル人民議会がPPP事業に対し原則的な投資承認をする手続きは以下である。

a）PPP事業準備部局（unit）はpre F／S（＝プレ事業化調査）を準備して、省レベルの人民委員会に送付する。

☞省レベルの人民委員会（Provincial People's Committee）とは、省・中央直轄市レベルの地方政府を指す。ほとんどの水PPP事業の原則的な投資承認の手続きなので、略称と略称しない名称を共に記載したり、英文表記も適宜記載して、参照箇所を探す手間がかからないように配慮した。

b）機関レベル審査評議会ないし業務を委託された部局（assigned unit；審査部局）は、pre F／S（プレ事業化調査）を評価する。

c）地方レベルの（予算における）公共投資の管理を専門に行う機関は、もしPPP事業が地方レベルの予算における資本を使用する場合、（PPP事業の）資金源の審査と、公共投資に関する法令に沿った地方レベルの予算による配賦の可能性を統括して管理し、その結果を機関レベルの審査評議会ないし業務を委託された部局に送付する。

d）機関レベル審査評議会ないし業務を委託された単位（部局）は、審査報告を最終的にまとめて、PPP事業準備部局に送付する。

dd）PPP事業準備部局は、省レベルの地方人民議会が考慮して承認するための基礎となる書類一式を最終的にまとめ、省レベルの人民委員会が、省レベルの地方人民議会に送付できるように

する。

e）省レベルの地方人民議会は、事業についての原則的な投資承認をする。

☞地方政府の長ではなく、地方議会が原則的な投資承認の権限を持っていることに留意する。

5．中央レベルか地方レベルにある財務担当国家機関は、国家予算に関する法令に記載されている予算資金の配賦の可能性を審査し、中央レベルか地方レベルかにあるPPP事業の審査評議会ないし審査を委託された部局に、審査結果を送付する。その審査結果を、PPP事業の審査評議会は、自らの審査と統合して、原則的な投資承認をする権限のある国家機関に送付する。上述の「財務担当国家機関による予算資金の配賦の可能性を審査」は、PPP事業が、①を使うか、②を使うかするために行われるものである。①はPPP事業会社に支払った結果、生じた③か④を指す。③は再計算された資金源であり、④は国家機関の支出ないし公的に設立された利益に無関係な部局の支出を再計算したことから生じた法的な収入である。②はPPP事業会社が収入不足の場合にVGFを請求した際に支払われる国家予算の予備費である。

☞②はわかるが、①は第75条の規定も参照すれば、PPP事業会社に支払う卸売料金と消費者から受け取る小売料金との差を国家予算で埋める場合を指しているのかもしれないが、メカニズムにつき訳者の理解は不十分である。

Art. 14　PPP事業の選定とpre F／S（プレ事業化調査）の作成

1．PPPの形式別のPPP事業の選定条件は以下の通り。

a）投資の必要性

b）事業が第4条第1項に規定する事業分野に該当し、総投資額が第4条第2項にある最低投資額の基準に合う。

c）事業が原則的な投資承認ないし投資承認された事業とオーバーラップしていないこと

d）提案された投資様式が、他の投資形態より優位に立つこと

dd）国家資本が必要な事業の場合、資本を充当する可能性があること

2．pre F／Sの作成の基礎は以下の通り。

a）国家利社会経済的発展の戦略計画とマスタープランに関する法令に沿った関連するマスタープラン

b）本法に該当条文と事業投資分野に関する法令の条文

c）その他の法的書類

3．PPPのpre F／Sには以下が含まれていなければならない。

a）投資の必要性：他の投資形態に対するPPP投資の優位性、事業地域のコミュニティと住民に対するPPP様式による事業実施のインパクト

b）対象：予想規模、場所、事業期間、土地使用とその他の資源の必要性

c）事業の建設部分について、建設法令に沿った暫定的なデザイン、ないし建設部分を除いた事業に関する法律に沿った暫定的なデザイン；専門面かつ技術面の計画についての暫定的な説明；（もしあれば）事業が複数の部分からなる場合のその分離の仕方

d) 事業の社会経済的な有効性についての暫定的なアセスメント；公共投資事業についての環境保護に関する法令が必要とする暫定的な環境影響アセスメント

dd) 暫定的な総投資額；暫定的な事業の財務モデル評価（assessment）；（もしあれば）暫定的な事業における国家資本の使用に関するスケジュール；BTL、BLT契約タイプを採用する場合の投資家に対する暫定的な支払いメカニズム

e) 暫定的なPPP事業契約タイプの申し出；投資インセンティブの形態と保証の形態；収入が不足した場合の当事者間の不足分分担のメカニズム

Art. 15　PPP事業のpre F／Sの審査

1．pre F／Sを評価する書類一式は以下で構成される。

a) 審査の申請

b) 原則的な投資承認を要請する書類の送付ドラフト

c) pre F／S

d) 事業に関するその他の関係法的書類

2．pre F／Sの審査は以下の基本的な内容を含む。

a) 第14条第1項に記載されたPPP事業選定条件に沿っていること

b) 第14条第2項に記載されたpre F／Sを準備するベースに沿っていること

c) 投資の有効性；投資家が投資資本を回収する能力

d) PPP投資契約のタイプの適切性

dd) 収入不足の場合の分担メカニズム

e) 資本源と国家資本をPPP事業に充当して使用する可能性

Art. 16　PPP事業の原則的な投資承認に必要な書類一式

1．原則的な投資承認を要請する書類の送付

2．原則的な投資承認書類のドラフト

3．pre F／S

4．pre F／Sの審査報告；国会が　原則的な投資承認をする事業に対するpre F／Sに対する報告であることの証明

5．事業に対する他の関連法的書類

Art. 17　PPP事業の原則的な投資承認の内容

１．原則的な投資承認には以下の基本的な内容が含まれる。

　a）事業の名称

　b）所轄機関

　c）対象；暫定的な規模、場所、事業期間、土地使用とその他の資源の必要性

　　　☞pre F／Sでは予想規模（第14条第3項b号）だったが、原則的な承認では暫定的な規模となっている。

　d）暫定的なPPP契約タイプの選択

　dd）暫定的な総投資額；暫定的な財務計画；事業における資金源別構成；事業が料金（利用料）・手数料を直接、利用者から徴収するメカニズムを採用する場合の公共財・サービスの利用料・手数料についてのスケジュール

　　　☞PPP事業会社が直接利用者から利用料・手数料を徴収する場合、消費者である利用者が公共財・サービスの提供に対し料金面から不満が出ないように、徴収スケジュールを書かせる。橋・高速道路でこのような直接消費者から利用料を徴収することがありうるが、水道PPPではないと思われる。

　e）投資保証のメカニズム；収入不足の場合の分担メカニズム

２．ハイテクないし新規テクノロジーを使う事業においては、本条第1項の内容に付け加えて、原則的な投資承認には、調達組織の名称、投資家選定の手続き、投資家選定に掛かった時間をも記載する。

　　　☞ハイテクないし新規テクノロジーを使う事業は、調達組織の責任を明らかにして早く投資承認をせよとの趣旨と思われる。

Art. 18　PPP事業の原則的な投資承認における調整

１．PPPの原則的な投資承認は、事業対象・サイト・規模・契約タイプの変更、10％以上の投資金額の変更、ないしPPP事業への国家資本の変更がある場合に、以下のごとく調整される。

　a）不可抗力があった。

　b）マスタープラン、政策、関係法令の変更があった。

　c）F／Sの変更があった。

２．PPPの原則的な投資承認をした国家機関が、調整の国家機関となり、責任を持つ。

３．第13条の手続きによる。

４．調整書類一式は以下の通り。

　a）調整申請書類の送付状

　b）原則的な承認を調整してほしい内容

　c）原則的な承認を調整してほしい内容についての審査報告、証明書

　d）事業に関するその他の書類

Art. 19　PPP事業のF／Sの内容

１．PPP事業準備組織はPPPの原則的な投資承認のためのF／Sを行う。

２．F／Sの内容は以下の通りである。

　a）投資の必要性；PPP投資の中のある形態（modality）が他の投資形態（form）より優れている点；PPP事業が行われる地の省レベルの人民議会、人民委員会、祖国戦線の投資影響に関する意見；（当該事業が属する）投資セクターの専門団体の投資影響に関する意見

　　🖙いわゆるVfMが記載されるべきところだがベトナムはVfMを言っていない。他の投資形態（form）には、国家予算による公共投資と投資法による一般の直接投資がある。しかし、ベトナムではその他に民間企業が独自に行う公共財・サービス提供事業があると思われる。ベトナム民間水道事業会社DNP Waterはロンアン省Binh Hiepの水道プラントを買収したことにより、ベトナムのプラスチック管製造の上場会社DNPが設立した子会社である[2]。国内地方水道公社19社の株式持分を買い17社で過半数株を持つ株主となっている。投資先の国内地方水道公社は、非公開型株式会社と想定されるのでDNP Waterは17社の支配株主となっている。国有企業の株式会社化（Equitization）が過去30年間で進展しており、民間企業が、国有・公有企業から転換した株式会社の出資者に加わるケースが多い。

　　　PPPが使われる電力事業において、政府はその投資形態を、ベトナム電力公社など国営企業の事業、BOT事業、IPP独立電力供給者の三種に分けている。このIPPに相当する投資形態が水道事業でもあり得る。IPP相当の水道事業ならPPP法のしがらみと繁文縟礼に捉われないで済む。

　　　本ａ号の文章は、①投資の必要性には、三種（②、③、④）が必要だとの構成だと思われる。まず②の投資の必要性は、PPP投資の中のある形態（modality）が、他の投資形態（form）より優れている点である。これはVfMがあればそれだけで満たす。③はPPP事業が行われる地の省レベルの人民議会、人民委員会、祖国戦線の投資影響に関する意見である。これは、VfMが例えなくても、本投資が地域社会の発展に寄与するとの必要性だろう。すなわちVfMはなくても地域の社会経済発展のためには必要だとする意見である。プラス評価が中心でマイナス評価はｉ号の社会経済効果とEIAによりなされる。

　　　④は、（当該事業が属する）投資セクターの専門団体の（投資影響に関する意見）である。VfMがなくても、地域の社会発展に役だつとの意見がある場合、④の専門団体が投資できると言えば、PPP事業としてよいとのpre F／Sができるのだろう。

　b）法令で規定されている国家社会経済戦略・計画と関係マスタープランと調和していること

　c）投資対象；規模、場所、土地使用権およびその他の資源

　　🖙a号の文章と同じく；で単語がつながっているが、a号は①の下に②③④が並列している文脈だが、c号では、投資対象が主ではあるが、他の3つと並列の関係になっていると思われる。

　d）事業進行計画；事業のスケジュールで、契約期間、建設部分別の建設計画を含めた建設期間

　　🖙建設期間も含めて契約期間に入り、契約期間は土地使用権の設定期間を限度とする。建設期間が予定より長くなれば、その分契約期限を長くする変更承認が必要となる。

　dd）事業維持のために必要な技術の説明と技術計画、施設・インフラシステムないし公共財・サービスの品質、建設に関する法令その他の法令に従ったデザイン一式、建設が部分に分かれている場合の各部分間の関係の説明（もしあれば）

☞建設が部分に分かれている場合には、配水施設が複数のunitに分かれていたり、配水管の敷設工事が複数の工区に分かれている場合が考えられる。

e）PPP事業契約のタイプ；リスク分析と事業リスクをマネージするための方策

g）投資優遇措置、投資保証、そして収入不足に対するメカニズムの形式（form）

☞収入不足に対するメカニズムは、①escrow A/Cでの積み立て、②投資家によるサブローン、③75％に満たない場合の政府へのVGFの申請、④投資家による増資ないし転換社債（VGFでは75％未達の不足分の半分しか填補されないので増資が必要になる場合もありうる）の順だろう。

h）総投資額、事業財務計画、国家資金の見積予定額（どこにいつ使うのかの方法を含む）、投資家によるローンと金融機関によるローンの調査による予定金利、事業実施のための増資に応じられる能力、公共財・サービスを提供するに当たっての事業経営計画ないし事業実施計画

i）社会経済効果、環境保護法によるEIA（環境影響評価）報告書

Art. 20　PPP事業のF／S（事業化調査）審査の内容とfile一式

１．F／S（事業化調査）審査書類は以下よりなる。

a）審査依頼書

b）事業承認申請書のドラフト

c）F／S

d）原則的な投資承認

dd）事業に関するその他の書類

２．F／S（事業化調査）審査は以下よりなる。

a）準拠が適法なこと

b）投資の必要性

c）技術・テクノロジー計画、インフラ施設・インフラシステムないし公共財・サービスの質的水準の必要性を満たしていること

d）PPP事業契約のタイプの適切性

dd）事業の財務面での事業可能性；経営計画とビジネスプランないし公共財・サービスの供給計画

e）事業の社会経済的効果

Art. 21　PPP事業承認の権限

１．第12条第1項記載の事業については首相

２．第12条第2、3項記載の事業については、その事業が行政範囲であるところの大臣、中央レベルの機関ないしその他の国家機関の長

３．第12条第2、4項記載の事業については、その事業が行政範囲であるところのは省・中央直轄市レベルの人民委員会の長

☞原則的な投資承認の承認権限は第12条第4項の規定により人民議会にあるが、その後の投資承認は人民委員会の長にある。

Art. 22　PPP事業承認に必要なfile一式

1．事業承認申請の送付状
2．事業承認書類のドラフト
3．F／S
4．F／Sの審査報告
5．原則的な投資承認
6．事業に関するその他の書類

Art. 23　PPP事業承認の内容

PPP事業承認は原則として以下の内容が含まれる。

1．事業の名称
2．契約締結機関
3．対象；規模；場所；事業期間；土地使用と他の資源の必要
4．PPP事業契約のタイプ
5．総投資額；資金源の構成；利用者より直接、利用料ないし手数料を徴収する際に使われる、当該事業での公共財・サービスの利用料ないし手数料の支払い計画

☞PPP事業会社が公共財・サービスを小売りする場合は、利用料ないし手数料を徴収するスケジュールを出すと規定している。卸売りの際はPPP事業承認の中に利用料ないし手数料を徴収するスケジュールは書かれない。PPP事業会社の設定する公共料金が直接国民・法人の生活・事業に影響を与える場合は、政府として説明責任があるので承認の中に書くということなのだろう。国家に代わりPPP事業会社が公共サービスを提供しているのだとの考えの表れと思われる。

6．第17条第2項記載の場合を除き、調達組織の名称、投資家選定の過程、投資家選定に掛かった時間

Art. 24　PPP事業の調整

1．F／Sは以下の場合に調整される。
　a）事業が不可抗力（フォースマジュール）の事態になった。
　b）事業がより高い水準の社会経済的効率性ないし財務的な効率性が必要な要因が生まれた。
　c）事業の対象、場所、規模に直接影響を与えるマスタープラン、政策、関連法令の変更があった。
　d）事業を遂行する投資家選定に誤りがあった。
2．F／SがPPP事業の対象、場所、規模、契約タイプの変更で、総投資額が10％以上増えたり、PPP事業に投入する国家資本が増えた場合は、事業の調整承認をする所轄機関に送付する前に、正しい過程と手続きによる原則的な投資承認の変更が必要である。
3．PPP事業調整の審査と承認についての権限と手続きは、調整される内容に応じて第19、20、21、

22、23条に沿っていなければならない。

4．PPP事業調整の書類は以下を含む。

 a) 事業調整の申請をする送付状

 b) 事業調整の承認書のドラフト

 c) 調整される内容についてのF／Sを審査した報告

 d) 他の事業に関係する法的書類

Art. 25　PPP事業情報についての公告

1．原則的な投資承認、（もしあれば）原則的な投資承認の調整、事業承認、（もしあれば）投資承認の調整より10日以内に、所轄機関は本条第2項に記載された事業情報を公告する。

2．公告される事業情報は以下を含む。

 a) 原則的な投資承認、（もしあれば）原則的な投資承認の調整

 b) 事業承認、（もしあれば）投資承認

 c) 契約の所轄機関、契約締結機関、調達組織についての情報

Sec. 2　投資家が提案するPPP事業　Art. 26－27

Art. 26　投資家によるPPP事業提案の条件

1．投資家がPPP事業を提案する際には以下の条件を満たさなくてはならない。

 a) 第14条第1項a、b、c、d号にあるPPP事業の選定条件を満たさねばならない。

 b) 所轄国家機関が作ったか他の投資家が用意したpre F／Sと重なっていてはならない。

 c) 国家が作った社会経済発展の戦略、計画、マスタープラン関係法令による関係マスタープランに沿ったものでなければならない。

2．投資家が提案したPPP事業は、第37条での公開入札または第38条による競争交渉によって調達される。

Art. 27　投資家が提案するPPP事業を準備する手続き

1．投資家が提案するPPP事業の書類一式を準備する手続きは以下である。

 a) 所轄機関に自らの提案するPPP事業の実施を要請する書面を送付する。所轄機関が不明な場合、PPPに関する国家行政機関に送付する。

 b) 所轄機関は投資家のpre F／Sをするようにとの提案を受け入れるか否かを文書で返答する。受け入れる際の文書には、所轄機関の組織と所轄官庁の部局との調整メカニズム、提案する事業書類の送付期限とその他の内容が書かれた書類が含まれていなければならない。拒否する場合は拒否の理由を明確に書かねばならない。

 c) 所轄機関が受け入れる場合、投資家は、pre F／Sと投資家が選択される資格と能力そして経験を持っていることを示す書類からなる、提案事業についての書類一式を準備する。

 d) 投資家は書類一式を所轄機関に送付する。

dd）もし拒否された場合、提案に掛かった費用とリスクは提案者が負う。

2．提案された事業は第6、12、13、14、15、16、17条により評価され承認される。

3．PPP F／Sの準備、評価、承認の手続きは以下の通り施行される。

　a）投資家は第19条のF／Sを準備する。

　b）投資家によるF／Sは第20条により評価される。

　c）事業は第21、22、23条により承認される。

　d）承認されない場合、投資家は費用とリスクを負担する。

4．PPP事業の公告手続きは以下の通り

　a）投資家による投資提案が、所轄機関による原則的な投資承認と投資承認を得た後で、所轄機関は第25条による投資情報と事業の提案者名を公告する。

　b）事業実施に関する知的財産権、営業秘密と技術ノウハウ、資本流動化に関する秘密契約につき、投資家と所轄機関は、その内容が公表されないように合意する。

　　☞資本流動化に関する秘密契約（confidential agreement on capital mobilization）とは、投資の提案者と事業資金の調達予定先との資金調達に関する契約を指す。

5．原則的な投資承認の調整は第18条による。事業の調整は第24条による。

　　☞投資承認の調整は、事業の調整の一部として第24条第1項に書かれている。

6．pre F／SとF／Sの準備費用は事業の総費用に入る。提案した投資家が選択されない場合、pre F／SとF／Sの準備費用は提案者に返還される。

7．政府は本条についてのガイダンスを作成して配布する。

　　☞（ガイダンスを作らない公務員の言い訳対策④）。

第3章　投資家の選定　Art. 28-43

Sec. 1　投資家選定についての総則　Art. 28-36

Art. 28　投資家を選定する過程

1．投資家の選定は以下の過程を経てなされる。

　a）ショートリストの選定（もし適用されれば）

　b）投資家選定の準備

　c）投資家選定の義務

　d）入札評価

　dd）選定された投資家の結果についての通知、審査、承認、公告

　e）PPP事業契約についての交渉、最終文書作成、締結そして契約情報の公表

2．個々の事業の特定された条件に基づき、所轄機関は、第11条第1項a号に規定された原則的な投資承認後にショートリストを選定する。ないしは、第11条第1項b号に規定された投資承認後にショートリストを選定する。

3．国家調達ネットワークに関する本条第1項に規定する投資家選定過程における業務は、投資計

画大臣が規定したロードマップに従っていなければならない。

☞ここまで、やらなくてはならないことを手取り足取り規定するのは、①如何に抜け穴探しをするかを考える投資家と、自分がこの業務の目的を達成するためにどのような行動をすればよいかを②知らない、③考えない、そして④為すことについて準拠すべき規定がないからしないと言い訳をする公務員が多いかを想像させる。⑤目的的解釈により違法だということができない、そして⑥前庭さえ掃くことをしない全体の奉仕者意識が低すぎる公務員に、文言通りに行動させるように解釈せざるを得ないような、下部規定を置かざるを得ないのだと思われる。面倒な国である。ほとんどの公務員は前庭を掃くことに終始している中で、権限踰越の公務員が万一出てきた場合を想定しているのだと見ることもできる。そのような権限踰越の公務員が万一現れた際に、その踰越が法令違反だと指摘できる、そのものズバリの法的根拠が必要なのだと思われる。それだけ権威主義的な行動をする者が現れやすい社会主義体制なのだろう。

4．投資家側から事業を提案し採択されて入札がある際には、提案した投資家には、入札評価に際してインセンティブが提供されねばならない。

☞政府側からではなく、投資家側からのPPP事業の提案を奨励しようとしている。

5．国内の建設業者（contractors）、国内産の製品、国内産資材、国内産原料ないし国内産機器を使うことを約した（commit）投資家は、入札評価に当たり優先的取り扱いを受ける資格を持つ。

☞ベトナムの財サービスをなるべく多く調達してもらうために入札評価で優先評価をすると規定している。ベトナムに進出している製造業・エンジニアリング業の日系企業からの調達をなるべく多くして、受注につなげられるし、日系企業からの調達ではQCDSのいずれでも地場企業製・中韓企業製の財サービスの調達より優れており、実際に使ってみての問題は少ない。

ベトナム、日本が参加したTPP（環太平洋パートナーシップ協定）第9章「投資」では、TPP加盟国の外国企業が、TPP加盟国で行う投資事業において、現地調達、技術移転、特定技術の使用の義務等のパフォーマンス要求をすることを禁じている（TPP条約　第9.9条）。そのため、このような「資格を持つ」という書き方になった。TPPでは国内建設業者優先については規定していない。外資系企業の「経営幹部に現地人がいなくてはならない」との規定も、TPP条約　第9.10条で禁止されている。

6．政府は本条につきガイダンスを作成し公表する。

☞公務員がやらない言い逃れの根拠となり得る（ガイダンスを作らない公務員の言い訳対策⑤）。

Art. 29　投資家として選ばれる前提

投資家は以下の条件がすべて満たされて初めて選定され得る。

1．有効に設立されており、業務を行う準拠地の所轄機関によりビジネス登記証明を得ている。

2．財務が自立している；投資家選定において競争できることが保証されている。

3．清算過程にないし、倒産法に規定される支払不能状態にない。

☞支払い不能＝insolvency、破産法＝bankruptcy law、insolventは支払不能であり、破産原因の一つとなっている。通常の言い方では、insolventの方がbankruptcyより範囲が広いが、ここでは破産法でいう破産原因となっている支払不能を指している。ベトナムの破産法は、2014年に全面的に改訂され、Law No. 51/2014/QH13（"Bankruptcy Law 2014"）と英訳されている。支払い義務を果たさず三カ月経過で支払い不能（insolvent）と見なされ、破産法の手続きにより所轄裁判所が破産（bankruptcy）

を宣告する。ベトナムで破産できるのは企業（enterprise）のみで個人の破産はない。社会主義国らしい点である。

4．PPP投資行為が禁止されていない。

5．資本の100%が国家により出資されている企業が、投資家選定手続きに参加する場合は民間投資家と合弁形態になっている。

  ☛地方公共団体が全額出資する地方公営企業は、他の企業と合弁する形ならPPP事業に投資できる。ベトナムの水道公社が他地域の水PPP事業に投資する際には、国内企業ないし外国企業と合弁するなら投資できるとしている。

6．事業の投資家選定手続きに参加する外国法により設立された投資家が、法令規定の制限業種・制限取引に該当する事業で、投資家として参加する際には、市場アクセスの条件を満たしていなければならない。

Art. 30　投資家選定の公平さ確保

投資家の競争選定に参加する投資家は、以下の当事者から法的・財務的に自立していなければならない。

1．pre F／S、F／S作成の業務をするコンサルタント。ただし、事業が投資家の提案である場合は除く。

2．pre F／S、F／S評価の業務をするコンサルタント

3．資格審査書類、入札書類の形成・審査の業務をするコンサルタント。すなわち、資格審査の結果ないしは、投資家選定の結果について、評価・審査をしたコンサルタント

4．所轄機関、契約締結機関、調達組織

Art. 31　国内投資家と国際的な投資家の選定

1．国内投資家の選定に当たっては、第37、38、39、40条に規定された手続きによる。この過程で選定される国内投資家は、ベトナム法令で設立された投資家のみ参加が許される。

  ☛ベトナムの100%国有企業が投資参加するには第29条第5項で、合弁形態を作れとの規定でいう合弁形態とは、合弁でベトナム法人を作れという意味ではない。一応札者として一つのベトナムで設立された法人である必要はない。入札は、国際コンソーシアム同様、国内コンソーシアムで応じてもよいと言っている。第33条第4項で入札担保は合弁の場合個別に出せ、とあるのは、いまだ合弁形態が法人格を持っていないからである。

   なお、ベトナム企業法は法人格ある企業（enterprise）のみを規定しており、法人格のない企業形態は法人グループを除き規定していない。ベトナム人個人も投資家となれると思われる。

2．国際的投資家の選定に当たっては、第37、38、39、40条に規定された手続きによる。外国法令で設立された投資家とベトナム法令により設立された企業が参加することができる。

  ☛外国投資家には法人のみならず個人も入ると思われる。外国投資ファンドには法人格を持たない場合もあ

るが、その場合、関係子会社が出資することになる。ベトナムの投資ファンドが出資参加する場合に、その企業形態を調べて、ベトナム企業法での法人格を持つのか、持たなければその根拠法は何なのかを調べる必要がある。

3．国際的投資家の選定は、以下の場合を除き、すべてのPPP事業において適用される。

　a）その事業分野ないし取引が、法令によって外国投資家の投資参入が許されていない。

　b）その事業が、国家防衛、安全保障、国家秘密の保護の必要を保証しなくてはならない事業である。

Art. 32　投資家選定における言語

　国内投資家選定の際はベトナム語のみ、国際的投資家選定の際は英語ないし英語とベトナム語を使う。

Art. 33　入札担保

1．各事業の規模とその性質に基づき、入札担保（bid security）の価値として、事業総投資額の0.5％から1.5％の間の金額で入札書類に記載されねばならない。

2．入札担保の有効期間は札書類に記載され、入札の有効期間に30日間を付加した期間である。

3．入札ないしプロポーザルの有効期間の延期があった場合は、調達組織は投資家に対して、応札内容に変更がないとの前提での、関係入札担保の有効期間の延期を要請しなくてはならない。もし投資家が延期を拒否した場合、投資家の応札は無効となり投資家は応札資格がなくなる。

4．もし、応札者が合弁参加者である場合、各合弁参加者は個別に入札担保を出すか、その中の一参加者が他の参加者分もまとめて入札担保を出すことに合意する。入札担保額は入札書類に記載された入札担保額未満であってはならない。合弁参加者の一人が本条第6項の規定に違反した場合、すべての合弁参加者の入札担保は返還されない。

5．調達組織は、入札書類に記載された期日までに、選定されなかった投資家の提供した入札担保を返還する。ただし、この期日は投資家選定結果の承認があってから最大14日以内でなければならない。選定された投資家の入札担保は、投資家により設立されたPPP事業会社が第48条に規定する契約遂行保証を提供した後で返還される。

　投資家が本条第3項の規定による延長を拒否した場合、調達組織は延長拒否の文書を受け取ってから14日以内に入札担保を返還する。

6．以下の場合、入札担保は返還されない。

　a）投資家が入札有効期限内にすでに行った応札を取りやめた。

　b）投資家が調達規則に違反し、当該違反が第35条第1項dd号の規定により選定過程の取り消しを招いた。

　c）投資家が、不可抗力による場合を除き、調達組織からの受注通知を受け取ってから30日以内に契約交渉に入ったり、契約のまとめをすることを拒否する、そのような進行をしないか、契約交渉そして契約のまとめをした後での契約締結を拒否する。

d) 選定された投資家により設立されたPPP事業会社が第48条に規定する契約遂行保証を提供しない。

Art. 34　投資家選定過程の取り消し

1．投資家選定過程の取り消しは以下の場合に実施される。

a) すべての資格審査に応札した書類、応札書類が、資格審査、入札の要件を満たしていない場合

b) 目的、規模に変更があった場合

c) 資格審査に応札した書類、応札書類が適用する法令に沿っていないために、事業実施に必要な投資家の要件を満たさない結果となる場合

d) 投資家選定で選ばれる組織が、本法を含めた法令のコンプライアンスを満たさないために、投資家選定の競争が制限されてしまう結果となる場合

dd) 投資家選定過程を歪曲する結果を招くような、賄賂の仲介・受領・贈賄、談合、詐欺、違法に介入する権限濫用の証拠がある場合

2．本条1項c、d、ddの各号に該当する違反行為をした組織ないし個人がいて、投資家選定過程が取り消された場合、当該組織ないし個人は、関係当事者に生じたコストを補償し、関連法令により罰せられる。

Art. 35　投資家選定過程における調達組織の責任

1．調達組織は、投資家を選定する過程において法令と所轄機関に対して責任を持つ。

2．公正さ、客観性、公平性を保つ。

3．適応法令により損失を補償する。

4．関係書類の秘密性を保証する。

5．公文書法令により文書を保管する。

Art. 36　事業実施中を通じて投資家選定の複雑な状況を把握処理すること

1．事業実施中を通して投資家選定の複雑な状況を把握処理することとは、本法で具体的ないし、明確に規定していない問題が起こったか、問題がある場合に、その問題を解決することを意味する。

2．所轄機関、調達組織は、以下の原則を保証することを原則として複雑な状況を把握処理するための決定を、法令に基づき為すことに対して責任がある。

a) 競争、公平性、透明性、経済的効率性を保証する。

b) 以下において保証が必要となる。原則的な投資承認、事業承認；資格審査書類、入札書類；資格審査への応札、入札への応札；資格審査・投資家選定の結果；選定された投資家と締結した契約；事業の実際の実施。

3．政府は本条に関しガイダンスを作り配布する。

☞（ガイダンスを作らない公務員の言い訳対策⑥）。

Sec. 2　投資家選定の手続き　Art. 37-40

Art. 37　公開入札

1．公開入札は、応札者の数を制限しない投資家選定の手続きである。
2．本法第38、39、40条の場合を除き、すべてのPPP事業は公開入札によらねばならない。

Art. 38　交渉による競争

以下の場合、交渉による競争が行われる。

1．事業実施に参加しうる要件を満たす投資家が３者を超えない場合
2．投資事業が、ハイテクに関する法令に従い、開発投資において優先される、ハイテク技術のリストに載っている、ハイテクを使う事業である場合
3．技術移転に関する法令に沿った、新しい技術を使う事業である場合
　　☞日本企業コンソーシアムは、本条に合うハイテク、新しい技術の技術移転をしていることを使ったり、要件が厳しい投資家による事業提案を行い、安値競争になりがちな公開入札を避けて、交渉による競争に持ち込めれば、受注の可能性が高くなる。

Art. 39　直接指名

1．直接指名は以下の場合に適用される。
　a）事業において、防衛、安全保障、国家秘密の保護の必要性がある場合
　b）事業継続を保証するために、第52条第４項ａ号に規定している、その他の投資家を緊急に選定する必要がある場合
　　☞投資の早期終了（early termination）の場合で、貸し手が事業を継続できる事業者を探してくるので、直接指名となる。

2．事業を承認する所轄機関は、前項ａ号規定の投資家を直接指名する事業にするに当たって、防衛、安全保障、国家秘密の保護の必要性についての国防省、公安省のポジションに基づいて、首相の事前の承認が必要となる。

Art. 40　特別のケースにおいての投資家の選定

1．第37、38、39条に書かれた手続きが適用できない例外的なまたは特殊な状況にあるPPP事業では、所轄機関は、首相に投資家選定の案につき、考慮して（consideration）決定することを提案しなければならない。
2．首相への提案に当たって送付する書類一式には以下が含まれていなければならない。
　a）事業の基本情報
　b）例外的で特別扱いする状況の説明
　c）当該特別なケースにおける投資家選定計画；当該投資家選定計画においては、以下を含む。投資家選定過程、事業を効率的に行うことを保証するための例外的かつ特別扱いにするための

特定の解決方法

☞日本企業コンソーシアムは、日本のODAとセットにした提案（技術協力ODAの提案、VGF ODA loan）で、本条に合う特別のケースにできれば、中国ないし韓国の安値による公開入札での競争に勝てる。

Sec. 3　資格審査と入札における評価方法と評価基準　Art. 41−43

Art. 41　資格審査における評価方法と評価基準

1．資格審査（pre-qualification）の評価は、資格審査書類に記載された100点法ないし1000点法による得点法による。得点法は、本条第2項による資格審査の評価基準による。

2．資格審査の評価基準には、以下の内容を含む。

　a）財務・商業的な能力と経験、資金調達能力、同様な事業を遂行した経験、合弁で応札した場合全合弁パートナーの能力・経験を足し合わせる。足し合わせる対象となる合弁メンバーの出資比率は、リーダー企業・法人は最低30％、その他のメンバーは最低15％である必要がある。

　　☞PPP事業会社の予定出資割合ではなく、法人格のない段階のコンソーシアム（合弁）で応札する場合の契約での出資比率である。資格審査におけるメンバーの最低の出資割合を確保したメンバーの能力・経験のみが、評価の対象となると言っている。

　b）予備的な事業実施計画と事業実施へのコミットメント

　c）過去・現在進行中の契約における法的紛争と法廷紛争の履歴

Art. 42　入札における評価方法と評価基準

1．遂行能力・経験の評価は、入札書類に記載された100点法ないし1000点法による。評価の基準は第41条第2項に従う。

2．技術評価（の方法）は、入札書類に記載された、100点法、1000点法ないしは合格・不合格法による。技術評価の評価基準は、品質、能力規模と効率性の基準；操業・運営・ビジネス行動・維持修理の基準；環境保護・安全の基準；その他の技術に関する基準を含む。

3．財務・商業審査は、入札書類に記載された比較とランキング法による。比較とランキング法の評価基準には、以下の一つは含んでいなくてはならない。

　a）公共財・サービスの料金、使用料の評価基準

　　☞料金、使用料が低いほど評価される。PPP事業会社が売る卸売価格であり、消費者に売る小売価格である、いわゆる当該公共財・サービスの公共料金ではない。

　b）施設建設、インフラストラクチャー・システムの構築を支援する国家資金による支援の評価基準

　　☞使用する国家資金が少ないほど評価される。

　c）社会と国家に対する便益の基準

　　☞比較とランキング法の評価基準で、a、b、c号の各評価基準がどの程度重要視されているかを見極める必要がある。得点法ではないので、一位ランキングをどれだけとるかがポイントとなる。

4．政府は本条につきガイダンスを作り配布する

Art. 43　投資家選定結果における考慮

　投資家は、以下の条件を満たしていると受注者として指名される。

1．入札が有効ないしはプロポーザルが有効

2．能力と経験の必要性を満たしている

3．技術の必要性を満たしている

4．財務・貿易の必要性を満たしている

5．入札一位

第4章　PPP事業会社の設立と運営；PPP 事業契約　Art. 44-55

Art. 44　PPP事業会社の設立

1．投資家選定の結果が承認されると、投資家はPPP事業契約を締結し実施するという単一の字義
　用目的を持ったPPP事業会社（SPC）を、有限会社または非公開株式会社の企業形態で設立する。
　設立登記申請は、企業法令と、投資家選定の結果が承認されたことに沿ったものでなければなら
　ない。

2．PPP事業会社は本法第78条により社債を発行できる

　　☞日本企業コンソーシアムは、社債発行による資金調達を考える。私募債しか認められず、転換社債も認め
　　　られないことに留意する。

3．第1項、第2項に加えて、PPP事業会社の設立、経営機構、運営、解散、破産については企業
　に関する法令と、その他の法令そしてPPP事業契約の規定による。

　　☞日本コンソーシアムは、以下を比較して、有限会社か、非公開株式会社の企業形態を選択する。

有限会社	非公開株式会社
Limited company	Non-public joint stock company
経営が安定するまでは、日本側が経営権を持つ。	経営が安定するまでは、日本側が経営権を持つためには、譲渡制限株式を発行する必要がある。
日本側65％以上の出資比率で経営支配権を持つ。	日本側50％超の出資比率で経営支配権を持つ。
会長と社長のスピーディなリーダーシップが発揮できる。	取締役会と社長のリーダーシップなので、スピーディさは確保できない。
出資持分の譲渡制限があるので、経営方針に反対の者は、賛成者に売るか会社に売る。	定款で株式の譲渡制限規定を置く必要がある。おかないと、敵対的な投資家に売られてしまう恐れがある。

☜筆者は、建設期間、運転期間の初期は、スピーディかつ柔軟な経営者のリーダーシップが発揮できないと、事業の遅れ、赤字、利害関係者からの反発を生みやすいと考える。そのため、設立は有限会社の形態でなし、経営が安定してきたら、なるべく早く非公開株式会社に企業形態を変更して、日本側出資割合を減らし、ベトナム側にアピールする利他性の経営をして、利害関係者を出資者に取り込む。技術移転を進め運営段階でのコスト削減による収益確保を目指す。その後、さらに株式公募ができる大衆会社に変えて、従業員を中心の個人株主を増やす。上場会社になることが認められたら、地域住民を含む個人株主を増やす、との戦略があり得ると考えている。

まず、事業をスケジュールどおり遂行させて、赤字をいち早く解消させ、次の段階で、多くの利害関係者を出資者に取り込んで、バランスある収益が出るようにする、企業形態を変化させていく戦略である。

Art. 45　PPP事業契約の分類

1. 公共財・サービスの料金を、利用者より直接ないし、オフテイカー（取引者）から徴収する仕組みによる事業契約のグループ

   a) BOT契約は、投資家、PPP事業会社が施設ないしインフラシステムを建設し、その後一定期間運営し、期間終了と共に、投資家、PPP事業会社が、施設ないしインフラシステムを国家に引き渡す契約である。

   b) BTO契約は、投資家、PPP事業会社が施設ないしインフラシステムを建設し、建設終了と共に国家に引き渡し、その後、投資家、PPP事業会社が、一定期間、運営する権利を得る契約である。

   c) BOO契約は、投資家、PPP事業会社が施設・インフラシステムを建設し、一定期間、所有・運営し、一定期間終了後に投資家、PPP事業会社が契約を終了させる契約である。

   d) O&M契約は、投資家、PPP事業会社が既存の施設・インフラシステムの一部ないしは全部を一定期間運営し、一定期間終了後に投資家、PPP事業会社が契約を終了させる契約である。

2. 公共財・サービスの品質によって、国家が支払う仕組みに違いがある事業契約のグループ

   a) BTL契約は、投資家、PPP事業会社が施設ないしインフラシステムを建設すると共に、国家に所有権を移転し、その後で一定期間、その施設ないしインフラシステムを使用して操業する権利を得る公共財・サービス供給契約である。契約締結機関は、投資家、PPP事業会社に対価を支払って、当該サービス事業を賃借（lease）する。

   b) BLT契約は、投資家、PPP事業会社が施設・インフラシステムを建設し、一定期間その施設ないしインフラシステムを使用して操業する公共財・サービス供給契約である。契約締結機関は、投資家、PPP事業会社に対価を支払って、当該サービス事業を賃借（lease）し、一定期間が終了すると、国家に施設ないしインフラシステムを移転する契約である。

   ☜契約締結機関が、サービス事業を賃借する（lease services）のは同じだが、BTLでは、契約締結機関（政府）が自らの所有物を使わせて、作り出したサービス事業であり、BLTでは、PPP事業会社が自らの所有物を自ら使って、作り出したサービス事業である点が異なる。BTL、BLTでは、最終利用者が負担する料金という考えがなく、サービス賃借料の支払いという考えがあるのみである。BTL、BLTは、料金概念が取り入れにくい投資分野に使われるだろう。第4条第1項にあるPPP投資分野で言えば、病院、介護施設、学校、訓練施設、ITインフラの施設ないしインフラシステムの建設・運営で使われる傾向にあるのだ

ろう。

3．本条第1項、第2項のミックスした契約もある。

4．第3条第9項b号の事業においては、利用者から直接使用料を取り立てる契約形態は使われない。

　　☞第3条第9項b号の事業とは、改修（rehabilitation）事業である。従来通り契約締結機関（政府）が、最終利用者より料金を徴収すると言っている。

　　　第45条にはBTがないので、BT方式は認められない。つまり建設して移転時に投資を回収できるPPP契約は認めない。建設して移転時に投資を回収できるとしたら、投資回収代金相当という名目で、建設して移転させた民間投資家に有利な土地使用権を与えたり、土地使用権の交換をする不正・逸脱行為が頻出したからだと言われている。

Art. 46　PPP事業契約の書式セット

1．PPP事業契約の書式セットは以下の基本文書を含む。

　a）一般的な条件と特定の条件を含んだPPP事業契約

　b）契約付属文書（もしあれば）

　c）契約交渉の合意書

　d）投資家選定結果の承認

　dd）選定された投資家によって送付された応札と入札で明確になった文書

　e）入札書類と入札書類を改訂ないし補助追加した文書

2．（PPP事業契約の）契約内容の変更に当たっては、契約当事者は契約付属文書に締結する。

Art. 47　PPP事業契約の基本的な内容

1．PPP事業契約は以下の基本的な内容を含む。

　a）対象、規模、場所、事業の実施過程；施設の建設期間、インフラシステムの構築期間、契約の発効日、契約期間

　b）事業の範囲、必要とされる技能とテクノロジーの要件、施設ないしインフラシステムの品質に関する要件、供給される公共財・サービス

　c）総投資金額；資本構成、資金調達計画を含む財務モデル、公共財・サービスの料金と手数料、この料金と手数料においては、料金と手数料をスケジュールによって調整する方法と計算式を含む。PPP事業に使われる国家資本と関係する国家資本の運営・使用方法（もしあれば）

　d）土地使用とその他の資源の使用の条件；付帯設備の建設に関する計画；移転に伴う補償・支援・再定住、安全性と環境保護に関する保証、不可抗力に該当する事項と不可抗力になった際の対応オプション

　　☞「付帯設備（auxiliary works）の建設に関する計画」とは、PPP用の土地使用権が設定された土地の一部で公共施設サービス事業を行い、残りの土地でauxiliary worksを行う権利を得て、そのauxiliary worksの事業（遊園地、住宅商業施設の運営）での収益で、公共財サービス料金を低目に抑えるという考え方が使われる場合を指している。

　dd）関係法によるライセンス手続きを遂行する責任；デザイン、建設の準備（organization）、

建設段階での検査・監査・運営の品質、投資資本の受け入れと実行、施設・インフラシステムの完成証明、事業による生産とビジネス業務に必要な主な原材料・資源の供給

 ☞文末文節は以下を意味している。施設を運営して、公共財・サービスを生産するのに必要な主な原材料の供給と、インフラシステムを運営して、公共財・サービスのビジネス業務をするのに必要な主に資源の供給について書く。

e）継続的かつ安定的に公共財・サービスが供給されるための、施設・インフラシステムを運営しビジネス業務をする責任

g）遂行責任；事業に関連する財産について、その財産に対する権利、運営する権利、利用・使用する権利を持つことの証明、投資家とPPP事業会社の権利と義務、契約締結機関の義務に関する第三者による保証サービスを利用することについての合意

 ☞文末文節は、契約締結機関が、PPP事業会社に料金・手数料・サービス賃借の対価の支払い義務を、第三者が保証することについての合意と読める。万一、契約締結機関が料金を支払えなくなる事態が生じた際には、この保証サービスが使われる。サブローンを出す、経営保証をすることを求めるクロージング契約交渉をする取っ掛かりの材料になり得る。

h）契約を継続するに当たり、民法で規定されている契約を遂行する環境が本質的に変わってしまった場合の解決法；契約当事者の一方が契約に違反した場合の治癒と補償

 ☞前段は、ベトナム民法第420条の「環境が本質的に変化したときの契約の履行」についての規定を指している。ベトナム民法第420条の規定は以下である。

  「環境の本質的に変化で影響を受ける者は、相手方当事者に対し、合理的期間内に契約の再交渉をするよう請求することができる」（民法第420条第2項）。

  「各当事者が合理的期間内に契約修正の合意ができない場合、各当事者は、裁判所に対して、契約終了か、契約修正の請求ができる。裁判所は、契約終了の損害が契約修正の費用より大きいときは契約修正の決定をする」（同第3項）。

  「契約の修正、終了の交渉、裁判所の事案解決過程において、各当事者は、異なる合意がある場合を除き、引き続き契約に基づく自己の義務を履行しなければならない」（同第4項）。

  本PPP法第47条第1項h号で書く解決法の例として「①環境が本質的に変化した時に、『当事者の能力が許し、契約の性質に合致する限りのあらゆる必要な措置を適用したが、利益への影響を阻止し、その程度を軽減することができない』（ベトナム民法第420条第1項d号）と判断する要件を予め規定する、②契約の再交渉をしないで契約を終了させることを合意する、③契約修正につき合意がないと判断する期間を予め契約で定めておく、④第4項で裁判所の事案解決過程に入れば、義務履行をしないとの異なる合意をする」ことが想定できる。

i）情報セキュリティに関する当事者の責任；報告メカニズム；所轄機関・検査・審査・監査・監督機関の要請に従った、関係情報と書類の供給と契約履行状況の説明

k）期日より前に、契約を変更したり補完させたり、契約を終了させたりする際の原則と条件；貸し手の権利；契約を清算する際の手続きと当事者の権利義務

l）投資インセンティブ、収入が超過するか不足した際の負担のオプション、外貨バランスの保証、保険の種類（もしあれば）

m）契約の準拠法と紛争解決の仕組み

2．PPP事業契約には契約締結機関、投資家、PPP事業会社の権利と義務が書かれていなければならない。

3．政府は第45条に記載した契約タイプ別の標準契約書を、規定・規制しなければならない。

    🖝外資系企業の合弁：契約と定款のmodel formを作って外資に強いた1994−97年当時のベトナムの外国投資委員会（現計画投資庁）のやり方を思い出させる。ベトナムでは公務員研修が不充分なので、自ら理解していない契約と定款、それも極端にベトナム側に都合よい契約と定款を外資に強いていた。水PPP事業では省レベルの地方政府の国家公務員が相手だから、同様の問題が生まれるだろう。およそ彼らは研修を受けていないからだ。

Art. 48　PPP事業契約における事業履行保証（performance guarantee）

1．PPP事業会社は、契約の発効日前に契約履行保証をしなければならない。

    🖝第48条の標題では事業履行保証（performance guarantee）となっているにも関わらず、条文では契約履行保証（contract performance guarantee）と書くのは、国際建設工事契約では、performance guarantee、performance bondを積むといった用語が一般的になっているからである。

2．事業の性質と規模に応じて、入札総投資額の１％から３％の契約履行保証（performance bond）を積む。

3．契約履行保証の有効期間は、契約の発効日（validity date of the contract）よりPPP事業会社が契約に基づき、建設工事ないしインフラシステムを完成させる契約義務を満たした日までである；もし建設期間の延長が必要な場合、投資家は契約遂行保証の有効期間を延長期間分だけ延長する要請をしなければならない。

    🖝第47条第１項a号にある契約の発効日を参照。

4．PPP事業会社は、本条第５項に規定する場合を除き、施設の建設義務ないしインフラシステムの完成義務の終了後に、契約履行保証の返済を受ける。O&M契約の場合、契約履行保証は、投資家が契約義務を満たした後で返済される。

5．PPP事業会社は、以下の場合、契約履行保証の返済は受けられない。

  a）契約締結後に契約履行を拒絶する。

  b）契約での合意に違反する、本法第52条第２項d号に規定された期日に先立ち契約解消を主導する。

  c）本条第３項に規定されたとおりの契約履行保証の有効期間の延長をしない。

6．政府は、本条第２項に規定する契約履行保証の価値の割合を規制する。

    🖝公務員がしないことの言い訳に使う可能性がある（ガイダンスを作らない公務員の言い訳対策⑦：①第4条第4項、②第8条第6項、③第11条第5項、④第27条第7項、⑤第28条第6項、⑥第36条第3項）。

Art. 49　PPP事業契約の締結

1．投資家選定の結果の承認、契約交渉の結果、有効な入札、契約締結時点での最新の投資家の能力に関する情報、入札書類に従って契約は締結される。

2．投資家とPPP事業会社は、契約締結に当たり合同して一方の当事者となり、他方の当事者である契約締結機関との間で契約を締結する。

3．投資家が合弁形態を採った投資家である場合、合弁形態を採ったすべてのメンバーが契約に、直接締結し、（もしあれば）捺印をする。

Art. 50　PPP事業契約の見直し

1．PPP事業契約の見直しは契約に記載される。当事者は以下の場合に契約見直しが考慮されねばならない。

 a）事業が不可抗力に陥ったマスタープラン・政策・関係法令の変更により重大な環境の変更ないし事業変更の必要が起こった。その変更は、事業会社が供給する公共財・サービスの料金・手数料、技術的・財務的な事業計画に重大な影響を主導するものである。

 b）契約締結当事者の調整

  契約当事者の変更、合弁投資家の変更が考えられる。

 c）第51条第2、3項に規定するPPP事業契約の契約期間の調整

 d）契約締結機関の権限に起こったその他の場合。ただし、事業がより良い財務的効率性ないしより良い社会経済的効果をもたらす原則的な投資承認の変更がない場合は、本号でいう、その他の場合に該当しない。

2．PPP事業契約の見直しの手続きは以下に規定される。

 a）契約締結当事者の一方が、本事案が明確に契約見直しの考慮を申請することに値すると述べた、書面による契約見直しの申し出を発出する。

 b）提案された契約見直しの交渉をする。提案された契約見直し事項は、公共財・サービスの料金・手数料、契約期間、その他変更を要する契約内容を含む。

 c）契約当事者双方は、契約見直し内容についての契約付属文書を締結する。'

3．PPP事業契約の見直しが、①PPP事業の対象、場所、規模、PPP契約のタイプの変更、②総投資額の10％以上の増額、ないし③PPP事業への国家資本が支払済であるにも関わらず増額の見直しであった場合、契約見直し内容について契約付属文書の締結に先立って、第18条に規定する原則的な投資承認の調整が必要である。

Art. 51　PPP事業契約の契約期間

1．契約期間はPPP事業契約の承認と、投資家を選定した結果により、当事者で合意した契約期間を指す。

2．土地使用期間ないし土地賃借期間を、限度に契約期間の延長は可能だが、その他の原則的な投

資承認で述べられた契約内容は変えてはならない。

3．契約期間の調整が必要な場合は以下の場合である。

a) 建設期間の遅れ、運営の中断が、当事者のコントロール能力を超えたと民法で認められる環境の本質的な変更があったことにより起こった場合

☞ベトナム民法第420条第1項は、当該の本質的な変更にあたる場合を以下のように規定している。なお、本PPP法第47条第1項h号のコメントも参照のこと。

民法第420条　環境が本質的に変化したときの契約の履行

1．環境は、次の各条件を満たすときに本質的に変化したものとする。

a) 環境の本質的な変化が契約締結後に生じた客観的原因による。

b) 契約締結の時点において、各当事者が環境の変化を事前予測することができなかった。

c) 環境が、もし各当事者が事前に知っていたら、契約は締結されなかった、または締結されたとしても完全に異なる内容になったという程度にまで大きく変化した。

d) 契約内容を変更せずに、契約の履行を続けることが、一方当事者に重大な損害を生じさせると見込まれる。

dd) 影響を受ける利益を有する当事者が、その能力が許し、契約の性質に合致する限りのあらゆる必要な措置を適用したが、利益への影響を阻止し、その程度を軽減することができない。

b) 所轄機関ないし国家機関が事業を中断した場合。ただし中断の理由がPPP事業会社の過失による場合は除く。

c) 所轄機関、契約締結機関による要請によりコストが上昇した場合。そのような要請が契約締結時には想定されず、かつ契約期間の延長によらなければ、コスト上昇分の回収が見込めない場合に限る。

d) マスタープラン、政策、関連法令の変更があって、実際の事業収入が、当初の資金計画での収入予定の75％未満にしか達しない場合

☞VGFの申請をする前に契約期間の延長要請をする義務がある（PPP法第82条第2項c号）。

dd) 実際の事業収入が、当初の資金計画での収入予定の125％以上になった場合

☞VGFの申請をする前に契約期間の延長要請をする義務がある（PPP法第82条第1項）。

Art. 52　PPP事業契約の終了

1．PPP事業契約の終了は、契約に基づき契約の解消を基本に実施される。

2．PPP事業契約が所定の契約期間終了前に終了する場合は、以下の場合に限られる。

a) 事業が不可抗力に陥り、当事者が事態を治癒・回復させる対策を採ったが、なおPPP事業契約を継続することを保証することができない。

b) 国家利益、防衛・安全保障・国家秘密保護のため。

c) PPP事業会社が破産法で規定する支払い不能状態になった。

d) 契約締結当事者の一方が、契約義務の遂行に対して重大な違反を犯した。

☞ベトナム側の契約締結機関が、料金を支払わないリスクへの対応策は、本PPP法では、本条による契約の

早期終了しか規定していないと思われる。事業を継続したいPPP事業会社としては、契約締結機関が支払えるように、現地政府が保証したり、サブローンを出したりすることを、交渉する必要があると思われる。国際的なBOT契約では、バイアウト条項があり、現地政府がすべての資産の買取義務が生じる。買い取り資金がないので、現地政府が買い手企業を経営支援・金融支援をして、PPP事業会社に料金支払いができるようになるメカニズムが働く。

  dd）契約当事者が契約終了に合意する、民法に規定する本質的な変更による場合

    ☞ベトナム民法第420条に定義がある。本PPP法第51条第3項a号のコメントを参照。

3．契約締結機関は、契約終了前に、所轄機関にその旨を報告しなければならない。

4．契約の早期終了が為された場合、契約締結機関は以下の業務をする。

  a）新たなPPP事業契約を締結する別の投資家を選定するように貸し手との間で調整する。

  b）その調整計画を実施している期間内で、かつ別の投資家が選定されない期間内は、契約締結機関は、以下につき暫定的に責任を負う。①建設期間においては、事業の施設・インフラシステムが、安全性が保証されるように組織し、水準を落とさないようにするべく、暫定的に責任を負う。②運転期間においては、事業対象の公共財・サービスの供給継続を保証できるように、施設・インフラシステムの運営とビジネス業務を組織する暫定的な責任を負う。

5．本条第4項に規定された業務を実行する契約締結機関は、第73条第3項に規定する資本源（資金源）ないしその他の法的な収入源を使用できる。

6．本条第2項b号に規定するPPP事業契約の早期終了が起こった場合、契約締結機関が、本条第2項d号に規定する契約義務の遂行につき重大な違反を犯した場合は、PPP事業会社の取得にかかる費用ないし契約終了に伴う補償費用は、法令に従って国家資本から支出される。投資家が、本条第2項c号、d号に規定する契約義務違反を犯した場合は、投資家が、他の投資家に株式ないし出資した資本金を移転しなければならない。

    ☞前段は、バイアウト条項を指す。バイアウト資金は国家資本から出すと規定するのみだから、バイアウトがあるから、契約を継続すべく、契約締結機関を金融支援しようとのメカニズムを効かせようとの意識は、ベトナムにはないようである。

      契約の早期終了が、契約締結機関の責による場合は重大な違反が必要となり、投資家の責による場合は違反faultで良い点、義務違反の水準が異なるように書いている。しかし、共に第52条第2項d号の適用の場合なので、重大な違反（seriously violate）の水準は同じだと理解する。

7．政府は本条に関するガイダンスを作って提供する。

    ☞公務員がしないことの言い訳に使う可能性がある（ガイダンスを作らない公務員の言い訳対策⑧：①第4条第4項、②第8条第6項、③第11条第5項、④第27条第7項、⑤第28条第6項、⑥第36条第3項、⑦第48条第6項）。

Art. 53　貸し手の権利

1．PPP事業契約期間中の貸し手の権利は、貸し付け契約、PPP事業契約、関連法令に従わねばならない。

２．PPP事業契約の早期終了があった場合には、貸し手は、第39条第１項b号に規定される新しい投資家を選定するに際し、契約締結機関と調整しなければならない。

３．前項の内容は、書面に記載され、契約締結機関、貸し手、投資家、PPP事業会社の間で、合意されねばならない。

Art. 54　PPP事業契約における出資持分の譲渡と権利義務の譲渡

１．PPP事業会社が合弁の投資者によって設立されていた場合、出資者間の持ち分の譲渡は、第41条第２項a号に規定する最低自己資本比率を変えない限り、各出資者の権利である。

２．投資家は、出資持分の譲渡、他の投資家への出資をする権利があるが、その権利行使は、建設部分の建設が終了した後か、建設部分なしの事業における操業開始時である。

> ☞ 建設期間中は出資者の持ち分譲渡を許さないのは、①建設工事の遅れや建設費用の上昇による出資増額が要請される場合をなくそうとの趣旨と、②投資家の事情（金融組成力、他の事業の不振による本事業からの撤退等）によりPPP事業の成否が変わってしまうことを避ける趣旨があると思われる。建設工事を請け負った中国EPC会社からの建設費用の３割上昇は、投資家が平等に負担すべきだとして、その増資要請に応じられない既存投資家だった地場企業が中国投資家に持ち分を売らせるようにしたコロンボの港湾BOT事業の悪名が高い。建設工事をわざと遅らせ建設資金の増額を図る投資家の戦略を阻む方策だろう。趣旨はわかるが、建設期間中の出資持分変更を一切認めないのは政府のモダンの考えによる干渉のし過ぎだと思われる。建設期間が遅れないようにする方策は出資持分譲渡禁止以外の方策ででも可能と思われる。例えばperformance bond（建設分と金融分）、EPC契約中のbonus,penalty条項等である。

３．本条第１項、第２項に規定する譲渡は、以下と適合していなければならない。

a）締結されたPPP事業契約の実施の変更を主導しない。

b）関連法令に合致している。

c）契約締結機関の承認を得ている。

d）貸し手の同意を得ている。もし持ち分譲渡をする投資家が、合弁形態での投資家である場合は、合弁形態を形成する他の投資家の同意を得ている。

４．譲渡を受けた者は以下の条件を満たしていなくてはならない。

a）譲渡を受けることが関連法令による制限を受けていない。

b）PPP事業契約とその他の関連契約を遂行するのに十分な財務能力とビジネス能力がある。

c）PPP事業契約とその他の関連契約の条項に従って、譲渡者の権利と義務を実行することを継続するとコミットしている。

５．本条第１項、第２項に規定する、契約上の権利義務の譲渡により、営業登記の内容の変更を招く場合、PPP事業会社は、企業に関する関連法令に合致するようにしなければならない。

Art. 55　PPP事業契約の準拠法

PPP事業契約、その付属書、その他の関連書類で、ベトナムの国家機関と投資家、PPP事業会社の間で締結される契約書の準拠法はベトナム法である。ベトナム法に規定がない場合、当事者はベトナム法令と矛盾しない限りにおいて、他の準拠法をPPP事業契約に記載することで規定できる。

☞外貨借入契約は外国金融機関とPPP事業会社の間の契約だから、準拠法はベトナム法でなくてもよい。

第5章　PPP事業契約の執行　Art. 56-68

Sec. 1　施設の建設、インフラストラクチャー・システム　Art. 56-61

Art. 56　建設用地の準備

　省レベルの人民委員会は、関係機関、契約締結機関と協力して、土地収用（land clearance）と土地の配置ないし土地使用を主導する。その上で、省レベルの人民委員会は、事業が実施できるように、土地法令とPPP事業契約その他関係契約に従って、土地を引き渡す。

Art. 57　基本デザイン・費用見積りの準備・評価・承認

1．F／SとPPP事業契約に従い、PPP事業会社は以下の任務を果たさねばならない。
　a）基本デザインに基づく建設デザインを作成する。公共投資資金を使う付帯事業ないし部品についての費用見積りは、建設に関する法令により建設担当国家機関の評価を得るべく送って作成する。
　b）公共投資資金を使う付帯事業（sub-project）ないし、まとまりのある部分（component）についてのデザインを作成する。費用見積りは、他の評価に関する法令に従って評価機関に送って作成する。
2．PPP事業会社は、本条第1項に記載されたデザインと費用見積りを承認する。次に、PPP事業会社は、モニタリングと監督を受けるために契約締結機関に以下の書類を送付する。
　a）承認されたデザイン一式と費用見積り
　b）デザインと費用見積りをした国家機関の評価書類

Art. 58　PPP事業の執行をするコントラクター（建設業者）の選定

　PPP事業会社は、以下の原則により事業会社として相応しい建設業者（contractor）を選択する規則を作る。
1．公平さ、透明性、経済的な効率さを保証している。
2．国家の安全保障、防衛、国家秘密、国益、地域の利益、関係機関の利益、契約締結機関の利益に否定的な影響を与えないことを保証している。
3．選択された建設業者（contractor）は、資格審査を満たし、経験があり、建設パッケージないし事業の実施に対し実施可能な妥当な解決法を持っている。すなわち、選択された建設業者（contractor）は、PPP事業会社との建設契約における建設パッケージの実施について質と建設の進行の進み具合に対して責任を持たなくてはならない。建設契約では、もし施設とインフラシステムの質が、PPP事業契約の必要性に満たない場合に責任を負う、との拘束される内容が書かれていなければならない。PPP事業会社は、事業の質と進行の進み具合について責任を負う。
4．国内業者がコントラクターとなることは、その能力の範囲で奨励される。
5．外国人労働者は、国内労働者が必要を満たさない場合にのみ、利用されねばならない。

☜☞中国人労働者を使うことへの反発がある。安値でPPP契約を受注して、他の応札者を排除してから、工事を遅らせて、工事代金の見直しを要求する中韓企業のPPPでの国際的な悪評を踏まえての規定である。日本企業に有利な規定である。

Art. 59　施設・インフラシステムの質についての管理（management）と監督（supervision）

１．PPP事業会社は、すべての施設・インフラシステムの全部と個々の構成部分の質と受け入れについての管理（management）と監督（supervision）を適用される法令に従い組織する責任を負う。

２．契約記載の施設の建設の間ないし契約記載のインフラシステムの構築の間、契約締結機関は以下の責任を負う。

　a) 施設の建設過程ないしインフラシステムの構築過程を、PPP事業会社が監督しているかについて、検査することを組織する。

　b) 建設が手続き・基準・規則に沿っているかを検査する。

　c) 施設の部品、まとまりのある部分ないし全体の品質について、疑いがあるか、国家管理機関（state management agency）により品質についての問い合わせがあった場合に、品質の保証行為を遂行する。

　d) 建設作業の品質について要求品質と合致しないと考えられた際に、PPP事業会社が建設業者に、建設を調整するか中断するように要請する。

３．契約締結機関は、本条第２項に記載された責任を果たすために、補助するコンサルタントを雇うことができる。

４．品質を保証するコンサルタントを雇う費用およびその他の関連費用は、以下のように取り扱われる。

　a) 契約締結機関が、PPP事業会社の過失により、施設・インフラシステムの品質は、契約の求める要求と合致していないと結論付けた場合は、PPP事業会社が当該費用を支払う。

　b) 契約締結機関が、施設・インフラシステムの品質が契約の求める要求と合致していると結論付けたか、施設・インフラシステムの品質が契約の求める要求と合致していないのは、PPP事業会社の過失によるものではないと結論付けた場合は、契約締結機関が第73条第３項に記載された事業遂行のための費用を使用する。

　　☜☞契約締結機関の通常資金による費用負担を指す。

Art. 60　施設・インフラシステムの建設に対する投資資金の最終的な確定

１．施設・インフラシステムの建設が終了すると、契約締結機関はPPP事業に対する公共投資資本を最終的に確定する行為を以下のごとくする。

　a) PPP事業に対する公共投資資本の部分が、第70条第５項a号と第72条第２項により運営・使用されている場合、契約締結機関とPPP事業会社は、同様な公共投資事業の法令に従って、PPP事業に対する公共投資資本の最終的な確定の作業をする。

　b) PPP事業に対する公共投資資本の部分が、第70条第５項b号により運営・使用されている場合、

契約締結機関は、PPP事業会社に支出した金額をまとめ、PPP事業に対する公共投資資本の最終的な確定のために、独立監査人による監査をする。最終的に確定されたPPP事業に対する公共投資資本は、契約で決められた国家資本の限度を超えてはならない。

> ☞比率により支援国家資金が支払われるのがb号で、支援国家資金がサブ事業と見なした分を全額負担する場合（第70条第5項a号）と、支援国家資金が土地取得費に使われるは場合（第72条第2項）がa号。

2. 施設・インフラシステムの建設が終了すると、契約締結機関とPPP事業会社は、施設・インフラシステムの建設に対する投資資金の最終的な確定の作業をする。施設・インフラシステムの建設にかかる投資資本、ないし施設のまとまった部分（component）を除いた事業の最終的な確定額は、締結された契約に基づいていなければならない。

> ☞「施設のまとまった部分（component）を除いた事業の最終的な確定額」との意味は不明である。所定の建設期間までに建設が終了しないcomponentがある場合を想定しているのかも知れない。このcomponentにかかる建設費用は、支援国家資金を算出する建設費用に入らない。建設期間は終了したとして運転期間の始期を確定し、総投資額に占める建設投資部分を確定して、国家支援の比率、投資優遇措置の計算にも使うのだろう。事業の最終的な確定額を決めないと、国家も貸し手も困る一方で、事業の柔軟性を保持する必要性もあるのだろう。いわゆるdouble contingencyである。

3. 契約締結機関とPPP事業会社は、施設・インフラシステムの建設にかかった投資資本を監査するために、独立した資格ある監査組織を選定することに同意する。

4. 政府は本条についてガイダンスを作成して公表する。

> ☞公務員がしないことの言い訳に使う可能性がある（ガイダンスを作らない公務員の言い訳対策⑨：①第4条第4項、②第8条第6項、③第11条第5項、④第27条第7項、⑤第28条第6項、⑥第36条第3項、⑦第48条第6項、⑧第52条第7項）。

Art. 61　施設・インフラシステムの建設完了の証明

1. 施設・インフラシステムの建設が完了すると、PPP事業会社は施設・インフラシステムが建設に関する法令ならびにその他の関連に沿って受領行為をする。当該受領行為は建設完了証明を要請する書類一式による様式に基づく。

2. 施設・インフラシステムの建設完了証明を要請する書類一式に基づき、契約締結機関は、建設完了を検査した上でPPP事業会社に対し完了証明書を発給する。PPP事業会社が、計画スケジュールより早く建設を終えることができる場合か、投資費用を節約できる場合でも、施設・インフラシステムの建設完了証明は、契約に規定した契約期間ないし公共財・サービスの料金・手数料に影響を与えることはない。

> ☞建設コストが節約できた分、料金を下げよ、契約期間を短くせよ、との要求はできないと言う。この規定がなくては建設コスト節約、建設期間短縮のインセンティブは働かないが、この規定を置かなくては、そのようなPPP事業会社・投資家に不当と思える要求をするステークホルダーが、ベトナムにいるのだろう。

3. 政府は施設・インフラシステムの建設完了証明の書類一式と証明書の発行の時間的基準

（timeline）を規定する。

Sec. 2　施設とインフラシステムに関する経営・運営・ビジネス行為の遂行　Art. 62－66
Art. 62　施設とインフラシステムの経営

　PPP事業の実施期間の、施設とインフラシステムの経営については、本法律と他の関係法令そして
てPPP事業契約に沿っていなければならない。

　　　愈碗他の関係法令として投資法第44条がある。最新の投資法は本PPP法の前日に国会で採択され、PPP法と
　　同日の2021年1月1日に施行された。投資法第44条第2項は、最長50年と規定し、「大きな投資資本
　　を有するが資本の回収が遅い投資プロジェクトについては、投資プロジェクト活動期間はより長期にす
　　ることができるが70年を超えない」とある。以下に投資法第44条全文を引用する。

　　　第44条第4項は、BOO契約で契約期限が到来したが、資産の時価による譲渡をしないでPPP事業会社
　　が継続して運営する場合を想定した規定だと思われる。その最長期間は50年間である。70年の巨大低収
　　益事業は、ベトナム南北新幹線事業を日本のODAローンを使ってPPP方式で行うような例外的なケース
　　だと思われる。

　　　PPP方式での実施期間は、商業運転開始からの運転期間で設定される。PPP法第63条がその事情を踏
　　まえた規定である。PPPのうち、O&M契約の実施期間は、契約発効日からだとするのは、O&M契約に
　　は建設期間がないからである。投資法第44条第2項の50年は、PPP事業会社の法人登録が起算点となる。
　　通常の投資事業は、ベトナムでの事業開始時、すなわちベトナム法人登録からの期間である。投資法第
　　44条第3項の国家による土地の引き渡しの遅れた分だけ投資期間は伸びるとは、工業団地開発投資や都
　　市開発・住宅開発事業など土地開発事業を通常の投資事業で行うケースを想定していると思われる。

　　　投資法第44条第4項b号によれば、BOT契約は無償での財産移転だから、70年を超えて契約期間を延
　　長できるのではないか、とするのは間違った拡張解釈だと思われる。同規定は、ベトナム投資法で規定す
　　るBCC契約の一部に適用されると考える。ベトナム法人を置かずに事業登録をして事業を行う合作契約の
　　中で、ホテル投資等で使われる無償で段階的に外資の持ち分を譲渡していく形の合作契約を採る場合を想
　　定していると思われる。PPP事業は低収益なので、50年の長期間で投資回収せよ、と言われることはな
　　いと思われる。投資期間は、最長市中ローンないし、JBICローン期間の2倍程度と考えて、投資期間は
　　25年程度にしておいて、F／Sを作る必要がある。そうしないと最長10年で投資回収するのが普通な投
　　資ファンドから見向きもされない。投資法の関連条文は以下のとおりである。

「投資法（2020年6月17日国会採択、61/2020/QH14号、2021年1月1日施行）」[3]
　第44条　投資プロジェクトの活動期間
　　1．経済区における投資プロジェクトの活動期間は70年を超えない。
　　2．経済区外の投資プロジェクトの活動期間は50年を超えない。困難な経済、社会条件を有する地域、
　　　　特別困難な経済、社会条件を有する地域で実施される投資プロジェクト、または大きな投資資本を
　　　　有するが資本の回収が遅い投資プロジェクトについては、投資プロジェクト活動期間はより長期に
　　　　することができるが70年を超えない。
　　3．国家から土地の交付、土地の賃貸を受ける投資プロジェクトで、投資家が土地の引渡しを受けるの
　　　　が遅れたときは、国家による土地の引渡しが遅れた期間は投資プロジェクトの活動期間、実施の進
　　　　捗に算入しない。
　　4．投資プロジェクト活動期間が終了したが、投資家が引き続き投資プロジェクトを実施する需要を有
　　　　しており、法令の規定に従った条件に適合している場合、投資プロジェクト活動期間の延長を検討

することができるが、この条第１項及び第２項が規定する最長期間を超えることができない。ただし、以下の各投資プロジェクトを除く。

  a）古い技術を使用する、潜在的に環境汚染惹起の危険がある、天然資源を濫費する投資プロジェクト。

  b）投資家が補償なしでベトナム国家またはベトナム側に財産を移転しなければならない場合に属する投資プロジェクト。

 ５．政府はこの条の詳細を規定する。

Art. 63　施設とインフラシステムの状態と商業的操業

１．本条第２項に従う場合を除き、PPP事業会社は、契約締結機関が本法第61条による建設終了証明を出した後は、施設とインフラシステムの商業的操業を行うことができる。

２．O＆M会社をPPP事業に使うことに関して、PPP事業会社は、PPP事業契約の発効日から、施設とインフラシステムをO＆M会社に任せてよい。

Art. 64　公共財・サービスとしての条件

１．施設とインフラシステムの商業的操業期間中、PPP事業会社は以下の責任を負う。

 ☞商業的操業期間中（during the commercially operation）とは運転期間中と同義である。

 a）公共財・サービスを供給し、契約によるその他の条件を満たす、権利と義務を行使する。

 b）契約に規定されたとおりに施設とインフラシステムの使用を保証する。

 c）PPP事業会社により供給される公共財・サービスのすべての利用者を公平に扱う。すなわち、PPP事業会社は、公共財・サービスの利用について前提を設けて利用者を拒否することは許されない。

 d）PPP事業会社の公共財・サービスの供給に関する質に関する利用者のコメントを受け取り、かつそのコメント内容につき、適切に対処する。

 dd）施設とインフラシステムの安全な操業を確保するために、定期的な修理・維持行為をする。その修理・維持行為は、契約で約束されたデザインないし過程に沿っていなければならない。

２．所轄機関、契約締結機関は、PPP事業会社が、本条第１項d号に記載された責任を遂行できるように、PPP事業会社と調整しなければならない。

Art. 65　公共財・サービスの料金（tariff）、手数料（fee）

１．公共財・サービスの料金（tariff）、手数料（fee）と、その調整に関する条件と手続きは、PPP事業契約において、以下の原則に基づき記載されなければならない。投資家、PPP事業会社、利用者、国家の利益を保証するものでなければならない。投資家、PPP事業会社が、投資資本を回収し利益を出せるものでなければならない。操業期間中の公共財・サービスの料金と料金決定システムは、料金を形成する要素の正確さ、妥当さ、評判（publicity）、透明性を保証した当初の料金と、各期間の料金が特定されなければならない。

2．公共財・サービスの料金、手数料についての補助金（subsidy）の申請は、適用される法令の条件による。

3．PPP事業契約における公共財・サービスの料金、手数料の各期間における見直しは、料金、手数料に関する法令に従う。

4．公共財・サービスの料金、手数料の調整が行われる際には、見直し情報の公開は以下のようになされる。

　a）公共財・サービスの料金、手数料の調整の結果を適用する10日前までに、契約締結機関は、本法第9条により情報を公開する。

　b）PPP事業会社は、公共財・サービスを供給している地において、料金と手数料に関する法令に従って、公共財・サービスの料金、手数料の見直し額のリストを示す。

　　　😊10日前は短すぎて、場合によっては最終利用者の不満を喚起するかもしれない。第9条第1項d号で、PPP事業契約の主な内容として、料金、手数料は徴収の計算根拠まで公表されているので、根拠データを示して計算した調整結果を公表するだけだし、卸売り料金なので、10日前で良いとも考えられる。しかし、評判（publicity）と妥当性の問題になりかねないので、より事前に公表することが求められる。前期のインフレ率が適用されると、思いのほか高い料金になり、消費者への水道公共料金の値上げの理由にされかねないからだ。利用者より行政不服申し立てが行われないようにする工夫、行われても透明性をもって妥当性を説明できる能力がPPP事業会社に必要となる。off-takerである現地水道公社は、外資PPP事業会社が不当だから、とpublicityをする可能性がある。

Art. 66　公共財・サービスの質に対する監査（supervision）

1．PPP事業会社は、PPP事業契約に従って公共財・サービスの品質について保証し責任を負う。

2．契約締結機関は、PPP事業会社がPPP事業契約に従って公共財・サービスの品質を保っているかについて監査を組織する責任を負う。

3．PPP事業会社がPPP事業契約に従った公共財・サービスの品質について必要性を満たさないと考えられる場合、契約締結機関は、PPP事業会社にPPP事業契約に記載された期限までに、品質を満たすべく改善措置を採れと要求しなければならない。もしPPP事業会社が、改善措置を採らなかったり、修正が遅れた場合は、PPP事業契約に記載された違反行為として対応策が実施される。

4．契約締結機関は、本条第2項に記載された責任を満たしているかにつき、補助してくれるコンサルタントを雇うことができる。コンサルタントに支払う費用については本法59条第4項に従って支払われる。

Sec. 3　施設とインフラストラクチャー・システムの移転とPPP事業契約の清算　Art. 67−68
Art. 67　施設とインフラストラクチャー・システムの移転

1．施設、インフラストラクチャー・システムの移転と、施設、インフラストラクチャー・システムの移転前の質と価値は、PPP事業契約に記載される。移転後の施設、インフラストラクチャー・システムの残存価値は、国家の累積された資産となり国家予算に含まれる。その際は、国家資産

と国家予算の管理と使用に関する法令による。

2．移転に関する過程と手続きは国家資産の管理と使用に関する法令による。

3．政府は第2項に関するガイダンスを作って公表する。

Art. 68　PPP事業契約の清算

1．PPP事業契約は以下の場合、清算されねばならない。

　a）PPP事業契約に従っている場合で、契約当事者が契約の権利義務を果たしている場合

　b）本法第52条2項に従ってPPP事業契約が早期終了された場合で、契約当事者双方が、契約の一部が終了していないことによる当事者の責任を果たせないことを確認した場合

2．PPP事業契約が清算される期限は当事者の合意で決められるが、その期限は、契約当事者が契約義務を果たすべき日より180日を超えてはならない。または、契約の早期終了についての合意日より180日を超えてはならない。

3．本条第1項に記載するPPP事業契約の清算にかかる費用が生じる場合、清算契約において、契約締結機関とPPP事業会社の支払義務について決定はなければならない。

第6章　PPP事業執行のための資金源　Art. 69－78
Sec. 1　PPP事業における国家資金　Art. 69－75
Art. 69　PPP事業における国家資金の使用

1．国家資金は以下の目的のために使用される。

　a）PPP事業の施設、インフラストラクチャー・システムの建設を支援する。

　b）PPP事業会社が提供する公共財・公共サービスの対価としてPPP事業会社に支払う。

　c）土地取得に伴う補償費用、立ち退いた住民の替地での再定住の支援費用、建設のための暫定的な施設建設の支援

　d）事業収入不足への填補
　　　☞VGFを指す。

　dd）所轄機関、契約締結機関、PPP事業準備組織、調達組織が第11条に記載された業務を果たすために必要な費用

　e）PPP事業を評価する委員会の費用、PPP事業評価を委託された組織の費用

2．a）とc）の費用は、総投資額の50％を超えないものとする。事業が複数のまとまった部分からなっていて、その中にPPP投資契約を適用しているまとまった部分がある場合、当該まとまった部分の総投資額により国家資金支援の50％の限度額を決定する。

3．政府はPPP事業に使われる国家資金の使用と管理に関するガイダンスを作って配布する。
　　　☞公務員がしないことの言い訳に使う可能性がある（ガイダンスを作らない公務員の言い訳対策⑩：①第4条第4項、②第8条第6項、③第11条第5項、④第27条第7項、⑤第28条第6項、⑥第36条第3項、⑦第48条第6項、⑧第52条第7項。⑨第60条第4項）。

ベトナムのPPP法の条文における「公平で透明な情報開示」、「政府が条文についてのガイダンスを作る」
との規定も、社会主義による民主集中制と言う名の民主主義の下で、ベトナム公務員に具体的なPPP事業
の採用・推進のスピード感を鈍らせる理由に使われる可能性が高いと筆者は見る。

Art. 70　PPP事業の施設、インフラストラクチャー・システムの建設を支援する国家資金

1．施設、インフラストラクチャー・システムの建設を支援する国家資金とは、施設、インフラス
　　トラクチャー・システムの建設期間において、事業の財務面での効率性を高めるために事業実施
　　を支援するための国家資金を指す。

2．施設、インフラストラクチャー・システムの建設を支援する国家資金の比率は、原則的な投資
　　認可がなされる際のpre F／Sに示された予備段階での財務計画を元に決定される。

　　☞第14条第3項dd号に以下がある。

　　　　dd）予備段階での総投資額；暫定的な事業の財務モデル評価（assessment）；（もしあれば）予備段階
　　　　　　での事業における国家資本の使用に関するスケジュール；BTL、BLT契約タイプを採用する場合の投
　　　　　　資家に対する暫定的な支払いメカニズム

3．施設、インフラストラクチャー・システムの建設を支援する国家資金の比率と金額は、PPP事
　　業契約に記載されたとおりに支払われる。

4．PPP事業の施設、インフラストラクチャー・システムの建設を支援する国家資金の資金源

　a）公共投資に関する法令による公共投資資金

　b）公物の使用と経営に関する法令に規定された公物の価値

　　☞a号は現金による支援だが、b号は、政府が公物の価値をPPP事業への支援として使うことを認めること
　　　を指す。公有地を使ってよいとしたときに公有地の価値を、国家支援として算定するという意味である。
　　　b号は公物を現物出資して、それが国家資金による支援だと言っているわけではない。

　　　2018年のPPP政令63号は、第15条第1項b号で、国家のPPP事業への現物出資を規定していたが、
　　　それは国家の出資（contribution）であって、支援（support）ではない。

5．PPP事業の施設、インフラストラクチャー・システムの建設を支援する国家資金が、公共投資
　　基金（public investment fund）から用意されたものだった場合の国家資金の使用と経営は、以
　　下のいずれかによる。

　a）PPP事業のサブ事業として分離されて使用・経営される。この場合は公共投資に関する法令
　　　の規定が適用される。

　b）PPP事業契約に記載された比率と価値、スケジュール、条件で、特定の部分に配賦される。

Art. 71　公共財・サービスの対価として、公共財・サービスを提供するPPP事業会社に支払う国
　　　　家資金

　公共財・サービスの質に基づいて、BLT契約とBTL契約の場合のPPP事業会社に支払う国家資金
は、PPP事業内の国家資金ないし、他の法令に規定されている他の国家資金により配賦される。

　　　☞BTLはBLTよりよりPPP事業会社の関与部分が少ない。国家への移転が先にあっても国家は管理できる
　　　　公共財・サービスだからである。そのような場合、国家資金はPPP事業の外の国家資金で支払われる可能
　　　　性があると言っている。

Art. 72　国家資金が、補償、土地収用、移転先での再定住資金支援、（建設期間中の）暫定的な
　　　　施設建設の支援に使われる場合

1．国家資金が、補償、土地収用、移転先での再定住資金支援、（建設期間中の）暫定的な施設建
　　設の支援に使われる場合

2．個々のPPP投資事業の規模とその性質により、契約締結機関は、補償、土地収用、移転先での
　　再定住資金支援、（建設期間中の）暫定的な施設建設の支援に使われる国家資金を事業の一部と
　　するか、公共投資に関する法令に基づくサブ事業とするかについての裁量権を持つ。

Art. 73　所轄機関、契約締結機関、PPP事業準備組織、調達組織、PPP事業評価委員会、同委
　　　　員会よりPPP事業評価を受託した組織の費用支出

1．投資家選定にかかった費用と事業契約締結にかかった費用は、公共投資に関する国家資金
　　（public investment capital）、ないしは他の法的な資金により支払われる。これらの費用はすべ
　　て事業の総投資資金に含まれる。

2．選定された投資家は、本条第1項の費用を国家予算に関する法令に従い国家に後から支払う
　　（refund）か、事業を準備するために使われた他の法的な資金源に後から支払わねばならない。
　　　　🖝事業の総投資資金に含まれる費用なので、投資家が後から支払えとの趣旨である。

3．PPP事業契約後に、所轄機関、契約締結機関に、当該事業を遂行するためにかかった費用は、
　　それらの機関の通常資金により支払われる。

Art. 74　PPP事業に使われる公共投資資金の計画
　　PPP事業に使われる公共投資資金の計画は以下に記載のとおりである。

1．所轄機関による原則的な投資承認に基づき、PPP事業に使われる公共投資資金は、中期公共投
　　資計画の中に統合される。

2．中期公共投資計画に従い、所轄機関によって承認されたF／Sと、選定された投資家、PPP事
　　業に使われる公共投資資金は、各年の公共投資計画に統合される。

3．PPP事業に公共投資資金が必要なのにも関わらず、中期公共投資計画におけるリストに含まれ
　　ていない場合、所轄機関が作る中期公共投資計画のリストに、臨時資金源を使う補足として考慮
　　されねばならない。中期公共投資計画を調整する過程と手続きは公共投資に関する法令に従う。

4．PPP事業が、公共投資資金でPPP事業会社に支払うBTL契約、BLT契約の場合、中期公共投資
　　計画と各年の公共投資計画を統合することは、本条第1、2項に従って行われる。PPP事業の契
　　約期間に基づき、公共投資資金は翌中期公共投資計画で継続して提供される。
　　　　🖝国家が支払うlease料は後払いなので予算との期間のズレが生じる場合がある。

Art. 75　国家機関とPPP事業会社に支払うために設立された利益に無関係な部局が行う経常支出
　　　　のためになされる、再計算による支出と法的収入の見積り

1．原則的な投資承認、所轄機関ないし組織により承認されたF／S、投資家選定に至る結果をベー

スにして、契約締結機関は、国家機関とPPP事業会社に支払うために設立された利益に無関係な部局（non-for-profit unit）が行う経常支出のためになされる、再計算による支払いと法的収入で構成される年度予算の見積りを行う。

2．第73条第3項に規定される再計算される費用について、所轄機関と契約締結機関は、毎年の予算を見積り、予算法により予算を所轄する国家組織に承認を得るために送付しなければならない。

Sec. 2　投資家とPPP事業会社のPPP事業実施のための資金　Art. 76－78

Art. 76　PPP事業実施のための資金調達

1．投資家とPPP事業会社は、PPP事業契約に記載されたとおりに事業に必要な資本金、借入金、その他の法的に有効な資金を調達する義務を負う。種々の借入金の総額はPPP事業契約に記載された借入総額を超えてはならない。

2．投資家とPPP事業会社は、PPP事業契約締結より一年以内に、資金調達を終了しなければならない。原則的な投資承認の権限が、国会と首相にあるPPP事業の場合は、一年以内の資金調達は、延長できるが18カ月を超えてはならない。

Art. 77　出資金

1．投資家は総投資額の最低15％を資本金で賄わねばならない。その際の総投資額は、第70、72条で規定する国家資金を除いた金額である。

2．出資のスケジュールはPPP事業契約による。

　　　現物出資は、有限会社は企業法第34条により、株式会社は企業法第34条と第131条により、土地使用権、知的財産権、工業技術、技術ノウハウ、その他財産（株式会社の場合は会社の定款に定めるその他の財産）で認められている。株式会社の現物出資では一括支払いが求められている。日本の地方公営企業が技術ノウハウのみで出資することは可能である。JVFDIのベトナム側パートナーが地方水道公社の場合、土地使用権で現物出資することも可能である。現物出資分については、企業法第36条「出資財産の評価」に、「企業の設立時の出資財産は、各社員、発起株主により同意の原則に従って、または価格査定組織により評価されなければならない。価格査定組織が評価したときは、出資財産の価額は各社員、発起株主数の50％を超えた承認がされなければならない」とあるので、日本側の一部出資者が現物出資する際には、日本側全体で51％を少なくとも持つ必要がある。企業法の関連条文は以下のとおりである。

「ベトナム2020年企業法（法律番号59/2020/QH14）」[4]

第34条　出資財産

　　1．出資財産は、ベトナムドン、自由に交換することができる外国通貨、金、ベトナムドンにより評価することができる土地使用権、知的財産権、工業技術、技術ノウハウ及びその他の各財産である。

　　2．この条第1項が規定する財産の合法的な所有者である、または合法的使用権を有する個人、組織のみが法令の規定に従った出資のために当該各財産を使用する権利を有する。

第36条　出資財産の評価

　　1．ベトナムドン、自由に交換することができる外国通貨、または金のいずれでもない出資財産は、各社員、発起株主、または価格査定組織により評価され、ベトナムドンで表されなければならない。

2．企業の設立時の出資財産は、各社員、発起株主により同意の原則に従って、または価格査定組織により評価されなければならない。価格査定組織が評価したときは、出資財産の価額は各社員、発起株主数の50％を超えた承認がされなければならない。

　　出資財産が出資の時点のその財産の実際の価額と比較して割高に評価された場合、各社員、発起株主は、定められた価額と出資財産の評価を終結した時点の実際の価額との差額を連帯して追加出資し、同時に故意に出資財産を実際の価額より割高に評価したことによる損害について連帯して責任を負う。

3．活動中の出資財産は、有限責任会社及び合名会社については所有者、社員総会と、株式会社については取締役会と出資者との合意により価格査定組織が評価する。価格査定組織が評価したときは、出資財産の価額は出資者及び所有者、社員総会または取締役会により承認されなければならない。

　　出資財産が出資の時点のその財産の実際の価額より割高に評価されたときは、出資者と、有限責任会社及び合名会社については所有者、社員総会の構成員、株式会社については取締役が、定められた価額と出資財産の評価を終結した時点の実際の価額との差額を連帯して追加出資し、同時に故意に出資財産を実際の価額より割高に評価したことによる損害について連帯して責任を負う。

第131条　株式、社債の購入

　　株式会社の株式、社債は、ベトナムドン、自由に両替ができる外貨、金、土地使用権、知的財産権、工業技術、技術ノウハウ、会社の定款に定めるその他の財産で購入されることができるが、支払いは一括でなくてはならない。

Art. 78　PPP事業会社による社債発行

1．PPP事業会社は、PPP事業の遂行にかかる資金の流動化のために、本法、会社法令、証券法に基づき私募社債を発行・償却できる。私募社債は、株式に転換できる私募債であってはならないし、ワラント私募債であってもならない。

　　☞私募社債の発行は、二人以上社員有限責任会社は企業法第46条第4項により、株式会社は企業法第128条により可能である。私募社債の社債権者数は100人未満である。株式転換権付き私募債の発行は会社法第128条第2項により可能だが、本PPP法第78条第1項により禁止されている。日本企業コンソーシアムは、ストレート・ボンドの私募発行しかできない。投資ファンドは、株式転換権のない私募債投資だけには興味がないだろうから、出資も共にしてもらい、転換社債と同じような機能が発揮できるように考える。出資持分売却（exit）時に、同時に社債も売れるように、日本で契約を結んでおく方法があり得る。以下企業法の関連条文を示す。

「ベトナム2020年企業法（法律番号59/2020/QH14）」[4]
第46条　二人以上社員有限責任会社

　　1．二人以上社員有限責任会社は企業であり、2人から50人の組織、個人の社員からなる。社員は企業に出資した額の範囲内で、企業の債務及びその他の財産的義務について責任を負う。ただし、この法律第47条4項に規定する場合を除く。社員の持分は、この法律第51条、第52条及び第53条の規定に従ってのみ譲渡することができる。

　　4．二人以上社員有限責任会社は、この法律及び関連を有する法律のその他の規定に従って社債を発行することができる。私募で社債を発行する場合は、法律第128条及び第129条の規定を遵守しなければならない。

第128条　社債の私募

1．大衆会社ではない株式会社は、この法律の規定及び関連を有する法令のその他の規定に従って社債の私募を行う。大衆会社、その他組織の社債の私募及び社債の公募は証券に関する法令の規定に従って実施する。

2．大衆会社ではない株式会社の社債の私募は、証券専業投資家を含めない100人未満の投資家に対するマスメディアを通じない引受募集であり、以下の私募による購入対象者の条件に適合しなければならない。

　　a）転換社債及び新株引受権付社債の私募について、戦略的投資家
　　b）転換社債、新株引受権付社債及びその他の種類の社債の私募について、証券専業投資家

2．本条1項に規定する社債は、以下の条件を満たさねばならない。

　a）PPP事業契約における借入総額を超えないこと。

　b）PPP事業契約以外の目的ないしPPP事業会社の債務再編のために使用してはならない。

　c）PPP事業会社は、社債支払い目的のための特別口座を開いて管理しなければならない。得た社債を利用する場合は、本項b号に従わなくてはならない。

3．PPP事業会社が事業を開始して一年以内に社債を発行する場合には、企業法に基づく社債発行前年の監査付き財務報告書の提示は不要である。

4．政府は本条によるガイダンスを用意して配布する。

　　☞PPP事業会社側の原因（施設の故障、運営のミス、操業ストップ）で、公共財サービスの供給ができないことにより、収入がないか足りずに、社債ないし借入金の元利支払いができなくなる、ディフォルトを避けるために、投資家がPPP事業会社にサブローンを提供する必要がある。PPP事業会社に対する銀行のシニアローンに劣後する、投資家がPPP事業会社に出すローンなのでサブローンと言う。サブローンに関する規定は、本PPP法にはないが、PPP事業契約で書いておく必要がある。その際は、PPP事業会社の公共財サービスの買い手側企業側の原因で、公共財サービスの代金が支払われないことを避ける規定も必要となる。買取保証、契約保証、買い手企業への政府による支援（サブローン提供義務、代理支払、追加出資等）といった内容の条項である。

第7章　投資優遇と投資保証　Art. 79−82

Art. 79．投資優遇

　投資家とPPP投資会社は税金、土地使用料、その他の優遇措置を関係法令の規定により受ける権利がある。

Art. 80　投資保証（investment assurance）

1．投資家とPPP投資会社は、本法、投資法その他の投資に関する法令に規定されている投資保証が受けられる。

　　☞政府保証はない。VGFのメカニズムを規定したからだ。通常、PPP事業会社のディフォルト（施設の故障外PPP事業会社に責任がある場合）対策として、①escrow A/Cへの積み立ての取り崩し、②投資家によるサブローン、③シニア・レンダーによる政府保証の実行（ベトナムではVGFが新設されたので、PPP事業会社の借り入れに対する政府保証はあり得なくなった）、④シニア・レンダーのstep-inによる新

PPP事業者の指名がある。他方、長期サービスの受け手のディフォルト（政府政策変更ではなく、企業経営の失敗など水道サービス公社の責任による場合）対策として、政府のサブローン（ベトナムでは期待できない）、contract guarantee買い入れ保証（ベトナムでは期待できない）がある。

2．土地へのアクセス、土地使用権の実行、公的資産の使用権についての保証は以下のとおり。

  a）PPP事業会社は、国家から土地使用権を与えられたか、土地を賃借するPPP事業会社は、他の公的資産（公物）を事業のために使用する権利を持つ。その使用は土地法と公物管理法による。

  b）土地使用目的は事業契約期間中変更してはならない。貸し手が第53条により、その権利を実行した時も同じである。

    ☞第53条は貸し手がstep inした時を指す。PPP事業を継続するために、他の事業者を選定する場合を指す。

3．公物に関する保証は以下のとおり。

  a）PPP事業会社は公物である施設と付属構造物を事業実施のために使用できる。

  b）公共サービスがほとんどないか、公物である施設が特定の利用者に限られている場合、事業会社は、公共サービスを優先的に使用できる。また、事業の実施のために公物である施設を使う権利が与えられる。

  c）所轄機関は、PPP事業会社が、公共サービスと公共施設を優先的に使用するために必要な手続きができるように、支援する責任を負う。

    ☞水PPP事業会社が、浄水場と配水管の建設運営をする事業をする際に、水道公社所有の川やダムから浄水場まで送水する送水管を利用したり、他の地域の水源を利用する例が想定される。所轄機関は支援する責任を負うが、優先的に使用できなかったことへの責任は負わない。

4．資産、施設を商業目的で使用する権利、インフラストラクチャー・システムへの担保権の設定は以下のとおり。

  a）資産、施設を商業目的で使用する権利、インフラストラクチャー・システムを貸し手のために担保権を設定するに当たっては、土地法と民法典による。担保設定期間と当事者の別途の合意が書かれている場合を除き、契約期間を超えてはならない。

    ☞公物への担保権の設定は原則禁止されている。PPP事業会社の持つ資産は公物ではないので、担保権設定は自由にできる。BTO、BTLの場合は公物を運営・リースすることになるので、担保権設定は困難と思われる。

  b）資産、施設を商業目的で使用する権利、インフラストラクチャー・システムに担保権を設定する契約は、書面契約により貸し手と契約署名者の署名が必要である。

  c）資産、施設を商業目的で使用する権利、インフラストラクチャー・システムへの担保権の設定するに当たっては、それが、事業契約で合意した、目的、規模、技術スペック、スケジュール、他の条件に悪影響を与えるものであってはならない。

5．契約締結機関と所轄機関は、PPP事業遂行期間中のPPP事業会社、コントラクター（建設業者）の持つ資産と人的資産の安全と事故防止が保証されるべく、地方政府と調整・協力なければなら

ない。

Art. 81　重要なPPP事業に対しての外貨バランスの保証

1．政府は、原則的な投資承認が国会ないし首相の事業について、外貨バランスを保証して欲しいとの申請につき決定する。決定に当たっては、事業の外貨交換の方針と各時期の外貨バランスの能力に基づく。

2．PPP事業会社が、第1項に記載された事業の実施に当たり、外貨を買う権利を行使する場合に、外貨交換の法令には沿っているが、PPP事業会社が必要とする外貨金額が市場で調達できない際には、政府は、ベトナムドンでの事業収入からベトナムドンでの支出を差し引いた残額の30％相当を限度に外貨交換を保証する。外貨を買う権利を行使する場合には、損益取引（current transactions）、資本取引、その他の取引、ないし資本・利益・投資清算に伴い海外に移転する場合がある。

Art. 82　事業収入の超過と不足をシェアするメカニズム

1．実収入が、PPP事業契約での財務計画における収入の125％を超えている場合、投資家、PPP事業会社は、実収入と財務計画における収入の125％との差額の半額を国家と折半する。折半は、公共財・サービスの料金、手数料を調整（adjust）し、PPP事業契約の期間を第50、51、65条によって調整し、超過分が国家監査によって監査された後に、投資家、PPP事業会社から申請がなされる。

2．実収入が、PPP事業契約での財務計画における収入の75％に満たない場合、国家は、財務計画における収入の75％と実収入との差額の半額を、投資家、PPP事業会社と折半して負担する。ただし、以下の条件を満たしていなければならず、投資家、PPP事業会社から、未達分の折半の申請が国家に対してなされなければならない。

   ☞収入予定額が100だとして、実収入が65だった場合、収入予定額の75％に当たる75と65の差額である10の半額に当たる5を、国家はVGFとして国家予算からPPP事業会社に支払う。

a）事業はBOT、BTO、BOOであること
   ☞BOT、BTO、BOO方式によらないPPP事業には適用されない。

b）マスタープラン、政策、関連法の変更が未達分を生んだこと
   ☞なるべく折半メカニズムを利用させたくない、との考えがベトナム立法趣旨にある。

c）公共財・サービスの料金、手数料を調整（adjust）し、PPP事業契約の期間を第50、51、65条によって調整しても、財務計画の収入の75％に満たないこと
   ☞第50、51条が契約期間の調整を規定し、第65条が料金、手数料による調整を規定する。収入不足分の半額を本メカニズムにより国家に請求しないで、契約期間を延長する交渉、料金・手数料を上げる交渉をしてもよいと言っている。

d）実収入の未達分が国家監査によって監査されていること

3．本条第2項に規定する本折半のメカニズムは、原則的な投資承認（in-principle investment approval）の中で決定される。本折半のメカニズムを実行するのにかかる費用は、原則的な投資承認を行う者が、国会、首相、中央レベルの各省の大臣・同等の長の場合は、国家予算の中の中央予算予備費から支出する。原則的な投資承認を行う者が、省レベルの人民議会である場合は、国家予算の中の地方予算予備費より支出する。

4．毎年、PPP事業契約の当事者達は、実収入を決定し、折半のメカニズムを執行する所轄財務権限者に送付する。本折半のメカニズムの処理による、国家予算の収入支出に関する会計は、予算に関する法令に従って行われる。

5．政府は本条に関するガイダンスを作成し配布する。

  ☞言い訳材料に使われ得る（ガイダンスを作らない公務員の言い訳対策⑪：①第4条第4項、②第8条第6項、③第11条第5項、④第27条第7項、⑤第28条第6項、⑥第36条第3項、⑦第48条第6項、⑧第52条第7項、⑨第60条第4項、⑩第69条第3項）。

第8章　PPP投資活動に対する審査、検査、国家監査そして監督　Art. 83−88
Sec. 1　PPP投資活動に対する審査、検査、国家監査　Art. 83−85

  ☞審査＝examination、検査＝inspection、国家監査＝state audit、監督＝supervisionの訳語を使う。

Art. 83　PPP投資活動に対する審査

1．PPP投資活動に対する審査は以下を含む。

 a）PPP投資についての所轄機関によるガイドブックの作成

 b）投資準備をする、投資家選定を組織する、契約を締結する、契約を実施する。

 c）その他PPP投資に関する行為

2．PPP投資活動に対する審査は、定期的に行われるか審査機関の長の裁量により行われる。

Art. 84　PPP投資活動に対する検査

1．PPP投資活動に対する検査とは、検査に関する法律に基づく検査を意味する。

2．PPP投資活動に対する検査は、所轄機関、契約締結機関、投資家、PPP事業会社、本法で規定するPPP投資活動に参加している組織と個人に対して行われる。

Art. 85　PPP投資活動に対する国家監査

1．国家監査に関する法律に従いPPP事業に使われる公的資本と公的資産の運営と使用に関した財政、公的資産、活動について、その運営と使用について監査する。

2．本法第82条にある収入超過・収入不足のメカニズムの実施につき監査する。

3．国家に移転される際のPPP事業資産のすべての価値を監査する。

Sec. 2　PPP投資に対する監督（supervision）　Art. 86－88

Art. 86　PPP投資についての国家行政機関による監督

1．PPP投資についての中央レベルの国家行政機関による監督は、本法第4条第3項a、b、c号に規定されたPPP事業の実施過程を監督する。また、国会と首相により委託された他の事業を監督する。

2．PPP投資についての地方レベルの国家行政機関による監督は、本法第4条第3項d号に規定されたPPP事業の実施過程を監督する。

　　　☞原則的な投資承認が省レベルの人民議会によるPPP投資事業の監督。

Art. 87　PPP投資についての国家行政機関による監督の内容

1．入札書類

2．投資家選定の結果

3．PPP事業契約の実施

4．本法第59条第2項c号に規定する施設・インフラシステムの品質に関する結果

5．公共財・サービスの品質が本法第66条第3項の条項に沿ったものになっているかについての結果

6．本法第86条第1項に規定する場合の、国会、首相の要請によるその他の内容；本法第86条第2項に規定する場合の、省レベルの人民議会の要請によるその他の内容

Art. 88　ベトナム祖国戦線とコミュニティによる監督

　すべてのレベルのベトナム祖国戦線は、PPP事業が実施されているコミュニティによる投資監督を監督しガイドする任務を引き受けねばならない。その任務に当たってはベトナム祖国戦線の法律とコミュニティの投資監督に関する法令に従わねばならない。

第9章　PPP投資に関する国家行政機関の義務、権限そして責任　Art. 89－94

Art. 89　政府と首相の義務と権限

1．政府は以下の義務と権限を持つ。

　a）PPP投資に対する全国的な国家行政を統一させる。

　b）PPP投資に関する法的文書を、その権限に従って公布し所轄組織に送付する。

　c）PPP投資の実施につき、審査、検査を組織する。

　　　☞審査＝examination、検査＝inspection、国家監査＝state audit、監督＝supervisionの訳語を使う。

2．首相は以下の義務と権限を持つ。

　a）PPP投資に関する法的文書を、その権限に従って公布する。

　b）国会ないし首相が原則的な投資承認をした事業について、PPP投資契約の取り消しないし中止を決定する。

Art. 90　計画投資省の義務と権限

1．中央レベルのPPP投資につき国家行政機関の義務を遂行する。PPP投資の全国的な国家による行政の実施に当たり政府に対して責任を持つ。

2．PPP投資に関する法的文書を、その権限に従って公布するか、PPP投資に関する法的文書を発行するように所轄機関に要請書を所轄組織に送付する。

3．審査、検査、監督を統括し、所轄機関と共に審査、検査、監督の業務の調整をする。；全国的なPPP事業の実施につき年度ごとにまとめ、評価する。

4．PPP投資の情報システムとデータベースを運営・発展させる。

5．法的規則に書かれたその他の義務を遂行し、権限を行使する。

Art. 91　財務省の義務と権限

1．PPP投資における財務メカニズムに関する法的文書を、その権限に従って公布するか、PPP投資における財務メカニズムに関する法的文書を発行するように所轄機関に通知する。

2．原則的な投資承認をする国会、首相、大臣、中央レベルの機関ないしその他の機関の長に対して、事業における収入超過・収入不足の際の負担メカニズムを作成し実施することを主導する。

3．法的規則に記載されたその他の義務を遂行し、権利を行使する。

Art. 92　省（中央政府の）、中央レベルの機関、その他の機関の義務と権限

1．所轄する行政分野におけるPPP投資についての行政を担当しガイダンスを出す。

　　☞ここで言うガイダンスは行政指導であって行政命令ではない。行政指導をしないのも行政指導だとして、ガイダンスを出さないこともあり得ると危惧する。

2．PPP事業に関し本法第94条に規定されている、所轄機関の責任を、その権限の範囲内で果たす。

3．その行政の範囲内でPPP事業実施の現状について年度ごとにまとめ、評価し報告する。

4．法的規則に記載されたその他の義務を引き受け、権利を行使する。

　　☞義務はperformではなくundertakeとなっている。

Art. 93　省レベルの人民委員会の義務と権限

1．地方レベルのPPP投資について国家行政機関の役割を果たす。

2．自らの権限の範囲内でPPP事業契約に関し本法第94条に規定する所轄機関としての責任引き受ける。省レベルの人民議会が原則的な投資承認を行った事業のPPP投資契約を取り消すか中止する。

3．地方行政レベルの範囲内でのPPP事業の実施状況につき、年度ごとにまとめ、評価し報告する。

4．自らの行政区画内でのPPP事業での補償、土地収用、再定住の支援を組織することにつき、主導し、（補償、土地収用、再定住の支援を組織することにつき）PPP事業会社と調整する。自らの行政区画内での事業における補償と再定住を組織するに当たっては、中央省庁、中央レベルの機関、他の機関、PPP事業会社を統括し、かつ彼らと協力する。

5．法的規則に記載されたその他の義務を引き受け、権利を行使する。

 第4項でwith in its administrationを「行政区画内で」と訳したのは、土地法により土地は国有であり（第4条）、その管理は、その土地がある各レベルの人民委員会がすることになっているからである。土地収用については、土地法第69条第1項a号が「土地収用権限のある人民委員会が土地収用通知書を発行する」とある。PPP事業用の土地使用権の土地収用が必要になった場合、土地収用の実務は、PPP法第93条第1項により一元的に省レベルの人民委員会が権限を得ている。

 第4項前段に省レベルの人民委員会がleadするとあり、第4項後段に土地収用がないのは、土地収用という法律行為に対し、他の組織の協力は不要だからである。前後段に共通して、補償と再定住の支援があるが、後段でのみ中央省庁、中央レベルの機関、他の機関の協力が規定されている。PPP事業会社は前段では調整、後段では協力となっている。土地収用が必要な土地の区画及びその補償額はそのまま事業計画と総投資金額に反映するので、土地収用を主導する省レベルの人民委員会との調整が必要だからである。

 PPP法第93条第1項による権限について、原則的な投資承認を行った者が、省レベルの人民議会でない場合は授権が必要となる。原則的な投資承認を行った者が、国会・首相の場合は、政府から土地収用の法的文書発行を指示されたことが、権限に対する授権だと思われる。原則的な投資承認を行った者が、政府の省の長の場合は、計画投資省からそれぞれ土地収用の法的文書発行を指示された先に対する授権となる。原則的な投資承認を行った者が、省レベルの人民議会の場合は、自らの権限で土地収用を行う。

 PPP事業の原則的な投資承認を、省レベルの人民議会がした場合、土地法第62条第3項b号により、省レベルの人民委員会が土地収用をする根拠になる。PPP事業の原則的な投資承認を国会、首相、中央レベルの省の長が行った際の土地収用義務が省レベルの人民委員会がする根拠はこの規定ではない。PPP事業の原則的な投資承認を国会、首相が行った際は、PPP法第89条第1項b号の後段により、政府が省レベルの人民委員会が収用するように法律文書を送付するのだと思われる。後段はPPP事業に関する法律文書をsubmit to competent authoritiesとある意味だと考える。他方、中央レベルの省の長が行った際は、PPP法第90条第2項の後段の規定により、計画投資省がPPP事業用の土地使用権を省レベルの人民委員会が収用する旨の法律文書を発行するように要請書を送付する（submit requests to competent authorities to issue legislative documents）のだと思われる。

 PPP事業の原則的な投資承認を、中央レベルの省の長が行った際は、PPP法第92条第4項により、中央レベルの省が、省レベルの人民委員会が収用するように法律文書を送付するのが権限だ、との考えもあり得るが、それは生産手段の公有制を維持している社会主義国ベトナム、そして、すべての社会主義の発展は法律に記載される、とのレーニンの考えを遵守している社会主義国ベトナムでの法令としては、不明確だと思われる。そこにこの2項についてのみ、submit to competent authoritiesとの規定がある意味だと考える。

 以下、土地法の土地収用関係条文を掲載する。

「土地法（2013年11月29日付、法律45/2013/QH13）」[5]
第62条　国家利益、公益を目指す経済・社会発展のための土地回収
 以下の場合、国家は国家利益、公益を図る経済・社会発展のために土地を回収する。
1．国会が投資方針を決定し、土地を回収すべく国家の重要な案件を実施する場合
2．政府の首相が投資を承認・決定し、土地を回収すべく下記の案件を実施する場合
 a）工業団地・輸出加工区・ハイテック地区、経済地区、新規都会地区を建設する案件、政府開発援助（ODA）で投資される案件

c) 交通、水利、給水、排水、電力、情報通信を含む国家級の技術インフラ基盤、ガソリン・ガスラインシステム、国家予備倉庫、廃棄物収集・処理工事を建設する案件

3．省級人民評議会が承認し、土地を回収すべき下記の案件を実施する場合

b) 交通、水利、給水、排水、電力、情報通信を含む地方の技術インフラ基盤、廃棄物収集・処理工事を建設する案件

第69条　国防・安寧目的、国家利益・公益を目指す経済・社会発展のための土地回収の手順、手続き

1．土地の回収、調査、考察、測量、計算の計画の策定及び実施は以下のように規定される。

a) 土地回収権限のある人民委員会が土地回収通知書を発行する。

Art. 94　所轄機関の責任

1．本法の規定する権限に基づき、PPP事業のpre F／SとF／Sを準備し、投資家選定作業を組織し、PPP事業契約を交渉し締結する。

2．PPP投資についての法規、投資家選定結果についての法規、その他の法規についての違反が見つかった場合に、調達過程を取り消したり中止にしたり、投資家選定の結果を拒絶し、または調達組織の決定を無効にする。

3．本法の規定により、原則的な投資承認の権限により、事業を取り消すか、PPP事業契約を中止にする。

4．調達組織、契約締結帰還に対し、審査、検査、監督の材料と書類を提供するように要請し、モニタリングを行い、訴えを処理し、PPP投資に関する違反行為に対し制裁を加える。

5．法律に基づき損害を補償する。

6．PPP投資に関する監督機関、審査機関、検査機関、ないし国家行政機関の要請により本条に規定することを実施することに対し責任を持つ。

7．PPP事業に関する情報を公表する：所轄しているPPP事業の実施についてPPP国家行政機関に対し、定期的に報告を行う。

8．本法に規定する他の責任を実行する。

第10章　不服処理、紛争処理そしてPPP投資に対する違反への対応　Art. 95-99

Art. 95　投資家選定に関する不服の解決

1．投資家は彼の持つ法的権利と便益が影響を受けたと信じるのに十分理由がある際は、投資家は以下の権利を持つ。

a) 投資家選定過程について、調達組織ないし所轄機関に対して不服を申し出る；第96条に規定された決定手続きに沿った投資家選定の結果であるか。

b) 民法規定に従った時効期間内に裁判所に訴訟を提起する。

2．もし投資家が裁判を提起した場合は、調達組織も所轄機関も不服の処理について考慮してはならない。：もし、不服処理の過程が第96条に規定する過程に従って不服処理の過程が発生した場合、不服処理をしていた機関は、不服に対する考慮と処理を終了することを通知しなければならない。

Art. 96　投資家選定に関する不服の処理手続き

1．投資家選定の過程についての不服処理の手続きは、以下により実施される。

　a) 投資家選定の結果が発表された時から、投資家は調達組織に対して文書で不服を申し出る。

　b) 調達組織は、投資家からの不服の申し出を受領してから7営業日以内に、投資家に対して、不服のある決定についての書面を送付しなければならない。

　c) 調達組織が、文書による返答をしなかったか、不服のある決定の結果について同意しない場合、投資家は、調達組織からの書面による返答期限から5営業日以内ないし調達組織からの書面による返答を受領した日から5営業日以内に、調達組織に対して不服を記載した文書を送付する権利を持つ。

　d) 所轄機関は、投資家による不服書面を受領してから7営業日以内に、投資家に対して、不服のある決定の書面を投資家に送付する。

2．投資家選定の結果に対する不服処理手続きは、以下のように実施される。

　a) 投資家は、投資家選定の結果発表を受領した日から10日以内に、調達組織に対して書面による不服を登録する。

　b) 調達組織は、投資家からの不服の申し出を受領してから15日以内に、投資家に対して不服のある決定についての書面を送付しなければならない。

　　☞第1項が投資家選定の過程に対する不服だったのに対し、第2項は投資家選定の結果に対する不服である。過程の不服では営業日で計算していたのに対し、結果の不服では暦日で計算している。

　c) 調達組織が、文書による決定をしなかったか、不服のある決定の結果について同意しない場合、投資家は、調達組織からの書面による返答期限から5営業日以内に、所轄機関と不服処理に関し暫定的な権限を持つアドバイス組織に対して同時に、不服を記載した文書を送付する権利を持つ；中央レベルの不服処理に関し暫定的な権限を持つアドバイス組織は、投資計画大臣により設立される。組織メンバー（board member）は、中央省庁、中央レベルの機関、その他の機関の長により指名された者；地方レベルの地方レベルの不服処理に関し暫定的な権限を持つアドバイス組織は、省レベルの人民委員会委員長により設立される。

　　☞手続きに対する不服の場合は返答だったのに対し、投資家選定に対する不服の場合は投資家選定の決定自体を送付すればよい。手続きが正しいことについては説明文書を作成する必要があるが、投資家選定が正しいことについては、説明は不要だとの考えである。投資家選定に結果について不正があることの挙証責任は不服のある投資家の側で行えという趣旨だと思われる。

　d) 不服処理に関し暫定的な権限を持つアドバイス組織は、不服書面を受領してから30日以内に、投資家、調達組織、関係機関に対し、検討するための情報を提供するように要請できる。また、所轄機関に対して不服のある点についての所轄機関によるポジションを説明する文書を送付するように要請できる。

　dd) 必要な場合、不服処理に関し暫定的な権限を持つアドバイス組織は、不服内容に基づき、所轄機関に選定の手続き過程の保留を考慮するように要請する。もし要請が受け入れられた場

合、不服処理に関し暫定的な権限を持つアドバイス組織からの書面での要請を受け取ってから 5 営業日以内に、所轄機関は選定手続き過程の保留についての書面通知を発出する。選定手続き過程の保留についての書面通知の発出日より 5 営業日以内に、当該通知は調達組織と投資家に送付される。選定の手続き過程の保留期間は、調達組織が選定手続き過程の保留についての書面を受領する日から、所轄機関が不服処理が終了した旨の文書を発出するまでの期間として計算する。

e）不服処理に関し暫定的な権限を持つアドバイス組織からの書面での返答の受領日から10日以内に、所轄機関は投資家選定の結果についての不服処理の通知文書を発出する。

☞ここまで、法律でもって、不服処理の時間的scheduleを決めておかねばならないのは、いかにベトナムの公務員が、自分達の仕事が批判されることを嫌うが故に、レッドテープがさらに蔓延することを、予防しようとの意図があると思われる。

3．もし投資家が、本条規定の不服処理手続きに沿わないで、書面による不服を直接所轄機関に送付した場合、当該不服は受け付けられず処理もされない。

Art. 97　紛争処理

1．所轄機関、契約締結機関と投資家ないしPPP事業会社の間での紛争及びPPP事業会社と事業実施に参加しているその他の経済組織の間の紛争は、当事者間での交渉、調停、仲裁ないしは訴訟で解決される。

2．所轄機関、契約締結機関と国内投資家ないし国内投資家により設立されたPPP事業会社の間での紛争、国内投資家間の紛争及び国内投資家と国内投資により設立されたPPP事業会社とベトナムの経済組織の間の紛争は、ベトナムでの仲裁ないしはベトナムでの訴訟で解決される。

3．所轄機関、契約締結機関と外国投資家ないし外国投資家により設立されたPPP事業会社の間での紛争は、契約で別途の規定を置くか、ベトナムがメンバーとなっている国際条約によると契約で書かれている場合を除き、ベトナムでの仲裁ないしはベトナムでの訴訟で解決される。

4．紛争当事者に外国投資家が少なくとも一人ないしは一社いる場合、すなわち投資家ないしPPP事業会社と外国人ないし外国組織の間の紛争は、以下のいずれかにより紛争は処理される。

a）ベトナムでの仲裁

b）ベトナムでの裁判

c）外国での仲裁

d）国際仲裁

dd）紛争当事者間での合意で設立した仲裁

5．締結されたPPP事業契約ないし関連契約で書かれる仲裁でいう紛争とは商業紛争である。外国仲裁判断は、ベトナムにおける外国仲裁判断の承認執行に関する法律により、承認されかつ執行される。

Art. 98　PPP投資に対する違反の処理

1．PPP事業の禁止は、本法第10条に規定している違反をした組織及び個人に対して適用される。

2．本法での規則違反その他の関連法令違反が見つかった際は、調達過程はキャンセルされるか中断され、投資家選定の結果は拒否されるか、ないしは調達組織・所轄機関・契約締結機関の決定が無効となる。

3．契約違反ないし本法での規則違反そのたの関連法令違反が見つかった際は、契約は終了するか、契約の実施は中断される。

4．本条第1、2、3項に規定される違反処理に付け加えて、PPP投資に関する法令違反行為をした組織ないし個人は、違反行為の実態と水準により、法律により懲罰を受ける、行政罰を受ける、ないしは刑法犯として訴追される。

5．政府は本条に関しガイダンスを公表する。

> ☞公務員がしないことの言い訳に使う可能性がある。しかし、本条の場合は、他の場合と異なる理由がある。ガイダンスを出さないことで、他の場合はPPP事業が進まないことに公務員が寄与するのに対し、本条の場合は公務員が今まで進めてきたPPP事業を止めないで済むのである。共に、自分たちのやってきたことを正当化し認める点では同じだが、いったん進められたPPP事業が無為になるのは嫌だとしてガイダンスを出さないのである（ガイダンスを作らない公務員の言い訳対策⑫：①第4条第4項、②第8条第6項、③第11条第5項、④第27条第7項、⑤第28条第6項、⑥第36条第3項、⑦第48条第6項、⑧第52条第7項、⑨第60条第4項、⑩第69条第3項、⑪第82条第5項）。

第11章　施行に関する条項　Art. 99－101
Art. 99　関連法の改正と補完

1．調達法（Procurement Law No.43/2013/QH13）の数条についての改正と補完は以下のとおりである。調達法No.43/2013/QH13は、すでにNo.3/2016/QH14、Law No.04/2017/QH14、Law No.40/2019/QH14による改正と補完を受けている。

　a）第1条第3項を以下のように改正し補完する。

　　3．土地－土地を使用する投資事業－を使用する投資家の選定

　b）第3条第2項を以下のように改正し補完する。

　　2．国有企業の通常業務を維持するために、生産とビジネス及び調達業務の継続を確保するべく、原料・燃料・材料・資材・コンサルティングサービス・単なるサービス（ノン・アドバイザリー・サービス）の供給を受けるための入札による選定をする場合は、企業は、その目的、透明性、経済効率性を保証することを基本として、企業における申請を統一的になすために、契約者を選定にかかる法令を制定しなければならない。

　c）第4条第10項を以下のように改正し補完する。

　　10．事業会社とは、土地を使用する投資事業をするべく、投資家によって設立された企業を意味する。

　d）第4条第12項を以下のように改正し補完する。

　　12．入札とは、コンサルタント・サービス、単なるサービス、財の調達、建設、据え付け作業

をするための契約を締結する契約者を選定する過程である入札は競争、公平、透明性、経済効率性を保証することを前提に、土地を使用する投資事業についての契約を締結し実行する投資家を選定する過程である。

☞後半が追加されたのだと思われる。ここでの「；」は「則ち」ではなく「も入る」の意味である。

dd）第6条第4項を以下のように改正し補完する。

　4．入札に参加する投資家は、以下の者より法的、財務的に独立していなければならない。

　　a）事業契約締結日までに土地を使用する投資事業のための入札コンサルタント契約者

　　b）所轄機関、調達組織

e）第8条第1項i号を以下のように改正し補完する。

　i）土地−土地を使用する投資事業−

g）第15条第2項を以下のように改正し補完する。

　2．土地−土地を使用する投資事業、ただし投資法による投資制限の場合を除く。

h）第68条は適用されない。

2．公共投資法（Public Investment Law No.39/2019/QH14）の第40条第4項を以下のように改正し補完する。

　4．PPP投資に関する法律に合致したPPP投資会社の事業のF／Sを、形式、審査、決定のために行われる、原則、満たされねばならない条件、内容として手続きの過程

3．価格法（Price Law No.1/2012/QH13）の第20条第2項を以下のように改正し補完する。

　2．価格の構成要素が変化した時、特にPPP投資事業における公共財・サービスの価格が、PPP投資契約に記載された各期間において調整されて、変化した時には価格は迅速に調整される。

4．公共資産の運営使用に関する法律（Law on Management and Use of Public Assets No.15/2017/QH14）の第30条第4項c号、第5項並びに第51条第4項は適用されない。

5．中小企業支援を規定する法律（Law Provision of Assistance for Small and Medium ?Sized Enterprises No.04/2017/QH14）の数条を以下のように改正し補完する。

a）第12条第2項を以下のように改正し補完する。

　2．中央省庁、中央省庁と同格の機関、省レベルの人民委員会は、インキュベーター施設・技術施設・共同作業スペースを設立しなければならない。企業とその他の投資組織・ビジネス組織は、インキュベーター施設・技術施設・共同作業スペースを設立することができる。

b）第13条第1項を以下のように改正し補完する。

　1．中央省庁、中央省庁と同格の機関、省レベルの人民委員会は、製品の流通チェーンを設立しなければならない。企業とその他の投資組織・ビジネス組織は、製品の流通チェーンを設立することが許されている。

☞本第5項と次項は同じ第5項となっており、それ以降第6、7項が続く。翻訳文編集作業過程での番号付けの誤りと思われる。もし法律編纂過程での番号付けの誤りだとしたら、ベトナムの立法過程での珍事である。

5．水気象学に関する法律（Law Hydrometeorology No.90/2015/QH13）の第39条第2項を以下の

ように改正し補完する。

２．水気象学に関する公的組織は、水気象に関するサービスを、本法と関連法の規定に従って、所轄機関の規定する機能と業務に基づき提供する；水気象学に関する公的組織は、他の組織ないし個人が持つ水気象学に関する財サービスを、法律による命令ないし合意に基づき使うことができる。他の組織ないし個人は、水気象学に関するサービスを、本法と関連法に従って提供する。

☞本第５項と前項は同じ第５項となっているが、規定内容は異なることに留意する。

６．住宅法（Law on Housing No.65/2014/QH13）の数条を以下のように改正し補完する。

a）第36条第３項を以下のように改正し補完する。

３．国家は、再定住する人々のために承認された賃貸、売買権付賃貸ないし売買の計画に基づく再定住のための住宅建設をするために、決められた分野を所管する以下の手段により、直接、住宅を建設する。その手段とは、国家予算、国債、ODA、スポンサーによる優遇された条件での融資、国家による信用資産である。

b）第53条第１項を以下のように改正する。

１．国家は、再定住する人々のために承認された賃貸、売買権付賃貸ないし売買の計画に基づく再定住のための住宅建設をするために決められたエリアを所管する以下の手段により、共同住宅（social housing）を建設する。その手段とは、国家予算、国債、ODA、スポンサーによる優遇された条件での融資、国家による信用資産である。

☞a号が「直接、住宅を建設する」ことを規定し、b号が「共同住宅を建設する」ことと訳した。共同住宅の原文は「社会的な住宅（social housing）」だが、アパートやマンションのような共同住宅を指すものと思われる。管理組合など共同で居住する仕組みがある居住形態である。社会主義国なので「社会的に住む」ことを強調したいのかもしれない。

c）第40条第３項b号、第114条第１項b号は適用されない。

７．公共財産の運営と使用に関する法律（Law on Management and Use the Public Property No.15/2017/QH14）の第30条第４項c号、第５項、第51条第４項は適用されない。

Art. 100　発効

１．本法律は第101条第６項の規定を除き、2021年１月１日に発効する。

２．政府、国家行政機関は、本法が委任した規定に従い、条文について詳細な法令を提供しなければならない。

☞ガイダンスを作らない公務員の言い訳対策⑬：①第４条第４項、②第８条第６項、③第11条第５項、④第27条第７項、⑤第28条第６項、⑥第36条第３項、⑦第48条第６項、⑧第52条第７項、⑨第60条第４項、⑩第69条第３項、⑪第82条第５項、⑫第98条第５項）。

Art. 101　経過措置

１．本法第４条第１項に規定する分野の事業と、第４条第２項に規定する総投資額の規模についての事業は、以下の規定が適用される。

a）本法の発効日前に所轄組織が原則的な承認をした投資の原則的な投資承認に引き続く段階については本法による。原則的な投資承認の調整が必要な場合は、その調整は本法第18条の規定によりなされる。

b）本法の発効日前に所轄組織がF／Sを承認をした場合、本法に規定する事業承認の過程での行為を除き、F／S承認に引き続く段階については本法による；投資家選定の段階が何らなされていない場合は、本法第23条第6項に規定されている内容につき追加の承認が必要となる。

c）本項a、b号に規定する事業について、PPP事業における国家資本の割合が本法第69条第2項に規定する割合より高かった場合は、承認済みの割合を調整する必要はない。

2．事業が、本法第4条第1項に規定する分野の事業でもなく、第4条第2項に規定する総投資額の規模についての事業でもない場合で、本法の発効日前に、事前資格審査の結果が承認されていないか、（事前資格審査が不要の事業で）入札書類ないし必要書類が未発出の場合は、当該事業は停止される。

3．投資家選定の過程にあるPPP事業は、以下の規定による。

a）本法の発効日前に、投資家の事前資格審査の結果が承認されていた場合、事業は本法に従った実施により継続する。

b）本法の発効日前に、入札書類ないし必要書類が発出されているが、入札書類の提出の締切日が2020年12月31日より後の期日である場合、調達組織は入札書類と必要書類が本法による変更ができるように、入札書類の提出期限の延長に責任を持つ。その場合、調達組織は、原則的な投資承認の調整ないし、F／S承認の調整を主導する必要はない。

c）投資家選定の結果が承認されている事業で、契約交渉と契約締結が本法の発効日以降の場合、契約締結機関は、本法に従った投資家選定、入札、プロポーザル、入札書類、必要書類をベースにした契約交渉と契約締結を組織することにつき責任を負う。その際は、原則的な投資承認ないし承認済みのF／Sの調整を主導する必要はない。

4．本法の発効日より前の期日で、事業契約が締結された場合は、当該投資契約にある定義と条件により事業は実施される。

5．本法の発効日以降、BT契約タイプの事業の移行は以下の規定による。

a）入札書類、必要書類が未発出の事業は、それ以降の過程を停止する。；入札書類、必要書類が発出済の事業は、発出時の入札書類、必要書類そして発出時に適用された法令に従い、それ以降の過程を継続する。

b）本法発効日より前の期日で、投資家選定の結果が承認されている事業では、契約締結機関は、入札書類、必要書類の発出時の法令に従った、投資家選定、入札、プロポーザル、入札書類、必要書類をベースにした契約交渉と契約締結を組織することにつき責任を負う。

c）本法発効日より前の期日で、投資契約が締結されている事業は、契約締結時の法令に従い、締結されたBT契約に従って、実施と支払いが継続される。

d）新規にBT契約を適用する事業を実施することは停止される。

6．原則的な投資承認がなされていないBT契約を適用する事業は、2020年8月15日以降、その実

施を停止する。

7．政府は、本条についてのガイダンスを提供する。

> ☞ガイダンスを作らない公務員の言い訳対策⑭。全14カ所において政府は条文についてのガイダンスの提供（＝公表・供給＝？発出）義務を負っていることになる。そこまでしないと公務員は動かないと言うことなのかもしれない。

本法律は2020年6月18日の国会　第14会期、第9セッションにおいて通過した。

国会議長 サイン　Ngyyen Thi Kim Ngan

【参考文献・URL】

1）PPA's Unofficial translation（2020）「LAW ON PUBLIC PRIVATE PARTNERSHIP INVESTMENT」

https://auschamvn.org/wp-content/uploads/2020/09/2020_PPP-law-English-version-by-PPA_clean.pdf　（2021.3.6閲覧）

2）安間匡明（2020）「ヴェトナムのPPPと水道事業」『水道公論』2020年11月号,p.38-40,日本水道新聞社

3）国際協力機構「ベトナム2020年投資法（法律番号 61/2020/QH14）」塚原正典仮訳

https://www.jica.go.jp/project/vietnam/021/legal/ku57pq00001j1wzj-att/investment_law_2020.pdf　（2021.3.6閲覧）

4）国際協力機構「ベトナム2020年企業法（法律番号 59/2020/QH14）」塚原正典仮訳

https://www.jica.go.jp/project/vietnam/021/legal/ku57pq00001j1wzj-att/enterprise_law_2020.pdf　（2021.3.6閲覧）

5）国際協力機構「土地法(2013年法)」

https://www.jica.go.jp/project/vietnam/021/legal/ku57pq00001j1wzj-att/legal_land_2013.pdf（2021.3.6閲覧）

資料2　財務比較分析の経緯及びその成果について　図表

工藤克典（貿易投資金融アドバイザー）

資表2.1　３大水メジャー損益計算書比較

企業名／項目	テムズ（金額単位：億ポンド）		ヴェオリア（金額単位：億ユーロ）		スエズ（金額単位：億ユーロ）		備考
決算期	2019年3月期	2020年3月期	2012年12月期	2019年12月期	2018年12月期	2019年12月期	1年間
最新年報掲載頁	138頁		112頁		4頁		
売上高	21	22	260	272	173	180	
EBITDA(OP)	5.2	5.8	38.4	40.2	27.7	32.2	
EBIT(PBT)	1.2	4.3	16.4	17.3	13.4	14.1	
純利益（税引後利益）	1.0	2.4	6.1	7.6	5.7	6.1	
2期比較	増収増益		増収増益		増収増益		

資表2.2　３大水メジャー貸借対照表（財政状態計算書）比較

企業名／項目	テムズ（金額単位：億ポンド）		ヴェオリア（金額単位：億ユーロ）		スエズ（金額単位：億ユーロ）		備考
決算期	2019年3月	2020年3月	2018年12月	2019年12月	2018年12月	2019年12月	
最新年報掲載頁	139頁		110頁		3頁		
総資産（総資本）	186	203	393	410	336	356	
非流動資産	179	186	240	241	227	242	
営業権	0	0	51	51	52	53	
有形固定資産	153	159	79	77	88	89	
負債	159	172	323	339	246	263	
非流動負債／借入	139／107	146／113	152／95	151／94	129／98	142／99	
資本／資本金	28／0.29	31／0.29	70／28.3	71／28.4	90／63.9	93／64.6	テムズの資本金が少ない

資表2.3　３大水メジャー主要財務指標比較

項目＼企業名	テムズ		ヴェオリア		スエズ		備考
決算期	2019年3月	2020年3月	2018年12月	2019年12月	2018年12月	2019年12月	
総資本利益率（％）	0.5	1.2	1.6	1.9	1.7	1.7	
売上利益率（％）	4.8	10.9	2.3	2.8	3.3	3.4	
総資本回転率（回）	0.113	0.108	0.661	0.663	0.514	0.506	
自己資本比率（％）	15.1	15.3	17.8	17.3	26.8	26.1	
自己資本利益率（％）	3.6	7.7	8.7	10.7	6.3	6.6	
非流動資産構成比率（％）	96.2	91.6	61.1	58.8	67.6	67.9	
資本金利益率（％）	344.8	827.6	21.6	26.8	8.9	9.4	
資本・資本金倍率（倍）	96.6	106.9	2.5	2.5	1.4	1.4	

資表2.4　米国民間水道事業３社の損益計算書の比較

（単位：百万ドル）

項目＼企業名等	AWR (2018.12)	AWR (2019.12)	WTRG (2018.12)	WTRG (2019.12)	AWK (2018.12)	AWK (2019.12)
売上高	437	474	838	890	3,440	3,610
操業費	336	347	515	550	2,338	2,440
減価償却費	(40)	(35)	(147)	(156)	(545)	(583)
営業利益	101	127	323	340	1,102	1,170
営業外収支	△19	△18	△145	△128	△315	△327
税前利益	82	109	178	212	787	833
税引後利益	64	84	192	225	565	621
一株利益（EPS）	1.73	2.28	1.08	1.04	3.16	3.44

資表2.5　米国民間水道事業３社の貸借対照表比較

（単位：百万ドル）

企業名等／項目	AWR (2018)	AWR (2019)	WTRG (2018)	WTRG (2019)	AWK (2018)	AWK (2019)
総資産	1,501	1,641	6,964	9,362	21,223	22,682
流動資産	131	122	147	2,013	781	1,285
非流動資産	1,370	1,521	6,817	7,349	20,442	21,397
Capitalization	839	883	4,407	6,824	13,440	14,765
純資本（自己資本） 資本金	558 254	602 256	2,009 825	3,881 2,671	5,864 180	6,121 181
長期負債	281	281	2,398	2,943	7,576	8,644
負債	663	759	2,557	2,538	7,783	7,917
流動負債	147	116	399	319	2,094	2,045
その他負債	516	643	2,158	2,219	5,689	5,872

資表2.6　米国民間水道事業３社の主要財務指標の比較分析

企業名等／項目	AWR (2018)	AWR (2019)	WTRG (2018)	WTRG (2019)	AWK (2018)	AWK (2019)
総資本利益率（％）	4.3	5.1	2.8	2.3	2.7	2.7
売上利益率（％）	14.6	17.7	21.2	23.8	16.4	17.2
総資本回転率（回）	0.291	0.289	0.120	0.095	0.162	0.159
自己資本比率（％）	37.1	36.7	28.8	41.4	27.6	27.0
自己資本利益率（％）	11.5	14.0	9.6	5.8	9.6	10.1
非流動資産構成比率（％）	91.3	92.7	97.9	78.5	96.3	94.3
資本金利益率（％）	25.2	32.8	23.0	8.4	313.9	343.1
資本・資本金倍率（倍）	2.2	2.4	2.4	1.5	32.6	33.8
固定資産構成比率（％）	91.2	92.5	97.9	78.5	96.3	94.3

資表2.7　３大水メジャーと米国民間水道３会社との財務比較

企業名 / 項目	ヴェオリア（億ユーロ）	スエズ（億ユーロ）	テムズ（億ポンド）	AWR（億ドル）	WTRG（億ドル）	AWK（億ドル）	備考
決算期	2019年12月	2019年2月	2020年3月	2019年12月	2019年12月	2019年12月	2020年11月27日
総資産	410	356	203	16	94	227	1 USD：104.08円
純資産	71	93	31	6	39	61	1€：124.53円
売上高	272	180	22	4.7	8.9	36.1	1£：138.57円
EBITDA	40.2	32.2	5.8	1.6	5.0	17.5	
EBIT 純利益	17.3 7.6	14.1 6.1	4.3 2.4	1.3 1.1	3.4 2.1	11.7 8.3	
証券取引所	パリ	パリ	非上場	ニューヨーク	ニューヨーク	ニューヨーク	出所
時価総額（2020.11.27）	112	102		28	112	279	各社年報又は年報より計算
配当利回り（%）	2.53	2.78		1.78	2.19	1.43	

資表2.8　３大水メジャーの時価・PBR・PER

（金額の単位：億ユーロ）

企業名 \ 項目	株価（2020.10.5）	時価総額（2020.10.5）	純利益（1年間）（2019.1〜12）	純資産（2019.12）	PBR（倍）	PER（倍）	備考
ヴェオリア	18.52	105.68	7.6	71	1.09	16.6	スエズを買収提案あり
スエズ	15.96	100.98	6.1	93	1.49	13.9	
テムズ	現在未上場						
備考 主要な日本企業の数値					トヨタ 1.05 JT 1.41	ソニー 16.8 JR東日本 12.0	

資表2.9　（参考）日本の水関連企業の時価・PBR・PER

証券コード	企業名 会計基準	株価（円）	時価総額（億円）※1	総資産（億円）※1	純資産（億円）	売上高（億円）	当期純利益（億円）	PBR（億）実績※2	PER（億）会社予想※2	決算期
6326	クボタ IFRS	1976.5	24,125	31,393	15,372	19,200	1,591	1.67	21.90	2019.12
6370	栗田工業 IFRS	3,350	3,893	3,877	2,441	2,648	183	1.60	23.51	2020.3
6361	荏原製作所 日本	2,981	2,842	5,952	2,918	5,224	233	1.01	16.70	2019.12
9551	メタウォーター 日本	2,190	1,135	1,195	496	1,287	57	2.03	15.35	2020.3
未上場	水ing※3	−	−	406	171	129	7		−	2020.3
2325	NJS 日本	1,936	195	255	171	173	17	0.90	11.9	2019.12

※1　2020年10月7日時点

※2　出所：ヤフーファイナンス

※3　分割前の水ingエンジニアリングと水ingAM等を含む売上高（2018年度）は約830億円

資表2.10 主要4水道事業体の2期比較

(金額の単位：億円)

事業者名・証券コード / 項目	水道事業体 東京都		横浜市		大阪市		名古屋市	
決算期	2019年3月	2020年3月	2019年3月	2020年3月	2019年3月	2020年3月	2019年3月	2020年3月
売上高 単位：億円	3,228	3,218	728	720	621	619	468	454
純利益（税引き後利益）	333	299	73	52	234	160	18	27
総資産	27,528	27,798	6,417	6,426	4,723	4,731	4,013	4,030
固定資産	24,572	24,680	5,976	5,976	4,106	4,125	3,520	3,525
投資その他の資産（投資等）	13	13	769	770	92	92	89	87
負債	6,065	6,011	2,855	2,806	2,001	1,850	1,477	1,435
固定負債	2,651	2,595	1,647	1,647	1,298	1,161	1,050	1,011
資本（純資産）	21,473	21,788	3,562	3,620	2,722	2,882	2,536	2,595
資本金	18,152	18,365	3,261	3,346	2,236	2,387	2,497	2,542
決算期	2019年3月	2020年3月	2019年3月	2020年3月	2019年3月	2020年3月	2019年3月	2020年3月
総資本利益率（%）	1.2	1.1	1.1	0.8	5.0	3.4	0.4	0.7
売上利益率（%）	10.3	9.3	10.0	7.2	37.7	25.8	3.8	5.9
総資本回転率（回）	0.117	0.116	0.113	0.112	0.155	0.131	0.117	0.113
自己資本比率（%）	78.0	78.4	55.5	56.3	57.6	60.9	63.2	64.4
自己資本利益率（%）	1.6	1.4	2.0	1.4	8.6	5.6	0.7	1.0
固定資産構成比率（%）	89.3	88.8	93.1	93.0	86.9	87.2	87.7	87.5
投資等/固定資産（%）	0.1	0.1	12.9	12.9	2.2	2.2	2.5	2.5
資本金利益率（%）：純利益（税引き後利益）÷資本金×100	1.8	1.6	2.2	1.6	10.5	6.7	0.7	1.1
資本・資本金倍率（倍）：資本（純資産）÷資本金	1.2	1.2	1.1	1.1	1.2	1.2	1.0	1.0
配当（年間、円）								
特色	最大の水道事業体		第2位		第3位		第4位	

資表2.11 中国・韓国の主要水道事業会社の概要

項目＼企業名	北京控股有限公司	中国水務集団有限公司	Korea Water Resource Corporation （韓国水資源公社）
略称	BEWG	China Water Affairs G	K Water
証券コード	HK00371	HK00855	なし
株主	北京控股有限公司 （北京市政府系投資会社）41.13% 周敏 3.074%	段 伝良 29.43% オリックス 18.27% Asset Full Resources Ltd 13.68%	韓国政府 93.2% KDB 6.8%
設立	2008年7月1日	1998年	1967年11月16日
事業内容	BEWGは、自治体などから下水処理や浄水供給事業を受注BOTが事業モデル		
従業員			6,329人
その他	売上はキャッシュではなく、「将来の設備運用権」		
海外	ポルトガル、シンガポール		

資表2.12 アジアの水道事業会社財務比較分析（1）

（金額の単位：中国2社 百万HK＄、韓国 億ウォン）

企業名	北控水務集団（BEWG）			中国水務集団			K-Water		
決算期	2018.12	2019.12	増減	2019.3	2020.3	増減	2018.12	2019.12	増減
売上高	24,597	28,192	3,595	8,302	8,694	392	33,916	29,717	△4,199
純利益	5,230	5,843	613	2,130	2,507	377	2,402	1,306	△1,096
総資産	126,380	151,909	110,471	35,825	41,903	6,078	217,968	222,548	4,580
固定資産	94,404	115,909	21,505	24,493	28,614	4,121	135,885	137,492	1,607
投資等	11,691	13,239	1,548	676	2,228	1,552	673	658	△15
負債	88,569	104,630	16,061	22,923	27,804	4,881	140,096	139,193	△903
固定負債	52,052	55,652	3,600	12,903	15,668	2,765	111,082	107,172	△3,910
資本（純資産）	37,812	46,531	8,719	12,902	14,099	1,197	77,871	83,354	5,483
資本金	941	1,002	61	16	16	0	84,775	88,901	4,126

資表2.13　中国２社韓国主要財務指標

企業名	北控水務集団(BEWG)			中国水務集団			K-Water		
決算期	2018.12	2019.12	増減	2019.3	2020.3	増減	2018.12	2019.12	増減
総資本利益率(%)	4.1	3.8	△0.3	5.9	6.0	0.1	1.1	0.6	△0.5
売上利益率(%)	21.3	20.7	△0.6	25.7	28.8	3.1	7.1	4.4	△2.7
総資本回転率(回)	0.195	0.186	△0.009	0.232	0.207	△0.025	0.156	0.134	△0.022
自己資本比率(%)	29.9	30.6	0.7	36.0	33.6	△2.4	35.7	37.5	1.8
自己資本利益率(%)	13.8	12.6	△1.2	16.5	17.8	1.3	3.1	1.6	△1.5
固定資産構成比率(%)	74.7	76.3	1.6	68.4	68.3	△0.1	62.3	61.8	△0.5
投資等÷固定資産(%)	12.4	11.4	△1.0	2.8	7.8	5.0	0.5	0.5	0.0
資本金利益率(%)：純利益(税引き後利益)÷資本金×100	555.8	583.1	27.3	13,312.5	15,668.8	2,356.3	2.8	1.5	△1.3
資本・資本金倍率(倍)資本(純資産)÷資本金	40.2	46.4	6.2	806	879	73	0.92	0.94	0.02
配当(年間、HCents)	17.8			30					

資表2.14　東京都水道局と中国・韓国水道事業会社の比較

(2021.1.1為替レートにて円換算後、単位：億円)

国	日本	中国①	中国②	韓国	米国①	米国②	比較	
組織名	東京都水道局	北控水務集団	中国水務集団	K-Water	NY市上下水道局	AWK	最大	最小
決算期	2020.3	2019.12	2020.3	2019.12	2019.6	2019.12		
売上高	3,218	3,753	1,157	2,826	3,943	3,725	米国①	中国②
純利益	299	778	284	124	268	641	中国①	韓国
総資産	27,798	20,221	5,578	21,164	35,091	23,410	米国①	中国②
固定資産	24,680	15,429	3,809	13,075	33,440	22,084	米国①	中国②
投資等	13	1,762	297	64	－	n.a.		
負債	6,011	13,928	3,701	13,237	33,750	17,093	米国①	中国②
固定負債	2,595	7,408	2,086	10,192	32,305	14,982	米国①	中国②
資本(純資産)	21,788	6,194	1,877	7,927	1,342	6,317	日本	米国①
資本金	18,365	133	2	8,454	454	187	日本	中国②

資表2.15　日中韓米水道事業会社の主要財務指標の比較

国	日本	中国①	中国②	韓国	米国①	米国②	比較	
組織名	東京都水道局	北控水務集団	中国水務集団	K-Water	NY市上下水道局	AWK	最大	最小
決算期	2020年3月	2019年12月	2020年3月	2019年12月	2019年6月	2019年12月		
総資本利益率(%)	1.1	3.8	6.0	0.6	0.8	2.7	中国②	韓国
売上利益率(%)	9.3	20.7	28.8	4.4	6.8	17.2	中国②	韓国
総資本回転率(回)	0.116	0.186	0.207	0.134	0.112	0.159	中国②	米国①
自己資本比率(%)	78.4	30.6	33.6	35.7	3.8	27.0	日本	米国①
自己資本利益率(%)	1.4	12.6	17.8	1.6	20.0	10.1	米国①	日本
固定資産構成比率(%)	88.8	76.3	68.3	61.8	95.3	94.3	米国①	韓国
投資等÷固定資産(%)	0.1	11.4	7.8	0.5	-		中国①	
資本金利益率(%)：純利益(税引き後利益)÷資本金×100	1.6	583.1	15,668.8	1.5	59.1	343.1	中国②	韓国
資本・資本金倍率(倍)資本(純資産)÷資本金	1.2	46.4	879	0.94	3.0	33.8	中国②	韓国
配当		17.8HCents	30HCents					

略語表

略語	正式名称	日本語訳・解説	初登場
ABNAMRO	ABN Amro Bank NV	ABNアムロ銀行	1.2.4
ABMI	Asian Bond Market Initiative	アジア債券市場育成イニシアチブ	1.2.4
ACRAA	Association of Credit Rating Agencies in Asia	アジア格付機関連合(JCR主導)	1.2.3
ADB	Asian Development Bank	アジア開発銀行(MDBsの一つ)	1.1.1
ADF	Asian Development Fund	アジア開発基金(ADB内)	1.3.2
AfDB	African Development Bank	アフリカ開発銀行(MDBsの一つ)	1.3.2
AfDF	African Development Fund	アフリカ開発基金(AfDB内)	1.3.2
AI	Artificial Intelligence	人工知能	2.3.2
AIIB	Asian Infrastructure Investment Bank	アジアインフラ投資銀行	1.3.2
AMED	Japan Agency for Medical Research and Development	日本医療研究開発機構	1.2.1
AMRO	ASEAN+3 Macroeconomic Research Office	ASEAN+3マクロ経済リサーチオフィス	1.2.4
AOTS	The Association for Overseas Technical Cooperation and Sustainable Partnerships	海外産業人材育成協会	3.4.1
AP	Availability Payment	建設費(新設がある場合)と事業期間中の運営・管理費を公共セクターの財源(税金)によって賄う方式	3.1.1
AP3F	Asia Pacific Project Preparation Facility	アジア・太平洋プロジェクト組成ファシリティ	2.2.7
APEC	Asia Pacific Economic Cooperation	アジア太平洋経済協力	1.2.1
ASEAN	Association of South-East Asian Nations	東南アジア諸国連合(2021年6月現在、10カ国)	1.1.3
B2B	Business to business	企業が企業向けに行う事業	2.5.6
B2C	Business to consumer	企業が個人向けに行う事業	2.5.6
B2G	Business to government	企業が政府や自治体向けに行う事業	2.5.6
BCDA	Bases Conversion and Development Authority	(フィリピンの)基地転換開発公社	2.2.4
BHN	Basic Human Needs	人間の基本的諸要件	序文
BLT	Build Lease Transfer	民間事業者が施設等を建設し、公共側に一定期間リースし、予め定められたリース料で事業コストを回収した後、公共施設等の管理者等に所有権を移転する方式	3.1.1
BOO	Build Own Operate	民間事業者が施設等を建設し、維持・管理及び運営を行い、事業終了時点で民間事業者が施設を解体・撤去する等の事業方式	3.1.1
BOT	Build Operate Transfer	民間事業者が施設等を建設し、維持・管理及び運営し、事業終了後に公共施設等の管理者等に所有権を移転する事業方式	3.1.1
BT	Build Transfer	民間事業者が施設等を建設し、施設完成直後に公共施設等の管理者等に所有権を移転する事業方式	3.1.1

略語	正式名称	日本語訳・解説	初登場
BTL	Build Transfer Lease	民間事業者が施設等を建設し、施設完成直後に公共施設等の管理者等に所有権を移転し、公共側に一定期間リースし、予め定められたリース料で事業コストを回収する事業方式	3.1.1
BTO	Build Transfer Operate	民間事業者が施設等を建設し、施設完成直後に公共施設等の管理者等に所有権を移転し、民間事業者が維持・管理及び運営を行う事業方式	3.1.1
CACs	Collective Action Clause	集団行動条項	1.2.4
CCUS	Carbon dioxide Capture, Utilization and Storage	二酸化炭素の回収・有効利用・貯留	1.2.1
CGIF	Credit Guarantee & Investment Facility	信用保証・投資ファシリティ	1.2.4
CIF	Cost Insurance and Freight	運賃保険料込み条件	3.2.1
CLAIR	Council of Local Authorities for International Relations	自治体国際化協会	3.4.1
CSR	Corporate Social Responsibility	企業の社会的責任	1.2.5
DAC	Development Assistance Committee	開発援助委員会(OECD内、ODA対象国のリスト作成)	2.1.2
DBFOM	Design Build Finance Operation Maintenance	民間事業者が設計、施工、資金調達、運転・維持管理を行う方式	2.2.8
DBJ	Development bank of Japan	日本政策投資銀行(旧日本開発銀行・北東公庫)	1.3.2
DES	Debt Equity Swap	債務の株式化	2.5.1
DSCR	Debt Service Coverage Ratio	債務返済能力	1.2.4
EBRD	European Bank for Reconstruction and Development	欧州復興開発銀行(MDBsの一つ)	1.3.2
ECA	Export Credit Agency	輸出信用供与機関	1.2.4
EIB	European Investment Bank	欧州投資銀行	1.3.2
EIU	Economist Intelligence Unit	英国エコノミスト・グループの調査部門	3.1.1
EOI	Expression of Interest	関心意図表明	2.2.8
EPC	Engineering Procurement Construction	設計・調達・建設を含むプロジェクトの建設工事請負契約	1.1.1
ERP	European Recovery Program	欧州復興計画(マーシャル・プラン)	1.3.2
ESAF	Enhanced Structural Adjustment Facility	(IMFの)拡大構造調整ファシリティ	1.3.2
ESG	Environment Social Governance	環境、社会、ガバナンスの頭文字から生まれた造語	1.2.2
ESOP	Employee Stock Ownership Plan	従業員持ち株制度	3.6.2
F/S	Feasibility Study	事業化調査	1.3.3
FC	Financial Close	融資合意	3.1.1
FCAP	Fixed Capacity Availability Payment	固定の資本費用を賄うサービス対価	2.2.8
FDI	Foreign Direct Investment	海外直接投資	1.1.1
FOB	Free on Board	本船渡し	3.2.1
FOIP	Free and Open Indo- Pacific Strategy	自由で開かれたインド太平洋戦略	1.2.1
FSO	Fund for Special Operations	特別業務基金	1.3.2
FTA	Free Trade Agreement	自由貿易協定	2.5.2
GDP	Gross Domestic Product	国内総生産	1.1.3
GDF	Gaz de France	フランスガス公社(現在はエンジーが事業継承)	4.1.5

略語	正式名称	日本語訳・解説	初登場
GEF	Global Environment Facility	地球環境ファシリティ(世銀の信託基金の一つ)	1.3.2
GIF	Global Infrastructure Facility	グローバル・インフラストラクチャー・ファシリティー(世銀の信託基金の一つ)	1.3.2
GNI	Gross National Income	国民総所得	2.1.2
GWI	Global Water Intelligence	英国の調査会社	4.1.2
IBRD	International Bank for Reconstruction and Development	国際復興開発銀行(通称:世界銀行)	1.3.2
ICC	International Chamber of Commerce	国際商業会議所	2.2.4
ICSID	International Center for Settlement of Investment Disputes	国際投資紛争解決センター(世銀グループ)	1.3.2
IDA	International Development Corporation	国際開発協会(世銀グループ)	1.3.2
IDB	Inter-American Development Bank	米州開発銀行(MDBsの一つ)	1.3.2
IEA	International Energy Agency	国際エネルギー機関	4.1.6
IFC	International Finance Corporation	国際金融公社(世銀グループ)	1.3.2
IFRS	International Financial Reporting Standards	国際会計基準	1.2.3
IMF	International Monetary Fund	国際通貨基金	1.2.4
IoT	Internet of Things	モノのインターネット	2.3.2
IPCC	Intergovernmental Panel on Climate Change	気候変動に関する政府間パネル	4.1.3
IPP	Independent Power Producer	独立系発電事業者	1.1.1
IRR	Internal Rate of Return	内部収益率	1.3.1
IsDB	Islamic Development Bank	イスラム開発銀行	2.2.5
ISDR	International Strategy for Disaster Reduction	国際防災戦略部門	4.1.3
IT	Information Technology	情報技術	1.2.5
IWP	Independent Water Producer	水のみの卸売業者	1.2.2
IWPP	Independent Water and Power Producer	電力と水両方の卸売業者	1.2.2
JBIC	Japan bank for International Cooperation	国際協力銀行(旧日本輸出入銀行)	1.1.1
JETRO	Japan External Trade Organization	貿易振興機構	1.1.1
JICA	Japan International Cooperation Agency	国際協力機構(旧国際協力事業団・海外経済協力基金)	1.1.1
JICWELS	Japan International Corporation of Welfare Services	国際厚生事業団	3.4.1
JMP	Joint Monitoring Programme for Water Supply, Sanitation and Hygiene	水と衛生に関する共同監査プログラム	3.3.1
JOIN	Japan Overseas Infrastructure Corporation for Transport & Urban Development	海外交通・都市開発事業支援機構	1.2.1
JWRC	Japan Water Research Center	水道技術研究センター	3.3.1
KPI	Key Performance Indicators	重要業績評価指標	1.2.1
LCC	Life Cycle Cost	製品や構造物を取得・使用するために必要な費用の総額	3.2.2
LDC	Least Developed Countries	後発開発途上国	2.1.2
LIC	Low Income Countries	低所得国	2.1.2
LMIC	Lower Middle Income Countries	低中所得国	2.1.2
LNG	Liquefied Natural Gas	液化天然ガス	1.2.2
MaaS	Mobility as a Service	サービスとしての移動	1.2.1

略語	正式名称	日本語訳・解説	初登場
MDBs	Multilateral Development Banks	国際開発金融機関	1.2.1
MDGs	Millennium Development Goals	ミレニアム開発目標	4.1.6
MF(膜)	Micro Filtration Membrane	精密ろ過膜	4.1.2
MEA	Middle East and Africa	中東・アフリカ	4.1.2
MHCS	Ministry of Housing and Communal Services	(ウズベキスタンの)住宅・地域サービス省	2.2.8
MIFT	Ministry of Investment and Foreign Trade	(ウズベキスタンの)投資・貿易省	2.2.5
MIGA	Multilateral Investment Guarantee Agency	多国間投資保証機関(世銀グループ)	1.2.4
MOF	Ministry of Finance	財務省	2.2.5
MPI	Ministry of Planning and Investment	(ベトナムの)計画投資省	3.7.1
NEDA	National Economic and Development Authority	(フィリピンの)国家経済開発庁	2.2.9
NEDO	New Energy and Industrial Technology Development Organization	新エネルギー・産業技術総合開発機構	2.4.3
NEXI	Nippon Export and Investment Insurance	日本貿易保険	1.1.1
NLD	National League for Democracy	(ミャンマーの)国民民主連盟	4.1.4
NPM	New Public Management	民間の経営手法を公的部門に応用した公的部門の新たなマネジメント手法	3.6.4
NWTTI	National Waterworks Technology Training Institute	水道技術訓練センター	3.4.2
O&M	Operation and Maintenance	運転管理及び保守点検	1.1.1
ODA	Official Development Assistance	政府開発援助	序文
OECD	Organization for Economic Co-operation and Development	経済協力開発機構	1.2.1
OOF	Other Official Flows	ODAではないその他の政府資金	1.1.1
OPPP	Office of Public-Private Partnership	(ADBの)官民連携局	2.2.1
OT	Operation Technology	社会インフラで必要な製品や設備、システムを最適に動かすための制御・運用技術	2.3.2
PCG	Partial Credit Guarantee	ADBが民間銀行の融資部分の超長期の返済部分や特定のポリティカルリスクの発現に伴うデフォルトリスクを保証するもの	2.2.2
PF	Project finance	プロジェクトから得られるキャッシュフローのみを返済の原資として実施される融資	1.2.2
PFI	Private Finance Initiative	公共施設等の建設、維持管理、運営等を民間の資金、経営能力及び技術的能力を活用して行う手法	1.2.5
PPIAF	Public-Private Infrastructure Advisory Facility	官民インフラストラクチャー諮問ファシリティ(世銀の信託基金の一つ)	1.3.2
PPP	Public Private Partnership	官民連携	序文
PPPDA	PPP Development Agency	(ウズベキスタンの)PPP開発局	2.2.6
PRGF	Poverty Reduction and Growth Facility	貧困削減・成長ファシリティ(IMF内)	1.3.2
PSOD	Private Sector Operation Department	(ADBの)民間部門業務局	2.2.1
PTFE	Poly Tetra Fluoro Ethylene	ポリテトラフルオロエチレン	2.4.1
RCEP	Regional Comprehensive Economic Partnership Agreement	東アジア地域包括的経済連携	1.1.3
RDs	Regional Departments	(ADBの)地域局	2.2.1
RFP	Request for Proposals	本入札手続き	2.2.4
RFQ	Request for Qualification	事前資格審査	2.2.8

略語	正式名称	日本語訳・解説	初登場
ROE	Return On Equity	自己資本利益率	1.2.3
ROI	Return On Investment	総資本利益率	1.2.3
ROT	Rehabilitate Operate Transfer	民間事業者が施設等を改修し、維持・管理及び運営を行い、事業終了後に公共施設等の管理者等に所有権を移転する事業方式	3.7.1
RO(膜)	Reverse Osmosis Membrane	逆浸透膜	1.2.2
RT	Rehabilitate Transfer	民間事業者が施設等を改修し、施設完成直後に公共施設等の管理者等に所有権を移転する事業方式	3.7.1
RTO	Rehabilitate Transfer Operate	民間事業者が施設等を改修し、施設完成直後に公共施設等の管理者等に所有権を移転し、民間事業者が維持・管理及び運営を行う事業方式	3.7.1
SAF	Structural Adjustment Facility	構造調整ファシリティ	1.3.2
SDGs	Sustainable Development Goals	持続可能な開発目標	1.1.1
SPC	Special Purpose Company	特別目的会社	1.3.1
SSC	State Securities Commission	国家証券委員会	3.6.2
TAS	Transaction Advisory Service	(ADBによる)PPPの対象事業の特定、官民間の契約の設計、事業者の選定に係る入札手続きなどの技術支援業務	2.2.1
TPP	Trans-Pacific Partnership Agreement	環太平洋パートナーシップ	1.1.3
TPP11	Trans-Pacific Partnership Agreement 11	環太平洋パートナーシップに関する包括的及び先進的な協定	2.5.2
UF(膜)	Ultra Filtration Membrane	限外ろ過膜	4.1.4
UMIC	Upper Middle Income Countries	高中所得国	2.1.2
UNFPA	United Nations Fund for Population Activities	国連人口基金	2.1.1
USP	Unsolicited Proposal	民間事業者提案制度	2.2.6
VfM	Value for Money	支払いに対して最も価値の高いサービスを供給する考え方	2.2.5
VGF	Viability Gap Funding	SPCが期待する収益性確保のため、開発途上国政府がSPCに供与する採算補償	2.5.1
VKU	Verband Kommunaler Unternehmen	地方自治体系企業連盟等	4.2.2
VOP	Variable Operating Payments	変動の運営費用を賄うサービス対価	2.2.8
WB	World Bank	世界銀行(IBRD)	1.3.2
WEO	World Economic Outlook	(IMFの)世界経済見通し	2.1.1
WEPA	Water Environment Partnership in Asia	アジア水環境パートナーシップ	4.1.4
WHO	World Health Organization	世界保健機構	3.4.1
WSESTIC	Water Supply and Environmental Sanitation Training Center	水道環境衛生訓練センター	3.4.2
WTO	World Trade Organization	世界貿易機関	2.1.2

著者一欄

安間匡明 [アンマ　マサアキ]

　1960年大阪府生まれ。1982年日本輸出入銀行（現在の(株)国際協力銀行）入行。世界銀行日本理事室出向、プロジェクトファイナンス部課長、開発金融研究所副所長、業務企画室長、経営企画部長、取締役企画管理部門長を経て2017年退任。大和証券顧問勤務の後、2021年3月PwCサステナビリティ合同会社執行役員（現任）。土木学会会員。土木学会インフラファイナンス研究小委員会委員長、福井県立大学客員教授等を兼職。

奥野　裕 [オクノ　ユタカ]

　1959年神奈川県生まれ。1982年日立プラント建設(株)入社、その後会社統合により現在は(株)日立製作所 水・環境ビジネスユニットに所属。その間、産業用水・排水処理設備、上下水道施設の開発・設計・工事、土壌地下水浄化事業の業務を担当し、2010年からは海外の水処理事業に従事している。また、(一社)海外水循環システム協議会の事務局長を兼務し、政府・自治体・関係団体・企業と連携を取り、日本の水処理技術の海外展開を推進している。

工藤克典 [クドウ　カツノリ]

　1950年長野県佐久市生まれ。1974年東大法学部卒、同年日本輸出入銀行（現在の(株)国際協力銀行）入行。予算、審査、企画、人事、営業（海外投資、資源開発、エネルギー等）を担当（含民間銀行出向）、管理部長、資源金融部長、監査部長を経て、米州外事審議役（在ニューヨーク）を最後に退任。証券会社、商社勤務を経て、現在は、経済金融懇話会、海外水ビジネス研究会などで貿易投資金融アドバイザーとして活動中。

鈴木康二 [スズキ　コウジ]

　1952年宇都宮市生まれ。1974年東北大法学部卒、同年日本輸出入銀行（現在の(株)国際協力銀行）入行。情報システム部課長、海外投融資相談室室長代理、海外投資研究所主任研究員などを歴任。その間、JICA短期専門家として、ベトナム（3回）とラオス（1回）で海外投資誘致に関するビジネス法について、現地の公務員、実務家、大学生に講義及び指導を行った。2002年より立命館アジア太平洋大学教授。アジア投資戦略、アジアビジネス法、アジア金融市場の講義とゼミを日英語で担当、2018年退職。「アジア投資戦略」（大学教育出版）、「アジアビジネスの基礎」（同）など著書多数。

田路明宏 [トウジ　アキヒロ]

　1970年岐阜市生まれ。技術士（衛生工学）。1993年4月神鋼パンテック(株)入社。水環境分野の開発・設計に従事。2003年10月(株)神戸製鋼所環境ビジネス部門との統合で社名が(株)神鋼環境ソリューションに。2011年より同社ベトナム国子会社のKOBELCO ECO-SOLUTIONS VIETNAMに出向、ベトナム国内の水環境分野の設計・建設に従事。この間JICA下水ODA案件を担当。2017年11月帰任後、2020年1月よりベトナム国ハノイ市の水道施設建設工事従事のため再赴任。

徳武浩幸 [トクタケ　ヒロユキ]

　1971年長野市生まれ。学士（土木工学）。1994年4月前澤工業㈱入社。その後、下水道設計部門、営業部門、経営企画室、海外推進室で27年間勤務し、現在は海外推進室・次長。前澤工業㈱の海外事業立上げに検討当初より主要メンバーとして関わっている。

富岡　透 [トミオカ　トオル]

　1953年松江市生まれ。1976年(社)日本水道協会（当時）入社。工務部技術課、ISO審査登録センター審査登録課長、研修国際部次長としてJICA研修業務、ISO国際規格業務、IWA関連業務、水道技術関連書籍の編集等に加え、2018IWA世界会議東京の招致、開催準備に従事。2016より年水ing(株)経営企画室シニアアドバイザー、2020年より東京水道(株)および（公社）国際厚生事業団にて国際関連業務に従事。

福田一美 [フクダ カズヨシ]

　1962年宇都宮市生まれ。1986年4月川崎製鉄㈱入社。下水処理設備・生ごみ及び家畜糞尿バイオガス（メタン発酵）などの計画・設計業務に従事し、2009年から上下水道部門の技術部長・営業部長などを経て、2010年からマレーシア現地法人社長、2013年からインドネシア現地法人社長を歴任。2016年からJFE環境サービス㈱（清掃工場等の運転管理会社）社長、2018年からJFEエンジニアリング㈱常務執行役員（環境本部／アクア事業部兼PPP事業部管掌）。現在は、常務執行役員（環境本部／海外事業部）兼ドイツ子会社（Standardkessel Baumgarte Holding GmbH）の会長を務めている。

三輪千里 [ミワ チサト]

　㈱ギエモンプロ本社企画部ディレクター。1985年大阪生まれ。修士（工学）。2010年大手建設コンサルタント会社に入社後、道路やその他公共インフラのアセットマネジメント、PPPに関わるコンサルティング業務に3年間従事。その後、米国への留学、フリーランスでの経営コンサルタント、南米チリでの滞在等を経て、2019年から現職。官民連携、経営改善や組織・人材管理など、さまざまな視点から公益的事業等をサポートし、社会的損失の軽減につながるようなコンサルティングに取り組んでいる。中小企業診断士。

森本達男 [モリモト タツオ]

　㈱ギエモンプロ代表取締役。1964年大阪生まれ。学士（工学）及び科目履修（経営学）。1988年から上下水道事業等の公共事業コンサルティング業務に従事。PPPを含めた海外事業のスキーム構築、プロジェクト組成のノウハウを生かし、海外水ビジネス展開をサポート、世界中の「水問題」の解決に尽力している。技術士（総合技術監理部門、上下水道部門）、APECエンジニア、IPEA国際エンジニア、水道分野の国際協力検討委員会（厚生労働省）委員、その他講演・論文・委員等多数。

山口岳夫 [ヤマグチ タケオ]

　1968年京都市生まれ。京都大学衛生工学科卒業後、1991年4月日本上下水道設計㈱（当時）入社。（財）水道技術研究センター出向などを経て、2010年6月より水道技術経営パートナーズ㈱代表取締役。水道コンサルタント業務に合計30年間従事。（公財）水道技術研究センター膜処理施設評価委員、（公社）日本水道協会文献抄録委員、工業用水関連分野のあり方ワーキンググループ委員、㈱水みらい広島監査委員などの委員を歴任。技術士（水道部門、総合技術監理部門）、水道施設管理技士（浄水1級、管路1級）、中小企業診断士。

山村尊房 ［ヤマムラ　ソンボウ］

　1950年名古屋市生まれ。博士（工学）。1976年4月厚生省入省。その後、埼玉県、厚生省水道整備課、環境庁、WHO（ジュネーブ）、JICA専門家（インドネシア派遣）、国連大学高等研究所、APNセンター（兵庫県）などで水道及び環境行政に合計32年間従事し、2008年厚生労働省健康局水道課長を最後に退官。2010年W&E研究所を立ち上げ、海外プロジェクトへの参加、世界水フォーラムでの発表、名古屋環未来研究所立ち上げ等に参画。海外水ビジネス研究会では、小中高時代に同窓の工藤克典氏とともに共同代表を務め、事務局を担当した。専攻は、環境衛生工学、発展途上国協力論など。

吉村和就 ［ヨシムラ　カズナリ］

　1948年秋田市生まれ。1972年荏原インフィルコ（株）入社、営業、技術開発、市場調査、経営企画に携わる。1994年（株）荏原製作所本社経営企画部長、1998年国の要請により国連ニューヨーク本部・環境審議官として赴任。同時多発テロ後帰国し、2005年グローバルウォータ・ジャパン設立。この間、多くの講演（英語、日本語）をこなし、関連業界誌や専門紙、海外メディアに寄稿、さらにNHKや民放テレビ等で水問題を国民にわかりやすく解説、最近は若手の指導に情熱を注いでいる。国連テクニカルアドバイザー、水の安全保障戦略機構技術普及委員長、経済産業省「水ビジネス国際展開研究会」委員などを歴任。

あとがき

　日本が有する技術や貴重な経験により、世界の水問題に貢献しようという機運は、今から10年ほど前に高まり、主要8カ国首脳会議・北海道洞爺湖サミット（2008年7月開催）に向けて自民党の特命委員会「水の安全保障研究会」（会長＝中川昭一・元自民党政調会長）のもとで各省実務者や有識者による横断的な議論が2007年12月から半年間にわたって精力的に行われ、その成果として報告書が取りまとめられました。その後、この考えに基づき、「チーム水・日本」がつくられ、それを支援するための水の安全保障戦略機構（事務局：特定非営利活動法人日本水フォーラム内）が2009年に設立されました。しかし、2011年の東日本大震災後、国内の課題を優先する中で情勢が変わり、世界の水問題に対する政界の関心も薄らいで行ったように思われます。一方、2015年に、国連で「ミレニアム開発目標（MDGs）」に代わる「持続可能な開発目標（SDGs）」の設定があり、この中でも世界の水問題の重要性は一層強調されています。「海外水ビジネス研究会」は、こうした中で日本が世界への取組みを弱めてしまってよいのかという思いを共有する仲間が集まり発足しました。

　海外水ビジネス研究会は、水道技術の関係者のほか、貿易・投資・金融の関係者を含むメンバーと特別参加者から構成されています。それは、従来の事務系、技術系の枠組みを排除し、国際金融の専門家と、水の専門家が問題認識の共有化を行ったということであり、海外水ビジネスについて、新しい視野を持って検討のスタートを切ることができました。活動の内容は、毎月の定例会の集まりによる研究会内での議論や情報の蓄積にとどまらず、中間報告会及び提言報告会の開催、オピニオン誌水道公論への連載、東京以外での提言報告会の開催などによって、外部への積極的な発信ができました。こうした活動を通じて、研究会の参加者のモチベーションはさらに高まって行きました。このたび、「海外水ビジネス—アジア市場の動向とベトナムPPP法の成否—」を上梓し、研究会の活動の成果に基礎を置いた情報発信を行うことができたことにより、研究会は、当初に目指した以上の成果を挙げることができたと考える次第です。中間報告会及び提言報告会の開催の場をご提供いただいた東洋大学の石井晴夫先生、報告会に足を運んでいただいた皆さま、情報や意見の提供、執筆協力を通じてご協力をいただいた齋藤博康さま、一柳善郎さまはじめ多くの協力者の方々に心から御礼を申し上げる次第です。

　改めて言うまでもなく、上下水道は、BHN（Basic Human Needs）そのものであり、かつ、私達の日常生活にとって必須のインフラの一つであり、安全で安定した供給の確保は、最重要かつ永遠の課題です。ますます高度化や専門化が進んでいる技術的な課題のほか、施設の老朽化や地震対策、給水量の減少、職員数の減少などによる経営条件の変化など山積する諸課題の中で、当事者の

皆さまは日々の業務に多忙を極めています。しかし、上下水道の将来を考えた時、十年後、二十年後、三十年後に向けて業界全体としての活力を保持することが必要です。そのためには、視野を広く持って将来の上下水道の姿を考え、業界全体としてのあり方を見通しつつ、今から然るべき対応を積み重ねていくことも重要です。

　本書では、2年間の研究会の活動において取りまとめた成果と共に、その後のベトナムワーキンググループや規制改革・自由化・PPP・民営化ワーキンググループなどのフォローアップ活動において掘り下げた課題を合わせ、ほぼ4年間における検討の成果を報告させていただきました。

　具体的には、第一部では、海外水ビジネス研究会の発足から4年間の活動経過を振り返り、その間の主要な成果として、研究会で提言した「ストラクチャーモデル」をはじめ、経済協力インフラ戦略会議等の動向、海外水ビジネスに関する商社の動向、資金調達の基礎知識、海外水ビジネスにおける競合の検討成果に加え、国内の主要4水道事業体と他のインフラ事業者、3大水メジャー、米国の民間水道事業会社、NY市上下水道システム、中国・韓国の民間企業との財務比較分析の経緯及びその成果について解説しています。

　第二部では、アジア、とりわけASEANに加盟しているベトナムに着目した理由をはじめ、ADBによるPPP支援の取組みと具体事例、タイとモルディブにおける日本企業による水ビジネスの事例、アジア途上国での水PPP事業に使える経営学の知見を掲載しています。

　第三部では、ベトナムにおける水ビジネスに焦点を当て、ベトナムのPPP・水道事業・地場企業の動向を解説したのをはじめ、日本のメーカーとコンサルタントから見たベトナムを含むアジアで水ビジネスを行う上での課題と対応策、ベトナムの企業に出資して同国進出を目指す日本企業の事例、日本の水道事業体によるベトナムでの活動経過と水ビジネスに対するスタンス、PPP事業の各フェーズにおける課題と戦略、ベトナム2020年PPP法の内容とそれを活かす戦略を掲載しました。

　第四部では、世界の水資源の現状と水ビジネスの動向、ドイツのシュタットベルケについて掲載しています。

　本書の編集に当たっては、それぞれの単元の執筆者の考えを尊重したことから、文中意見にわたる部分は筆者らの私見であることをお断りしておきます。また、本書は、基本的に何か一つの解を見出しているわけではありませんが、国や商社、支援機関、国際開発金融機関等の動向、日本のメーカー、コンサルタント、水道事業体による水ビジネスの事例、その中で明らかになった課題とその対応策、水PPP事業に使える経営学の知見、ベトナム2020年PPP法等を踏まえた戦略など、今後の水ビジネスを考える上でのヒントになり得る多彩な情報をできるだけ幅広く盛り込むこととしました。読者の皆さまには、興味があるところから読み進めていただき、本書がわが国における海外水ビジネスのさらなる推進の一助になることを願っています。

　海外水ビジネス研究会の検討対象範囲は、設立当初に対象としていた日本が有する技術や貴重な経験による世界の水問題への貢献にとどまらず、海外で行われている水ビジネスの情報や、その背景となる制度や仕組みに関する情報も含んでおり、こうした意味で、「海外水ビジネス」は、水関

係分野の人材育成や活動の幅を広げるために役立つ格好の題材を含んでいると考える次第です。こうした意味からも、私たちは、これからも水道公論の発表の場などをお借りして、引き続き、可能な限り情報の発信を続けて行きたいと考えています。そのために、本書の読者の皆さまからのご意見やご要望をいただくことを期待しています。

　最後に、本書の企画製作に関して、今井茂樹氏（フソウ）、宇野安氏（ウノアナリシス）、田中健夫（横浜市水道局）にもご協力をいただき、編集・発行に関しては、日本水道新聞社の村仲英俊氏、名取大輔氏に多大なご尽力をいただいたことを付記し、深甚の謝意を申し上げる次第です。

　2021年5月

編著者代表　山村尊房、工藤克典

海外水ビジネス戦略

―アジア市場の動向とベトナムPPP法の成否―

定価（2,750円）

2021年6月17日発行

安間匡明
奥野裕
工藤克典
鈴木康二
田路明宏
徳武浩幸
富岡透
福田一美
森本達男
山口岳夫
山村尊房
吉村和就

発行所　日本水道新聞社

〒102-0074　東京都千代田区九段南4-8-9

TEL　03（3264）6724

FAX　03（3264）6725

印刷所　第一資料印刷株式会社

ISBN978-4-930941-78-7

C3036 ¥2500E